普通高等教育焊接技术与工程系列教材

焊接冶金原理

主　编　黄继华
参　编　陈树海　赵兴科
主　审　田志凌

机械工业出版社

本书主要讨论熔化焊接化学冶金和物理冶金的基本原理与理论，内容包括：材料焊接与焊接冶金的基本概念与内涵、焊接热过程的基本理论、焊接的化学冶金原理、熔池凝固与焊缝组织、焊接熔合区的组织与性能、焊接热影响区的组织与性能、焊接裂纹等。

作为高等院校的专业课教材，为了策应对学生分析、解决问题的能力和创新意识的培养，本书在编写风格上注重方法和原理，并加强了对问题“所以然”层面的分析讨论；在内容安排和素材处理方面，着力吸纳焊接冶金领域近年来的最新研究进展和成果、尽可能选用新近的照片并设计更新示图，力求素材新、体系完整，体现当前国内外焊接冶金领域的理论和应用水平。

本书可作为高等院校焊接专业（方向）本科生焊接冶金原理（学）的专业课教材，也可作为从事焊接工作的研究人员和工程技术人员的参考书。

图书在版编目（CIP）数据

焊接冶金原理/黄继华主编．—北京：机械工业出版社，2015.8（2025.8 重印）

普通高等教育焊接技术与工程系列教材

ISBN 978-7-111-51803-7

Ⅰ. ①焊…　Ⅱ. ①黄…　Ⅲ. ①焊接冶金—高等学校—教材　Ⅳ. ①TG401

中国版本图书馆 CIP 数据核字（2015）第 239843 号

机械工业出版社（北京市百万庄大街 22 号　邮政编码 100037）
策划编辑：丁昕祯　责任编辑：丁昕祯　张丹丹　任正一
版式设计：霍永明　责任校对：肖　琳
封面设计：张　静　责任印制：常天培
河北虎彩印刷有限公司印刷
2025 年 8 月第 1 版第 6 次印刷
184mm×260mm ·18.25 印张·440 千字
标准书号：ISBN 978-7-111-51803-7
定价：59.00 元

电话服务　　网络服务
客服电话：010-88361066　机　工　官　网：www.cmpbook.com
010-88379833　机　工　官　博：weibo.com/cmp1952
010-68326294　金　书　网：www.golden-book.com

机工教育服务网：www.cmpedu.com

前言

焊接冶金原理（学）是焊接专业（方向）主干课之一，在焊接专业人才的知识构建和培养中具有重要的地位，国内外高等院校凡与材料焊接相关的专业几乎都将该课程列为核心课程。国内上世纪90年代中后期实施宽口径专业目录后，培养方案中涉及焊接方向的材料成形与控制工程专业一般仍将焊接冶金原理（学）列为专业必修课。

本书是作为高等院校焊接专业（方向）焊接冶金原理（学）课程教材而编写的，主要讨论熔化焊接的基本冶金原理与理论，包括焊接的化学冶金和物理冶金。

尽管逻辑上焊接教育工作者共享着大体相同的焊接冶金原理（学）知识内容，但他们对于这些知识不同部分的认识——重要性和必要性，以及如何才能更好地传授这些知识的看法因人而异，且随着焊接技术自身的发展，也因时间而异。以下是本书编写过程中的着力点及编者认为需要说明的事项。

近30年以来，熔化焊接技术格局发生了巨大变化——气体保护电弧焊和高能束焊接技术应用显著增加，焊条电弧焊应用份额不断下降。基于该类观察和认识，本书编写过程中，在焊接方法上除渣保护电弧焊（焊条电弧焊和埋弧焊）之外，着力增加了其他现代熔化焊接方法的素材和内容，如各种气体保护电弧焊、电子束焊和激光焊等；在被焊材料方面则尽可能增加了有色金属及合金的素材和内容，如铝及铝合金、钛及钛合金、高温合金等。如此，一方面希望学生能准确地理解本课程，避免学生对本课程形成误解或错觉，即将焊接冶金原理片面地理解为钢的渣保护电弧焊甚至是焊条电弧焊的冶金原理，另一方面更希望教材的内容能确切地体现课程的基本内涵——熔化焊接的冶金原理，并真实地反映当前熔化焊接技术的发展水平。

“热”是熔化焊接的手段和条件，“热”与保护方式共同决定了各种熔化焊接方法的基本特征——化学冶金和物理冶金过程的基本特征。事实上，对“热”特征的调控已经成为近年来熔化焊接方法发展最活跃的路径之一，如各种复合热源焊接等。为了适应新的发展需要，使学生对焊接热过程和特征与焊接质量的关系有更清楚的认识，本书在相关章节加强了对焊接热过程与焊接冶金过程关系的讨论，并将焊接热过程恢复为独立章节进行讨论，但在内容上弱化了纯粹的数学推导和解析，加强了对数值方法的介绍和讨论。

焊接接头熔合区的尺度虽小，但焊接过程中该区域是“热”“质”和“力”的交汇或过渡区域，所发生的物理冶金过程往往更加复杂、剧烈而微妙，因此，焊接熔合区的行为对焊接接头的性能和材料的焊接性具有重要影响。尤其值得注意的是，随着科学技术的发展，各种物理单元（部件、构件或器件）的性能要求越来越多样化，单一材料已很难完成其制造并满足性能要求；另一方面，随着现代社会“绿色环保”“可持续”意识的不断增强，“材”尽其用、节能减排等日益成为现代制造技术的基本理念。在这些需求的强烈驱动下，近年来异种材料的焊接与连接需求显著增加，焊接熔合区的物理冶金问题显得越来越重要。基于这些认识，本书将焊接熔合区的物理冶金问题也作为独立章节专门讨论，并充分吸收该领域国内外近年来的最新研究成果。

作为高等院校的专业课教材，为了策应对学生分析、解决问题的能力和创新意识的培养，本书在编写风格上，注重方法和原理，并加强了对问题“所以然”层面的分析讨论，在内容安排和素材处理方面，着力吸收焊接冶金领域近年来的最新研究进展和成果，尽可能选用新近的照片并设计更新示图，力求素材新、问题典型，体系完整，体现当前国内外焊接冶金领域的理论和应用水平。

本书在章节的编写思路和逻辑结构方面，力求知识板块之间逻辑清晰、结构合理，便于学生理解和掌握。仅以第 4 章为例，关于熔池凝固与焊缝组织的问题，编写过程中力求探索厘清凝固与熔池凝固、熔池的形核与晶核长大、熔池凝固与焊缝组织等之间的关系（联系和界限），并强化了熔池凝固和焊缝组织与焊接热过程（即第 2 章）的关系。

本书绪论部分是课程的预备和统领性章节，是作为正式教学内容来编写的，对学生理解和掌握课程内容非常重要，故列为正式章节，建议教学时正规讲授。但是，如果学生在学习本课程前对熔化焊接方法已有基本的了解，其中的 1.2 节亦可不讲授。需要指出的是，编者并不建议本书内容全部采用课堂讲授，有些内容应该也可以根据学时的情况安排学生自学，如 1.2、2.1、2.2.3、2.2.4、2.3、3.4（尤其 3.4.1）、4.2.1、4.4.1、5.5、6.4 等。这并不完全是课程学时有限的无奈之举，而更重要的是培养学生自我学习能力、为学生个性发展提供适当空间——因材施教的需要。

为了尽可能使学生学习时对课程内容能够融会贯通，以便更好地掌握课程内容，本书每一章之后附有“本章小结”和“思考题”。

本书由北京科技大学黄继华教授主编，北京钢铁研究总院田志凌教授主审。第 1 章、第 3 章之 3.1 节和 3.4 节、第 4 章和第 7 章由黄继华教授编写，第 2 章、第 5 章和第 6 章之 6.1—6.3 节由北京科技大学陈树海副教授编写，第 3 章之 3.2、3.3 节和第 6 章之 6.4 节由北京科技大学赵兴科副教授编写。本书编写过程中得到北京科技大学“十二五”规划教材项目的支持，本校材料科学与工程学院研究生程志和许方钊同志分别承担了部分章节的文献检索和绘图工作，在此一并表示感谢。

本书可作为高等院校焊接专业（方向）本科生焊接冶金原理（学）的专业课教材，也可作为从事焊接工作的研究人员和工程技术人员的参考书。由于编者水平有限，书中错误和不当之处在所难免，恳请读者批评指正。

编　者

目 录

第1章

绪　论

1.1　材料的焊接与连接

1.1.1　材料焊接与连接的概念

广义上实现材料连接有多种方法，如机械连接、化学连接（胶接）和冶金连接等。机械连接通过宏观的结构关联性实现材料和构件之间的连接，连接是暂时的、可拆卸的，承载能力和刚度一般较低；化学连接主要是通过胶粘剂与被粘物间形成化学键和界面吸附实现连接，连接强度低，且服役环境和温度存在局限性；冶金连接是指借助物理冶金或化学冶金方法，通过材料间的熔合、物质迁移和塑性变形等而形成的材料在原子间距水平上的连接，连接强度高、刚度大，且服役环境和温度可以与被连接材料（母材）相当。冶金连接是材料连接的主要方法，应用最为广泛，通常材料加工中所讨论的“材料连接”均指冶金连接。

原子间作用力与距离的关系如图1-1所示，原子间相距一定距离时既有斥力，又有引力，斥力和引力的合力才是原子间的结合力。当原子间的距离为 r_A（即原子平衡间距）时，原子间结合力最大，因此，理论上只有当两种或两部分材料间的距离接近 r_A 时才能形成冶金连接。

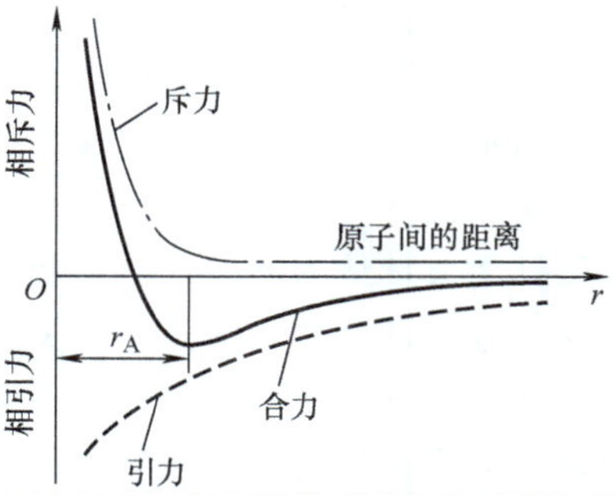

图1-1　原子间作用力与距离的关系[1]

通常条件下，无论怎样对材料进行精密加工，材料表面仍然是凸凹不平的，因此，在室温和一般压力条件下很难使两部分材料之间的距离大面积达到原子间距的水平。事实上，材料表面通常还有氧化膜、吸附层或污染层，这些“阻挡层”也阻碍金属原子间的直接接近实现冶金结合。可见，实现材料间的冶金连接并不是一件容易的事，通常需要借助“热”、“力”或“热”、“力”的共同作用。借助“热”的作用，使两部分材料在连接部位局部熔化、熔合，凝固后实现冶金连接；借助“热”和“力”的共同作用，降低材料的变形抗力（软化），促进连接界面大面积接触，并清除或破坏表面的“阻挡层”，也可以实现材料间原子间距水平的连接（冶金连接）。

随着材料冶金连接技术的发展，关于材料的冶金连接在学科术语层面的称谓大体经历了三个时期，如图 1-2 所示：第一个时期是大体截至 1990 年前后的“早期”，基本上将所有材料冶金连接通称为“焊接”；第二个时期大体是 1990 年～2005 年期间的“近期”，“焊接”一度被“连接”所替代；第三个时期大体是 2005 年以来的“最近”，倾向于将二者结合起来称为“焊接与连接”。一般理解，“焊接与连接”中的“焊接”指的是熔化焊（Welding）类的冶金连接，而“连接”多指非熔化焊类的冶金连接。

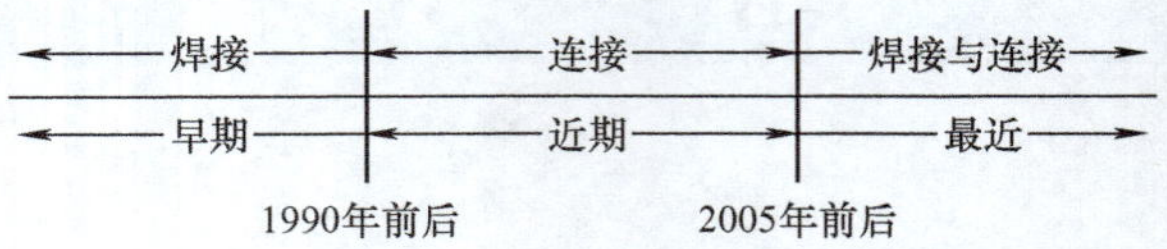

图 1-2　材料“冶金连接”在学科术语上的称谓变化示意图

材料焊接与连接技术的历史可以追溯到数千年以前，但现代材料焊接与连接技术的形成主要以 19 世纪末电阻焊的发明（1886 年）和金属极电弧的发现（1892 年）为标志，真正的快速发展更是 20 世纪三四十年代以后的事。**科学上的发现、新材料的发展和工业新技术的要求始终从不同角度推动着材料焊接与连接技术的发展**，例如，电弧的发现导致了电弧焊的发明；电子束、等离子束和激光的相继问世加速了高能束焊接的形成；高温合金和陶瓷材料的应用促进了扩散连接技术的发展；高密度微电子组装技术的需求推动了微连接技术的进步等。经过一个多世纪的发展，材料焊接与连接技术已经成为材料加工、成形的主要技术和工业制造技术的重要组成部分，应用领域遍及机械制造、船舶工程、石油化工、航空航天、电子技术、建筑、桥梁、能源等国民经济和国防工业各部门，在航空航天、电子技术和船舶等领域甚至成为部门发展的最关键技术。

1.1.2　材料焊接与连接方法的分类

材料焊接与连接的方法众多，仅常用的就有三四十种。**按照焊接与连接的机理**（母材和填充材料的状态），**可以将焊接与连接技术分为熔化焊、固相焊和钎焊三大类。熔化焊是指通过母材和填充材料的熔化、融合实现材料冶金连接的一类方法**，过程中母材和填充材料都熔化，典型方法包括电弧焊、电子束焊和激光焊等；**固相焊是指在一定的热、力耦合作用下，材料在固态下借助界面物质迁移或塑性变形实现冶金连接的一类方法**，过程中一般没有液态过程，或即便有液态过程，但液态过程并不是实现冶金连接的主导机制，典型方法有扩散焊、摩擦焊和爆炸焊等；**钎焊是利用低熔点液态金属或合金（钎料）对母材的润湿和毛细填缝而实现材料冶金连接的一类方法**，过程中仅钎料熔化，母材不熔化。材料焊接与连接的基本方法及其分类见表 1-1。

不同的材料焊接与连接方法各有优点和局限性，适合于不同的材料和结构。熔化焊强度较高，对工程建造和安装的适应性较强，但因局部加热，焊接变形和应力较大，通常用于金属材料的焊接，而且主要是同种金属材料的焊接，异种金属材料焊接时往往问题较多；固相焊通常具有较高的连接强度，可用于异种材料的连接，包括金属和陶瓷及其复合材料的连接（扩散焊），但结构适应性相对较弱；钎焊适合于复杂结构部件的连接，是异种材料连接（包括金属与金属连接、非金属与非金属连接、金属与非金属连接）常用的方法，但连接强度较低，耐温能力也相对差，主要用于较小尺寸的零件或部件的制造，对工程建造和安装的适应性较弱。

表 1-1　材料焊接与连接的基本方法及其分类

- 材料焊接与连接方法
  - 熔化焊
    - 电弧焊
      - 气体保护电弧焊
        - 熔化极气体保护电弧焊
          - 熔化极氩弧焊
          - 混合气体电弧焊
          - CO_2气体保护电弧焊
        - 非熔化极气体保护电弧焊
          - 钨极氩弧焊
          - 等离子弧焊
      - 渣保护电弧焊
        - 焊条电弧焊
        - 埋弧焊
    - 激光焊
    - 电子束焊
    - 气焊
    - 电渣焊
    - 电阻点焊
    - 电阻缝焊
  - 固相焊
    - 电阻对焊
    - 闪光对焊
    - 摩擦焊
      - 旋转摩擦焊
      - 线性摩擦焊
      - 搅拌摩擦焊
    - 超声波焊
    - 扩散焊
      - 固相扩散焊
      - 瞬时液相扩散焊
    - 爆炸焊
    - 高频焊
      - 感应高频焊
      - 接触高频焊
  - 钎焊
    - 真空钎焊
    - 气保护钎焊
    - 钎剂钎焊
    - 炉中钎焊
    - 火焰钎焊
    - 感应钎焊
    - 气相钎焊
    - 浸粘钎焊
      - 盐浴浸沾钎焊
      - 液态钎料浸沾钎焊
      - 波峰焊
    - 红外钎焊
    - 激光钎焊
    - 电弧钎焊
    - 电阻钎焊

（电阻焊：电阻点焊、电阻缝焊、电阻对焊、闪光对焊）

需要指出的是，随着材料焊接与连接技术的发展，不同方法之间时常发生相互融合。如扩散焊最初是一种典型的固相连接方法，但后来发展的**瞬时液相扩散连接**（又称“过渡液相扩散连接”，俗称“扩散钎焊”）中又有液态过程；近年来，在连接异种金属材料时，将钎焊和熔化焊相结合，发展了熔钎焊方法等。另外，电阻点焊、电阻缝焊、电阻对焊、闪光对焊等虽然都归为电阻焊大类，但在连接机理上并不相同；按连接机理分类，电阻点焊和电阻缝焊应属熔化焊，而电阻对焊和闪光对焊应归为固相焊的范畴。

1.2　金属材料的熔化焊方法

熔化焊是最重要的一类冶金连接方法，也是应用最多的一类方法。按被加工的金属质量粗略估计，熔化焊的加工量占整个焊接与连接加工量的 80% 以上，实际工程建造和安装中应用的基本都是熔化焊。**典型的熔化焊方法有电弧焊、激光焊和电子束焊**，见表 1-1。本节按渣保护电弧焊、非熔化极气体保护电弧焊、熔化极气体保护电弧焊和高能束焊等分类，对典型熔化焊方法的工艺原理和基本特点进行简要介绍。

1.2.1 渣保护电弧焊

1. 焊条电弧焊

焊条电弧焊（Shielded Metal Arc Welding，SMAW）旧称手工电弧焊，其工艺原理是：焊接过程中电弧存在于母材与焊条之间，母材和焊条同时被加热、熔化，其中熔化的母材与焊条焊芯熔合形成焊缝金属，焊条药皮熔化形成熔渣，保护高温下焊接区金属不被氧化。实际上，除渣保护外，焊条电弧焊焊接过程中，焊条药皮产生的气体也对焊缝金属有保护作用。焊条电弧焊工艺原理如图 1-3 所示。

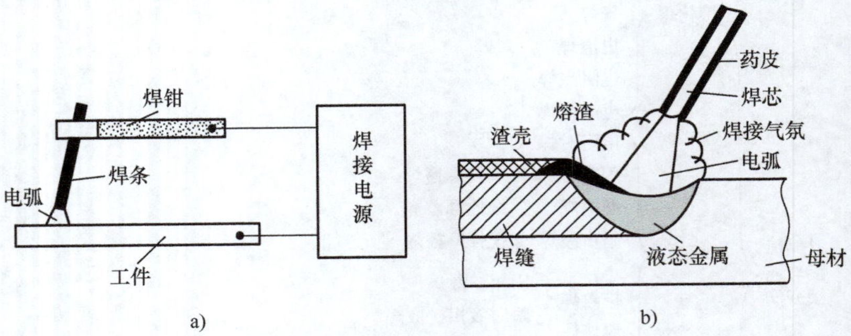

图 1-3　焊条电弧焊工艺原理
a）焊接系统要素构成　b）工艺原理

焊条电弧焊是最早被发明的焊接方法之一，至今仍在工程实践中被广泛地应用，其主要特点是：①操作灵活，适应性强；②对焊接接头的装配要求低；③不需要辅助气体保护；④设备结构简单，价格便宜，携带方便；⑤应用范围广，适用于大多数工业金属材料等。但也存在一些局限性：①对焊工操作要求高，焊工培训费用大；②劳动条件差；③生产率低；④焊接质量不够稳定；⑤不适用于薄板（厚度 1mm 以下）的焊接等。

正是因为存在焊接质量不稳定、焊接效率低等局限性，近年来国内外焊条电弧焊的应用比例一直在不断地降低。截至 2012 年，美国和欧洲等发达国家焊条消耗量占熔化焊材料（包括焊条、实心焊丝、药芯焊丝等）消耗量的比例已降到 20% 左右，日本已经下降到 13.3%，我国也已降到 46.4%[2,3]。即便如此，焊条电弧焊仍然是工程焊接，尤其是野外工程建造和安装中不可或缺的主要焊接方法之一。

2. 埋弧焊

埋弧焊（Submerged Arc Welding，SAW）是另一种典型的渣保护电弧焊接方法，其工艺原理如图 1-4 所示：焊接过程中建立在焊丝与母材之间的电弧在焊剂下“燃烧”，加热、熔化焊丝和部分母材形成焊缝，同时部分焊剂被加热、熔化形成熔渣，保护高温焊缝金属不被氧化并促进焊缝良好的成形。

埋弧焊的优点主要有：①焊接电流大（可达 1000A 以上），加之熔渣的保护作用，焊接热效率高、熔深大，不开坡口一次可焊透 20mm；②焊接速度高（可达 50～80cm/min，焊条电弧焊焊接速度为 10～13cm/min）；③熔渣和焊剂的隔热作用可降低焊缝熔池的凝固速度，减少焊接缺陷（夹渣、气孔、裂纹等）；④焊接过程容易自动化，降低了对焊工操

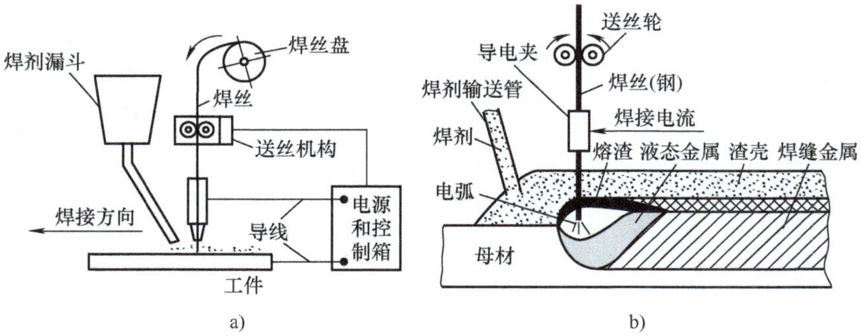

图 1-4 埋弧焊工艺原理
a）焊接系统要素构成 b）工艺原理

作技能的依赖程度，焊接质量好；⑤电弧在焊剂层下燃烧，避免弧光和烟尘的有害影响，改善了工作条件；⑥没有飞溅，焊缝表面光洁；⑦可以在风力较大的露天场地焊接施工；⑧通过焊丝和焊剂的选配，利用焊剂对焊缝金属的脱氧和合金化作用，可以方便地控制焊缝金属的成分和性能。埋弧焊的缺点主要有：①电流小于 100A 时电弧不稳定，不适用于 1mm 以下薄板的焊接；②仅适用于平焊和倾斜角不大的位置焊接，以及较大直径的环缝焊接；③埋弧焊焊剂主要成分为 MnO、SiO_2等金属及非金属氧化物，具有一定的氧化性，不适用于焊接铝、镁等氧化敏感性强的金属及合金。

埋弧焊发明于 20 世纪三四十年代，是一种高效的电弧焊接方法，在传统焊接工艺基础上，近期又进一步发展了附加填充金属埋弧焊、多丝埋弧焊、预热焊丝埋弧焊和带极埋弧堆焊等效率更高的焊接工艺。

1.2.2 非熔化极气体保护电弧焊

1. 钨极惰性气体保护电弧焊

钨极惰性气体保护电弧焊（Tungsten Inert Gas Welding，TIG）也称钨极气体保护电弧焊（Gas Tungsten Arc Welding，GTAW），是以惰性气体（氩气或氦气）为保护气体，非熔化的钨极作为电弧的一极，被焊母材作为电弧的另一极进行焊接的一种方法。焊接时焊丝从电弧侧面送入；保护气体从焊炬喷嘴中喷出，保护钨极和熔池金属；电弧始终在保护气氛中“燃烧”，为惰性气体电弧，如图 1-5 所示。当保护气体为氩气（Ar）时称为钨极氩弧焊；当保护气体为氦气（He）时称为氦弧焊。由于氦气热导率比氩气高，因此，氦弧的能量密度比氩弧高，但氦气昂贵，一般工程应用基本都是氩弧焊，而很少采用纯氦弧焊。因此，实际中所说的“TIG”或“GTAW”多指钨极氩弧焊。为了提高电弧的能量密度，常见的方法是往氩气中掺入一定量的氦气，只有在重要的结构，如航空航天焊接中偶尔有氦弧焊的应用。

钨极氩弧焊的优点和缺点均源于氩弧，其优点主要有：①氩气气氛下电弧稳定，工艺性能好，即使在很小的电流（<10A）下电弧仍可稳定燃烧，特别适合于薄板和超薄板焊接；②填充焊丝不通过电流，无飞溅，焊缝成形美观；③氩气为惰性气体，不与金属反应，可有效地隔绝空气，且反接时具有“阴极雾化”（或称“阴极破碎”）的作用，可焊接化学

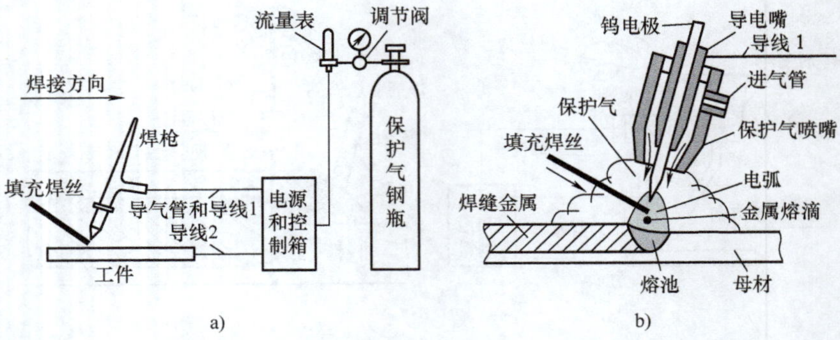

图 1-5 钨极惰性气体保护电弧焊工艺原理
a）焊接系统要素构成 b）工艺原理

活性强的金属及合金，如铝合金、镁合金、不锈钢等。缺点主要表现在：①熔深浅，熔敷速度小，生产率低；②和其他电弧焊方法相比，成本较高；③焊前工件清理要求较高等。

除普通直流钨极氩弧焊和交流钨极氩弧焊外，还发展了方波交流和脉冲钨极氩弧焊。其中，直流钨极氩弧焊（正接）主要用于焊接除铝、镁合金之外的金属材料，而交流钨极氩弧焊可用于焊接铝、镁等活性金属材料；较之普通直流和交流钨极氩弧焊，方波交流钨极氩弧焊具有更好的电弧稳定性，且正、负半波能量输入可调，可以实现阴极破碎效应与钨极保护的兼容调控，用于焊接需要阴极破碎作用的活性金属更为有效；脉冲钨极氩弧焊对熔池有搅拌作用，且有利于降低焊接热输入，对细化焊缝凝固组织有明显效果（详见第4章）。

为了提高焊接效率，近年来在普通钨极氩弧焊的基础上还进一步发展了“热丝 TIG”“A-TIG”和“激光-TIG 复合焊接”等新的焊接工艺方法。

2. 等离子弧焊

顾名思义，**等离子弧焊（Plasma Arc Welding，PAW）是以等离子弧作为热源进行焊接的一种焊接方法**，如图 1-6 所示。**焊接等离子弧是一种压缩电弧（主要是氩弧），是等离子弧发生器通过机械压缩、热压缩和磁压缩等机制对氩弧进行压缩而获得的。**由电弧物

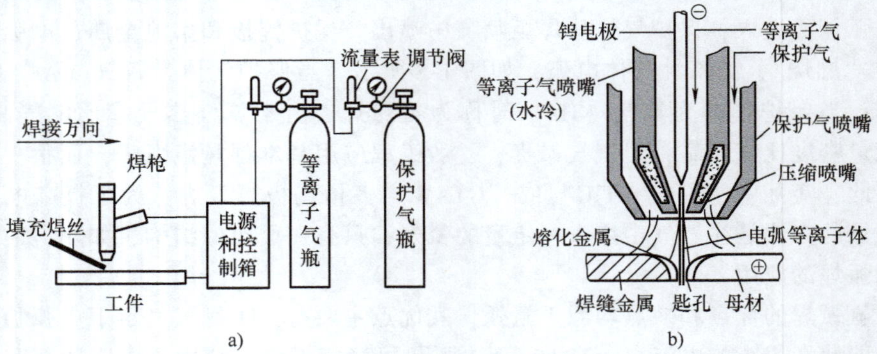

图 1-6 等离子弧焊工艺原理
a）焊接系统要素构成 b）工艺原理

理理论可知，对电弧进行压缩，电弧温度将升高，电弧区气体电离度升高，当电弧区气体电离度接近 1 时，电弧空间基本由正离子和负离子组成，即获得“等离子弧”。与普通自由电弧相比，等离子弧的显著特点是：①温度高，可达 50 000℃；②能量密度高，可达 $10^5 \sim 10^6 W/cm^2$，比普通自由电弧高 1 ~ 2 个量级。

正是由于等离子弧是一种高能量密度束流，使得等离子弧焊接较普通电弧焊接具有优势：①电弧能量密度高，加热速度快，热影响区小；②电弧挺度好，可进行小孔焊接，实现单面焊双面成形；③焊接速度大，生产率高；④可焊板厚范围大，一次性可焊透 12mm 的不锈钢，也可焊 0.025mm 的箔状不锈钢；⑤与钨极氩弧焊一样，交流等离子弧具有阴极雾化（破碎）作用，可焊接铝合金、镁合金等。

1.2.3　熔化极气体保护电弧焊

1. 熔化极气体保护电弧焊的原理、特点及分类

熔化极气体保护电弧焊（Gas Metal Arc Welding，GMAW）是以连续送进的焊丝为电弧的一极，被焊母材为电弧的另一极，同时加热、熔化焊丝和母材而形成焊缝的一类焊接方法，如图 1-7 所示。

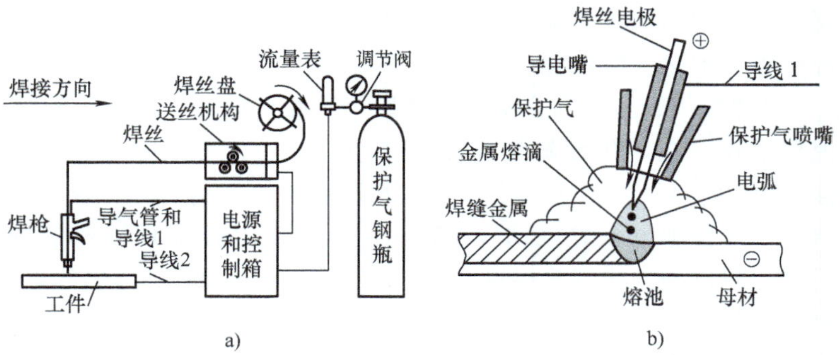

图 1-7　熔化极气体保护电弧焊工艺原理
a）焊接系统要素构成　b）工艺原理

由于连续送进的焊丝本身作为电弧的一极，且采用气体保护，使得熔化极气体保护电弧焊成为一类高效的现代熔化焊方法，其特点主要有：①材料适应性强，可以焊接所有的金属材料；②熔滴过渡形式多，焊接结构适应性强，采用短路过渡或喷射过渡可以方便地进行全位置焊接，且既可以焊接薄板，也可以焊接厚板；③易实现自动化，焊接效率高；④焊缝含氢量低，性能优良；⑤采用气体保护对焊接区的保护简单、方便，焊缝清洁美观等。在工业发达国家，熔化极气体保护电弧焊是应用最广泛的熔化焊方法，其加工量占熔化焊焊接量的三分之二以上（按焊材消耗量计算）。近年来，国内熔化极气体保护电弧焊的加工量也一直在快速增长之中（主要是取代焊条电弧焊）。

熔化极气体保护电弧焊还具有可灵活选择保护气体的特点，因此，其工艺调控灵活，方法变化丰富。典型的熔化极气体保护电弧焊是熔化极惰性气体保护电弧焊（Melting Inert Gas Welding，MIG）和 CO_2 气体保护电弧焊，在此基础上又分别发展了活性混合气体保护电弧焊（Melting Active Gas Welding，MAG）和药芯焊丝电弧焊（FCAW）等。熔化极气体

保护电弧焊的分类见表1-2。

表1-2 熔化极气体保护电弧焊的分类

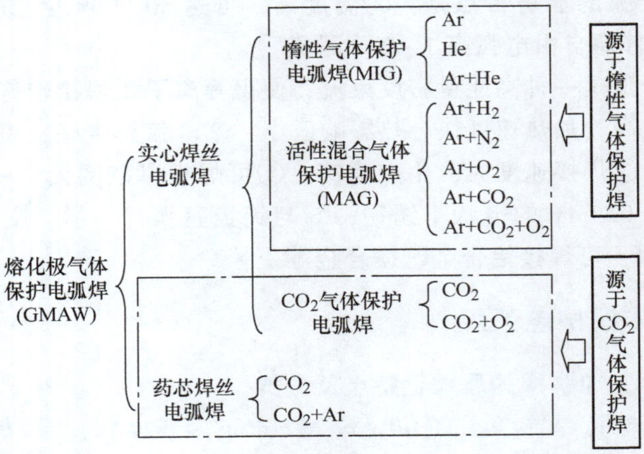

2. 熔化极惰性气体保护电弧焊

熔化极惰性气体保护电弧焊（MIG）主要采用氩气作为保护气体，有时为了提高电弧的温度和能量密度，提高焊接效率，在氩气中掺入一定量的氦气，采用纯氦气作为保护气体的情况比较少见。熔化极氩弧焊具有阴极破碎作用（或称“阴极雾化效应”“阴极清理作用”等），可以焊接铝合金、镁合金和不锈钢等活性材料。

应用和研究中发现，在熔化极氩弧焊保护气中加入一定量的活性气体，如 H_2、N_2、O_2、CO_2等，能产生一些很好的工艺效果，并由此发展了一类新的熔化极气体保护电弧焊方法——活性混合气体保护电弧焊（即MAG）。例如，采用 $Ar+H_2$（体积分数 $\varphi<6\%$）焊接镍及镍基合金，可以抑制或消除焊缝中的CO气孔；采用 $Ar+N_2$焊接铜及铜合金，可以提高电弧温度和能量密度，提高焊接效率；采用 $Ar+O_2$（$\varphi=1\%\sim5\%$）焊接不锈钢，可以降低液态焊缝金属的表面张力，改善焊缝金属的润湿性和焊缝成形，还有利于稳定电弧的阴极斑点，改善电弧的稳定性；采用 $Ar+O_2$（$\varphi=20\%$）焊接低碳钢和低合金钢，有利于提高焊缝的冲击韧度（详见第4章），等等。

MIG/MAG的熔滴过渡形式主要有短路过渡、喷射过渡（射滴过渡和射流过渡）等。短路过渡主要用于薄板高速焊接，而喷射过渡可用于全位置焊接。在MIG/MAG基础上发展的脉冲MIG/MAG，除具有普通MIG/MAG的固有优点外，还可以实现对能量输入、熔滴过渡和焊接成形的灵活控制，在较低的能量输入下实现喷射过渡。近年来发展起来的冷金属过渡焊（Cold Metal Transfer，CMT）进一步降低了焊接热输入。

3. CO_2气体保护电弧焊

CO_2气体保护电弧焊是20世纪50年代初发展起来的一种熔化极气体保护电弧焊接方法，其最大的特征是采用CO_2作为保护气氛。

CO_2的热导率比Ar和N_2都高，且CO_2是多原子气体，受热分解时需要吸收大量热量，所以，CO_2对电弧有强烈的冷却作用，使电弧温度和能量密度升高，因此，以CO_2作为电弧气氛将有望获得更高的焊接效率。但是，CO_2作为电弧气氛首先需要解决其高温氧化问题。因为高温下CO_2对金属具有强烈的氧化性，在钢中这种氧化反应的直接后果是：①钢中合金元素的氧化损耗；②形成的 FeO 如果溶解在熔池中，高温下将与 C 发生还原反应，形成 CO，导致在焊缝中形成气孔；③形成的 FeO 如果溶解在熔滴中，高温下 C 还原形成的 CO 将导致焊接过程中出现强烈的飞溅（详见第 3 章）。

通过在焊接材料（焊丝）中添加脱氧剂（Al、Si、Mn、Ti 等）解决 CO_2 的氧化性带来的负面作用，使得 CO_2 作为保护气氛用于焊接获得了成功，并显现出独特的优势，主要表现在：①CO_2 价格低廉，焊接成本低；②焊接效率高——CO_2 电弧穿透能力强，焊接熔深大，生产率比普通电弧焊高 1 ~ 4 倍；③结构适应性强，可采用细丝短路过渡进行全位置焊接和薄板焊接，也可采用粗丝潜弧喷射过渡进行厚板焊接；④焊缝含氢量低（0.07mL/100g）、抗裂性好等。由于高温下 CO_2 具有较强的氧化性，所以 CO_2 气体保护电弧焊主要用于碳钢和低合金钢的焊接。

在 CO_2 气体保护电弧焊的基础上还分别发展了 $CO_2 + O_2$ 混合气体电弧焊和药芯焊丝 CO_2 气体保护焊。实践证明，采用强氧化的 $CO_2 + O_2$ 混合气体配以强脱氧剂，可以获得更高的熔敷效率和更大的熔深（不开坡口可一次焊透 10 ~ 12mm 钢板），焊缝含氢量更低（0.03mL/100g），且由于熔池表面覆盖有熔渣，可改善焊缝成形。药芯焊丝 CO_2 气体保护焊采用气-渣联合保护，既保持了 CO_2 气体保护焊原有的特点和优势，又在焊接过程飞溅和焊缝成形等方面有显著的改善。

1.2.4 高能束熔化焊

焊接热源的能量密度定义为热源单位面积传递的功率，即单位时间、单位面积传递的能量（热能）。所谓高能束是高能量密度束流的简称，通常是指电子束、激光束和离子束，但有时也把等离子弧包括在内。在焊接方法的分类中通常将电子束焊和激光焊统称为高能束焊。

1. 电子束焊

阴极发射，经高压加速、磁透镜聚焦而获得的电子束流可以达到很高的能量密度，作为材料加工的能源具有如下特点：

1）功率密度高。如电子束焊时，通常加速电压范围为 30 ~ 150kV，束流为 20 ~ 1000mA，电子束的束斑直径为 0.1 ~ 1.0mm，电子束的功率密度可达 $10^5 W/cm^2$ 以上。

2）快速、精确的可控性。作为物质基本粒子的电子具有极小的质量（9.1×10^{-31}kg）和一定的负电荷（1.6×10^{-19}C），荷质比高达 1.76×10^{11}C/kg，通过电场或磁场可以方便、快速而精确地对电子束进行控制。

3）有效功率大，与激光相比更易被固体金属吸收。

电子束焊（EBW）可以追溯到 20 世纪 50 年代，是由德国人 K. H. Steigerwald 和英国人 J. A. Stohr 几乎在同时期发明的，主要是用于一些重要的、用其他方法难以焊接的材料和结构。虽然近年来又发展了一些新的电子束材料加工技术，如电子束淬火、电子束表面合金化、电子束熔覆、电子束物理气相沉积等，但电子束最重要的工业应用还是在焊接方面。与一般电弧焊相比，电子束焊具有如下特点：

1）电子束穿透能力强，焊缝深宽比大。电子束焊深宽比可达 60 : 1，一次可焊透 300mm 不锈钢板。

2）焊接速度快。如焊接 125mm 铝板时，焊接速度可达 400mm/min，是氩弧焊的

40倍。

3）焊缝性能好。焊缝冷速高，有利于避免晶粒长大、获得细晶组织，且合金元素烧损少，焊缝耐蚀性能好。

4）焊接变形小。焊接热输入小，热影响区小，焊接变形小。

5）真空条件下焊接对焊缝有很好的保护作用，有利于焊接钛及钛合金等活性材料，也有利于获得良好的焊缝成形。

电子束用于焊接时，之所以具有很强的穿透能力，可以获得很大的焊缝深宽比，除功率大、材料吸收率高外，另一个重要原因是焊接过程中存在“小孔效应”。小孔效应的形成是一个复杂的高温流体动力学过程。从阴极发射的电子在数十到数百千伏的加速电压作用下被加速到0.3~0.7倍的光速，经聚焦后形成高功率密度的电子束流。焊接时电子束轰击金属表面，电子的动能转变为热能，金属被迅速加热熔化并达到沸点，一部分金属被气化。金属蒸气离开熔池时对液态金属产生一个附加压力，在电子束的束流压力和金属蒸气的附加压力的共同作用下，熔化的金属被排开，电子束可以继续轰击底部的固态金属，被焊金属中很快形成小孔。小孔的深度取决于电子束的束流压力和金属蒸气附加压力与液态金属的压力和表面张力之间的平衡。功率密度越高，小孔的深度越大；随着电子束在工件上移动，小孔也随着电子束一起运动，液态金属绕过小孔流向熔池后部，使小孔不断锁闭并凝固形成焊缝[4-7]。电子束焊工艺原理如图1-8所示。

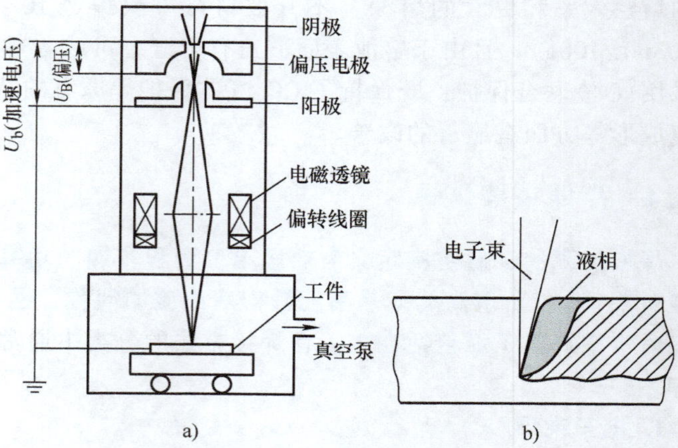

图1-8 电子束焊工艺原理

a）焊接系统要素构成 b）工艺原理

电子束焊的上述特点使其在工业生产中获得了广泛的应用，尤其在焊接航空航天用先进结构材料（如高温合金、钛合金、复合材料及金属间化合物等方面）具有重要的地位。按照被焊件所处的环境条件，电子束焊可分为三种：高真空电子束焊、低真空电子束焊和非真空电子束焊。高真空电子束焊是指被焊件环境真空为$10^{-4}\sim10^{-1}$Pa的电子束焊，由于高真空对熔池有很好的保护作用，并防止合金元素的烧损，因此用于焊接活性金属、难熔金属和质量要求较高的构件。低真空电子束焊是在$10^{-1}\sim10$Pa的真空条件下进行的，生产率高，适合于大批量零件的焊接和在生产线上使用。非真空电子束焊时被焊件处在非真空环境（电子束仍在真空条件下获得），可以焊接大型产品，生产率高，但电子束散射严重，功率密度低，焊接熔深和深宽比均较小。

2. 激光焊

激光和普通光在本质上并没有区别，也是电磁波，具有波粒二象性。但激光又是一种全新的光源，具有其他光源所不具备的一些特性。首先，激光具有普通光源所无法比拟的高亮度，是世界上最亮的光。例如，CO_2激光的亮度比太阳光亮 8 个数量级，而高功率钕玻璃激光比太阳光亮 16 个数量级。其次，激光接近理想平行光，发散角很小，且单色性好，频率单一，经透镜聚焦后可以获得很小的光斑（最小光斑直径可达激光波长量级）。高亮度基础上的理想聚焦使得激光成为一种高功率密度能源，功率密度可达 10^6 W/cm^2 以上。

激光照射到物质表面时，一部分被反射，一部分透射，还有一部分被吸收；对于不透明的材料，除一部分被反射外，其余部分将全部被吸收。被吸收的激光通过与物质的相互作用将全部转换为热能。材料对激光的吸收主要与激光的波长、功率密度、材料的性质、表面状况及温度等因素有关。表面无氧化膜时，真空条件下金属对激光的吸收率可近似地表示为[8]

$$\zeta(T)=0.365\{\gamma[1+\beta(T-20)]/\lambda\}^{1/2} \tag{1-1}$$

式中，ζ 为金属材料在温度 T 时对波长为 λ 的激光的吸收率；γ 为金属材料在 20℃时的电阻率（Ω·m）；β 为金属材料的电阻温度系数（℃$^{-1}$）；T 为温度（℃）；λ 为激光波长（m）。

一般来说，激光功率密度越大，材料对激光的吸收率越大。对同一种材料和表面状况，激光波长越长，反射率越高，吸收率越小，因此，YAG 激光的效率比 CO_2激光高。随温度上升，吸收率增大。对同一种波长的激光，材料的电阻率越大，吸收率越大。材料表面状况通常是指表面粗糙度及表面有无氧化膜等。研究表明，表面氧化膜可以提高材料对激光的吸收率；材料表面越粗糙，对激光的吸收率越高。

激光的高能量密度特点奠定了其在材料加工领域巨大的应用价值。自从 1960 年美国研究成功世界上第一个红宝石激光器，尤其是 20 世纪 70 年代大功率 CO_2激光器出现以来，激光在材料加工领域的应用也取得了迅猛的发展。目前，已成功开发的激光加工技术主要有激光焊接、激光切割、激光打孔、激光表面改性、激光熔覆和激光快速成形等[7, 9-14]。

激光焊（LBW）是 20 世纪 70 年代发展起来的一种焊接新技术。简单地说，**激光焊是利用激光束作为热源，将被焊材料熔化、熔合而实现冶金连接的一种焊接方法**，如图 1-9 所示。根据激光器输出能量的方式不同，激光焊可分为脉冲激光点焊和连续激光焊（包括高频脉冲连续激光焊）；根据激光聚焦后焦点上功率密度的不同而导致的焊缝成形机理和特点的差异，激光焊又可分为热传导型焊接和小孔型焊接（也称“匙孔型焊接”）。

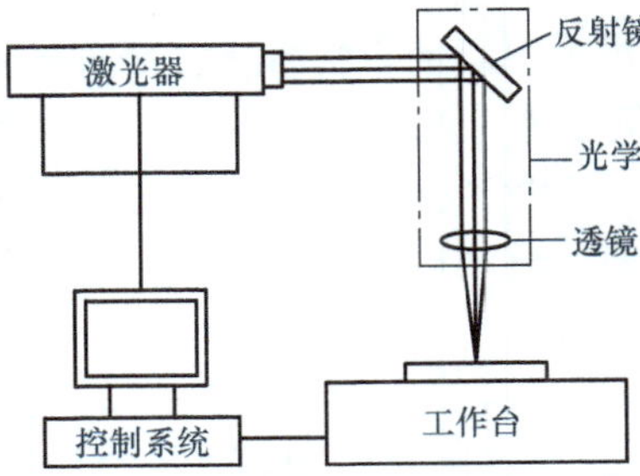

图 1-9 激光焊接系统构成示意图

当激光光斑功率密度不太高（≤10^5W/cm^2）时，金属熔池温度相对较低（低于金属沸点），焊接时金属不气化，焊接熔池的形状主要受金属内部热传导控制，熔深轮廓为近似球形。这种热传导熔化焊过程类似于非熔化极电弧焊，如图 1-10a 所示。当激光斑点功率密度较高（≥10^6W/cm^2）时，金属在激光的照射下被迅速加热熔化并达到沸点，一部分金属被气化。金属蒸气离开熔池时对液态金属产生一个附加压力，使熔池金属向下凹陷形成凹坑，凹坑的深度取决于该附加压力与液态金属的压力和表面张力之间的平衡，如图1-10b所示。功率密度越高，熔池金属气化越快，产生的附加压力越大，凹坑的深度越大；当激光的功率密度足够大时，激光束将直接射入坑底而在焊件中形成一个细长的小孔（此时也可称为“深熔焊”）。在一定的光斑功率密度条件下激光束甚至穿透整个板厚形成所谓“小孔焊”，如图1-10c所示。小孔焊时小孔随着激光一起运动，金属在小孔前方熔化，绕过小孔流向后方使小孔不断锁闭并凝固形成焊缝[15]。

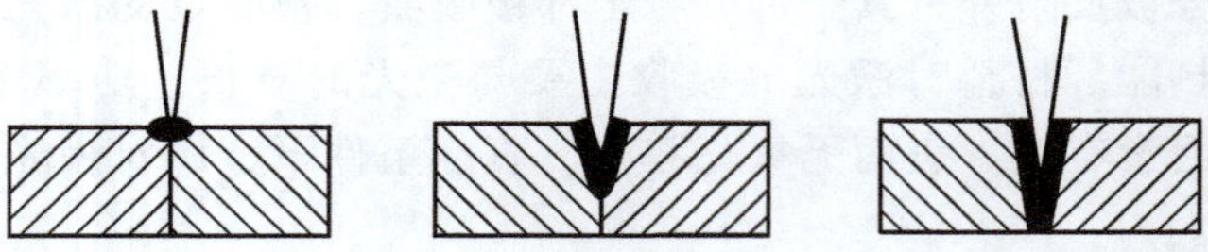

图1-10　激光焊功率密度与焊接模式[4]

a）热传导型焊接（功率密度≤10^5W/cm^2）　b）小孔效应（功率密度≥10^6W/cm^2）　c）小孔型焊接

与其他焊接方法相比，激光焊具有如下特点：

1）能量密度高（≥10^5W/cm^2），是目前所有焊接方法中能量密度最大的焊接方法。

2）加热范围小（≤1mm），在同等功率和焊接厚度条件下，焊接速度大。

3）焊缝金属冷速大，容易得到细晶组织。

4）焊接热影响区范围小，焊接残余应力和变形小。

5）可以焊接一般焊接方法难以焊接的材料，如难熔金属及合金、非金属材料（陶瓷及其复合材料、有机玻璃）等。

6）可进行“小孔焊”，实现单面焊双面成形等。

与电子束焊相比，激光焊的优点是不需要真空，不产生X射线，且被焊材料可以不导电；另外，短波长的固体激光还可以实现光纤传输，系统柔性好。不足之处是焊接厚度比电子束焊小，焊接一些高反射率的金属还比较困难。

由于受激光功率的限制，长期以来激光焊主要是作为一种高效薄板焊接方法被应用。随着高功率激光技术的发展，这种状况正在改变。目前，无论是CO_2激光器还是光纤激光器，功率都已经达到15～20kW的水平，业内已经开始研究将激光焊应用于10mm以上的中厚板焊接。

1.3　焊接冶金原理的研究内容

1.3.1　熔化焊接头的形成和结构

根据有无填充材料（焊条和焊丝等），熔化焊可分成两类；一类是无填充材料的熔化焊，另一类是有填充材料的熔化焊。无填充材料的熔化焊常见于非熔化极惰性气体保护电弧焊、激光焊和电子束焊等焊接方法中，主要应用于非熔化极惰性气体保护电弧焊和激光焊薄板焊接中，但在厚板电子束焊接中也经常不用填充材料；使用填充材料的熔化焊主要用于焊接中厚板，常见方法有熔化极气体保护电弧焊和填丝的非熔化极惰性气体保护电弧焊。

在熔化焊过程中，无论是否使用填充材料，在焊缝（接头）形成过程和机理方面并没有差异，只是熔池液态金属的来源略有差异而已。在图 1-11 中，熔化极气体保护电弧焊焊缝（接头）的形成过程可简单描述为：一方面，母材（被焊材料）和焊接材料（焊丝）被加热熔化形成熔池，随着焊接热源的连续前移，热源后端的熔池凝固形成焊缝；另一方面，焊接热源对母材的加热除形成熔池外，在焊缝邻近区域还将形成一个“热影响区”，该区域由于被加热到较高的温度，组织和性能发生变化；另外，无论什么材料和（或）焊接方法，在焊缝和热影响区之间通常还会存在一个“熔合区”，一般认为，该区在焊接过程中介于固相和液相之间，组织和性能既有别于焊缝，又有别于热影响区（详见第 5 章），如图 1-11 所示。由此可见，一个焊接接头通常由焊缝、熔合区和热影响区构成。在服役过程中，焊缝、熔合区和热影响区在结构逻辑上属于“串联”关系，即任何一个区域的失效都将导致整个焊接接头的失效。因此，对焊接接头的性能和服役可靠性来说，焊缝、热影响区和熔合区具有同等重要的地位。

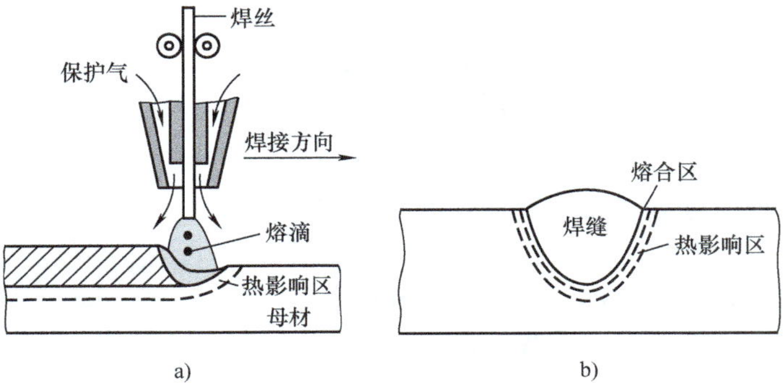

图 1-11　熔化焊焊缝（接头）的形成和结构
a）焊缝的形成　b）接头结构

1.3.2　熔化焊中的冶金学问题

如上所述，**一个熔化焊接头的形成需要经历一系列复杂的冶金过程，其中，既有化学冶金问题，也有物理冶金问题。**

1. 熔化焊中的化学冶金

简单地说，**熔化焊过程中焊接高温区内物质之间的相互作用统称为焊接化学冶金**。熔化焊的化学冶金主要发生在焊接区，亦即由母材、焊丝（或焊条）、熔池、熔滴、熔渣和气体等构成的高温固态、液态和气态系统，如图 1-12 所示。由于不同焊接方法的热源特点和保护方法不同，因此不同焊接方法的化学冶金过程和特点也不尽相同，其中，尤以渣保护电弧焊的化学冶金过程最为复杂。在焊条电弧焊和埋弧焊等渣保护电弧焊中，焊接化学冶金问题既有熔渣与焊接区金属（熔池和熔滴等）间的相互作用（化学反应和物质交换等），也有气体与焊接区金属间的相互作用（化学反应、溶解和迁移等），前者包括熔渣与焊接区金属间的氧化与脱氧、渗氢与脱氢、脱硫/磷、合金过渡等，后者主要涉及氮、氢、氧等与焊接区金属的作用。在 CO_2 气体保护电弧焊和活性混合气体保护电弧焊（MAG）等含有活性气体的气保护电弧焊中，化学冶金问题相对简单，主要是气体与焊接区金属的相互作用；在真空或惰性气体保护的熔化焊过程中，如电子束焊、激光焊、惰性气体保护电弧焊等，理论上基本可以不考虑化学冶金问题。

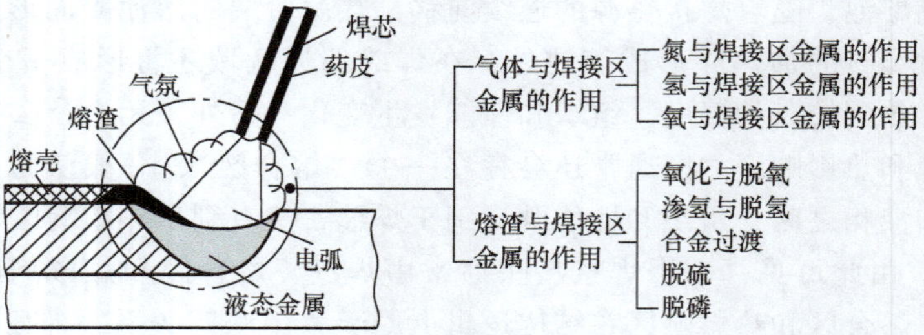

图 1-12 渣保护电弧焊的主要化学冶金问题

2. 熔化焊中的物理冶金

熔化焊的物理冶金包括焊接过程中从焊接区到母材热影响区内的所有物理变化过程。熔化焊过程中的物理冶金问题非常丰富，包括凝固、固态相变、回复与再结晶、物质迁移、晶粒粗化和裂纹等，如图 1-13 所示。

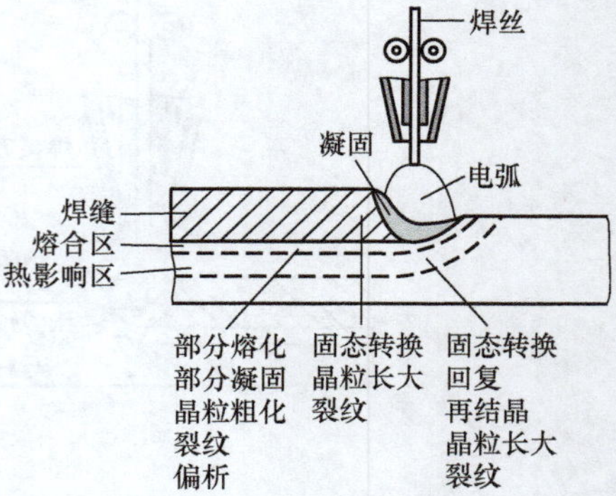

图 1-13 熔化焊中的主要物理冶金问题

焊接过程中，熔池（焊缝）、热影响区和熔合区都将经历一系列物理冶金过程，但不同材料焊接的物理冶金过程不同，同一种材料不同区域所经历的物理冶金过程也不尽相同。对于无固态相变的材料，焊接熔池的主要物理冶金过程是熔池的凝固问题，包括形核、结晶长大、成分迁移（偏析）等，焊接热影响区可能发生晶粒长大、回复与再结晶等过程；对于有固态相变的材料，除上述物理冶金过程外，其焊缝和热影响区还将发生固态转变。焊接接头熔合区的物理冶金过程主要有部分熔化、部分凝固、物质迁移（偏析）等。由于熔合区尺度较小（通常 10^{-1}mm 量级），且焊接过程中该区域是“热”、“质”和“力”的交汇或过渡区域，该区域所发生的一些物理冶金现象往往更加复杂、剧烈而微妙。

焊接物理冶金的另一个重要问题是焊接裂纹。通常，**材料的裂纹问题取决于“材质”和“环境”两大因素**，前者属于内因，包括组织结构、力学特性和缺陷等，后者属于外因，包括受力状态、服役温度和介质等。严格来说，在“材质”确定的条件下，材料的裂纹问题基本上是一个力学问题。但在焊接接头中却不同，焊接裂纹问题经常地被归为焊接物理冶金的范畴，其原因主要是基于焊接接头中的裂纹与焊接的物理冶金过程和行为直接相关，相当多的焊接裂纹甚至在焊接物理冶金过程中产生，即便有的焊接裂纹在焊后或者服役过程中产生，其形成也更多地与接头形成的物理冶金过程相关（甚至是决定性因素）。

另外值得指出的是，焊接过程经常是在非平衡条件下完成的，因此，焊接过程中的物理冶金过程比通常条件下铸造和热处理中的同类物理冶金现象更加复杂。

3. 研究焊接冶金问题的意义

焊接的最终目标是要获得具有良好性能的接头，从而满足服役要求。一般来说，焊接接头的性能取决于焊缝（接头）的成分、组织结构及其完整性（缺陷），而焊接冶金过程包括化学冶金和物理冶金过程，对熔化焊接头的成分、组织结构和性能有决定性的影响。

如图 1-14 所示，当被焊母材和焊接填充材料确定时，焊缝的主体成分确定，但焊缝（接头）中的一些低含量成分仍然是不确定的，而恰恰是这些低含量的成分（元素）对焊接接头的组织和性能有重大的影响。**焊接过程中，低含量成分（元素）往往受控于焊接的化学冶金过程**。首先，焊接温度下气体与液态熔池金属和熔滴的作用、熔渣与液态熔池金属和熔滴的作用等共同决定了焊缝中的氧、氢和氮的含量。焊缝金属的氧含量不但对熔池凝固过程中的非自发形核和焊缝金属的固态相变有重要影响，而且对焊缝中夹杂和气孔的形成也有影响；焊缝中的氢除可以导致焊缝形成气孔外，还容易引起焊缝产生氢致裂纹（延迟裂纹）；焊缝中的氮既可以引起气孔，还可以使焊缝发生时效脆化，等等。其次，熔渣与液态熔池金属和熔滴的作用还极大地影响焊缝中硫（S）和磷（P）的含量。硫和磷在钢和焊缝中都是有害元素，容易导致焊缝产生结晶裂纹等（详见第 3 章）。

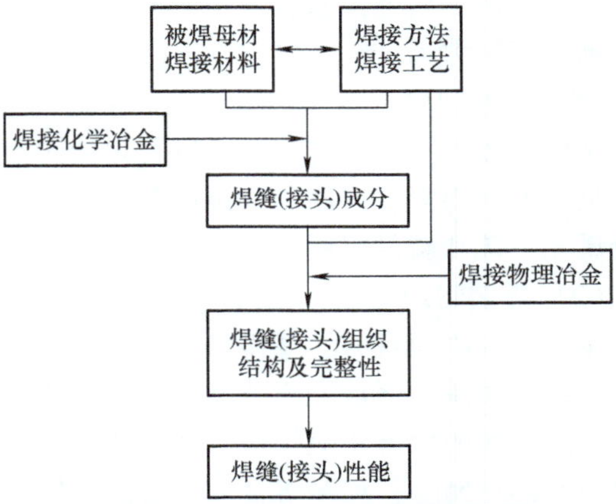

图 1-14　焊接化学冶金和物理冶金对接头性能的影响示意图

还如图 1-14 所示，**在熔化焊中，在焊缝（接头）成分确定的条件下，焊接接头的组织结构及其完整性和性能表象上取决于焊接方法及焊接工艺，但实质上受控于焊接的物理冶金过程**。例如，焊接熔池的凝固行为不仅决定焊缝的组织形态和结构尺度，还直接影响焊缝成分和结构的均匀性和完整性（偏析、气孔和裂纹等）；焊缝金属的固态转变行为决定焊缝最终的组织类型、形态和性能；焊接热影响区的组织和性能受控于其经历的物理过程。由于经历不同的物理冶金过程，既可以导致软化，也可以发生硬化，既可以引起组织细化，也可能导致晶粒长大等；焊接裂纹的形成也与焊接物理冶金过程密切相关，同样的被焊母材和焊接材料，同样的焊接方法，有时候形成裂纹，有时候又可以避免裂纹，等等（详见第 4 ~7 章）。

综上所述，为了获得良好的焊缝（接头）性能，需要对焊缝（接头）的成分和组织结构及其完整性进行能动的调控。焊接冶金问题是影响熔化焊接头成分和组织结构的关键共性问题——在被焊母材和焊接填充材料确定的条件下，本质上焊缝（接头）成分主要受焊接化学冶金过程的影响，而焊接接头的组织结构及其完整性更多地取决于焊接的物理冶金过程。换言之，焊接化学冶金和物理冶金过程对焊缝（接头）成分、组织和性能的影响恰恰为焊接接头性能的调控创造了条件。因此，为了对焊缝（接头）成分、组织结构和性能进行优化控制，需要对焊接中的冶金（化学冶金和物理冶金）过程和问题进行系统研究，了解和掌握其行为、规律和机理（原理）。

1.3.3 焊接冶金原理的研究内容

焊接冶金原理（学）研究探讨金属材料在熔化焊条件下的冶金（包括化学冶金和物理冶金）普遍原理——行为、规律和机理，是制定合理的焊接规范、优化焊接工艺、提高焊接接头性能、研究探索先进的焊接技术（焊接工艺和焊接材料）的理论基础。其主要内容包括以下两方面：

（1）焊接化学冶金　主要研究焊接过程中焊接区内物质间的相互作用，包括气体与焊接区金属的作用规律与原理——氮与焊接区金属的作用，氢与焊接区金属的作用，氧与焊接区金属的作用等；熔渣与焊接区金属的作用规律与原理——熔池金属的氧化与脱氧，焊缝金属氢、硫和磷的控制等。

（2）焊接物理冶金　主要研究焊接过程中从焊接区到母材热影响区内的物理变化，包括焊接熔池的凝固行为、规律和原理——熔池结晶形核、结晶形态，熔池凝固行为与焊缝凝固组织的关系，熔池凝固偏析、气孔和夹杂及其控制，焊接参数对焊缝凝固组织的影响等；焊缝金属的固态相变行为、规律和原理——焊缝金属的固态转变行为，焊缝的固态转变组织及其控制等；焊接熔合区的行为、规律和原理——熔合区的形成、结构与特征，熔合区的组织行为与性能，熔合区的物质迁移等；焊接热影响区的行为、规律和原理——热影响区的形成、结构与特征，热影响区的典型物理冶金问题，热影响区的性能等；焊接裂纹的行为、规律和原理——焊接裂纹的分类及特征，结晶裂纹、延迟裂纹等典型裂纹的形成机理、影响因素及其控制等。

本章小结

材料的冶金连接是指借助物理冶金或化学冶金方法，通过材料间的熔合、物质迁移和塑性变形等而形成的材料在原子间距水平上的连接。

按照连接的机理（母材和填充材料的状态）可以将材料的焊接与连接技术分为熔化焊、固相焊和钎焊三大类。熔化焊是指通过母材和填充材料的熔化、融合实现材料冶金连接的一类方法，在此过程中母材和填充材料都熔化；固相焊是指在一定的热、力耦合作用下，材料在固态下借助界面物质迁移或塑性变形实现冶金连接的一类方法，在此过程中一般没有液态过程，或即便有液态过程，但液态过程并不是实现冶金连接的主导机制；钎焊是利用低熔点液态金属或合金（钎料）对母材的润湿和毛细填缝而实现材料冶金连接的一类方法，在此过程中仅钎料熔化，母材不熔化。

熔化焊是最重要的一类冶金连接方法，也是应用最广泛的一类方法，实际工程建造和安装中应用的基本都是熔化焊。典型的熔化焊方法有渣保护电弧焊、非熔化极气体保护电弧焊、熔化极气体保护电弧焊和高能束焊（激光焊和电子束焊）等。

熔化焊过程中焊接高温区内物质之间的相互作用统称为焊接化学冶金，焊接过程中从焊接区到母材热影响区内的所有物理变化过程统称为焊接物理冶金。焊接冶金过程，包括化学冶金和物理冶金过程，对熔化焊接头的形成、组织结构和性能有决定性的影响，焊接冶金问题是熔化焊的关键共性问题。焊接冶金原理（学）研究探讨金属材料在熔化焊条件下的冶金（包括化学冶金和物理冶金）普遍原理——行为、规律和机理，是制定合理的焊接规范、优化焊接工艺、提高焊接接头性能、研究探索先进焊接技术（焊接工艺和焊接材料）的理论基础。

思考题

1）冶金连接的物理本质是什么？怎样才能实现材料的冶金连接？

2）简述熔化焊、固相焊和钎焊的定义。结合典型材料焊接与连接方法，说明材料焊接与连接方法的分类。

3）结合典型电弧焊方法，说明电弧焊方法的分类。

4）激光焊和电子束焊各有什么优点和缺点？比较激光焊和电子束焊在焊接工艺特点上的异同。

5）论述熔化焊中的关键共性冶金学问题。

6）什么叫焊接化学冶金？什么叫焊接物理冶金？

7）论述焊接化学冶金和物理冶金过程对熔化焊接头性能的影响。

8）简要说明焊接冶金原理（学）的主要研究内容。

参考文献

[1] 张文钺. 焊接冶金学（基本原理）[M]. 北京：机械工业出版社，2011.

[2] 储继君. 扎实做好行业工作，推动行业平稳转型升级 [J]. 焊接，2014，(8)：13-18.

[3] 聂常海. 中国焊接材料市场走势分析及展望 [J]. 新材料产业，2014，(5)：40-44.

[4] 中国机械工程学会焊接学会. 焊接手册（第一卷：焊接方法及设备）[M]. 北京：机械工业出版社，1992.

[5] Schultz H. Electron Beam Welding [M]. Cambridge England: Abington Publishing, 1994.

[6] Mladenov G, Vutova K, Wojcicki S. Experimental investigation of the weld depth and thermal efficiency during electron beam welding [J]. Vacuum, 1998, 51 (2): 231-233.

[7] 李志远，钱乙余，张九海，等. 先进连接方法 [M]. 北京：机械工业出版社，2000.

[8] Walter W, Duley. CO_2 Lasers Effects and Applications [M]. New York: Academic Press, 1976.

[9] Dawes C. Laser Welding [M]. Cambridge England: Abington Publishing, 1992.

[10] Duley W W. Laser Welding [M]. London: Wiley-Interscience Publication, 1999.

[11] Powell J. CO_2 Laser Cutting [M]. London: Springer-Verlag London Limited, 1993.

[12] 曹明翠，郑启光，陈祖涛，等. 激光热加工 [M]. 武汉：华中理工大学出版社，1995.

[13] 季汉庭. 激光快速成形技术 [J]. 航空工艺技术，1995，(5)：22-24.

[14] 曾晓雁，吴懿平. 表面工程学 [M]. 北京：机械工业出版社，2001.

[15] Akira Matsunawa, Jong-Do Kim, Naoki Seto, et al. Dynamics of keyhole and molten pool in laser welding [J]. Journal of Laser Application, 1998, 10 (6): 247-254.

第2章

焊接热过程

所谓**熔化焊，是指焊接过程中，采用合适的热源将需要连接的部位加热至熔化状态并且混合，在随后的冷却过程中熔化部位凝固，使彼此相互分离的工件形成牢固连接的一种焊接方法**。因此，采用局部热源加热工件是实现熔化焊的一个必要条件，即熔化焊必须通过热源对工件局部注入热量。不难理解，注入工件中的热量及其作用模式，和热量在工件上的分布与传输现象，必然会对保护介质（保护气体和熔渣）与液态金属的相互作用、焊接熔池凝固和焊接热影响区固态相变等焊接冶金过程产生决定性的影响。

焊接是一种非常复杂的热过程，具有以下四个方面的特点：

1. 焊接热源的集中性

熔化焊是一种局部加热过程，热源仅加热工件待连接区域，使之发生局部熔化并混合，并在随后的冷却过程中发生凝固。因此，作为熔化焊的焊接热源需要能量高度集中，能够保证被加热区域温度迅速升高使之熔化。

2. 焊接热源的运动性

一般情况下，焊接过程中热源相对于工件是运动的，焊件受热的区域不断变化。当焊接热源接近焊件某一点时，该点温度迅速升高；而当热源远离时，该点又冷却降温。因此，除了焊件的导热特性之外，焊接热源的运动性是决定焊件某点温度时变特性的主要因素。在一定条件下，焊接速度越快，其熔池和热影响区冷却速度也越快，焊缝的凝固及组织转变的非平衡性越强。

3. 焊接热过程的瞬时性

在高度集中热源的作用下，加热速度极快（电弧焊可达1500℃/s；高能束焊的加热速度会更高），可在极短的时间内把大量的热能由热源传递给工件使其温度迅速升高，同时由于热源的运动性和焊件热传导特性，又导致了温度的迅速下降。一般的电弧焊大约在十几至数十秒内完成焊接过程；而激光焊和电子束焊等焊接方法在几秒内即可完成焊接过程。

4. 焊接热过程的复合性

热传导、热对流和热辐射是热传递的三种基本方式。在焊接过程中，这三种热传递方式往往同时存在。焊接熔池中的液态金属处于强烈的运动状态，对流传热对熔池的热传输乃至焊接温度场影响很大；而在熔池的外部以固体导热为主。此外，还存在着辐射传热以及蒸发传热，特别是激光焊接时，加热以辐射传热为主导，熔池内部的对流更为复杂。因此，焊接热过程涉及各种传热方式，是一种复合传热过程。

为更好地理解焊接冶金的基本原理与特点，本章主要对焊接的热过程，包括传热学基础方程、焊接温度场、焊接过程中熔池流动行为及焊接热循环进行讨论。

2.1 焊接传热学基础

2.1.1 傅里叶定律

热总是从物体的高温部分向低温部分或者是从高温物体向低温物体流动，热量的传输可以认为是通过热流的传输实现的。通常，可把单位时间、单位面积上传递的热量定义为热流密度，记作 q，单位为 W/m^2。热流密度是一个向量，其方向是某点最大的热流方向。

在热传导过程中，通过给定截面的热流密度正比于该截面法线方向上的温度梯度，被称为傅里叶定律，是热传导的基本定律。傅里叶定律的数学表达式为

$$\boldsymbol{q} = -\lambda \mathrm{grad}T = -\lambda \frac{\partial T}{\partial n}\boldsymbol{n} \tag{2-1}$$

式中，λ 为热导率 [W/(m · K)]；T 为温度（K）；grad$T$ 为温度梯度（K/m）；$\boldsymbol{n}$ 为单位法向矢量；$\partial T/\partial n$ 为温度在 $\boldsymbol{n}$ 方向上的热导率。式中的负号表示热量传递方向指向温度降低的方向。

热导率 λ 表征材料的导热能力，其值与温度有关，且不同材料的 λ 值随温度变化的特性也不尽相同。

2.1.2 导热微分方程

在实践过程中，人们关心的是工件上的某点温度随时间的变化，即 $T=f(x, y, z, t)$。但是，傅里叶定律仅揭示出物体中某点温度梯度与热流向量之间的关系，并不能直接回答这个问题。为揭示连续温度场在时间与空间领域的内在联系，需要建立一个能够描述该问题的导热方程。

在直角坐标系中，任意方向的热流量总可以分解为 x、y、z 三个坐标轴方向的分热流量。对于从所研究物体中取出的平行六面体微元，如图 2-1 所示，在 dt 时间内，沿 x 方向进入微元体的热量为

$$Q_x = q_x \mathrm{d}y\mathrm{d}z\mathrm{d}t$$

沿 x 方向流出微元体的热量为

$$Q_{x+\mathrm{d}x} = (q_x + \mathrm{d}q_x)\mathrm{d}y\mathrm{d}z\mathrm{d}t$$

所以，沿 x 方向在微元体内积蓄的热量为

$$\mathrm{d}Q_x = Q_x - Q_{x+\mathrm{d}x} = -\mathrm{d}q_x\mathrm{d}y\mathrm{d}z\mathrm{d}t = -\frac{\partial q_x}{\partial x}\mathrm{d}x\mathrm{d}y\mathrm{d}z\mathrm{d}t$$

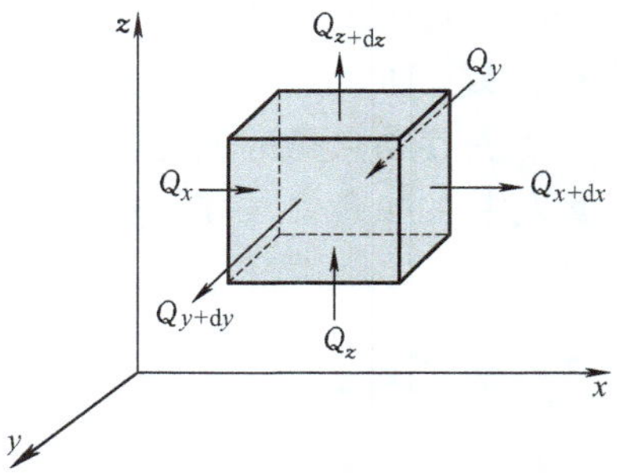

图 2-1 微元体中的热传导示意图

同理可得

$$\mathrm{d}Q_y = -\frac{\partial q_y}{\partial x}\mathrm{d}x\mathrm{d}y\mathrm{d}z\mathrm{d}t$$

$$\mathrm{d}Q_z = -\frac{\partial q_z}{\partial x}\mathrm{d}x\mathrm{d}y\mathrm{d}z\mathrm{d}t$$

因此，在微元体中总积蓄的热量为

$$dQ = dQ_x + dQ_y + dQ_z = -\left(\frac{\partial q_x}{\partial x} + \frac{\partial q_y}{\partial y} + \frac{\partial q_z}{\partial z}\right)dxdydzdt$$

将傅里叶定律代入上式，得

$$dQ = -\left[\frac{\partial}{\partial x}\left(-\lambda\frac{\partial T}{\partial x}\right) + \frac{\partial}{\partial y}\left(-\lambda\frac{\partial T}{\partial y}\right) + \frac{\partial}{\partial z}\left(-\lambda\frac{\partial T}{\partial z}\right)\right]dxdydzdt \tag{2-2}$$

该式的物理意义为，在 dt 时间内，由于导热的结果，在微元体 $dxdydz$ 中积累了热量 dQ，如果该微元体物质具有体积热容（容积热容）ρc_p [$J/(m^3 \cdot K)$]，并升高温度 $dT = \frac{\partial T}{\partial t}dt$，于是根据热力学第一定律有

$$dQ = \rho c_p \frac{\partial T}{\partial t}dtdxdydz \tag{2-3}$$

式中，$\frac{\partial T}{\partial t}$为给定点温度变化的瞬时速度；$\rho$ 为物质的密度（kg/m^3）；c_p 是溶质的比定压热容[$J/(kg \cdot K)$]。

将式（2-3）代入式（2-2），得

$$\rho c_p \frac{\partial T}{\partial t} = \frac{\partial}{\partial x}\left(\lambda\frac{\partial T}{\partial x}\right) + \frac{\partial}{\partial y}\left(\lambda\frac{\partial T}{\partial y}\right) + \frac{\partial}{\partial z}\left(\lambda\frac{\partial T}{\partial z}\right) \tag{2-4}$$

一般情况下，ρc_p 和 λ 都是 x、y、z、T 的函数。如果认为二者均为常数，则式（2-4）可化简为

$$\frac{\partial T}{\partial t} = \frac{\lambda}{\rho c_p}\left(\frac{\partial^2 T}{\partial x^2} + \frac{\partial^2 T}{\partial y^2} + \frac{\partial^2 T}{\partial z^2}\right) = a\,\nabla^2 T \tag{2-5}$$

式中，a 为热扩散率或热扩散系数（m^2/s），$a = \frac{\lambda}{\rho c_p}$。

在不稳定导热过程中，各点温度受到了两个方面的制约：一方面是热量的热传输过程，在一定的温度梯度条件下取决于热导率 λ，反映了材料的散热能力，其本质遵循傅里叶定律；另一方面是温度的变化过程，在吸收一定热量的条件下主要取决于体积热容 ρc_p，反映了材料存储热量的能力，其本质是遵循热力学第一定律。热扩散率 a 正是把这两个因素，即材料的热散失与存储热量的能力联系起来，使我们可以获得温度在空间与时间领域的变化。

2.1.3 边值条件

求解导热问题，实质上归结为对上述导热微分方程求解。对于上述导热微分方程，通过数学方法都可获得方程式的通解。然而，就解答实际工程问题而言，不仅要求出这种通解，而且要求得出既满足导热微分方程式，又满足根据问题给出的一些附加条件下的特解。这些**使微分方程式获得特解即唯一解的附加条件，在数学上称为定解条件**。一般来说，瞬态导热问题的定解条件有两个方面，即初始时刻温度分布的初始条件和物体边界上的温度或传热情况的边界条件。导热微分方程式连同初始条件和边界条件能够完整地描述一个具体的导热问题。对于稳态导热，定解条件没有初始条件，仅有边界条件。

1）给定了边界上的温度值，称为第一类边界条件：

$$T_s = T_s(x, y, z, t) \tag{2-6}$$

特殊情况是等温边界条件，即物体边界上的温度相等。

2）给定了边界上的热流密度值，称为第二类边界条件：

$$q_s = q_s(x, y, z, t) \tag{2-7}$$

特殊情况是绝热边界条件，$q_s = \frac{\partial T}{\partial n} = 0$，边界不透热。

3）给定了边界上物体与周围介质间的传热系数 K 及周围介质的温度 T_f，称为第三类边界条件：

$$-\lambda \left.\frac{\partial T}{\partial n}\right|_s = K(T_s - T_f) \tag{2-8}$$

当 $K\to\infty$ 或者 $\lambda\to 0$，即$\frac{K}{\lambda}\to\infty$时，$T_s = T_f$，即为等温边界条件，此时传热系数很大，而热导率很小，以致表面温度接近于周围介质的温度；当 $K\to 0$ 或者 $\lambda\to\infty$，即$\frac{K}{\lambda}\to 0$时，$\left.\frac{\partial T}{\partial n}\right|_s\to 0$，即为绝热边界情况，此时传热系数十分小，而热导率非常大，通过边界表面热流趋近于零。

2.1.4　叠加原理

当一系列热源共同作用时，热传播过程中的温度就可以看作为每一热源单独作用时的温度总和，被称为叠加原理。

根据叠加原理，可以很方便地处理一些焊接温度场的问题：

1）在时间域上，可以从瞬时热源作用下的温度场计算公式，来推导连续热源作用下的温度场计算公式，因为连续作用的热源可以看成是无数个瞬时热源作用在不同瞬间的结果。

2）在空间域上，可以从集中热源作用下的温度场计算公式，来推导分布热源作用下的温度场计算公式，因为分布作用的热源可以看成是无数个集中作用的热源在不同位置的共同作用。

但是，叠加原理的应用是有限制的，在下列情况下将不再适用：

1）材料的热物性参数 λ 和 ρc_p 以及传热系数 K 随温度的变化而改变。

2）考虑吸热或放热的物态变化（熔化、凝固和相变等），这是因为，此时的导热微分方程及边界条件都是非线性的。

2.2　焊接温度场

焊接工件内各个点上温度的集合称为焊接温度场。温度场通常是空间坐标（x，y，z）和时间变量的函数，即 $T=(x, y, z, t)$。不随时间而变的温度场称为稳态温度场，即 $T=(x, y, z)$。然而，熔化焊热过程重要的特征是在焊件形成时变或准稳定的焊接温度场，焊接温度场必然会对接头的组织转变规律乃至力学性能产生重要的影响。因此掌握焊接温度场的特点及其影响因素是分析接头焊接冶金特性的基础。

2.2.1 焊接热源

焊接热源的特点（包括能量密度和作用形式等）是影响焊接温度场分布的主要因素之一。一般地，**对焊接热源的要求是：热源高度集中，快速实现焊接过程，保证得到高质量焊缝和最小的热影响区**。当前，能够实现焊接过程的热源形式主要有电弧热、电阻热、摩擦热和化学热等所代表的传统焊接热源和以激光束、电子束和等离子束流所代表的高能束焊接热源。

每种焊接热源都有它本身的特点，一些常用焊接热源的最小加热面积、最大功率密度和正常焊接规范条件下的温度见表 2-1。

表 2-1 各种焊接热源的主要特性[1]

热　源	最小加热面积/cm^2	最大功率密度/(W/cm^2)	正常焊接规范下温度/K
乙炔火焰	10^{-2}	2×10^3	3200
金属极电弧	10^{-3}	10^4	6000
钨极氩弧焊	10^{-3}	1.5×10^4	8000
埋弧焊	10^{-3}	2×10^4	6400
电渣焊	10^{-3}	10^4	2000
熔化极氩弧焊 CO_2 气体保护焊	10^{-4}	$10^4\sim10^5$	—
等离子弧焊	10^{-5}	1.5×10^5	18 000 ~ 24 000
电子束 激光	10^{-7} 10^{-8}	$10^7\sim10^9$	—

1. 焊接热效率

焊接过程中由热源提供的热量并没有被全部利用，而是有一部分热量损失于金属散热和飞溅等过程中，也就是说，用于焊接的热量仅是所提供热源的一部分。因此，在电弧焊过程中，电弧功率可由下式表示：

$$P=\eta UI \tag{2-9}$$

式中，P 为电弧的有效功率，即电弧在单位时间内提供的有效能量；U 为电弧电压；I 为焊接电流；η 为加热过程中的功率有效系数或称热效率。

在一定的条件下，η 值是常数，主要取决于焊接方法、焊接规范、焊接材料和保护方式等，一般情况下 η 值的大小见表 2-2。

表 2-2 不同焊接方法的热效率[2,3]

焊接方法	厚皮焊条电弧焊	埋弧焊	电渣焊	电子束及激光焊	TIG	MIG	
						钢	铝
η	0.77 ~ 0.87	0.77 ~ 0.90	0.83	>0.90	0.68 ~ 0.69	0.66 ~ 0.69	0.70 ~ 0.85

同样的焊接方法，由于焊条或者焊剂的不同，电流变化时对 η 值也有一定的影响，因为药皮和焊剂中的稳弧剂、电离度、导热性、熔化数量等均对 η 有一定的影响。此外，表中激光焊的热效率是在深熔焊条件下的热效率，在热导焊条件下，其热效率要低得多。

2. 焊接热源模型

在计算焊接温度场时，必须要了解热源是以何种形式与工件相互作用的，即必须建立相应的数学模型。按照热源作用方式的不同，可以将焊接热源分为**集中热源**、**平面分布热源和体积分布热源**来处理。当关心的焊件部位离焊缝中心线比较远时，可近似将焊接热源当作集中热源来处理。对于一般的小电流电弧焊，热流分布在焊件上一定的作用面积内，可以将其作为平面分布热源。但是对大电流电弧焊和高能束焊接，由于产生较大的焊缝深宽比，说明焊接热源的热流沿焊件厚度方向上施加很大的影响，必须按某种恰当的体积分布热源来处理。

一般情况下，在采用解析法计算焊接温度场时，均采用集中热源处理，在一定条件下也可以采用平面分布热源来处理，但仅限于高斯热源分布情况。而采用数值法，包括有限差分法和有限元法，由于其具有较大的灵活性，一般采用平面分布热源和体积分布热源来处理，并且其热源的形状和加载形式可以不受限制。

（1）集中热源　所谓**集中热源，就是把焊接电弧的热能看作是集中作用在某一点（点热源）、某条线（线热源）或某个面（面热源）**。显然，这是对于实际情况加以简化的描述。对于厚大焊件表面上的焊接，可以把热源看成是集中在电弧加热斑点中心的点热源。对于薄板对接焊，可以把电弧热看作是施加在焊件厚度上的线热源。对于某些杆件对接焊，可以认为是把电弧热施加在杆件断面上的面热源。

（2）平面分布热源　**热源把热能传给焊件是通过焊件上一定的加热面积进行的**。通常，电弧加热斑点上的比热流分布，可以近似地用高斯曲线来描述。如图 2-2 所示，距斑点中心为 r 的点 A 的热流密度可用下式计算，即

$$q(r)=q_m\exp(-Kr^2) \tag{2-10}$$

式中，$q(r)$为 A 点的热流密度（W/cm^2）；q_m 为加热斑点中心最大比热流（W/cm^2）；K 为能量集中系数（cm^{-2}）；r 为 A 点距加热斑点中心的距离（cm）。

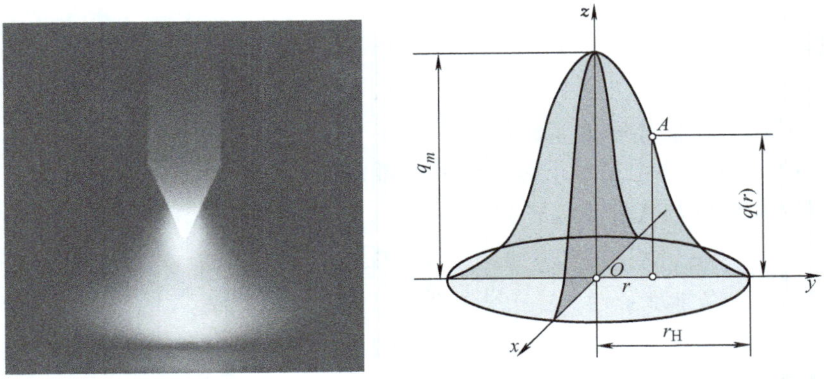

a)　　b)

图 2-2　加热斑点上热流密度的分布

a）焊接电弧形态　b）热流密度的分布

一般可以认为，高斯曲线下覆盖的全部热能为电弧有效功率 P，在加热半径范围 r_H 内

大约占据热源总量的95%，焊接热源高斯分布公式可表示为

$$q(r)=\frac{3P}{\pi r_H^2}\exp\left(-\frac{3r^2}{r_H^2}\right) \tag{2-11}$$

K 值说明热流集中的程度，由实验可知，它主要取决于焊接方法和焊接规范等。在电弧焊和气焊条件下，不同焊接方法的 K 值见表 2-3。从今后发展的趋势来看，应采用 K 值较大的焊接方法，如真空电子束焊和激光焊等。

表 2-3　不同焊接方法的热源集中系数[1]

焊接方法	K/cm^{-2}
焊条电弧焊	1.2~1.4
埋弧焊	6.0
TIG 焊	3.0~7.0
气焊	0.17~0.39

高斯分布热源模式将电弧热流看作是围绕加热斑点中心的对称分布，从而只需一个参数来描述热流的具体分布。实际上，由于电弧沿焊接方向运动，电弧热流围绕加热斑点中心不对称分布。由于焊接速度的影响，电弧前方的加热区域要比电弧后方小；加热斑点不是圆形的，而是椭圆形的，并且电弧前、后的椭圆形状也不相同，因此人们又提出了双椭圆热源分布模型，详见相关文献。

(3) 体积分布热源　对于熔化极气体保护电弧焊或高能束焊，**焊接热源的热流密度不仅作用在焊件表面上，也作用在焊件厚度方向上**。此时应该将焊接热源作为体积分布热源。为了考虑电弧热流沿焊件厚度方向上的分布，可以用椭球体模式来描述。

如图 2-3 所示，设椭球的半轴分别为 a_h、b_h和 c_h。设热源中心作用点的坐标为（0，0，0），以此点为原点建立坐标系（x，y，z）。在热源中心（0，0，0），热流密度最大值为 q_m。热流密度的体积分布可表示为

$$q(x,y,z)=q_m\exp(-Ax^2-By^2-Cz^2) \tag{2-12}$$

式中，A、B、C 为热流的体积分布函数。

假设有 95% 的热能集中在半个椭球体内，可以推导获得半个椭球体内的热流分布公式为

$$q(x,y,z)=\frac{6\sqrt{3}P}{a_h b_h c_h \pi\sqrt{\pi}}\exp\left(-\frac{3x^2}{a_h^2}-\frac{3y^2}{b_h^2}-\frac{3z^2}{c_h^2}\right) \tag{2-13}$$

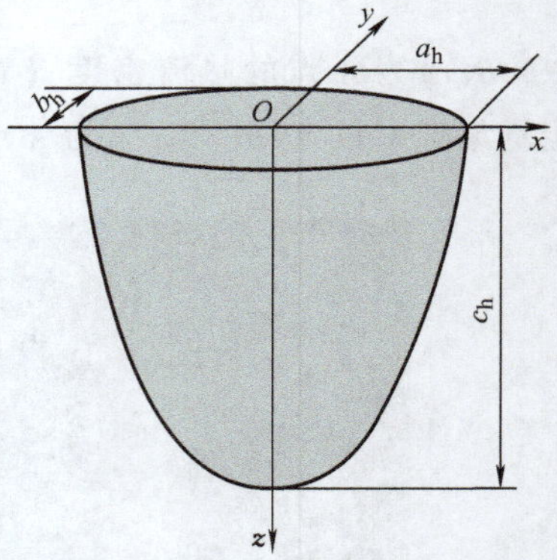

图 2-3　半个椭球体热源分布示意图

此外，除了半个椭球体热源模型之外，还有考虑到热流密度不对称分布的双椭球体热源模型、高能束焊接的锥体、曲面衰减型体热源模型等。

2.2.2　焊接温度场的解析法

由于焊接热过程的复杂性，焊接温度场的解析法需要做一些理想化的假设处理。虽然假设条件与焊接传热过程有较大的差异，但是由于解析法能够将焊接温度场的主要影响因

素综合在一个计算公式内，其物理意义比较清晰，计算过程相对简单、快速，而且还具有较强的理论意义[4-7]。

1. 理想化处理

为了计算焊接时金属焊件的加热和冷却过程，必须进行必要的简化处理，以突出所考虑过程的主要特点。

考虑到热源的尺寸，并方便数学处理，可将热源分为：

1）**点热源，是将热源看成是集中在加热斑点中心的一点**，如果焊件尺寸很大，可近似看成是半无限体时，可以将热源看作是点热源处理。

2）**线热源，是将加热看作为施加在垂直于板面的一条线上**，如果工件很薄，并且在长、宽很大时，可以将加热看作线热源处理。

3）**面热源，是将加热看作为施加在一个平面上**，在杆件对焊时可以将加热看作面热源处理。

2. 半无限体点热源热过程

（1）瞬时点热源 对于无限大物体，一瞬时点热源公式可表示为

$$T(x,\ y,\ z,\ t)=\frac{2Q}{(4\pi at)^{3/2}\rho c_p}\exp\left(-\frac{x^2+y^2+z^2}{4at}\right) \tag{2-14}$$

瞬时点热源在半无限体上温度场的等温面是以 O 为中心，以 R 为半径的等温半球面。

（2）运动点热源 对于运动点热源，其温度计算公式为

$$T(x,\ y,\ z,\ t)-T_0=\frac{2P}{\rho c_p(4\pi a)^{3/2}}\exp\left(-\frac{v_0x}{2a}\right)\int_0^t\frac{1}{t''^{3/2}}\exp\left(-\frac{v_0^2t''}{4a}-\frac{R}{4at''}\right)\mathrm{d}t'' \tag{2-15}$$

式中，T_0 为半无限体的初始温度；v_0 为焊接速度。

同集中热源运动有关的温度场，在加热开始时，温度升高的范围会逐渐扩大；而达到一定尺寸后，运动温度场的形态达到所谓饱和状态，其形态相对于热源保持不变，仅随热源一起运动。换句话说，热源周围的温度分布很快变为恒定，**当热源移动时，位于热源中心的观察者不会注意到在他周围的温度变化，这种状态称为准稳态**。从理论上来讲，当恒定功率热源作用时间无限长时，即当 $t\to\infty$ 时，热传播趋于准稳态。

对于式（2-15），当 $t\to\infty$，可得点热源加热半无限体表面的准稳态方程式。以等速沿半无限体表面运动的、有恒定功率的点热源的热传播过程准稳态方程式，在动坐标系下为

$$T(R,\ x)-T_0=\frac{P}{\lambda\pi R}\exp\left(-\frac{v_0x}{2a}-\frac{v_0R}{2a}\right) \tag{2-16}$$

式中，R 为所考虑的点 A 到动坐标系原点 O 的距离；x 为 A 点在动坐标系中的横坐标。

实例 1： 在低合金钢厚板进行 MIG 电弧堆焊，工艺条件为：$I=240\text{A}$，$U_a=28\text{V}$，$v_0=10\text{mm/s}$，$T_0=20℃$。对于低合金钢，物性参数为：$a=5\text{mm}^2/\text{s}$，$\rho c_p=0.005\text{J}/(\text{mm}^3\cdot℃)$，$T_m=1520℃$。对于 MIG，$\eta=0.7$。画出准稳态焊接温度场。

这种厚板堆焊可假设为移动点热源在半无限体上的焊接，其准稳态焊接温度场如图 2-4 所示。

3. 无限大薄板线热源热过程

（1）瞬时线热源 对无限大薄板的焊接过程可以将焊接热源看作线热源。对于瞬时能量为 Q 的线热源，温度场计算公式为

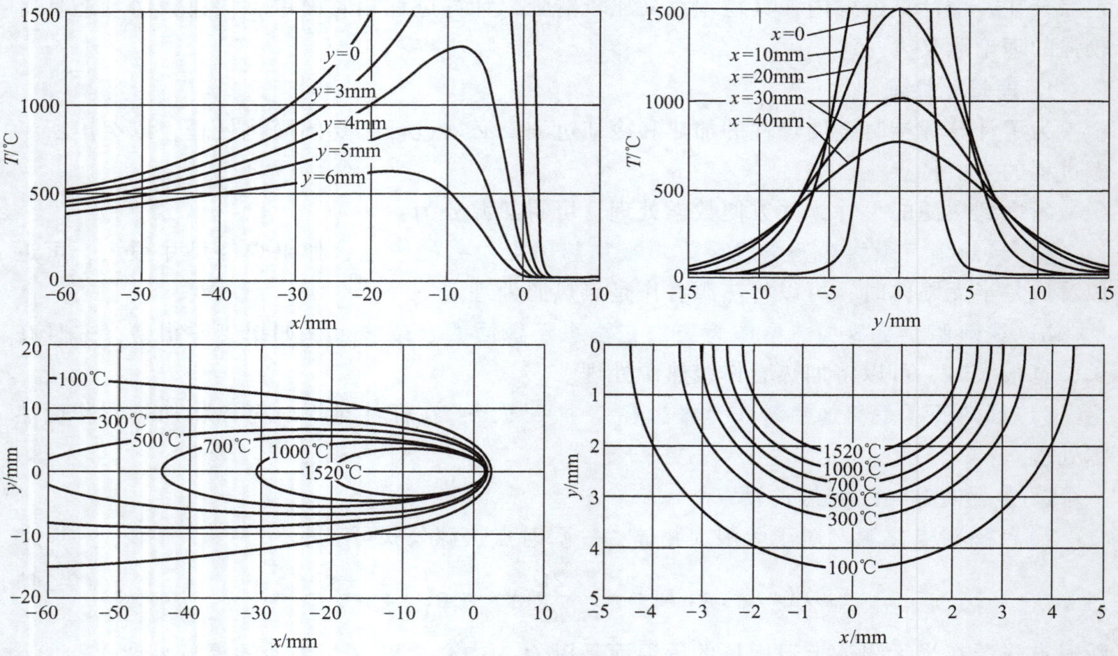

图 2-4　运动点热源准稳态焊接温度场

$$T(x, y, t) = \frac{Q}{4\pi\lambda Ht}\exp\left(-\frac{x^2+y^2}{4at}-b_c t\right) \tag{2-17}$$

式中，$-b_c t$ 为表面散热项，若不考虑薄板表面散热，去掉该项即可，b_c 为板的散温系数（s^{-1}）；H 为板材的厚度（cm）。

（2）运动线热源　与运动点热源类似，运动线热源也可以运用叠加原理推导获得

$$T(x, y, t) - T_0 = \frac{P}{4\pi\lambda H}\exp\left(-\frac{v_0 x}{2a}\right)\int_0^t \frac{1}{t''}\exp\left[-\left(\frac{v_0^{\ 2}}{4a}+b_c\right)t''-\frac{r^2}{4at''}\right]dt'' \tag{2-18}$$

其中

$$r^2 = x^2 + y^2$$

（3）准稳态运动线热源　在式（2-18）中，令 $t=\infty$，得到运动热源加热板的准稳态方程式为

$$T(r, t) - T_0 = \frac{P}{4\pi\lambda H}\exp\left(-\frac{v_0 x}{2a}\right)\int_0^\infty \frac{dw}{w}\exp\left(-w-\frac{u^2}{4w}\right) \tag{2-19}$$

$$W = \left(\frac{v_0^2}{4a}+b_c\right)t''$$

$$u^2 = r^2\left(\frac{v_0^2}{4a^2}+\frac{b_c}{a}\right)$$

而 $\int_0^\infty \frac{dw}{w}\exp\left(-w-\frac{u^2}{4w}\right) = 2K_0(u)$，函数 $K_0(u)$ 是第二类零阶改进型贝塞尔函数。于是，线热源加热板的准稳态方程式为

$$T(r,t)-T_0=\frac{P}{2\pi\lambda H}\exp\left(-\frac{v_0x}{2a}\right)K_0\left(r\sqrt{\frac{v_0^2}{4a^2}+\frac{b_c}{a}}\right) \tag{2-20}$$

实例 2：2mm 厚铝镁合金薄板的 TIG 焊接，工艺条件为：$I=110\text{A}$，$U_a=15\text{V}$，$v_0=4\text{mm/s}$，$\eta=0.6$，$T_0=20℃$。对于铝镁合金，$a=55\text{mm}^2/\text{s}$，$\rho c_p=0.0027\ \text{J/(mm}^3\cdot℃)$，$T_m=650℃$。忽略表面散热时，画出准稳态焊接温度场。

这种铝合金薄板焊接可以假设为移动线热源过程，其准稳态焊接温度场如图 2-5 所示。

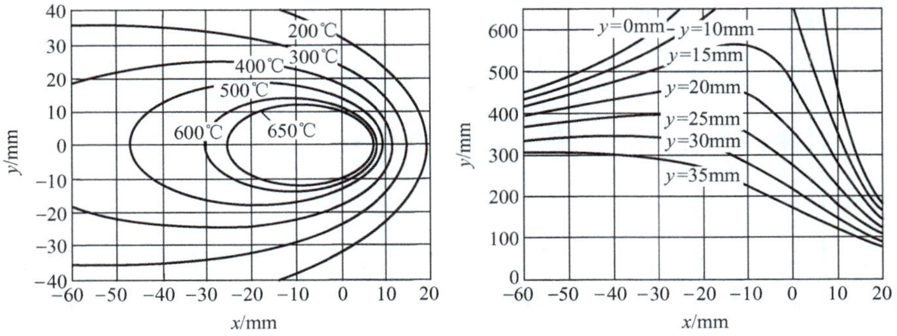

图 2-5 移动线热源准稳态焊接温度场

4. 面热源

一般对细杆状工件进行对接时，可以假设热源是一个平面，一般可认为是瞬时平面热源问题，其计算公式为

$$T(x,t)=\frac{2Q}{\pi\rho c_p\sqrt{\pi a t}}\exp\left(-\frac{x^2}{4at}\right) \tag{2-21}$$

式 (2-21) 即为瞬时面热源一维导热问题方程。

5. 焊接温度场解析公式的无因次形式[8]

把计算公式中的物理量化为无量纲的变量，即无因次量，是传热学的重要研究方法。其主要优点是无因次形式的计算公式，不受工艺条件的限制，易于获得传热过程的一般规律。

(1) 厚大焊件的情况　将焊接工艺条件（包括焊接参数和焊件的物理性能参数）归结成一个无因次参数，简称为工艺条件无因次参数：

$$n_3=\frac{qv_0}{4\pi a^2\rho c_p(T_c-T_0)}=\frac{qv_0}{4\pi a^2(H_c-H_0)} \tag{2-22}$$

无因次温度为

$$\theta=\frac{T-T_0}{T_c-T_0} \tag{2-23}$$

式中，T_c 为参考温度；T_0 为初始温度；(H_c-H_0) 是温度 T_c 时单位体积的焓量；其他符号的物理意义同前。

无因次 (x,y,z) 坐标：

$$\xi = \frac{v_0 x}{2a}, \psi = \frac{v_0 y}{2a}, \zeta = \frac{v_0 z}{2a} \tag{2-24}$$

无因次距离：

$$\sigma_3 = \frac{v_0 R}{2a} \tag{2-25}$$

将这些无因次参数代入式（2-16），得

$$\frac{\theta}{n_3} = \frac{1}{\sigma_3}\exp(-\sigma_3 - \xi) \tag{2-26}$$

（2）薄板情况　对于薄板公式，当不考虑散热时，定义无因次参数：

$$\sigma_5 = \frac{v_0 r}{2a}, d = \frac{v_0 H}{2a} \tag{2-27}$$

其他无因次参数定义同前，并代入式（2-20），得

$$\frac{\theta d}{n_3} = \exp(-\xi) K_0(\sigma_5) \tag{2-28}$$

根据式（2-26）和式（2-28）可以看出，焊接温度场解析解的无因次形式上非常简单整洁，便于计算。在采用无因次公式计算焊接温度场时，首先求取工艺条件无因次参数、无因次温度、无因次坐标等，之后计算各无因次参数之间的关系，需要时再转换为实际参数。

6. 解析法的局限性

温度场解析公式是在如下一些假设条件的基础上推导出来的：

1）热源集中于一点、一线或一面。

2）材料无论在什么温度下都是固体，不发生相变。

3）材料的热物理性能参数不随温度变化。

4）焊件的几何尺寸是无限的（对应于点热源和线热源，焊件分别为半无限体和无限大薄板）。

这些假设条件与焊接传热过程的实际情况有较大的差异，致使距离热源较近部位的温度计算发生了较大的偏差，但是这里恰恰是我们最关心的部位。因为从工艺上讲，确定熔化区域的尺寸及形状是十分有意义的；而从冶金科学上来说，相变点以上的加热范围是研究的重点。随着高速度电子计算机的广泛应用，有限差分法和有限单元法在焊接热过程计算中得到应用。由于这两类数值分析方法能够从根本上避免温度场解析公式所固有的缺陷，在焊接热过程的计算方面得到了越来越广泛的应用。

2.2.3 焊接温度场的有限差分法

有限差分法从微分方程出发，将区域经过离散处理后，近似地用差分、差商来代替微分、微商，微分方程和边界条件的求解就可归结为求解一个线性代数方程组，得到的是数值解。

1. 有限差商基础

通常把一个连续函数的增量与自变量增量的比值定义为有限差商。显然，当自变量的增量趋于零时，有限差商的极限就是这个函数的微商。一般情况下，有限差商是对微商的

某种近似，有限差商代替微商必然会引起某种误差。

某点的差商可以在邻点的一侧，也可以位于邻点之间，可以分为以下三种形式：

向前差商

$$\frac{\mathrm{d}f}{\mathrm{d}x} \approx \frac{f(x+\Delta x)-f(x)}{\Delta x} \tag{2-29}$$

向后差商

$$\frac{\mathrm{d}f}{\mathrm{d}x} \approx \frac{f(x)-f(x-\Delta x)}{\Delta x} \tag{2-30}$$

中心差商（向前差商与向后差商的算术平均值）

$$\frac{\mathrm{d}f}{\mathrm{d}x} \approx \frac{1}{2}\frac{f(x+\Delta x)-f(x-\Delta x)}{\Delta x} \tag{2-31}$$

一般情况下，向前差商或者向后差商要比中心差商的截断误差大。此外，对于差商，邻点的距离可以相等，都等于 Δx，也可以不相等。本书仅讨论等间距的差分计算，关于非等间距差分计算，请见相关参考书。

一阶差商仍然是 x 的函数，可以继续对它求差商，人们常用一阶向前差商与一阶向后差商来定义二阶差商：

$$\frac{\mathrm{d}^2 f}{\mathrm{d}x^2} \approx \frac{f(x+\Delta x)-2f(x)+f(x-\Delta x)}{\Delta x} \tag{2-32}$$

2. 非稳态导热问题有限差法

对于一般的热传导问题，若其温度场不随时间发生变化，称为稳态热传导问题；而对于温度场随时间变化的热传导，称为非稳态热传导问题。对于一般的焊接过程，其温度场基本都是随着时间变化的，因此这里仅讨论非稳态热传导问题。

考查在直角坐标中，在整个求解区域布置均匀网格系统的并具有均匀热导率的三维导热区域。取 $\Delta=\Delta x=\Delta y=\Delta z$，并把注意力集中于图 2-6 所示的内部节点 P，在该图中还表示了它的 6 个邻点，先暂不考虑内热源，则基本偏微分方程为

$$\frac{\partial^2 T}{\partial x^2}+\frac{\partial^2 T}{\partial y^2}+\frac{\partial^2 T}{\partial z^2}=\frac{1}{a}\frac{\partial T}{\partial t} \tag{2-33}$$

式中，a 为热扩散率，$a=\dfrac{\lambda}{\rho c_p}$。

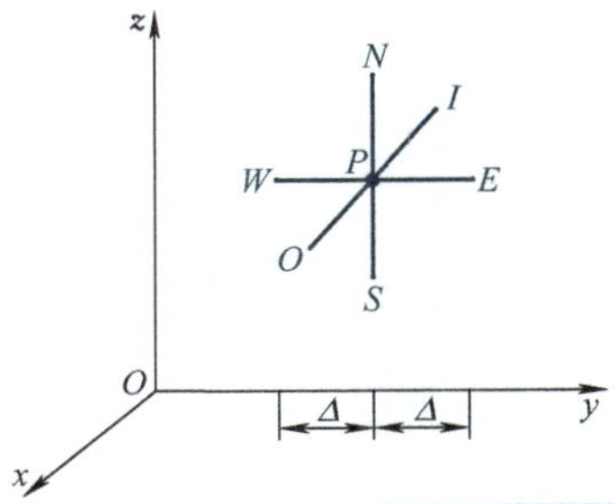

图 2-6　空间中某节点 P 及其周围 6 个邻点

(1) 有限差分的基本格式　在式 (2-33) 中，方程的左边取时间 t 时的值，方程的右端用向前差分表示，它只包含在 P 点的 $T(t+\Delta t)$ 与 $T(t)$。当在 P 点附近没有内热源时，其有限差分方程为

$$\frac{T_O-2T_P+T_I}{\Delta^2}+\frac{T_E-2T_P+T_W}{\Delta^2}+\frac{T_N-2T_P+T_S}{\Delta^2}=\frac{1}{a}\frac{T'_P-T_P}{\Delta t} \tag{2-34}$$

式中，$T'_P=T_P(t+\Delta t)$，$T_P=T_P(t)$，其余不带′的项都在时间 t 取值。上式整理后，得

$$T_O+T_I+T_E+T_W+T_N+T_S+\left(\frac{1}{F_0}-6\right)T_P=\frac{1}{F_0}T'_P \tag{2-35}$$

式中，F_0为傅里叶数，$F_0=\dfrac{a\Delta t}{\Delta^2}=\dfrac{\lambda\Delta t}{\rho c_p\Delta^2}$

式（2-35）中 $T'_P=T_P(t+\Delta t)$可以根据它本身及其相邻 6 个点在时刻 t 时的温度来计算，而它们在时刻 t 的温度是已知的。这样，根据前一个时刻各节点的温度值，可以用式（2-35）直接得出下一个时刻各节点的温度值；一个一个时间步长地推进下去，就可以得出任意时刻各节点的温度值。

应该指出，上述温度场有限差分格式为显式差分格式，有时根据需要还可以使用隐式差分格式和 C-N 格式等。

（2）边界节点差分方程的建立 对于一个具体的温度场问题，物体内部的温度场必然受到物体表面条件的影响，反之，物体内部温度场的变化也影响着表面上的条件。因此，为了数值求解，还必须对边界条件进行处理，也就是必须建立边界节点的差分方程。

前面所述的建立内节点差分方程的方法针对的是一般三维温度场问题。为简单起见与便于理解，在此只讨论二维系统的边界节点差分方程的建立，按同样的方法也不难推导出一维或三维系统边界节点的差分方程。在实际的焊接过程中，经常出现的边界条件分别为给定温度边界、绝热边界、给定热流密度边界、对流边界和辐射边界等。

1）给定表面温度边界。当表面温度边界已知时，可将此温度直接作为其他有关节点差分格式的已知值，直接代入其他有关差分格式即可。

2）绝热边界条件。图 2-7 所示为边界条件示意图，其中 NBS 为绝热边界，则根据傅里叶定律和能量守恒定律有

$$\lambda\frac{\Delta}{2}\frac{T_N-T_B}{\Delta}+\lambda\frac{\Delta}{2}\frac{T_S-T_B}{\Delta}+\lambda\Delta\frac{T_E-T_B}{\Delta}=\rho c_p\frac{\Delta}{2}\Delta\frac{T'_B-T_B}{\Delta t}$$

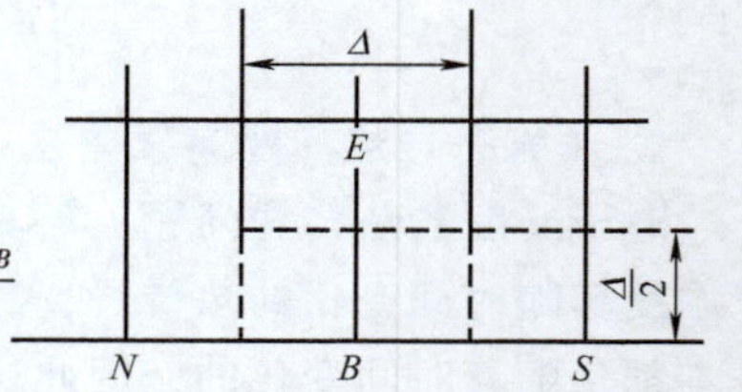

图 2-7 边界条件示意图

整理得

$$T'_B=F_0(T_N+T_S+2T_E)+(1-4F_0)T_B \tag{2-36}$$

3）给定热流密度 q_r 边界。在图 2-7 中的 NBS 边界，若给定热流密度 q_r，则有

$$\lambda\frac{\Delta}{2}\frac{T_N-T_B}{\Delta}+\lambda\frac{\Delta}{2}\frac{T_S-T_B}{\Delta}+\lambda\Delta\frac{T_E-T_B}{\Delta}+\Delta q_r=\rho c_p\frac{\Delta}{2}\Delta\frac{T'_B-T_B}{\Delta t}$$

整理得

$$T'_B=F_0(T_N+T_S+2T_E)+(1-4F_0)T_B+\frac{2\Delta t}{\rho c_p\Delta}q_r \tag{2-37}$$

4）对流传热边界。在对流传热边界 x 方向上热交换可以用下式表示：

$$-\lambda\frac{\partial T}{\partial x}=\alpha_c(T-T_f) \tag{2-38}$$

式中，α_c 为表面传热系数；T_f 为物体周围介质的温度。

若图 2-7 中 NBS 为对流传热边界，有

$$T'_B=F_0(T_N+T_S+2T_E)+\left(1-4F_0-\frac{2\alpha_c\Delta t}{\rho c_p\Delta}\right)T_B+\frac{2\alpha_c\Delta t}{\rho c_p\Delta}T_f \tag{2-39}$$

5）辐射换热边界。对于两个物体的温度不同，彼此都可以发射辐射能，并且一个辐射体能吸收另一个辐射体的辐射能量。两者之间的热辐射交换可用下式来表示：

$$q_R = \varepsilon C_0 (T_1^4 - T_2^4) \tag{2-40}$$

式中，ε 为黑度系数，在 0～1 之间，绝对黑体的黑度系数为 1；C_0 为辐射系数，5.67W/($m^2 \cdot K^4$)；T_1、T_2为两个辐射体的温度。

若在图 2-7 中 *NBS* 为辐射换热边界，有

$$T'_B = F_0(T_N + T_S + 2T_E) + (1 - 4F_0)T_B + \frac{2\varepsilon C_0 \Delta t}{\rho c_p \Delta}(T_f - T_B) \tag{2-41}$$

（3）有限差分方程的求解　对于导热问题的有限差分法，是将热传导的偏微分方程转换为一组节点的代数方程。这些代数方程组均可以转化为含有 n 个未知数、n 个方程的方程组（对于有 n 个节点的传热问题）问题。在某一时刻，其传热时间为已知，这样就可以建立方程组：

$$\begin{cases} a_{11}T_1 + a_{12}T_2 + \cdots + a_{1n}T_n = b_1 \\ a_{21}T_1 + a_{22}T_2 + \cdots + a_{2n}T_n = b_2 \\ \vdots \\ a_{n1}T_1 + a_{n2}T_2 + \cdots + a_{nn}T_n = b_n \end{cases} \tag{2-42}$$

方程组（2-42）可简写成

$$\sum_{j=1}^{n} a_{ij}T_j = b_i \quad (i = 1, 2, \cdots, n) \tag{2-43}$$

根据上述的有限差分表达式，已经知道对于每个未知节点的温度，只与它周围邻点的温度有关，导热差分方程组（2-43）的系数矩阵是稀疏矩阵，因此采用迭代法求解更为合适。迭代法的基本思想是，构造一个由$\{T_1, T_2, \cdots, T_n\}$组成的矢量序列，使其收敛于某个极限矢量$\{T_1^*, T_2^*, \cdots, T_n^*\}$，而且这个极限矢量就是方程组（2-43）的精确解。根据构造矢量序列的方法不同，有简单迭代法、高斯－赛德尔迭代法与超松弛迭代法等。

2.2.4　焊接温度场的有限单元法

有限差分法是以差分代替微分，建立以节点参数为未知量的线性代数方程组。差分法的优点是它所列出的线性方程组格式比较简单，对于形状简单和规则的物体比较合适，其缺点是差分网格大多采用正方形或者矩形等，显得比较呆板。有限单元法（以下简称有限元法）是根据变分原理求解数学物理问题的一种计算方法。有限元法首先在结构力学中得到应用，而后推广到流体力学、热传导等领域。

1. 温度场问题有限元法理论基础

用有限元分析热传导的核心是将热传导问题通过泛函转化为变分问题。所谓泛函，可以简单地理解为“函数的函数”，即它的变量不是函数的自变量，而是函数本身，泛函的值是由一条曲线的整体性质决定的。变分是为求泛函极值（或最优函数）问题提出的一种数学处理方法，其含义与微分有相似之处，但却存在着本质的不同。变分是在泛函空间相对某一函数的微小变化，而微分是相对某一自变量的微小变化。在数学上，变分问题最后可处理成微分问题。**当泛函的变分为 0 时，其对应的函数即为最优函数**。

对于二维瞬态热传导问题的微分方程可表示为

$$
\begin{aligned}
&\frac{\partial T}{\partial t}=\frac{\lambda}{\rho c_p}\left(\frac{\partial^2 T}{\partial x^2}+\frac{\partial^2 T}{\partial y^2}\right)\\
&T\big|_{t=0}=f(x,\ y)\\
&-\lambda\left.\frac{\partial T}{\partial n}\right|_{\Gamma}=\alpha(T-T_{\mathrm{f}})\big|_{\Gamma}
\end{aligned}
\tag{2-44}
$$

其中$f(x,\ y)$是已知的初始温度分布。先固定时间变量，通过变分的方法求取某一具体瞬时条件下的温度分布，再进一步考虑时间的变化，把 $\partial T/\partial t$ 用差分展开处理。式（2-44）对应的泛函为（详见相关参考文献）

$$
J[T(x,\ y,\ t)]=\iint\limits_{D}\left[\frac{\lambda}{2}\left(\frac{\partial^2 T}{\partial x^2}+\frac{\partial^2 T}{\partial y^2}\right)+\rho c_p\frac{\partial T}{\partial y}T\right]\mathrm{d}x\mathrm{d}y+\oint\limits_{\Gamma}\alpha\left(\frac{1}{2}T^2-T_{\mathrm{f}}T\right)\mathrm{d}s \tag{2-45}
$$

利用变分原理可以证明，微分方程式（2-44）的求解可用泛函式（2-45）取极值的变分法计算来代替。对于一个温度场问题，可以把其求解域 D 划分成有限个单元，对于其中任何一个单元进行变分计算，则泛函式（2-45）变为

$$
J^e=\iint\limits_{\Delta}F(x,\ y,\ T,\ T_x,\ T_y)\,\mathrm{d}x\mathrm{d}y \tag{2-46}
$$

式中，J^e 为定义在单元中的泛函；Δ 为单元的面积。

如果将区域 D 划分成 E 个单元和 n 个节点，则温度场离散成 T_1，T_2，…，T_n这 n 个节点温度。将离散的温度函数代入到 J，则泛函 $J[T(x,\ y)]$实际上成为一个多元函数 $J(T_1,\ T_2,\ \cdots,\ T_n)$。根据变分原理，可以将式（2-44）转化为多元函数求极值问题，即

$$
\frac{\partial J}{\partial T_k}=\frac{\partial\sum\limits_{e=1}^{E}J^e}{\partial T_k}=\sum_{e=1}^{E}\frac{\partial J^e}{\partial T_k}=0\quad k=1,\ 2,\ \cdots,\ n \tag{2-47}
$$

这样，对每个单元计算$\dfrac{\partial J^e}{\partial T_k}$之值后求和等于0。可以建立 n 个方程，求解后得到 n 个节点的温度值（T_1，T_2，…，T_n）。

现在面临的问题是如何用节点温度值来表示单元内任意一点的温度值，以方便求取$\dfrac{\partial J^e}{\partial T_k}$。根据变分原理中的试探函数法，对于有限单元内部任一点的温度值可以通过插值函数就可以保证足够的精度。多项式的数学运算（微分与积分）比较方便，并且可以逼近所有光滑函数的局部，通常选择多项式作为温度插值函数。

对于二维温度场问题可以采用三角形单元、矩形单元和任意四边形单元等方法划分。为简单起见，这里针对三角形单元进行讨论。显而易见，三角形单元仅有三个节点，通常采用线性函数，即

$$
T^e=a_1+a_2x+a_3y \tag{2-48}
$$

式中，a_1、a_2、a_3为待定常数，它们由节点上的温度值来确定。

将三个节点的坐标及温度代入上式，得到一个三元一次线性方程组，求解以后可以得到 a_1、a_2、a_3的值，因而就能得到确定的插值函数。将插值函数写成关于节点温度坐标值的一般形式：

$$T^e = N_iT_i + N_jT_j + N_mT_m \tag{2-49}$$

或

$$T^e = [N]^e \{T\}^e$$

其中

$$[N]^e = [N_i, N_j, N_m], \{T\}^e = \begin{Bmatrix} T_i \\ T_j \\ T_m \end{Bmatrix}$$

式中，$[N]^e$ 称为形函数［其表达式为单元内部任意一点坐标 (x, y) 的函数］，它是由单元的形状和尺寸决定的。

通过式（2-49）就可以用节点温度表示单元内任意一点温度。对于三角形单元，单元划分之后，其三个顶点 i，j，m 的坐标(x_i, y_i)，(x_j, y_j)，(x_m, y_m)已知。因此，形函数$[N]^e$ 也已知。

对于任意一个边界单元的泛函，有

$$J^e_{边} = \iint_e \left[\frac{\lambda}{2}\left(\frac{\partial^2 T}{\partial x^2} + \frac{\partial^2 T}{\partial y^2}\right) + \rho c_p \frac{\partial T}{\partial y} T\right] \mathrm{d}x\mathrm{d}y + \int_{jm} \alpha \left(\frac{1}{2}T^2 - T_f T\right) \mathrm{d}s \tag{2-50}$$

对于内部单元，没有第二项线积分。对于单元边界 jm，可以构造一个更加简单的插值函数，即

$$T = (1 - \tau) T_j + \tau T_m \tag{2-51}$$

式中，τ 为参变量，$0 \leqslant \tau \leqslant 1$，$\tau = 0$ 对应于节点 j，$\tau = 1$ 对应于节点 m，显然有

$$S_i = \sqrt{(x_j - x_m)^2 + (y_j - y_m)^2} = \sqrt{b_i^2 + c_i^2} \tag{2-52}$$

单元边界弧长变量 S 和 S_i 可用 τ 联系起来，即

$$S = S_i \tau, \mathrm{d}s = S_i \mathrm{d}\tau \tag{2-53}$$

对式（2-50）取变分有

$$\frac{\partial J^e}{\partial T_i} = \iint_e \left[\lambda \frac{\partial T}{\partial x}\frac{\partial}{\partial T_i}\left(\frac{\partial T}{\partial x}\right) + \lambda \frac{\partial T}{\partial y}\frac{\partial}{\partial T_i}\left(\frac{\partial T}{\partial y}\right) + \rho c_p \frac{\partial T}{\partial t}\frac{\partial T}{\partial T_i}\right] \mathrm{d}x\mathrm{d}y + \int_0^1 \alpha (T - T_f) \frac{\partial T}{T_i} S_i \mathrm{d}\tau \tag{2-54}$$

在式（2-54）中各个偏微分项均可由式（2-49）和式（2-53）求得。对于一个三角形单元的三个节点，通过化简可以得到如下形式，即

$$\begin{Bmatrix} \dfrac{\partial J^e}{\partial T_i} \\ \dfrac{\partial J^e}{\partial T_j} \\ \dfrac{\partial J^e}{\partial T_m} \end{Bmatrix} = \begin{bmatrix} k_{ii} & k_{ij} & k_{im} \\ k_{ji} & k_{jj} & k_{jm} \\ k_{mi} & k_{mj} & k_{mm} \end{bmatrix} \begin{Bmatrix} T_i \\ T_j \\ T_m \end{Bmatrix} + \begin{bmatrix} h_{ii} & h_{ij} & h_{im} \\ h_{ji} & h_{jj} & h_{jm} \\ h_{mi} & h_{mj} & h_{mm} \end{bmatrix} \begin{Bmatrix} \dfrac{\partial T_i}{\partial t} \\ \dfrac{\partial T_j}{\partial t} \\ \dfrac{\partial T_m}{\partial t} \end{Bmatrix} - \begin{Bmatrix} p_i \\ p_j \\ p_m \end{Bmatrix} \tag{2-55}$$

其中，$\begin{bmatrix} k_{ii} & k_{ij} & k_{im} \\ k_{ji} & k_{jj} & k_{jm} \\ k_{mi} & k_{mj} & k_{mm} \end{bmatrix}$、$\begin{bmatrix} h_{ii} & h_{ij} & h_{im} \\ h_{ji} & h_{jj} & h_{jm} \\ h_{mi} & h_{mj} & h_{mm} \end{bmatrix}$和$\begin{Bmatrix} p_i \\ p_j \\ p_m \end{Bmatrix}$均可用形函数$[N]^e$ 表示。

将式（2-55）代入式（2-47）即可以建立 n 个线性方程组

$$\begin{bmatrix} k_{11} & k_{12} & \cdots & k_{1n} \\ k_{21} & k_{22} & \cdots & k_{2n} \\ \vdots & \vdots & \vdots & \vdots \\ k_{n1} & k_{n2} & \cdots & k_{nn} \end{bmatrix} \begin{Bmatrix} T_1 \\ T_2 \\ \vdots \\ T_n \end{Bmatrix} + \begin{bmatrix} h_{11} & h_{12} & \cdots & h_{1n} \\ h_{21} & h_{22} & \cdots & h_{2n} \\ \vdots & \vdots & \vdots & \vdots \\ h_{n1} & h_{n2} & \cdots & h_{nn} \end{bmatrix} \begin{Bmatrix} \frac{\partial T_1}{\partial t} \\ \frac{\partial T_2}{\partial t} \\ \vdots \\ \frac{\partial T_n}{\partial t} \end{Bmatrix} = \begin{Bmatrix} p_1 \\ p_2 \\ \vdots \\ p_n \end{Bmatrix} \tag{2-56}$$

可以简写为

$$[K]\{T\}_t + [H]\left\{\frac{\partial T}{\partial t}\right\}_t = \{P\}_t \tag{2-57}$$

式中，$[K]$ 为温度刚度矩阵；$[H]$ 为变温矩阵，它是考虑温度随时间变化的一个系数矩阵，是瞬态温度场计算特有的一项；$\{T\}$ 为未知节点温度值的列向量；$\{P\}$ 为等式右端项组成的列向量。

对式（2-57），常用差分法将 $\left\{\frac{\partial T}{\partial t}\right\}_t$ 展开，建立差分格式，可求解 $\{T\}$。例如，采用两点向后差分格式，可以获得

$$\left([K] + \frac{1}{\Delta t}[H]\right)\{T\}_t = \frac{1}{\Delta t}[H]\{T\}_{t-\Delta t} + \{P\}_t \tag{2-58}$$

此外，该矩阵的有限差分格式还有 C-N 格式、加列金格式以及三点向后差分格式等。

通过以上讨论可以发现，有限元法与有限差分法存在着很大的不同。首先，有限差分法无论是在空间还是时间上，均采用差商的方法迭代求取不同时间与不同位置的节点温度值；而有限单元法是通过整体的观点利用变分原理求取空间上某一时刻的所有节点温度值，而温度场随时间的变化采用差分法迭代求解。其次，有限差分法不含有网格内部的温度信息，仅求取节点温度；而有限元法通过插值函数能够比较精确地反映单元内部任意一点的温度信息。再次，有限差分法在网格划分上仅能采用形式上规则的网格，不够灵活；而有限单元的网格划分比较灵活。

2. 焊接温度场有限元法的数值模拟

随着有限元技术的发展和应用，以及计算机技术的飞速发展，目前已经出现了许多优秀的有限元软件。目前能够为焊接工作者选用的有限元软件有：ANSYS、MSC. MARC、ABAQUS、SYSWELD、ADINA、NASTRAN 和 MAEC 等。这些大型的有限元分析软件都具有自动划分网格和自动整理计算结果，并形成可视化图形的前后处理功能。焊接工作者已经无须自己编制分析软件，可以利用上述商品化软件，必要时加上二次开发，即可得到需要的计算结果。

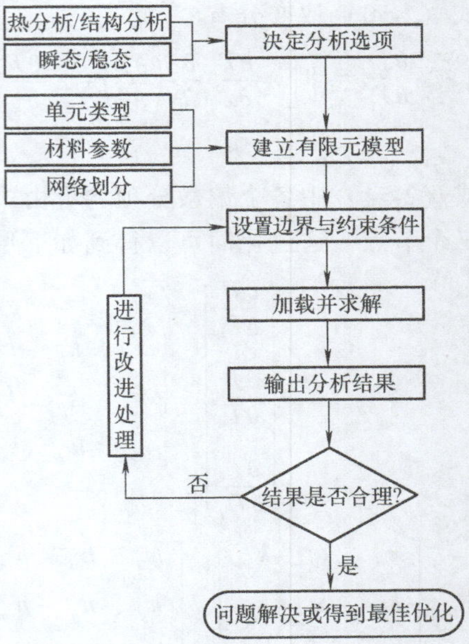

图 2-8　有限元法分析的基本流程

有限元法分析的基本流程如图 2-8 所示。一

般地，对于温度场有限元分析的基本步骤为：

1）定义单元类型、输入材料物理性能参数。

2）创建有限元模型，设置网格单元尺寸、网格划分，生成有限元模型。

3）选择热源模型、确定边界条件。常见的热源模型有点热源、高斯热源、椭球热源、双椭球热源、移动线热源等，有限元模型的边界条件包括温度边界条件。

4）施加载荷和求解包括定义分析类型、设定载荷步选项、设置边界条件和求解运算。

5）显示温度场分布云图，既可以对模型的某一时刻的结果列表或图形显示，也可以显示模型中某一点随时间的变化结果。

2.2.5　焊接温度场的影响因素

焊接温度场的影响因素很多，主要有以下几个方面：

1. 热源的性质

焊接热源的种类很多，如电弧、激光、电子束、氧乙炔火焰、电渣等。由于热源的性质不同，焊接温度场的分布也不同。一般电弧焊条件下，25mm 以上的钢板就可以认为是点状热源，而 100mm 以上的厚钢板电渣焊时却是线状热源。激光焊和电子束焊时，热能极其集中，所以温度场的范围很小；而气焊时，热源作用的面积较大，因此温度场范围也大。

图 2-9 所示为相同厚度的低碳钢的 CO_2 电弧焊和激光焊温度场对比[9]。在图中明显地可以看出激光焊温度场的范围要远小于 CO_2 电弧焊，激光焊具有更高的温度梯度。此外，CO_2 电弧焊的热输入为 0.23kJ/mm，而激光焊仅为 0.08kJ/mm。CO_2 电弧焊的热输入远高于激光焊，但是激光焊却实现了全熔透焊接，而 CO_2 电弧焊却没有。由此可见，采用能量高度集中的焊接热源可以有效地提高焊缝的熔深，降低焊接热输入，减小热输入带来的一系列的冶金问题。

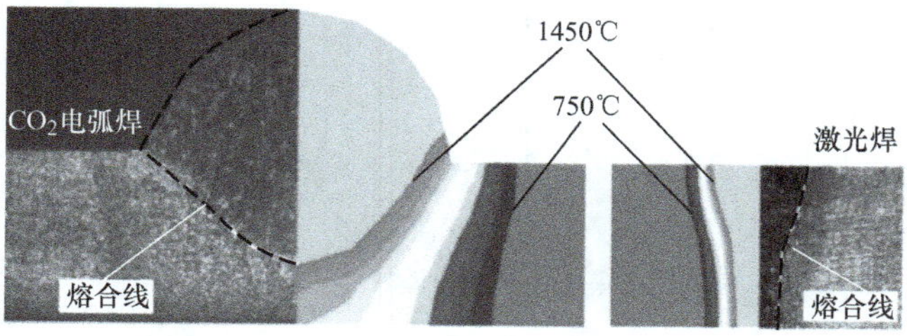

图 2-9　激光焊与 CO_2 电弧焊温度场对比[9]

2. 焊接线能量

焊缝单位长度上输入的热量，即热源功率与焊接速度的比值，被称为焊接线能量，一般情况下，焊接热输入可采用线能量象征。 焊接热输入不同，温度场的分布也不相同。

例如，焊条电弧焊为线热源时，输入功率 P 一定，随着焊接速度 v 的增加，等温线的范围变小，即温度场的宽度和长度都变小，但是宽度的减小更大一些，所以温度场的形状变得细长，如图 2-10a 所示；焊接速度 v 一定时，随着热源功率 P 的增加，温度场的范围随之增大，如图 2-10b 所示；热输入 P/v 保持定值，等比例改变 P 和 v 时，则此时会使等温线有所拉长，因而温度场的范围也随之拉长，如图 2-10c 所示。

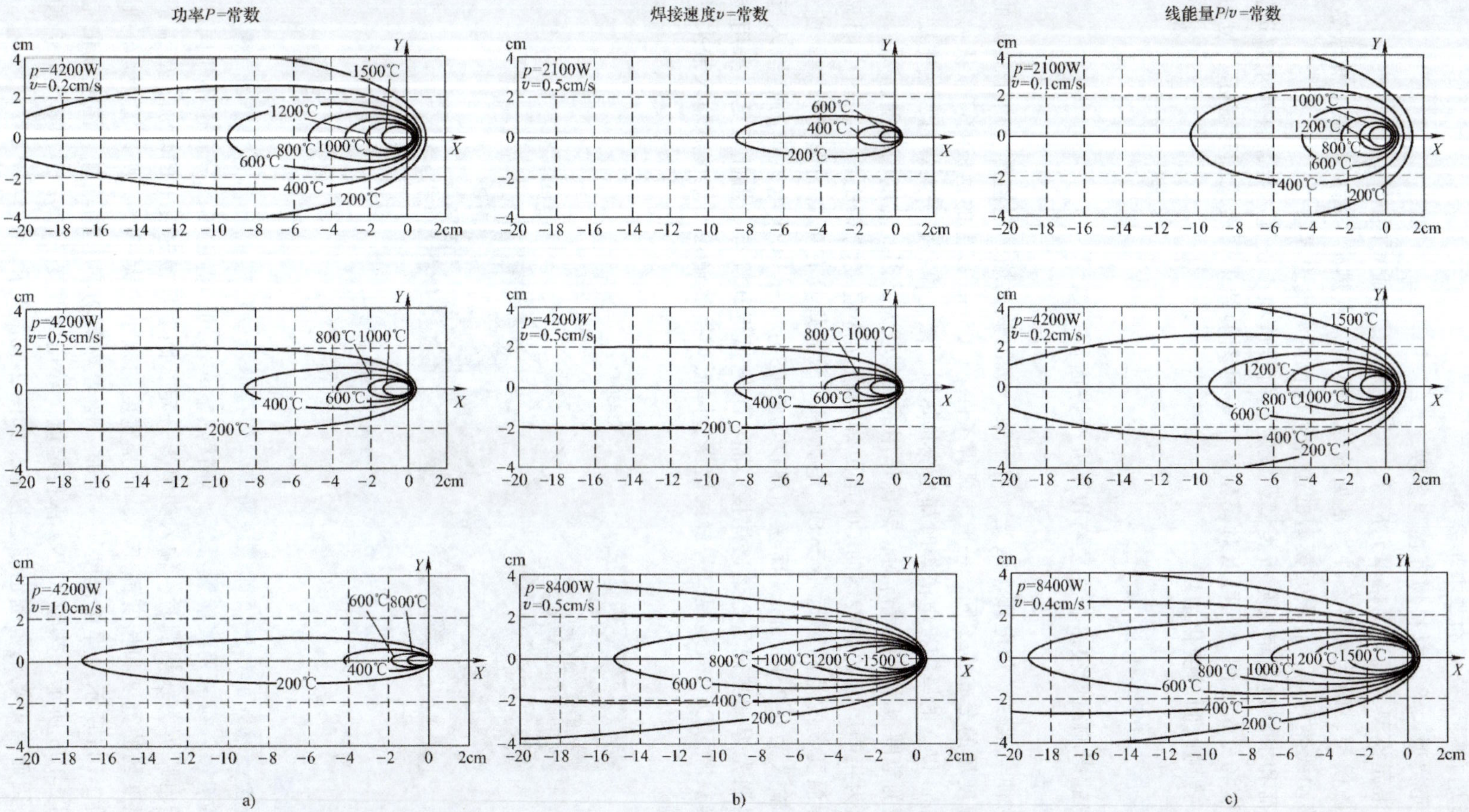

图 2-10　焊接热输入及参数对温度场分布的影响

a）功率 P = 常数，焊接速度 v 的影响　b）v = 常数，P 的影响　c）P/v = 常数，P 和 v 同时变化对温度场分布的影响

[低碳钢 $\lambda = 0.42W/(cm \cdot ℃)$，$c_p\rho = 4.83J/(cm^3 \cdot ℃)$，$a = 0.08cm^2/s$，板厚 $H = 1cm$]

3. 被焊金属的热物理性质

金属材料的热物理性质不同，也会影响焊接温度场的分布。对温度场影响较大的热物理性质参数主要有热导率（λ）、比热容（c）、容积比热容（$c_p\rho$）、表面传热系数（α_c）和热焓（H）等。其中，**热导率和容积比热容对焊接温度场分布影响最大**。热导率是表示金属导热能力的物理量，其值越大，工件的散热热量也越大。容积比热容是单位体积物质每升高 1℃所需的热量，表示材料储存热量能力的物理量，其值越大，工件储存热量的能力越高。在导热微分方程中通常将二者的比值称为热扩散率（a）。

仅以焊接 10mm 厚的焊件为例，采用相同的热输入（$E=21\text{kJ/cm}$），只是被焊的金属材料不同，温度场分布如图 2-11 所示。由图可见，焊接铬镍不锈钢时，相同等温线的范围（如 600℃）要比低碳钢焊接时大，这是因为铬镍不锈钢的导热性较差［铬镍不锈钢为 0.193 W/(cm · ℃)，低碳钢为 0.331 W/(cm · ℃)］。因此选用的焊接热输入应比焊接低碳钢时要小。相反，焊接铜和铝时，由于导热性能良好，因此应选用比焊接低碳钢更大的热输入。

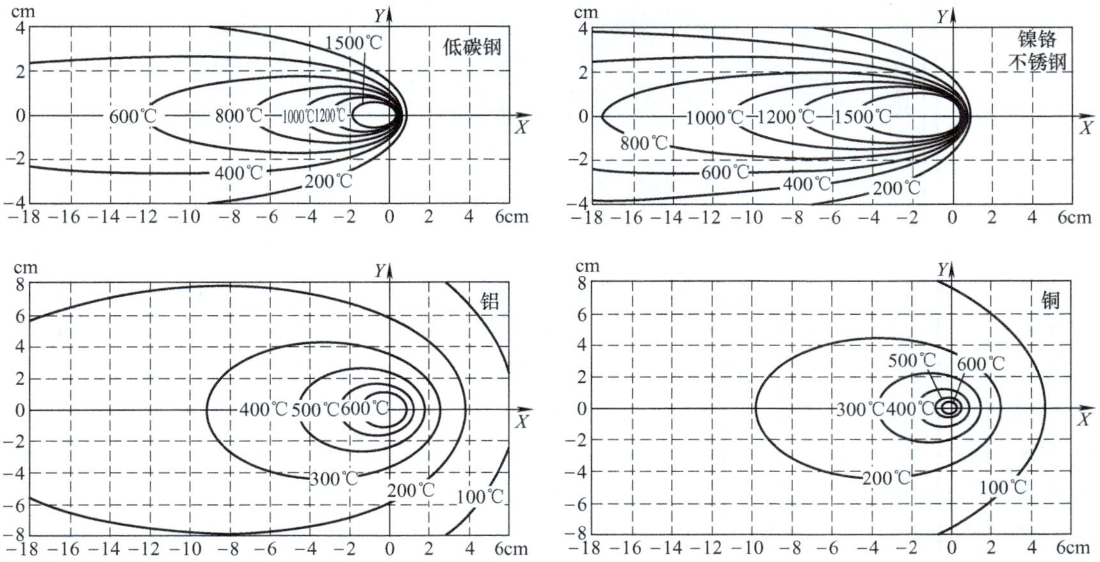

图 2-11　金属物理性质对温度场分布的影响

（$P=4200\text{W}$，$v=0.2\text{cm/s}$，板厚 $H=1\text{cm}$）

4. 焊件厚度及形状

焊件的板厚、几何形状和所处的状态（包括环境温度、预热及后热）对传热过程有很大的影响，因此也影响温度场的分布。

对于 25mm 厚度以上的低碳钢或者 20mm 厚度以上的不锈钢焊件，在焊条电弧焊条件下可以将焊接热源作为点状热源处理，其典型的温度场分布类似于实例 1 中的图 2-4 所示。对于 8mm 厚度以下的低碳钢或 5mm 厚以下的不锈钢可视为薄板，将焊接热源可以作为线热源处理，其典型的温度场分布类似于实例 2 中的图 2-5 所示。

2.3 焊接熔池对流传热

2.3.1 熔池对流传热的重要性

在实际的焊接过程中，焊接传热过程不是仅仅依赖于热传导机制。例如在同样的工艺参数下，获得的焊缝形貌如图 2-12 所示[10]。可以发现，在图 2-12a 中的熔深要明显小于图 2-12b 中的熔深，而且焊缝形貌也有所不同，图 2-12a 中的焊缝形貌为近半圆形，而图 2-12b 近“丁”字形。**焊缝之所以在同样的参数下获得不同焊缝熔深与焊缝形貌，其本质原因是焊接传热过程除了受到热传导影响之外，还受到熔池内部热对流的影响。**

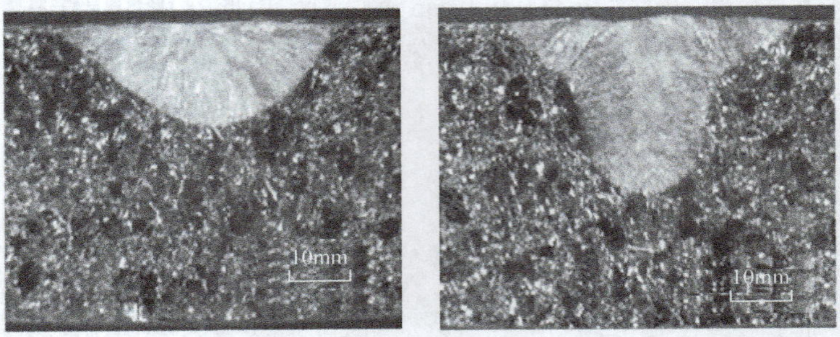

a) b)

图 2-12 A-TIG 焊接（助焊剂 TIG 焊接）焊缝形貌对比[10]

在金属熔化焊过程中，焊接热过程不仅仅是单纯的热传导过程。金属在热源的作用下发生熔化并形成熔池，焊接熔池在各种驱动力的作用下，还会发生激烈的流动，也必然会发生对流传热过程。实际上，在液态熔池内部的热对流和热传导是不能明确分开的两个传热过程。首先，液态金属保存的热量会在熔池流动过程中传递到其他区域；其次，熔池内部的温度分布不均匀，也必然会存在热传导过程。因此在实际的计算或者数值模拟过程中一般采用热流耦合处理。应该指出，**虽然在熔池内部存在着热传导过程，但传热机制仍以热对流为主导，而在熔池外部固态区域的传热机制是以热传导为主导。**

焊接熔池的流动行为不仅对焊缝的表面成形、熔深与熔宽均有重要影响，而且还会对焊接冶金过程产生很大的影响，比如说气孔、裂纹和焊缝组织等。这里仅介绍熔池流动引起的传热对焊缝成形的影响，而对焊接冶金过程的影响请参见相关章节。焊接过程影响因素众多，焊接熔池的流动行为非常复杂，人们对很多现象认识与理解尚不够充分。因此，本节主要针对钨极氩弧焊（TIG 焊）和激光深熔焊过程中已经形成共识的熔池传热行为进行简要分析。

2.3.2 电弧焊熔池对流传热

焊接熔池的流动是在各种驱动力作用下的一种传质行为。对于 TIG 焊，熔池中流体流动的驱动力主要包括**浮力、洛伦兹力、熔池表面张力**和**等离子流力**。电弧压力是作用在熔池表面的另一个力，但是它对流体流动的影响很小，特别是在 200A 以下，这在 TIG 焊接过程中是很普遍的情况。下面将对电弧焊熔池中这几种驱动力进行逐一分析。

1. 浮力

一般情况下，液态金属的密度随着温度的增加而减小。如图 2-13a、b 所示，熔池中心上表面的温度较高，密度较低（*a* 点）；而溶质边缘温度较低，密度较大（*b* 点）。在重力的作用下，将引起 *b* 点较重的液体下沉。结果，液体金属沿熔池边界下降，沿轴线上升。在浮力作用下的熔池流动行为如图 2-13c 所示。

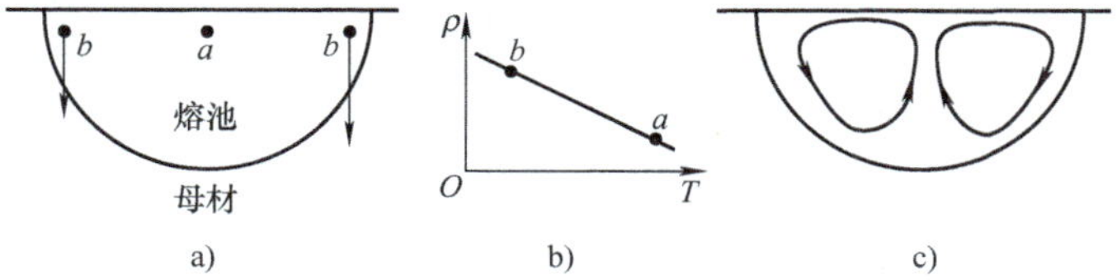

图 2-13　熔池内部浮力对流原理示意图

可以采用计算的方法对铝合金定点熔池的浮力对流进行大概估计[11]，如图 2-14 所示。液体金属沿着熔池轴线向上流动，沿着熔池边界向下流动。最大速度是沿着熔池轴向的，大约 2cm/s。由于加热熔化时金属膨胀，熔池表面比工件表面略高。

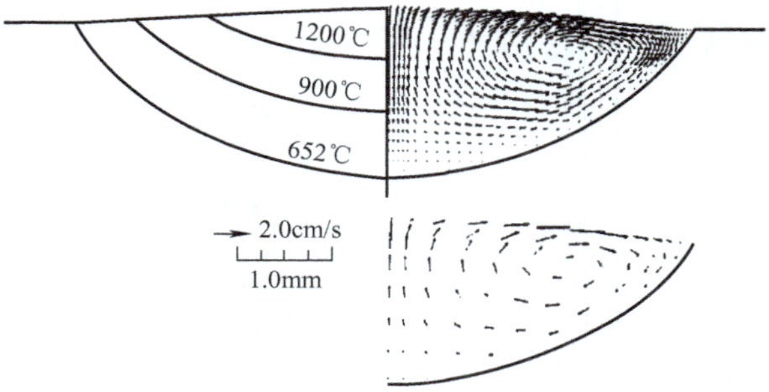

图 2-14　铝合金熔池浮力对流[11]

2. 洛伦兹力

这里以直流正接的 TIG 焊接为例来讨论洛伦兹力的产生机理。工件上的电流向着钨极并收敛，也向靠近熔池表面中心收敛。这个收敛电流场和它引起的电磁场一起产生一个向下和向内的洛伦兹力，如图 2-15a 所示。这样，液体金属沿着熔池轴被向下推，沿着熔池边界向上流，如图 2-15b 所示。熔池表面电流流过的地方被称为阳极斑点。阳极斑点越小，电流场从工件（通过熔池）到阳极斑点越收缩，导致更大的洛伦兹力推动液体金属向下流动。

为分析洛伦兹力的影响，通过对静态铝合金熔池的计算，可以看出液态金属沿着熔池轴线向下流动，沿着熔池边界向上流动，如图 2-16 所示[12]。电流从工件向熔池表面中心汇聚。洛伦兹力向内和向下，沿着熔池轴线向下推液体金属。最大的流动速度大约为 40cm/s，比浮力对流时的最大流速大一个数量级。与浮力流相比，洛伦兹力引起的熔池对流可以携带热量从熔池的中心向熔池的底部传递，从而使熔深大大增加。为此，有人设计了一个这样的试验，采用一个铜加热棒与低熔点的伍德合金直接接触，这样在热传导的作用下伍德合金发生熔化，这种熔池仅有

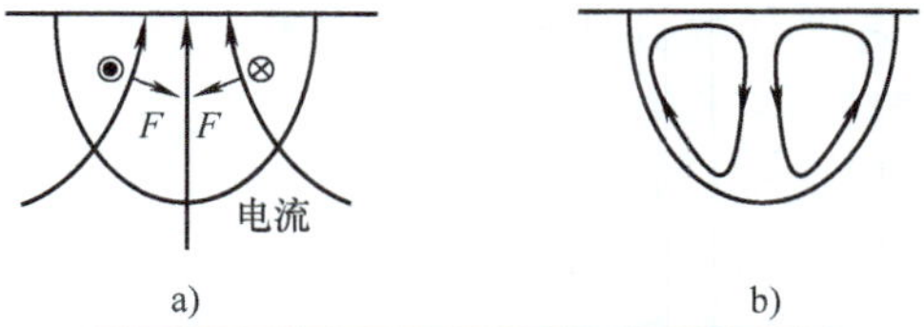

图 2-15　洛伦兹力对流示意图

浮力流的作用[13]。如果将铜加热棒通入 75A 的电流，则熔深显著增加，如图 2-17 所示。因此，洛伦兹力可以使焊接熔池的熔深大大增加。

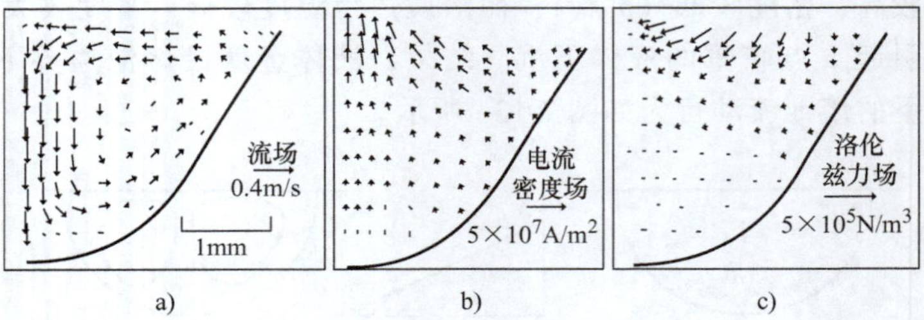

图 2-16　由洛伦兹力引起的对流场[12]

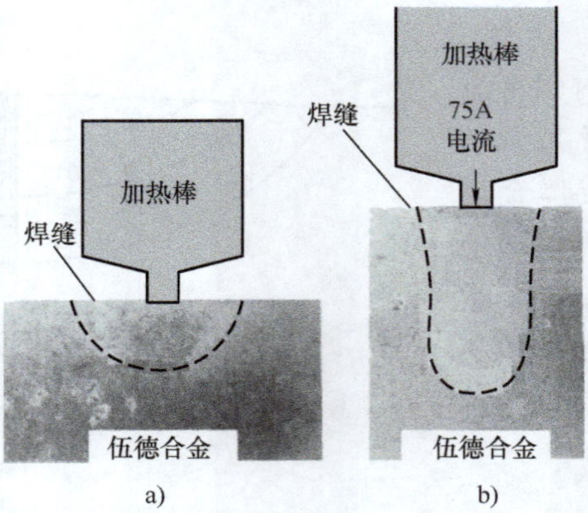

图 2-17　通过浮力流和洛伦兹力流产生的熔池对比[13]

a）浮力流　b）洛伦兹力流

3. 表面张力

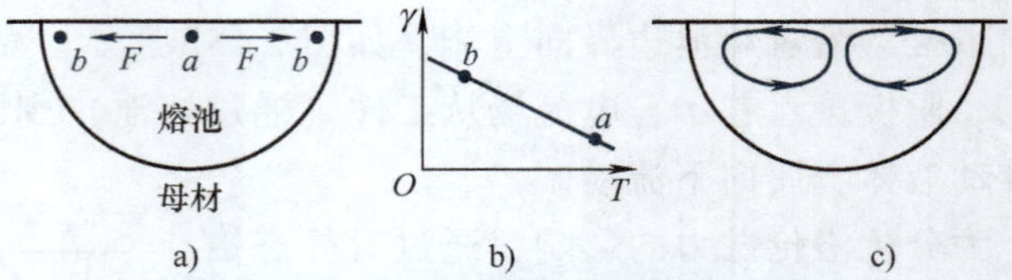

图 2-18　表面张力梯度引起的对流

一般情况下，液体金属的表面张力（γ）随着温度（T）的增加而降低，即 $\partial\gamma/\partial T<0$，一般称为负温度梯度。如图 2-18 所示，$a$ 点的较热的金属具有较低的表面张力，而 b 点的较冷的液体金属具有较高的表面张力，b 点的金属将 a 点的金属向外拉。也就是说，沿着熔池表面的表面张力梯度在熔池表面产生一个向外的剪切应力，这导致液体金属从熔池表面中心流向边缘，在熔池表面下面返回，如图 2-18c 所示。这种表面张力驱动的对流也称为 Marangoni（马兰哥尼）对流。马兰哥尼对流是一种与重力无关的自然对流现象，在具有自由表面的液体中，沿液体表面存在表面张力梯度，就会发生马兰哥尼对流。

在焊接过程中，马兰哥尼对流会将熔池中线的热量携带至两侧，导致熔宽增加，而对增加熔深不利。但是当熔池的表面存在着某些表面活性物质时，表面张力梯度将由负值转变为正值，这样会引起马兰哥尼对流的换向，使熔深增加。在不锈钢焊接中，具有这种作用的活性物质有 O、S、Se 和 Te 等。图 2-19 给出了两种不锈钢表面张力数据，一个比另一个含硫高出 1.6×10^{-4}（指质量分数，后同）[14]，可以看出在高硫含量的不锈钢表面张力随温度升高而升高，表明硫可以将温度梯度由负转正。

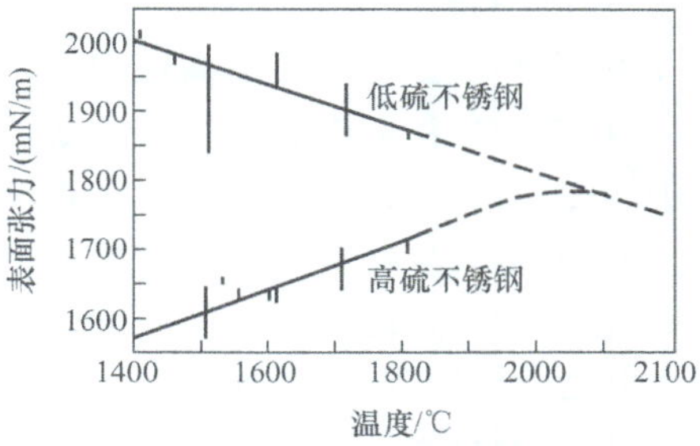

图 2-19　两种 316 不锈钢表面张力数据，二者相差 1.6×10^{-4}[14]

图 2-20 所示为 6.4mm 厚 304 不锈钢板不同含硫量的 YAG 激光焊缝宏观形貌对比[15]。较浅焊缝母材含有大约 4×10^{-5}的硫，而另一个较深的焊缝含有大约 1.4×10^{-4}的硫。由此可见，硫可以明显地提高焊缝的熔深。一般地，在表面没有活化剂时，靠近熔池表面中心较热的液体金属具有较低的表面张力，熔池的边缘较冷的金属具有较高的表面张力，因此重金属被向外拉；另一方面，有活化剂时，熔池表面边缘的较冷液体金属具有较低的表面张力，熔池表面中心的较热液体具有较高的表面张力，外侧金属被拉向中心。这种方式有利于热源到熔池底部的对流传热。也就是说，液体金属更有效地将热量从热源带到熔池底部，使熔深增加。其机理如图 2-21 所示[16-20]。

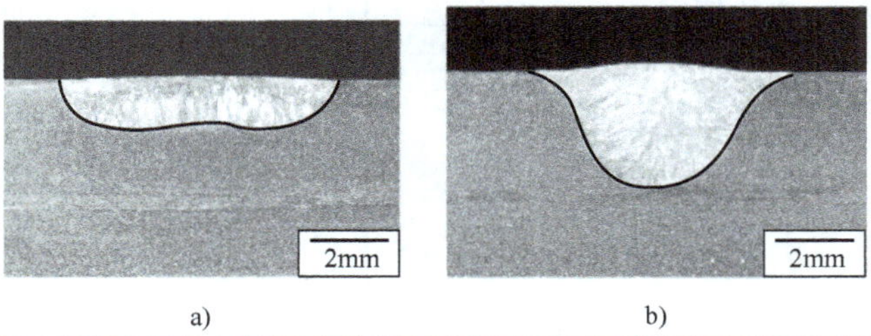

图 2-20　含 4×10^{-5}硫和 1.4×10^{-4}硫的两种 304 不锈钢 YAG 激光束焊接的焊缝[15]

a）含 4×10^{-5}硫　b）含 1.4×10^{-4}硫

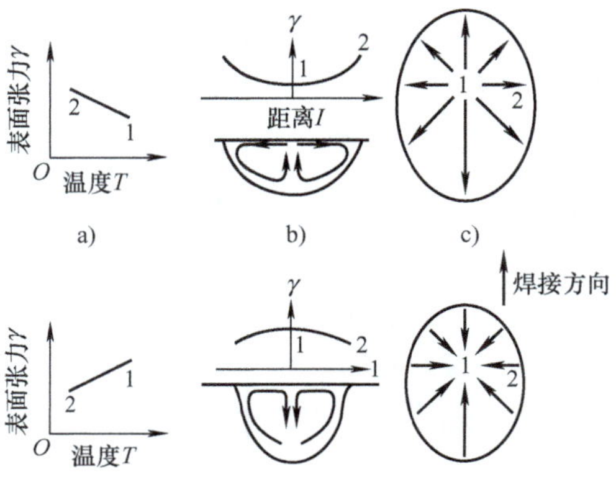

图 2-21　熔池中马兰哥尼对流的 Heiple（海普尔）模型[16-20]

a）~c）低硫钢　d）~f）高硫钢

第 2 章 焊接热过程

4. 等离子流力

等离子体沿着熔池表面高速向外移动，可在熔池表面施加一个向外的剪切应力，如图 2-22a 所示。这个剪切应力引起液体金属从熔池表面中心流向熔池边缘，再在熔池表面下面返回，如图 2-22b 所示。不难理解，等离子流力导致的熔池流动不利于焊接熔深的增加。

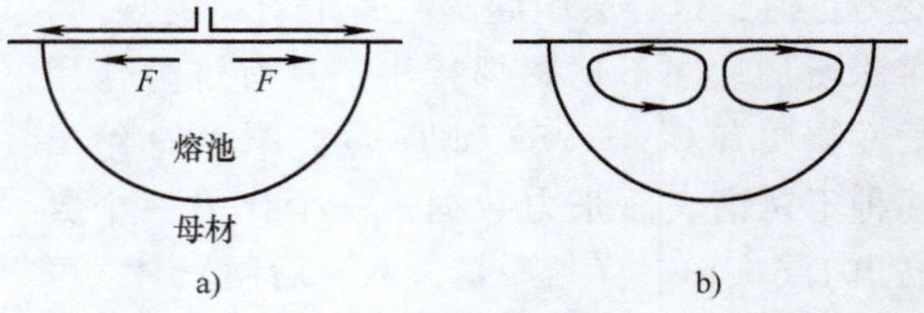

图 2-22　电弧等离子体引起的对流

在实际的研究过程中发现，在 TIG 焊中长电弧产生的等离子剪切应力有可能大于熔池的洛伦兹力和沿熔池的表面张力梯度作用，使熔深变浅，熔宽变宽。如图 2-23 所示为两组焊接时间为 150s、180s 和 210s 的低碳钢定点 TIG 焊缝，一个弧长为 2mm，而另一个弧长为 8mm[21,22]。弧长 8mm 的焊缝比弧长 2mm 的焊缝更宽、更浅。较长的电弧对母材的加热范围较大，熔池表面电流密度较小，导致熔池里的洛伦兹力较小，熔池向纵深发展的能力较弱。此时，等离子流力驱动的强制对流居于主导地位，使熔深变浅。

即使在钢种存在活性物质时，在长电弧条件下等离子流力驱动的强制对流仍然居于主导地位。图 2-24 所示为同样使用 2mm 弧长的 TIG 焊缝，含 7.7×10^{-5}硫的 304 不锈钢上产生的熔深显著大于不含硫的情况[21,22]。这是因为硫使表面张力梯度的负值较小甚至转正。但是在 8mm 的弧长下，即使母材硫含量较高，焊缝仍然较浅。

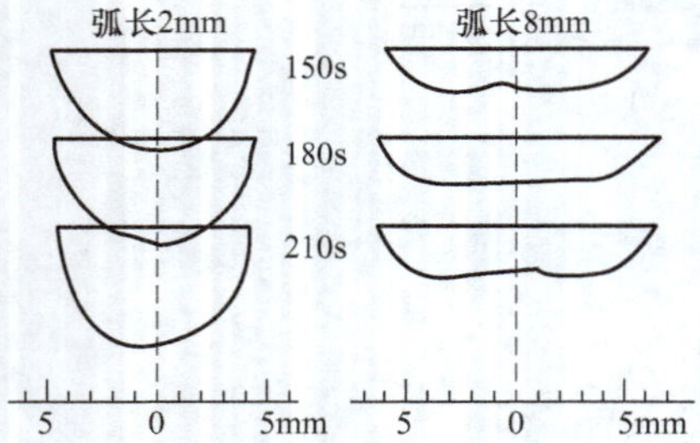

图 2-23　弧长 2mm 和弧长 8mm 的低碳钢定点钨极气体保护焊焊缝[21]

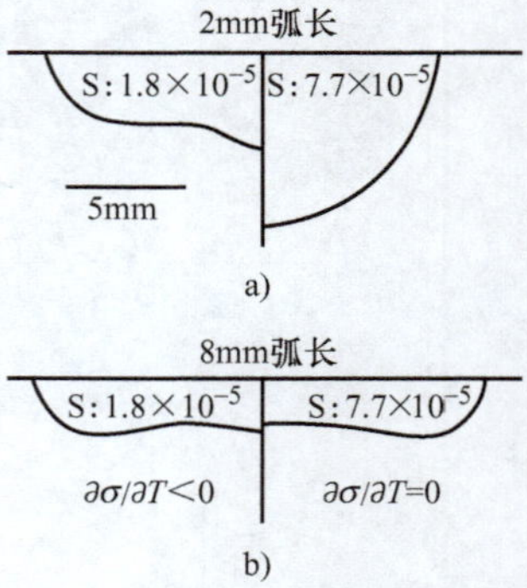

图 2-24　弧长 2mm 和弧长 8mm 的含有 1.8×10^{-5}和 7.7×10^{-5}硫的 304 不锈钢定点钨极气体保护焊缝[21]

以上主要是针对 TIG 焊接过程中熔池流动行为中形成共识的认识。实际的电弧焊接熔池流动行为更为复杂，特别是熔化极气体保护焊，除了需要考虑上述的熔池流动的驱动力之外，还必须要考虑熔滴过渡过程的影响。由于熔滴冲击力的作用和电弧压力的大幅度提高，使熔池表面产生了严重的变形，电弧正下方有较大的下凹变形，而电弧后方熔池表面隆起，熔池表面变为复杂形状的曲面，上述各驱动力均受到熔池表面形状的限制，使问题变得极为复杂。对于复杂的熔池流动行为的研究，大量的学者都采用有限元数值模拟的方法，来理解焊接熔池流动行为的特点，在这方面的研究已经取得了较大进展。

2.3.3 激光焊熔池对流传热

根据能量密度的不同，激光焊存在着热传导焊接与深熔焊接两种焊接模式。热传导焊接与 TIG 电弧焊接拥有某些相似之处，而且不存在等离子流力与洛伦兹力，熔池的流动行为相对简单。在热导激光焊过程中，也可以采用控制熔池表面张力梯度的方法来控制熔池的流动行为。图 2-20 即为不同含硫量的 YAG 热导激光焊的焊缝横截面[15]。由此可见，热导模式的激光焊也可以采用控制表面张力梯度的方法来控制熔池流动行为，进而达到控制熔深的目的。

然而，随着激光能量密度的增大，金属将迅速气化并形成等离子体。在较大的蒸气压力作用下，熔化的金属在金属的内部形成小孔，通常称为匙孔。在未形成匙孔之前，激光的大部分能量被反射掉，仅有少部分能量被材料所吸收。但是在形成匙孔之后，激光进入匙孔之后会在匙孔壁发生多次反射与吸收，材料对激光的吸收率大大提高，最高可达 98%。因此，匙孔非常有利于材料对激光的吸收。但是，匙孔的存在也增加了激光深熔焊接熔池流动行为的复杂性。

图 2-25 为在激光焊缝横截面熔池流动示意图。无论是热导焊还是深熔焊，马兰哥尼对流都起着重要的作用。对于热导焊，熔池的内部主要存在着马兰哥尼对流。而激光未穿透焊的上表面，和激光深熔穿透焊的上下两个表面都存在着马兰哥尼对流，这种效应在焊缝成形的表现就是在焊缝的表面熔宽变宽。对于激光未穿透深熔焊，其焊缝截面大致呈“T”形；而对于激光深熔穿透焊，焊缝截面大致呈“X”形。相对应的焊缝截面如图 2-26 所示[23]。

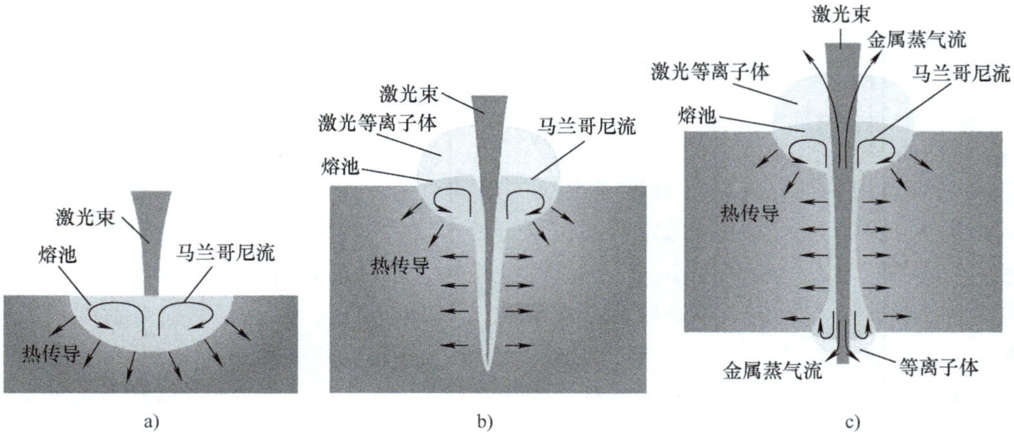

图 2-25 激光焊缝横截面熔池流动示意图
a）热导焊 b）深熔未穿透焊 c）深熔穿透焊

对于激光焊的熔池流动行为，采用数值模拟技术是一种重要的研究手段。图 2-27 所示为两种典型的激光深熔焊数值模拟结果[24]。在图中可以明显地看出对于激光未穿透深熔焊熔池上部，和激光穿透深熔焊熔池的上下部均出现了马兰哥尼对流，计算的焊缝截面形貌与试验结果基本一致，也证明了马兰哥尼对流对激光焊熔池流动行为的重要影响。

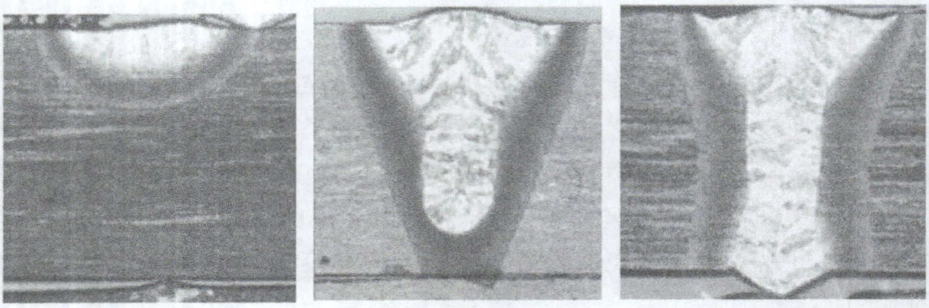

a)　　b)　　c)

图 2-26　焊缝宏观截面[23]

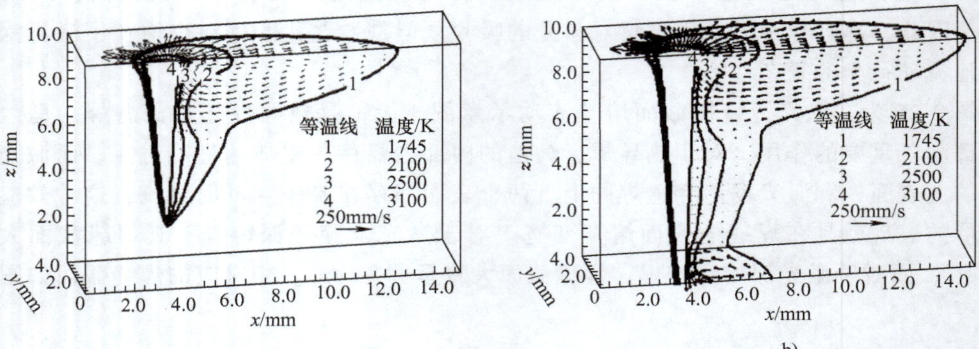

a)　　b)

图 2-27　两种典型的激光深熔焊数值模拟结果[24]

a）未穿透　b）穿透

激光焊过程中匙孔的行为对熔池金属的流动行为有着直接的影响。但是，在焊接过程中匙孔形态并不是一直保持稳定状态，而是处于波动状态，并具有一定的或然性，这导致熔池金属的流动行为极为复杂。因此单纯地用数学手段描述熔池中的流动行为，并进一步采用数值模拟分析，已经不能精确地揭示激光焊熔池流动行为。采用 X 射线透视摄像的方法，对匙孔及熔池的动态行为进行在线检测是当前最直观的研究方法[25]。虽然这些试验中图像的空间分辨率或瞬时清晰度都很难让人满意，但是试验的结果对于理解焊接过程中熔池内部的动态行为是十分重要的。

一般情况下，在激光焊过程中匙孔存在显著振荡，即使在恒定的激光功率和焊接速度下，匙孔开口处的形状和尺寸也是在不断地发生变化。在焊接过程中，匙孔壁始终处于高速波动状态，匙孔前壁较薄一层熔化金属沿壁面向下流动，匙孔前壁上的任何凸起位置都会因受到高功率密度激光的辐照而强烈蒸发，产生的蒸气向后喷射冲击匙孔后壁的熔池金属，导致匙孔后方的金属下塌，引起熔池的振荡，并影响熔池流动行为，具有较强的气孔倾向[26]，如图 2-28 所示。匙孔内部的蒸气由高温金属蒸气和匙孔脉动吸入的保护气体组成，这些蒸气在激光的辐照下被部分电离，形成带电等离子体。出自匙孔的蒸气流速很快，接近声速，因此可以听到混乱的噪声。匙孔颈口处高速流动的蒸气会产生一个低气压区，促使颈口关闭，这是匙孔波动的原因之一。同时，匙孔内金属的强烈蒸发，甚至形成喷射，这种无规律的蒸发引起了液态金属的快速抖动，也会造成匙孔的波动[25]。

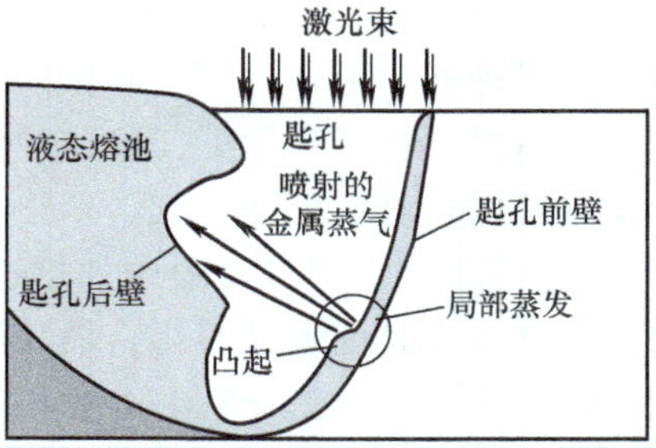

图 2-28　匙孔前壁局部蒸发及其产生的熔池波动

在熔池的后部，存在着极为复杂的流动行为。通过 X 射线透射的观察方法，在焊缝中预置钨粒，熔池对流将携带钨粒在熔池内部游走，可以比较直观地再现熔池的流动特征，如图 2-29 所示[25-30]。观察中发现，在熔池的后方存在着一个或者两个涡流，并且涡流会以极高的速度发生旋转，如图 2-30 所示。

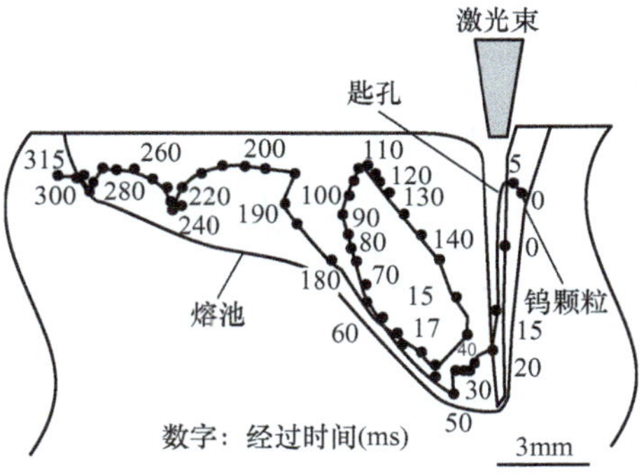

图 2-29　熔池中钨颗粒的运动轨迹[25]

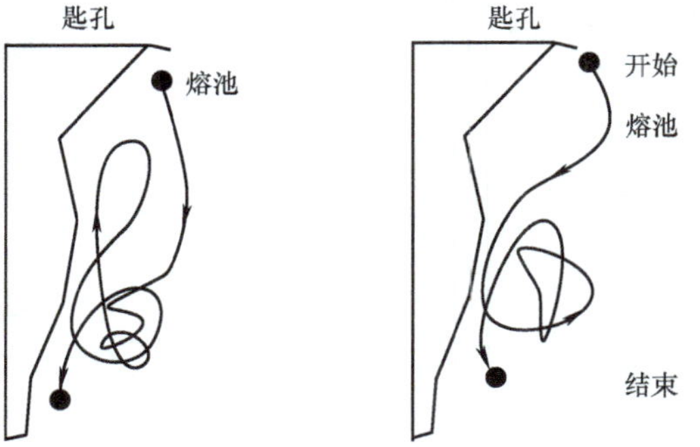

图 2-30　匙孔后部涡流示意图[25]

2.4　焊接热循环

焊接热循环是焊件上某一点温度与时间的关系，这一关系决定了该点的加热速度、保温时间和冷却速度，对焊接接头的组织与性能都有十分明显的影响。因此，研究焊缝与热影响区在焊接热循环作用下组织和性能的变化规律，对于解决焊接问题，提高焊接质量具有十分重要的意义。本节主要讨论热循环的特点、特征参数及其计算和热循环的主要影响因素。

2.4.1　焊接热循环的特点

在焊接热源作用下，焊件上某一点温度随时间的变化，称为焊接热循环。在焊接过程中，焊件上某一点从焊接开始起，随着热源运动，温度迅速上升达到最大值；热源远离后，温度逐渐下降，最后恢复到与周围介质相同的温度。如图 2-31 所示为低碳钢焊条电弧焊时实测的焊件上不同点的焊接热循环曲线。从图中可见，离焊缝越近的点，其加热速度越大，峰值温度越高，冷却速度也越大，并且加热速度比冷却速度大得多。例如，峰值温度为 1000℃ 的点③，由常温加热到 1000℃ 只需 4s 左右，而 1000℃ 冷却到 500℃ 左右则需 12s 左右，冷却到 200℃时需要 1min 左右。值得注意的是，峰值温度超过 1000℃的各点冷却速度，其值相差极小（可比较曲线①、②和③）[31]。

材料在焊接热循环条件下，可以看作是一种特殊的热处理过程。与一般热处理过程相比较，焊接热循环具有如下特点：

1）加热速度快。焊接过程中加热速度极快，电弧焊每秒钟可高达几百摄氏度，高能束焊更快，材料在瞬间即被熔化，最高加热速度可达每秒钟上千摄氏度。

2）高温停留时间短。焊接过程中高温停留时间很短，大约在几秒 ~ 数十秒范围内。这一特点导致在焊接过程中热影响区的组织转变可能并不充分，而且具有非平衡的特征。

3）空间不均匀。焊接是一个不均匀加热和冷却的过程，也可以说是一种特殊的热处理，从而使热影响区造成不均匀的组织和性能。同时也会产生复杂的应力与应变，给焊接结构的安全稳定性带来了许多复杂的问题。

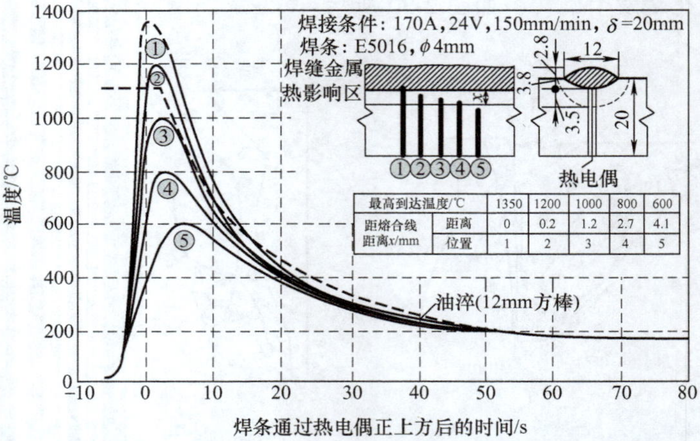

图 2-31　距焊缝不同距离各点的热循环[31]
（低碳钢，板厚 20mm，焊条电弧焊）

2.4.2　焊接热循环的特征参数

焊接热循环是一种温度迅速升高而又快速冷却的过程。焊接热循环的这种特点不能简单地用温度与时间来描述，一般采用特征参数来描述热循环。决定焊接热循环特征的主要参数有加热速度 ω_H、峰值温度 T_p、高温持续时间 t_H（即从高温 T_H 加热到 T_p，再冷却到 T_H 的时间），某一温度 T_c 时的瞬时冷却速度 ω_c，或在某一温度的冷却时间 t_A 等，如图 2-32 所示。

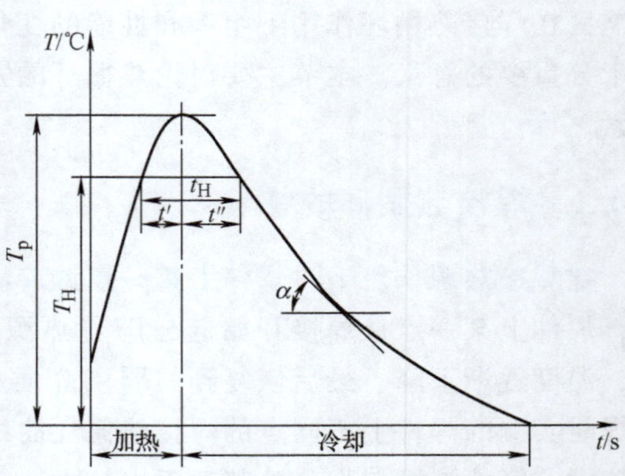

图 2-32　焊接热循环参数（T_H—相变温度）

1. 加热速度

焊接时的加热速度比在热处理条件下

要快得多，正因如此，就带来了不同于一般的相变规律。例如，钢随加热速度的提高，则相变温度也随之提高，同时奥氏体的均质化和碳化物的溶解过程也随加热速度的提高而不充分，因此必然会影响到在冷却过程中热影响区的组织转变及其性能。

加热速度与许多因素有关，例如不同的焊接方法、焊接热输入、板厚及几何尺寸，以及被焊金属的热物理性质等。低合金钢几种常用的焊接方法的加热速度、冷却速度等有关数据见表 2-4[32]。

表 2-4　低合金钢几种常用的焊接方法的加热速度、冷却速度等有关数据[32]

板厚/mm	焊接方法	焊接热输入 (J/cm)	900℃时加热速度/(℃/s)	900℃以上停留时间/s		冷却速度/(℃/s)		备注
				加热时 t'	冷却时 t''	900℃	540℃	
1	钨极氩弧焊	840	1700	0.4	1.2	240	60	对接不开坡口
2	钨极氩弧焊	1680	1200	0.6	1.8	120	30	对接不开坡口
3	埋弧焊	3780	700	2.0	5.5	54	12	对接不开坡口，有焊剂垫
5	埋弧焊	7140	400	2.5	7	40	9	对接不开坡口，有焊剂垫
10	埋弧焊	19 320	200	4.0	13	22	5	V 形坡口，有焊剂垫
15	埋弧焊	4200	100	9.0	22	9	2	V 形坡口，有焊剂垫
25	埋弧焊	105 000	60	25.0	75	5	1	V 形坡口，有焊剂垫
50	电渣焊	504 000	4	162.0	335	1.0	0.3	双丝
100	电渣焊	672 000	7	36.0	168	2.3	0.7	三丝
100	电渣焊	1 176 000	3.5	125.0	312	0.83	0.28	板极
220	电渣焊	966 000	3.0	144	395	0.8	0.25	双丝

2. 峰值温度

前面已经提到，距焊缝远近不同的各点，加热的最高温度不同。我们知道，金属组织的变化除化学成分的影响之外，主要与加热温度和冷却速度有关。焊接低碳钢时，焊缝附近处于 1100℃ 以上的各点（熔合线和过热区），由于高温而使金属晶粒发生严重长大，促使塑性降低。

此外，研究加热的最高温度可以间接地判断焊件产生内应力的情况和塑性变形区的范围。总之，通过研究热循环的最高温度，对于了解热影响区组织性能变化的规律具有重要意义。

3. 高温持续时间

高温持续时间可以是相变温度停留时间。在钢的焊接过程中，在相变温度以上停留的时间越长，就越有利于奥氏体的均质化过程，增加奥氏体的稳定性。然而，当温度过高时（如 1100℃ 以上），即使停留时间不长，对于低碳钢和低合金钢来说，也会产生严重的晶粒长大（如电渣焊时）。当然，一般来讲，焊接时都没有很长的高温停留时间。

为了便于分析研究，把高温停留时间 t_H 又分为加热过程的停留时间 t' 和冷却过程的停留时间 t''，所以 $t_H = t' + t''$。

4. 冷却速度

冷却速度是决定热影响区组织性能最重要的参数之一，是研究焊接热过程的主要内容。应当指出，这里所指的冷却速度是指焊件上某点热循环的冷却过程中某一瞬时温度的冷却速度。对于低合金钢来讲，感兴趣的是熔合线附近（1350℃）冷却过程中约在540℃左右的瞬时冷却速度。

近年来，为了便于测量和分析比较，常采用某一温度范围内的冷却时间来讨论热影响区组织性能的变化，如采用800～500℃的冷却时间 $t_{8/5}$，800～300℃的冷却时间 $t_{8/3}$ 和从峰值温度 T_m 冷却至100℃的冷却时间 t_{100} 等，这要根据不同金属材料所存在的问题来决定。

总之，焊接热循环是焊接接头经受热作用的历程，研究它对于了解应力变形、接头组织和力学性能都是十分重要的，是提高焊接质量的重要途径。

2.4.3 焊接热循环的影响因素

影响焊接热循环特性的因素有材质、接头尺寸形状、焊接工艺条件和焊接方法等。

1. 焊接方法的影响

焊接方法对焊接热循环影响很大。一般而言，焊接热源能量越集中，焊接热循环的加热速度和冷却速度越大。图2-33为电弧焊与激光焊热影响区附近实测热循环比较图[33]。在图中明显可以看出，激光焊的加热速度和冷却速度要远高于电弧焊，特别是在接近焊缝处，其加热速度最快，相应的冷却速度也最高。

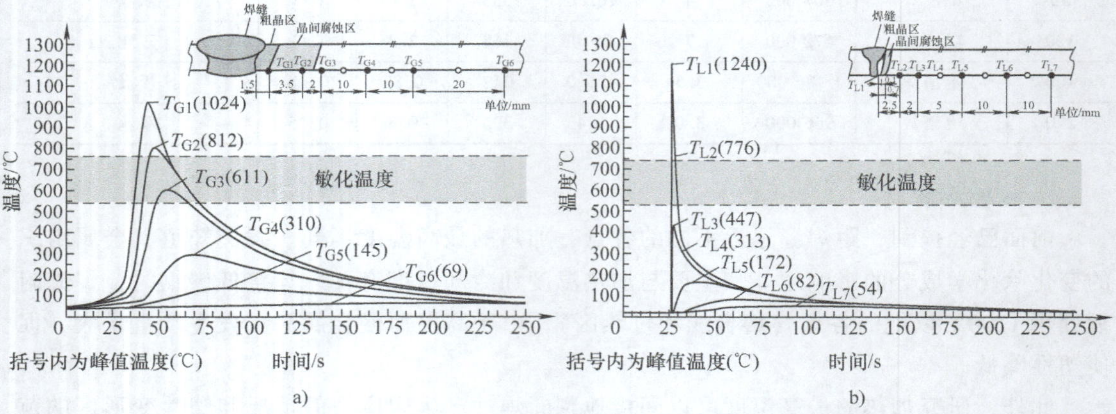

图2-33 电弧焊与激光焊热影响区附近实测热循环比较图[33]
a）电弧焊 b）激光焊

从定量的角度为例，采用 $t_{8/5}$ 作为评价指标可以更为明显地表明焊接方法对热循环的影响。图2-34为采用数值模拟的方法计算的CLAM钢TIG焊与电子束焊热影响区 $t_{8/5}$ 对比[34, 35]，在图中可以明显看出，电子束焊的 $t_{8/5}$ 仅有数秒，而TIG焊的 $t_{8/5}$ 大约有数十秒，二者相差近一个数量级。

在焊缝内部，其电弧焊与激光焊的热循环也有很大不同。图2-35所示为采用数值模拟的方法计算的电弧焊与激光焊焊缝内部焊接热循环对比图[9]。在图中可以看出在焊缝内部激光焊热循环除了具有更高的加热冷却速度之外，还有更高的峰值温度，这表明激光焊在熔池凝固时会产生更高的过冷度。

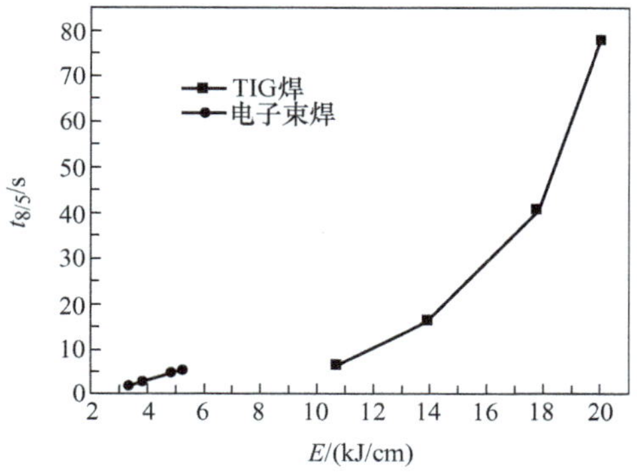

图 2-34 CLAM 钢 TIG 焊与电子束焊热影响区 $t_{8/5}$ 对比（数值模拟）[34,35]

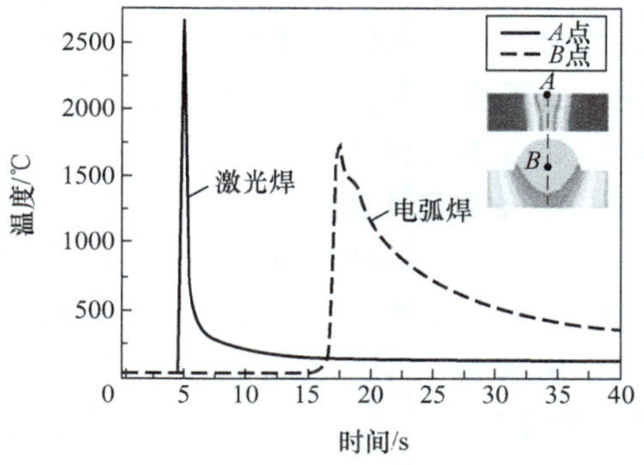

图 2-35 电弧焊与激光焊焊缝内部焊接热循环对比图（数值模拟）[9]

2. 焊接热输入的影响

焊接热输入的物理意义为单位长度输入焊缝的热量。当热输入提高时，峰值温度及高温持续时间增大，冷却速度降低或 $t_{8/5}$ 增大。图 2-36 所示为在电弧焊条件下，在焊缝边界处焊接热输入对 $t_{8/5}$ 的影响。可以发现，随着焊接热输入的增加，$t_{8/5}$ 显著增大。此外，从图中还可以明显地看出，不同的电弧焊方法，热输入的影响不相同，当热输入相同时，埋弧焊冷却速度最慢，焊条电弧焊冷却速度最快；氩弧焊与 CO_2+O_2 焊两者基本相同，且均比埋弧焊时冷却得快一些。这是因为尽管焊接热输入相同，但不同的焊接方法所选定的焊接电流和焊接速度的数值可能相差较大，结果在焊缝形状及熔透深度上必将有所不同，从而影响到焊件上的热传播过程。

图 2-37 所示为以热影响区中峰值温度分布的实测结果，板厚为 13mm，焊条电弧焊。可见，在预热温度 T_0 一定时，增大热输入可使热影响区中峰值温度的分布由比较陡峭变得平缓，从而使热影响区宽度增大。

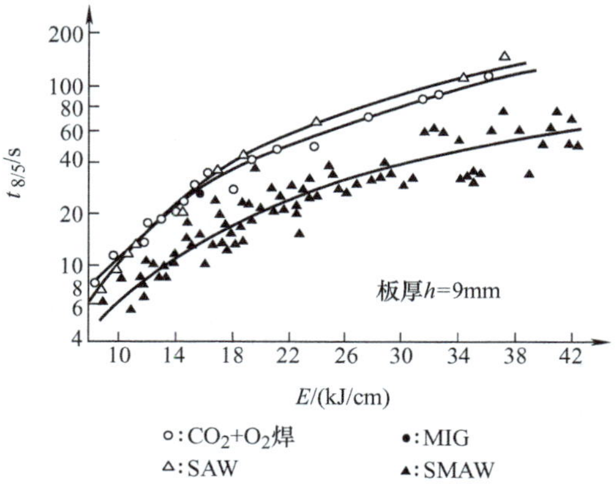

图 2-36 热输入 E 对焊缝边界 $t_{8/5}$ 的影响

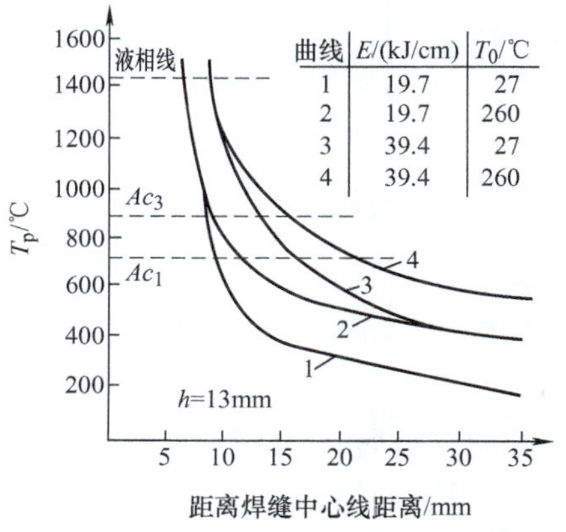

图 2-37 峰值温度 T_p 与热输入 E 及 T_0 的关系

3. 预热温度的影响

预热是对某些淬硬倾向较强的金属焊接的有效处理手段之一。提高预热温度会使热影响区宽度增大，但是提高预热温度可以显著降低冷却速度，而不会明显影响在峰值温度附近停留的时间，如图 2-38 所示。

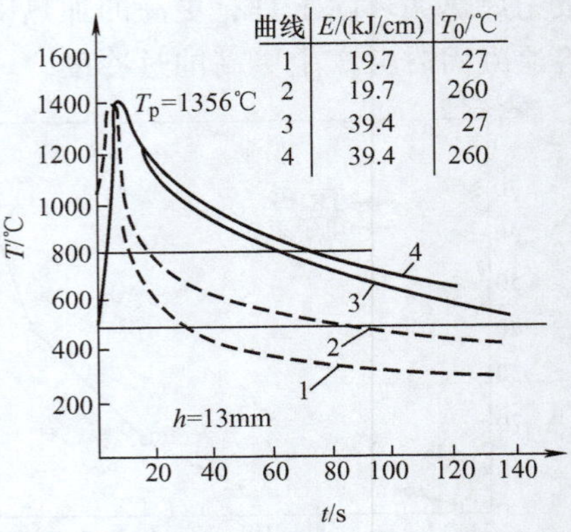

图 2-38 焊缝边界附近热循环曲线特性与 E 及 T_0 的关系

4. 接头尺寸形状的影响

接头尺寸形状不同，导热情况就有差异。如图 2-39 所示，T 形接头或角接接头与同样板厚的对接接头相比较，前者的冷却速度约为后者的 1.5 倍左右。同一坡口形式，板厚增加时，冷却速度也随之增大。

5. 焊道长度的影响

在长直焊缝条件下，焊件长度对冷却速度无影响。但在焊件长度一定时，焊道长度小于 40mm，冷却速度会急剧增大，如图 2-40 所示。因此，定位焊的焊道不能过短。

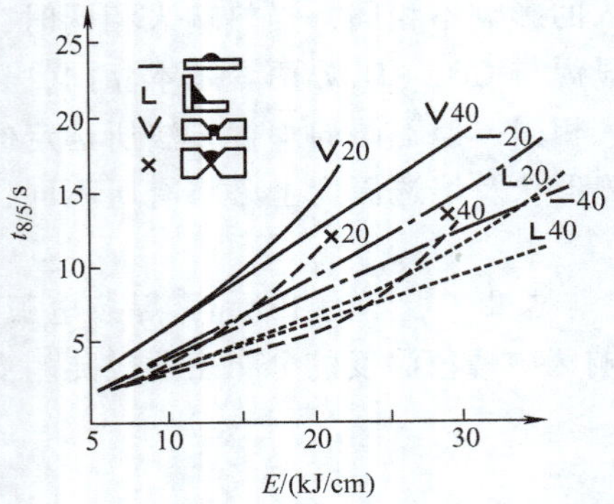

图 2-39 接头尺寸形状对 $t_{8/5}$ 的影响

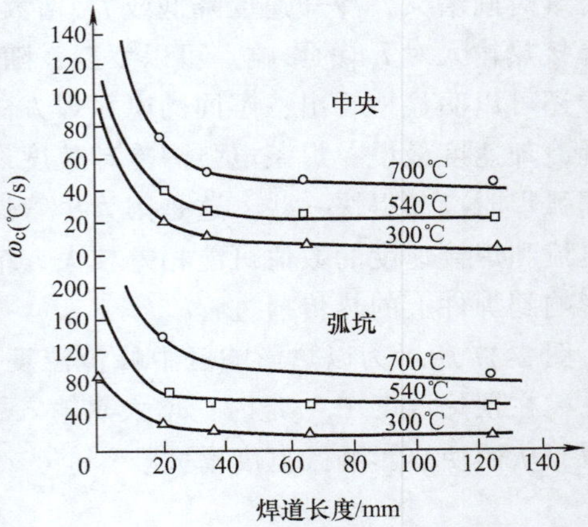

图 2-40 焊道长度对瞬时冷却速度 ω_c 的影响（$E=19kJ/cm$）

2.4.4 多层多道焊热循环

在实际的生产中，对于大厚度的焊件，单道焊是不能一次完成焊接的，一般采用多层多道焊接，有时要焊几十层，甚至上百层。因此，理解多层焊接热循环的特点对于控制热影响区微观组织，控制接头力学性能具有实际意义。

控制多道焊或多层焊的焊接热循环特性，就是要控制每一单道焊的焊接热循环，特别要注意的是焊道的数目（或层数）N 和层间温度 T'_0。多道焊时，**开始焊接后继焊道时前一焊道所具有的最低温度，称为层间温度**。显然，对于后一焊道而言，层间温度相当于预热温度；对于前一焊道而言，后一焊道会产生“后热”的作用。若层间温度等于室温，则谈不到“预热”或“后热”的问题。

表 2-5 为低合金高强钢（相当于 Q345）V 形坡口对接多道焊的情况。在板厚一定时，可以看到焊道数目的影响是显著的。因为板厚 h 不变，要保证在规定的焊道数目 N 的条件下焊满坡口，增大 N 时，必须相应地提高焊接速度或减小焊接电流 I。表 2-5 为焊道道数 N 对焊缝边界最高硬度的影响，焊缝边界附近的最高硬度都在增大；点 a 的硬度比最后焊道旁的点 c 的硬度低，但若在焊完第 1 道后立即测定点 a 的硬度，其值则要高得多。

表 2-5　焊道道数 N 对焊缝边界最高硬度的影响

No.	施焊顺序	N	T_0'/℃	T_0/℃	I/A	U/V	v/(mm/min)	HV_{max} 点 a	HV_{max} 点 c
A	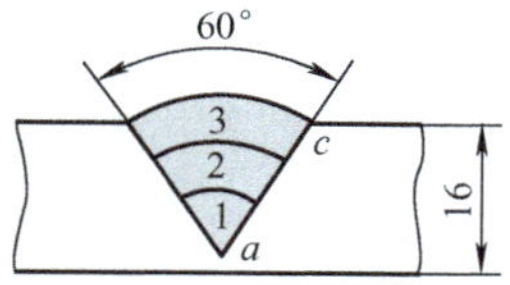	3	100	室温	180	28	6.7	177	198
B	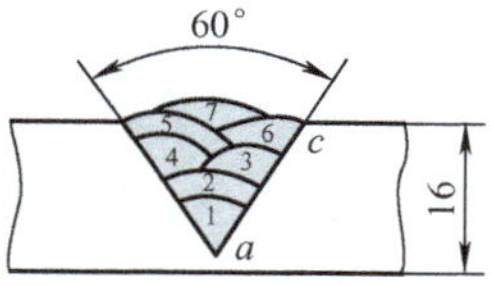	7	100	室温	180	28	16.7	190	260
C	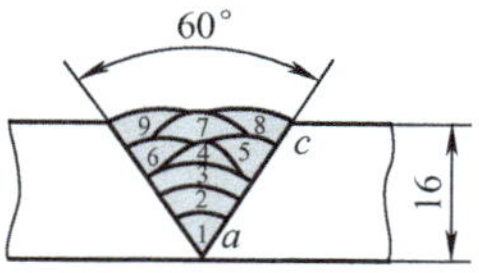	9	100	室温	180	28	21.1	194	271

在实际生产过程中，根据要求不同，多层焊分为长段多层焊和短段多层焊。

1. 长段多层焊焊接热循环

所谓长段多层焊，即末道焊缝的长度较长（一般在 1m 以上），这样在焊完第一层再焊第二层时，第一层已基本冷至较低的温度（一般在 100～300℃），多层焊接热循环特性变化如图 2-41 所示。图中给出三层焊条件下的点 a 与点 c 的焊接热循环特性的变化。靠近焊缝上部的焊缝边界（点 c）在焊最后一道焊道时，其峰值温度超过了 Ac_3，冷却较快时就可能产生硬化现象。为防止产生硬化现象，必要时可以在焊缝上再附加一条焊道，以产生“后热”回火作用，这个附加焊道可称为回火焊道或退火焊道。回火焊道的后热效果，决定于回火焊道的起焊温度（即回火焊道与最后一道正式焊道间的层间温度），能使点 c 达到峰值温度以及随后的冷却速度。一般在最后一条正式焊道冷却到不低于 200℃ 时开始焊接回火焊道，有利于防止淬硬而产生裂纹。也可以用气体火焰焊炬来进行后热以代替回火焊道，只要后热时期控制适当，可收到好的效果。

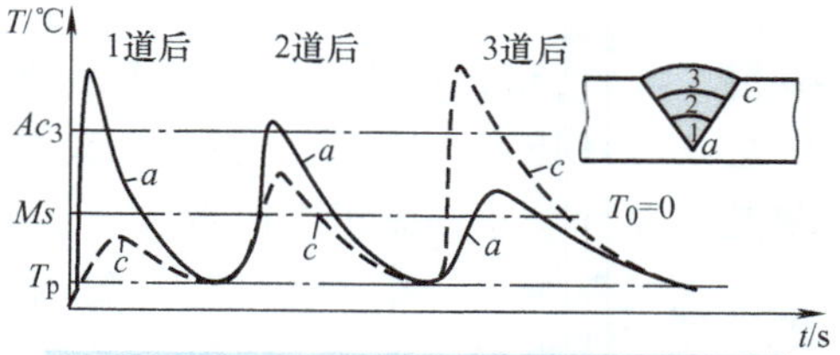

图 2-41　多层焊热循环特性变化

对于低合金钢焊接，层间温度一般控制在200℃以下。层间温度的测定，主要受焊件金属性质的影响。例如对于高强钢，若钢种易于过热而不易淬硬时，层间温度应尽量降低；若钢种不易过热而有一定淬硬倾向时，层间温度应控制得适当高一些。对于多数低碳低合金高强钢，层间温度一般与预热温度相同。但如钢种含碳量较高，淬硬倾向大，同时又易于过热时，层间温度的控制就显得复杂，不仅层间温度应高于 Ms（一般超过50～80℃），而且施焊工艺也要讲究，如采用“台阶式”分段、分段倒退焊等，回火焊道更为必要。

2. 短段多层焊焊接热循环

所谓短段多层焊，就是每道焊缝长度较短（约为50～400mm），在这种情况下，未等前层焊缝冷却到较低温度（如 Ms 点）就开始焊接下一道焊缝。短段多层焊焊接热循环如图2-42所示。

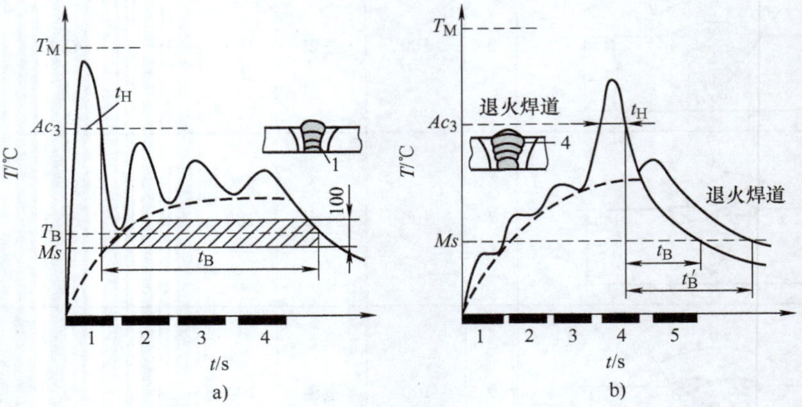

图2-42　短段多层焊焊接热循环

a）1点的热循环　b）4点的热循环

t_B—由 Ac_3 冷却至 Ms 的冷却时间（s）

由图2-42看出，近缝区1点和4点所经历的焊接热循环是比较理想的。对于1点来讲，一方面使该点在 Ac_3 以上停留时间较短，避免了晶粒长大；另一方面减缓了 Ac_3 以下的冷却速度，从而防止淬硬组织产生。对于4点来讲，它是在预热的基础上开始焊接的，如焊缝的长度控制合适，那么 Ac_3 以上停留的时间仍可很短，使晶粒不易长大。为了防止最后一层产生淬硬组织，可多一层退火焊道，以便增长奥氏体的分解时间（由 t_B 增至 t'_B）。

由此可见，短段多层焊对焊缝和热影响区组织都具有一定的改善作用，适于焊接晶粒容易长大而又易于淬硬的钢种。但是，短段多层焊的操作工艺十分烦琐，生产率低，只有在特殊情况下才采用。

本章小结

1）焊接是一种非常复杂的热过程，具有集中性、运动性、瞬时性和复合性四个方面的特点。导热微分方程是计算一切焊接温度场问题的基础方程，通过特定问题的边值条件，在理论上可以求取任何焊接温度场。焊接工件内各个点上温度的集合称为焊接温度场。温度场通常是空间坐标（x，y，z）和时间变量的函数，即 $T=(x, y, z, t)$。不随时间而变的温度场称为稳态温度场，即 $T=(x, y, z)$。熔化焊热过程的重要特征是在焊件形成时变或准稳定的焊接温度场。

2）焊接温度场主要可以通过解析法、有限差分法和有限单元法三种方法计算。焊接热源一般可分为集中热源、平面分布热源和体热源三种形式。解析法需要假设焊接热源为集中热源、材料属性不变且焊件尺寸无限大，因而具有很大的局限性。有限差分法和有限单元法为数值解法，一般根据需要可采用平面分布热源和体积热源形式，不受材料属性和焊件尺寸的限制，具有较大的灵活性。其中，有限单元法在单元划分、求解精度和通用性方面更具优势，应用更为广泛。焊接温度场的影响因素主要包括热源的性质、焊接热输入、被焊材料的热物理性质和工件的厚度与形状等。

3）在金属熔化焊过程中，焊接热过程不仅仅是单一的热传导过程，还会发生激烈的对流传热过程。一般情况下，在熔池内部的传热仍以热对流为主导，而在熔池外部的固态区域以热传导传热为主。焊接熔池的流动状态非常复杂，对于简单的 TIG 电弧焊的熔池对流驱动力主要有浮力、洛伦兹力、表面张力和等离子流力四种。对于高能束焊接熔池，由于存在匙孔效应，其熔池流动状态更为复杂。

4）焊接热循环是焊件上某一点温度与时间的关系，这一关系决定了该点的加热速度、保温时间和冷却速度，对焊接接头的组织与性能都有十分明显的影响。焊接热循环具有加热速度快、高温停留时间短和空间分布不均匀的特征，其特征参数主要有加热速度、峰值温度、高温停留时间、冷却速度。影响焊接热循环的因素主要有焊接方法、焊接热输入、预热温度、接头尺寸形状和焊道长度等。对于大厚度的焊件，一般采用多层多道焊接。多道焊时，开始焊接后继焊道时前一焊道所具有的最低温度，称为层间温度。对于后一焊道而言，层间温度相当于预热温度；对于前一焊道而言，后一焊道会产生“后热”的作用。根据要求不同，多层焊分为长段多层焊和短段多层焊，其热循环特点存在着明显的不同。

思考题

1）试比较电弧焊与高能束焊的热过程特点。

2）何谓温度场？何谓准稳定温度场？

3）常见的焊接热源模型有哪些？并说明其特点。

4）试比较焊接温度场三种解法的特点及适用范围。

5）TIG 焊接过程中熔池存在着哪几种驱动力？

6）激光焊熔池流动行为有何特点？

7）何谓焊接热循环？焊接热循环的特点、特征参数和影响因素有哪些？

8）多层多道焊热循环有何特点？

9）使用交流 TIG 焊实现 1.6mm 厚大铝板的对接，焊接电流为 100A，焊接电压为 10V，焊接速度为 2mm/s。计算距离熔合线 1.0mm、2.0mm 的峰值温度。假设电弧的热效率为 50%。

10）使用焊接参数 200A、20V、2mm/s 完成碳钢厚板的表面堆焊，预热温度为 100℃，电弧热效率为 60%。计算焊缝的横截面积。

11）在 AISI409 不锈钢 YAG 激光束焊接过程中，同样功率条件下，光束大小显著地影响焊缝深宽比。请描述和解释这一现象。

12）采用相同的304不锈钢两种保护气体进行TIG焊，一种是Ar保护，另一种是Ar + $7\times10^{-4}SO_2$气体保护，哪个熔深大？为什么？

参考文献

[1] 张文钺．焊接传热学［M］．北京：机械工业出版社．1989.

[2] 松田福久．溶接冶金学［M］．东京：日刊工业新闻社，1972.

[3] Lancaster J F. Metallurgy of Welding［M］． London：Allen &Unwin，1980.

[4] Rosenthal D. Mathematical theory of heat distribution during welding and cutting［J］． Weld J．，1947，20（5）：220s-234s.

[5] Rosenthal D. The theory of moving source of heat and its application to metal treatments［J］． Trans ASME，1946，43（11）：849-866.

[6] 雷卡林 H H. 焊接热过程计算［M］．庄洪寿，徐碧宇，译．北京：中国工业出版社，1958.

[7] Wu C S，Xu G，Li K H，et al. Analysis of double-electrode gas metal arc welding［J］． Pine Mountain Ca，2005，813-817.

[8] Grong Φ. Metallurgical modeling of welding［M］． 2th ed. London：The institute of Materials，1997.

[9] Sun J，Liu X，Tong Y，et al. A comparative study on welding temperature fields，residual stress distributions and deformations induced by laser beam welding and CO_2 gas arc welding［J］． Materials and Design，2014（63）：519-530.

[10] Xu Y L，Dong Z B，Wei Y H，et al. Marangoni convection and weld shape variation in A-TIG welding process［J］． Theoretical and Applied Fracture Mechanics，2007，48（2）：178-186.

[11] Tsai N. Heat distribution and weld bead geometry in arc welding［D］． MA：MIT，1983.

[12] Tsai M C. Kou S. Electromagnetic-force-induced convection in weld pools with a free surface［J］． Welding Journal，1990，69（6）：241-246.

[13] Kou S，Sun D K. Fluid flow and weld penetration in stationary arc welds［J］． Metall Trans：A，1985，16（2）：203-213.

[14] Heiple C R，Burgardt P. ASM Handbook，Vol. 6：Welding，brazing and soldering［M］． Cleveland Ohio：Materials Park，1993.

[15] Kou S. 焊接冶金学［M］．闫久春，杨建国，张广军，译．北京：高等教育出版社，2012.

[16] Heiple C R，Roper J R. Mechanism for Minor Element Effect on GTA Fusion Zone［J］． Weld J．，1982，61（4）：97s-102s.

[17] Heiple C R，Roper J R. in Trends in Welding Research in the United States［M］． Cleveland，Ohio：Metals Park OH，1982，489-520.

[18] Heiple C R，Roper J R，Stagner R T，et al. Surface active element effects on the shape of GTA，laser and electron beam welds［J］． Weld J．，1983，62（3）：72-77.

[19] Heiple C R，Burgardt P，Roper J R. in Modeling of Casting and Welding Processes［M］ Warrendale：TMS-AIME，1984.

[20] Heiple C R，Burgardt P. Effect of SO_2 Shielding Gas Additions on GTA Weld Shape［J］． Weld J．，1985，64（6）：159s-162s.

[21] Matsunawa A，Shinichiro Y. in Recent Trends in Welding Science and Technology［M］． Cleveland Ohio：Materials Park OH，1990.

[22] Matsunawa A. in International Trends in Welding Science and Technology［M］． Cleveland Ohio：Materials Park OH，1993.

[23] 陈俐．航空钛合金激光焊接全熔透稳定性及其焊接物理冶金研究［D］．武汉：华中科技大学，2005.

[24] Rai R, Kelly S M, Martukanitz R P, et al. A Convective Heat-Transfer Model for Partial and Full Penetration Keyhole Mode Laser Welding of a Structural Steel [J]. Metallurgical and Materials Transactions A, 2008, 39 (1): 98-112.

[25] Matsunawa A, Seto N, Kim J D, et al. Dynamics of keyhole and molten pool in high-power CO_2 laser welding [C]. International Society for Optics and Photonics Advanced High-Power Lasers and Applications, 2000.

[26] Matsunawa A. Science of laser welding-mechanisms of keyhole and pool dynamics [C]. Phoenix: ICALEO 2002 proceedings, 2002.

[27] Tsukamoto S, Kawaguchi I, Arakane G, et al. Suppression of porosity using pulse modulation of laser power in 20 kW CO sub 2 laser welding [C]. Jacksonville: 20 th International Congress on ICALEO 2001: Applications of Lasers & Electro-Optics, 2001.

[28] Matsunawa A, Katayama S. Keyhole instability and its relation to porosity formation in high power laser welding [C]. Indianapolis Indiana: Joining of Advanced and Specialty Materials Ⅳ, 2001.

[29] Mizutani M, Katayama S, Matunawa A. Observation of molten metal behavior during laser irradiation: basic experiment to understand laser welding phenomena [C]. LAMP 2002, International Congress on Laser Advanced Materials Proceeding: International Society for Optics and Photonics, 2003.

[30] Seto N, Katayama S, Mizutani M, et al. Relationship beween plasma and keyhole behavior during CO_2 laser welding [C]. International Society for Optics and Photonics: Advanced High-Power Lasers and Applications, 2000.

[31] 张文钺．焊接冶金学（基本原理）［M］．北京：机械工业出版社，2011.

[32] Шоршоров М Х, Белов В В. Фазовые превращении и изменении свойство стали при сварке [M]. Москва: Наука, 1972.

[33] Lee H T, Chen C T, Wu J L. Numerical and experimental investigation into effect of temperature field on sensitization of Alloy 690 butt welds fabricated by gas tungsten arc welding and laser beam welding [J]. Journal of Materials Processing Technology, 2010 (210): 1636-1645.

[34] 姜志忠．聚变堆用 CLAM 钢 TIG 焊接头组织转变行为与机理研究［D］．北京：北京科技大学，2011.

[35] 胡杰．聚变堆用 CLAM 钢真空电子束焊受焊行为研究［D］．北京：北京科技大学，2011.

第3章 焊接化学冶金

熔化焊过程中焊接区内各种物质之间在焊接高温下的相互作用统称为焊接化学冶金。如第1章中所述，熔化焊时通常都需要对焊接区金属加以保护。事实上，保护方式的创新一直是电弧焊方法发展的路径之一。在熔化焊高温下，焊接区内各种物质（母材金属、填充金属、熔渣、保护气体、空气等）不可避免地要发生相互作用（溶解、反应、扩散等），因此，即便被焊母材和填充金属确定，即焊缝的主体成分确定，焊缝（接头）中的一些低含量成分（如氢、氧、氮、硫、磷、合金元素等）仍然是非常不确定的，这些低含量成分（元素）受控于焊接过程中的化学冶金反应。焊缝（接头）中低含量的成分（元素）直接影响焊接熔池的凝固、焊缝和热影响区的固态相变、焊接缺陷等焊接物理冶金过程和行为，因而对材料的焊接性及接头的组织结构和性能有重要的影响。

焊接化学冶金的主要任务是研究和探讨熔化焊条件下焊接区物质（金属材料、保护材料及空气等）间的冶金热力学——相互作用的方向和限度——行为、规律和机理，包括气体与焊接区金属的作用、熔渣与焊接区金属的作用等。

3.1 焊接化学冶金系统及其特点

3.1.1 焊接化学冶金系统

1. 焊接保护方式

焊接过程中，氮、氢、氧等气体可以与焊接区金属相互作用（溶解或反应）并残留在焊缝金属中，这些气体通常来自于空气、工件表面的湿气和油污等。如果焊接时不加以保护，这些气体的“作用”将严重降低焊接接头的性能。表3-1列出了氮、氢和氧对常见金属材料焊缝性能及质量的影响。例如，低碳钢裸焊丝在空气中无保护电弧焊时，熔敷金属中氮的质量分数可达0.105%～0.218%，比焊丝高20～45倍；氧的质量分数可达0.14%～0.72%，比焊丝高7～35倍。同时，C、Mn等合金元素含量因烧损（氧化）而降低，熔敷金属暗淡，无金属光泽，表面和内部均存在大量气孔。熔敷金属的断裂强度明显降低，塑性和韧性显著下降，低碳钢裸焊丝无保护电弧焊时熔敷金属的性能见表3-2。

表 3-1 氮、氢和氧对常见金属材料焊缝性能及质量的影响[1]

	氮	氢	氧
钢	增加强度，降低韧性	引起氢致裂纹	降低韧性，但在一定条件下也可以通过促进针状铁素体的形成提高韧性
奥氏体不锈钢 双相不锈钢	减少铁素体，促进凝固裂纹		
铝合金		形成气孔，降低强度和塑性	形成氧化物夹杂
钛合金	增加强度，但降低塑性		增加强度，但降低塑性

表 3-2 低碳钢裸焊丝无保护电弧焊时熔敷金属的性能[2]

性　能	母　材	熔敷金属
抗拉强度/MPa	390～440	334～390
伸长率（%）	40～45	5～10
弯曲角/(°)	180	20～40
冲击吸收能量/(J/cm²)	>147	5～25

为了提高焊缝的质量，改善焊接接头的性能，焊接时需要采取一定的措施对焊接区金属进行保护，以避免焊接区金属与空气反应，减少焊缝金属中有害杂质的含量和合金元素的烧损（氧化）。表 3-3 列出了熔化焊常见的保护方式，主要有**熔渣保护、气体保护、渣-气联合保护、真空保护**和**自保护**等。

表 3-3 熔化焊常见的保护方式

保护方式	保护物质在焊接材料中的形态	典型焊接方法
熔渣保护	焊条药皮	焊条电弧焊（不含造气剂）
	焊剂	埋弧焊、电渣焊
气体保护	气体	TIG、MIG、MAG、等离子弧焊、激光焊、二氧化碳电弧焊
渣-气联合保护	药芯/气体、焊条药皮	药芯焊丝电弧焊、焊条电弧焊（含造气剂）
真空保护		电子束焊
自保护	脱氧剂、退氮剂	自保护焊丝焊接

(1) 熔渣保护　熔渣保护主要利用焊剂或焊条药皮熔化形成的熔渣覆盖在焊接区金属（熔滴和熔池等）表面将空气隔开而实现保护，典型的焊接方法主要有焊条电弧焊（药皮中不含造气成分）、埋弧焊等。在焊条电弧焊中，焊条由焊芯和焊条药皮组成，焊接时焊芯和焊条药皮同时熔化，熔化的焊芯与母材形成熔池，熔化的药皮形成熔渣对焊接区金属构成保护；在埋弧焊中保护功能由焊剂完成，焊剂被同步施加在焊接区，电弧同时加热母材、焊丝和焊剂，熔化的焊剂形成熔渣，保护焊接区金属不被氧化。由于熔渣通常都具有较强的氧化性，熔渣保护主要用于化学活性较小的钢铁材料的焊接。

(2) 气体保护　气体保护是利用外加气体对焊接区金属进行保护的一类焊接保护方式。由于保护气引入方便（便于实现自动化），且焊后没有焊接残渣，因此，采用气体保护的焊接方法一般都具有清洁、高效的特点。

用于焊接保护的气体既有惰性气体（Ar、He 等），也有活性气体（CO_2等），典型焊接方法主要有钨极惰性气体保护电弧焊（TIG）、熔化极惰性气体保护电弧焊（MIG）、活性混合气体保护电弧焊（MAG）、二氧化碳气体保护电弧焊、等离子弧焊、激光焊等。惰性气体不与金属反应，可以用于所有的金属及其合金的焊接；二氧化碳是一种氧化性气体，但需要在焊接材料中添加脱氧剂，主要用于钢铁材料的焊接。

(3) 渣-气联合保护 顾名思义，**渣-气联合保护是利用熔渣和气体联合进行保护的方式**，采用该类保护方式的焊接方法主要有焊条电弧焊（药皮中含造气剂）和药芯焊丝电弧焊。当焊条药皮中含有造气剂时，焊条电弧焊焊接区金属一方面受药皮中造渣剂形成的熔渣的保护，另一方面，药皮中的造气剂在焊接时释放出大量的气体，将焊接区与空气隔离，也对焊接区构成保护作用。药芯焊丝中的药芯成分与焊条药皮基本相同，既有造渣剂，也有造气剂，而且，药芯焊丝焊接时通常还外加保护气体（CO_2、CO_2+Ar 等），因此，药芯焊丝电弧焊是一种典型的渣-气联合保护焊接方法。

(4) 真空保护 渣保护或气保护是通过“渣”或“气”将焊接区金属与空气隔离而实现保护的，**真空保护则是将空气从焊接区抽离而实现保护的**。显然，仅仅从保护效果来看，真空保护应该是最佳的，但实现起来相对困难，成本较高，而且也并不是所有焊接方法都能够在真空下进行。在现有的熔化焊热源中，能在真空下进行焊接的只有电子束和激光，实际应用较多的是真空电子束焊。理论上，真空保护可以用于焊接所有的金属材料，特别是化学活性较强的有色金属及其合金，但是不太适用于焊接易挥发的材料。

(5) 自保护 **自保护焊是通过在焊丝中添加脱氧剂和脱氮剂（氧和氮的强亲和元素），焊接过程中脱氧剂和退氮剂与由空气进入焊接区金属的氧和氮反应生成氧化物和氮化物并形成熔渣，从而实现降低焊缝金属中氧和氮含量的方法**。很明显，上述四种保护形式都是采用物理的方法隔离空气而实现对焊接区金属进行保护的，是物理方法，而自保护是一种化学方法。

自保护焊无法避免空气中的氧和氮进入焊接区金属，保护效果较差，焊缝中氧和氮的含量较高，焊缝金属性能尤其是塑性和韧性较差，实际中应用较少。

2. 焊接化学冶金体系

焊接化学冶金体系是指焊接过程中热源作用区域内金属、熔渣、气体等物质的总和。焊接化学冶金体系主要取决于焊接方法，特别是与焊接保护方式有关。上述五种保护方式大致可以分为“金属-熔渣”“金属-气体”和“金属-熔渣-气体”三种化学冶金体系。

(1)“金属-熔渣”体系 即焊接的化学冶金过程主要涉及金属与熔渣之间的相互作用，焊条电弧焊（药皮中不含造气成分）、电渣焊和埋弧焊等“熔渣保护”类的焊接方法属于该类体系。由于焊接过程中难免有少量空气混入焊接区，且熔渣不可避免地会释放一些气体，因此，实际中该体系的化学冶金过程多少还会涉及一些气体的作用，但其化学冶金过程主要受控于金属与熔渣的作用。

(2)“金属-气体”体系 焊接的化学冶金过程主要是焊接区金属与气体间的作用，“气体保护”“真空保护”和“自保护”类的焊接方法均属于该类体系。理论上，真空和惰性气体保护不存在气体与金属的作用问题，但实际上限于真空室的真空度水平、保护气的纯度及湍流等现象的存在，其焊接区难免存在一定数量的空气、水分等物质，因此它们的焊接化学冶金体系仍可归为“金属-气体”体系。

(3)“金属-熔渣-气体”体系　焊接区既有熔渣参与冶金反应，又有气氛参与冶金反应，焊接化学冶金过程涉及焊接区金属、熔渣和气体之间的相互作用。焊条电弧焊（药皮中含造气剂）和药芯焊丝电弧焊等“渣-气联合保护”类的焊接方法属于该类体系。

3.1.2　焊接化学冶金系统特点

1. 焊接化学冶金反应区

如第 1 章中所述，**焊接化学冶金系统是由焊接区母材、焊丝（或焊条）、熔池、熔滴、熔渣和气体等构成的高温固态、液态和气态系统**。熔化焊过程中，焊接熔池由熔化的焊接材料（填充金属和熔渣等）和部分母材组成，其中，填充金属在进入熔池之前的加热熔化、熔滴形成和长大、熔滴过渡等阶段都将经历强烈的化学冶金过程，因此，实际焊接过程中的化学冶金反应过程是分区域（阶段）连续进行的，这也是焊接化学冶金系统的一个重要特点。

熔化焊的化学冶金系统结构（反应过程）与焊接方法有关，不同焊接方法的化学冶金系统结构不尽相同。如图 3-1a、b 所示，焊条电弧焊的化学冶金系统结构可以分为“药皮反应区”“熔滴反应区”和“熔池反应区”三个反应区（阶段）；熔化极气体保护电弧焊的化学冶金过程可分为熔滴反应区和熔池反应区两个反应区，但不填丝的钨极氩弧焊和电子束焊等焊接冶金过程只有熔池反应一个反应区。另外，同一种焊接方法、不同区域（阶段）化学冶金反应的热力学和动力学条件（如反应物质、浓度、温度、时间、接触面积、对流和搅拌条件等）也有较大的差异，因而其反应方向和程度也往往存在较大差异。

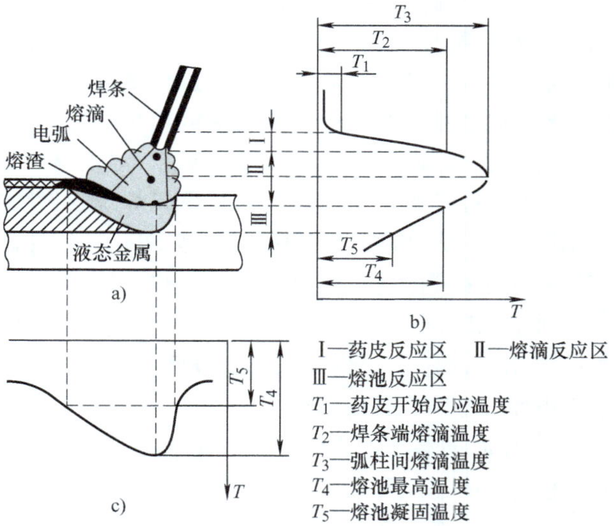

图 3-1　焊条电弧焊的焊接冶金反应区示意图
a）焊接区要素　b）焊接区温度在垂直方向的分布
c）熔池温度在焊接方向的分布

(1) 药皮反应区　**药皮反应区是指焊条端部药皮开始发生变化的温度到药皮熔点之间的区域**。药皮反应区是焊条电弧焊特有的反应区，但在埋弧焊和药芯焊丝电弧焊中也有类似性质的反应区（阶段）。药皮反应区的反应产物将作为熔滴反应区和熔池反应区的反应物质，因此，药皮反应阶段实际上是熔滴反应和熔池反应的准备阶段，对整个焊接化学冶金过程和焊接质量有一定的影响。

药皮反应区的温度较低，对钢焊条而言，该区的温度范围约为 100～1200℃。焊接过程中，药皮反应区的物理和化学变化（反应）主要有水分的蒸发、药皮组分的分解和铁合金的氧化等。

1）水分的蒸发。药皮被加热时，其吸附的水分即开始蒸发。理论上，当温度达到100℃时，药皮中吸附的水将全部汽化；当温度为200～400℃时，药皮中白泥、云母等组分将释放出结晶水；随着温度的进一步升高，药皮中的化合水也将分解析出。

2）药皮组分的分解。当药皮加热达到一定温度时，其中的有机物，如木粉、纤维素和淀粉等开始分解和燃烧，形成O_2、CO_2、H_2等气体；药皮中的$CaCO_3$（大理石）、$MgCO_3$（菱苦土）等碳酸盐和Fe_2O_3（赤铁矿）、MnO_2（锰矿）等高价氧化物也发生分解，形成CO_2、O_2等气体。

3）铁合金的氧化。铁合金（锰铁、硅铁和钛铁等）是焊条药皮中的主要组分之一，主要起脱氧和合金化的作用。上述水分蒸发和药皮物质的分解所产生的大量H_2O、CO_2、O_2等气体，对被焊金属和药皮中的铁合金有很强的氧化作用。氧化反应使气相的氧化性降低，因此，该过程被称为“先期脱氧”（见第3.3节）。

(2) 熔滴反应区　熔滴反应区是指从焊条（或焊丝）端部熔滴形成、长大到过渡至熔池前的整个区域，是所有使用焊条或焊丝的熔化焊方法都具有的反应区。焊接过程中该区域的反应主要有：气体的分解和溶解、金属的蒸发、合金元素的氧化和还原，以及熔滴金属的合金化等。**从反应条件来看，反应温度高、反应时间短、反应相（物质）之间的接触面积大且混合强烈等是熔滴反应区的突出特点**。

1）反应温度高。从空间上看，熔滴反应区基本上处在电弧区。一般来说，电弧中心区的温度可以高达数千摄氏度。对于电弧焊焊接钢而言，熔滴活性斑点处的温度接近焊芯金属的沸点，约为2800℃；根据焊接参数不同，熔滴的平均温度在1800～2400℃的范围，这意味着熔滴金属的过热度可达300～900℃。

2）反应相间的接触面积大。在熔滴反应区，填充金属以细小熔滴存在，其比表面积可达10^3～$10^4 cm^2/kg$，比炼钢时大1000倍左右。因此，熔滴反应区内金属与气体和熔渣间的接触面积远比普通冶炼时大。

3）反应时间短。通常情况下，熔滴在焊条末端停留的时间仅为10^{-2}～$10^{-1}s$，而且熔滴向熔池过渡的速度可达2.5～10m/s，经过弧柱区的时间约为10^{-4}～$10^{-3}s$。在熔滴反应区内，各反应相之间接触的平均时间约为0.01～1.0s，反应主要发生在焊条端部的熔滴形成和长大阶段。

4）反应相间的混合强烈。在熔滴反应区，熔滴、熔渣和各种气相都处在剧烈的变化和运动之中，有利于反应组分和反应产物迁移，促进反应相之间的混合。

综上所述，在熔滴反应区虽然反应时间短，但反应温度高，反应相之间的接触面积大，并伴有强烈的混合效应，因此冶金反应最激烈，不但反应速度快，而且反应最完全，对焊缝成分和性能影响最大。

(3) 熔池反应区　熔池反应区是所有熔化焊方法共有的反应区，随焊接方法的不同，其反应体系既有“金属-熔渣”“金属-气体”体系，也有“金属-熔渣-气体”体系。与熔滴反应区相比，熔池反应区具有如下特点：

1）反应速度低。与熔滴反应区相比，熔池反应区的平均温度较低，为1600～1900℃；熔池比表面积较小，为3～130cm^2/kg。因此，熔池反应区的反应速率相对较低。

2）区域反应不一致。如图3-1c所示，焊接过程中熔池温度分布是不均匀的，通常熔池前部的平均温度要高于熔池后部的平均温度。因此，熔池反应区内不同部位在反应速率和反应程度上存在较大差异，对某些反应而言，甚至在反应方向上完全相反。一般来说，熔池前部倾向于发生金属熔化、气体溶解和氧化反应等，而熔池后部则倾向于发生金属凝固、气体逸出和脱氧反应等。

3）反应在一定的搅拌作用下进行。焊接过程中，保护气流、等离子流等对熔池有一定的搅拌作用；另外，由于熔池温度分布不均匀，将在熔池液态金属中形成密度梯度和表面张力梯度，密度梯度和表面张力梯度驱动下形成的对流对熔池也有一定的自搅拌效应。

综合来看，尽管熔池阶段的反应时间比熔滴阶段长（数秒到数十秒），但由于反应温度低，反应相之间接触面积小，使得熔池阶段反应速率比熔滴阶段低，对整个化学冶金反应的贡献也较熔滴阶段小。从表 3-4 中可以看到，合金元素在熔滴阶段的损失远远大于熔池阶段的损失。但对于同一种渣系，随着**药皮（药芯）质量系数（K_b）**——单位长度上药皮（药芯）与金属焊芯（金属外皮）质量比的增大，熔池阶段的反应贡献通常是增大的。

表 3-4　合金元素在不同阶段的损失[3]

药　皮	元　素	元素的损失占原始含量的质量分数（%）		
		总　的	熔　滴　中	熔　池　中
赤铁矿 K_b = 0.5	C Mn Si	87.5 97 98.3	80 97 98.3	7.5 0 0
大理石 80%，萤石 20% K_b = 0.27	C Mn Si	40 47.2 75	30 29.2 47.5	10.0 18.0 27.5

2. 焊接化学冶金系统的非平衡性

焊接化学冶金系统的另一个重要特点是非平衡性，这是由其开放性、温度不均匀性和过程的短暂性所决定的。

首先，严格来说，焊接化学冶金系统中的每一个反应区都是开放体系——与环境之间既有物质交换，又有能量交换，这一点在熔池反应区表现得尤为明显。随着焊接过程的进行，熔化的母材、熔滴、熔渣和气体不断从熔池前部进入熔池反应区参与反应，凝固的金属和熔渣又不断从熔池后部退出熔池反应区。在焊接规范恒定的情况下，这种物质的更替过程可以达到相对稳定状态，从而得到成分均匀的焊缝金属。其次，焊接化学冶金系统中的温度分布很不均匀，不同反应区温度差异较大。如图 3-1 所示，即便在同一反应区，也往往存在很大的温度梯度，如熔滴反应区中，电弧中心的温度要明显高于两端及边缘温度；熔池前部的平均温度要高于熔池后部的平均温度等。如上所述，温度的差异导致焊接冶金系统不同反应区内的反应速率和程度不尽相同，在反应方向上甚至相反。另外，焊接过程中焊接冶金区域被快速升温然后快速降温，反应时间短，过程非常短暂，化学反应根本来不及达到平衡状态。

上述焊接化学冶金系统的开放性、温度不均匀性和过程的短暂性等特点共同决定了焊接冶金是一种典型的远离化学平衡的特殊冶金过程。

3.1.3 焊接化学冶金的影响因素

焊接化学冶金过程的影响因素可分为反应物质因素和反应条件因素两方面，前者包括反应体系和反应物质的数量（浓度）等，决定了化学冶金过程的参与物质、浓度和数量；后者包括焊接方法和焊接工艺等，决定了化学冶金过程的反应温度和时间。通常情况下，焊接方法和反应体系实际上是联系在一起的，因此，在焊接方法和反应体系确定的条件下，影响化学冶金过程的物质因素主要有熔合比（θ）和保护物质的相对量等，反应条件因素主要有焊接电流/电压和熔滴过渡特性等，见表 3-5。

表 3-5 焊接化学冶金过程的影响因素

- 焊接化学冶金过程影响因素
  - 反应物质
    - 反应体系
    - 反应物质的数量（浓度）
      - 熔合比（θ）
      - 保护物质的相对量
  - 反应条件
    - 焊接方法
    - 焊接工艺
      - 熔滴过渡特性
      - 焊接电流/电压

1. 熔合比

焊缝金属由填充金属和局部熔化的母材组成，在焊缝金属中母材所占的比例称为熔合比（θ）。通常情况下，焊缝金属的成分与熔合比密切相关，当且仅当填充金属与母材成分相同且焊接过程中完全没有合金元素损失（即不考虑焊接过程中的化学冶金反应）时，焊缝金属成分与熔合比无关。当填充金属与母材成分不同，但焊接过程中合金元素没有损失时，焊缝金属成分与熔合比的关系为（此时焊缝金属中的合金元素含量称为合金元素的**理论含量**）

$$w_0 = \theta w_b + (1-\theta) w_e \tag{3-1}$$

式中，w_0为某合金元素在焊缝金属中的原始含量；w_b为母材中该合金元素的质量分数；w_e为填充金属中该合金元素的质量分数；θ 为熔合比。

焊接过程中合金元素的损失是难以避免的。若仅考虑焊接过程中填充金属中合金元素的烧损，而忽略母材金属中的合金元素损失，则焊缝金属中合金元素的**实际含量** w_W 为

$$w_W = \theta w_b + (1-\theta) w_d \tag{3-2}$$

式中，w_d为实际进入焊缝金属的填充金属中合金元素的质量分数，可以通过分析 $\theta=0$ 时熔敷金属的成分来确定。

多层焊时，意味着每一层的“w_W”是下一层的“w_b”，因此，若各层间的熔合比是恒定的，则不难得出第 n 层焊缝金属中合金元素质量分数（w_n）为

$$w_n = w_d - (w_d - w_b)\theta^n \tag{3-3}$$

熔合比取决于焊接方法、焊接参数、接头形式、坡口角度和形式、母材性质、焊接材料种类以及焊条（焊丝）的倾角等因素，可以根据式（3-2）通过试验的方法测得。

从焊接的化学冶金过程来分析，式（3-2）和式（3-3）实际上仅仅考虑了熔滴阶段化学冶金过程导致的合金元素变化，而忽略了熔池阶段化学冶金过程导致的合金元素变化。如前所述，实际焊接过程中，熔滴和熔池金属都将经历复杂的化学冶金反应过程。由于熔池金属成分与熔合比有关，而熔池成分对熔池阶段的化学冶金过程有影响，因此，熔合比实际上对焊接过程（尤其是熔池阶段）中的化学冶金过程有重要影响。由此可见，

式（3-2）和式（3-3）实际上是一个未区分熔合比对化学冶金过程影响的等效表达。

2. 保护物质的相对量

保护物质的相对量是指焊接材料或焊接过程中保护物质的含量或相对消耗量。常见的可以表征保护物质相对量的指标主要有焊丝药芯中保护物质的含量、焊条（或药芯焊丝）的药皮（或药芯）质量系数（K_b）、保护气体流量等。

无论保护物质是否直接参与冶金反应，保护物质的相对量都可能对焊接过程的冶金反应造成影响。当保护物质不直接参与冶金反应时，保护物质的相对量主要通过影响保护效果来影响焊接过程的冶金反应。如图 3-2 所示，随焊丝药芯中保护物质含量的增加，焊接保护效果增强，熔滴和熔池与空气中氮的作用减弱，熔敷金属中氮的含量减少。当保护物质直接参与冶金反应时，保护物质相对量的增加将促进其所参与的反应。如图 3-3 所示，当采用氧化型药皮焊条焊接时，随着 K_b 的增加，熔敷金属中硅的含量一直是降低的，说明随着 K_b 的增加，焊接过程中的氧化反应一直是增强的。进一步观察熔滴中硅的含量随 K_b 的变化可以发现，当 $K_b<0.18$ 时，熔滴与熔敷金属中硅的含量比较接近，且随 K_b 的变化也基本相同，但当 $K_b\geqslant0.18$ 时，熔滴中硅的含量趋于稳定，而熔敷金属中的硅含量随 K_b 的增加继续降低。分析表明，当 $K_b<0.18$ 时，硅的氧化损失主要发生在熔滴反应区，而当 $K_b\geqslant0.18$ 时，增加的硅氧化损失主要发生在熔池反应区。

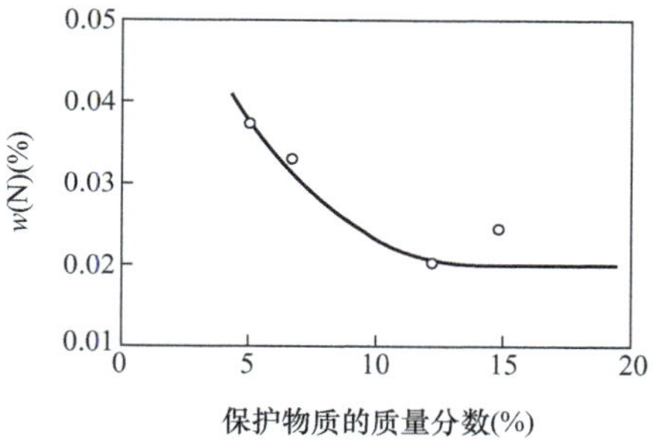

图 3-2 熔敷金属中的含氮量与焊丝药芯中保护物质含量的关系[4]

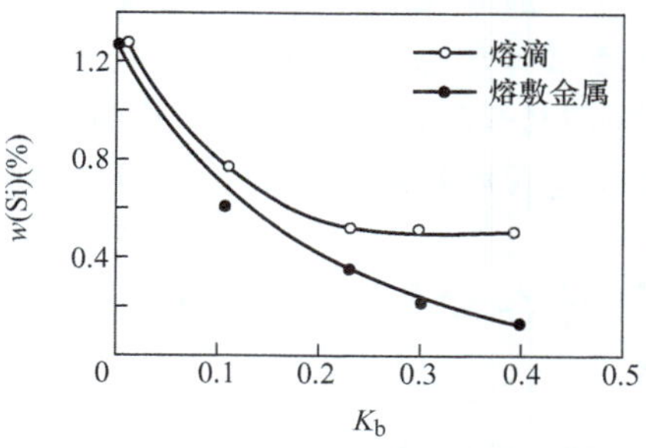

图 3-3 熔滴和熔敷金属中硅的含量与 K_b 的关系[5]

3. 熔滴过渡特性

如前所述，实际焊接过程中的化学冶金反应过程是分区域（阶段）连续进行的，熔滴反应区进行的冶金反应最为激烈，对焊缝成分有重要的影响，而熔滴反应区的反应时间与熔滴过渡特性密切相关——熔滴过渡频率越高，熔滴存在时间越短，熔滴反应区的反应时间越短，反之亦然。以 CO_2 保护焊为例，由于电弧气氛的氧化性较强，焊丝中合金元素的损失率 φ（%）随熔滴的过渡频率 f 提高而减小，因此，短路过渡时合金元素的损失率比大颗粒过渡时小，如图 3-4 所示[6]。

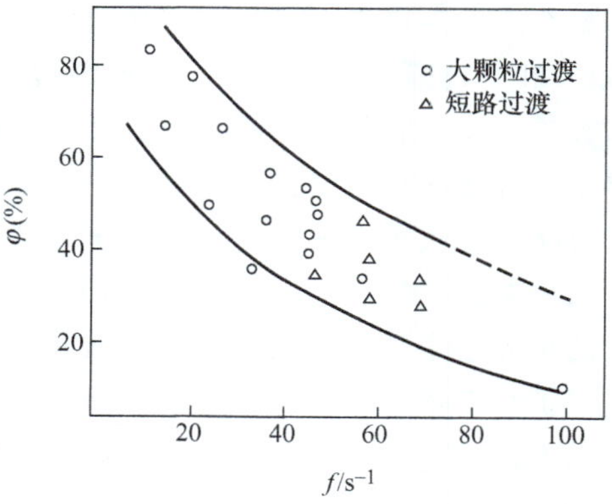

图 3-4 CO_2 保护焊焊丝合金元素损失率与熔滴过渡频率的关系[6]

4. 焊接电流/电压

焊接参数（电流、电压等）对熔滴过渡特性有重要影响，因此对焊接化学冶金过程也有显著影响。对电弧焊来说，一般而言，熔滴阶段的反应时间（或熔滴存在的时间）随着焊接电流的增加而变短，随着电弧电压的增加而变长。因此，熔滴阶段的反应程度将随电流的增加而减小，随电压的增加而增大。如图 3-5 中，用萤石（30% 质量分数，下同）-大理石（6%）-硅砂（42%）-锰铁（15%）-铝粉（7%）作为焊条药皮和焊丝药芯，分别采用焊条电弧焊和药芯焊丝电弧焊进行焊接，研究了焊接参数（电流/电压）对硅还原反应的影响，发现熔敷金属中硅含量随焊接电压的增加而增加，随焊接电流的增加而减小。

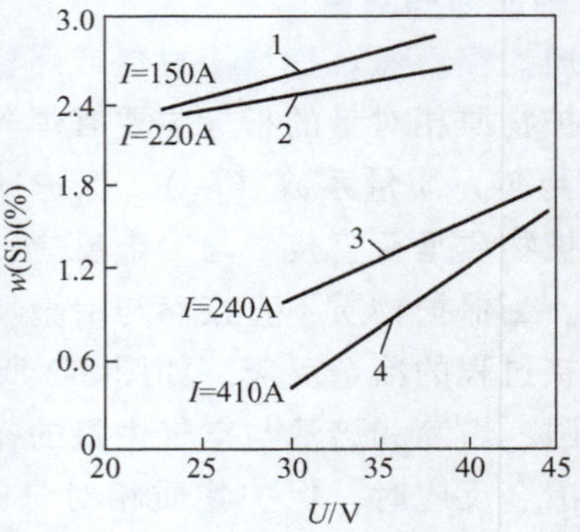

图 3-5 熔敷金属中硅的含量与电弧电压和电流的关系[5]

1、2—焊条电弧焊（$\phi=2.5\text{mm}$，$K_b=0.7$）

3、4—药芯焊丝电弧焊（$\phi=4.0\text{mm}$，$K_b=0.66$）

对于埋弧焊来说，焊接参数（电流/电压）除对熔滴过渡特性有影响外，还对熔渣率（熔化的焊剂与焊丝的质量比）有影响。一般地，焊接电压增加，弧长增大，熔渣率增加，化学冶金反应程度将增加；焊接电流增加，熔渣率降低，化学冶金反应程度将减弱。

3.2 气体与金属的冶金反应

3.2.1 焊接区气体

1. 焊接区气体的来源与组成

（1）焊接区气体的来源　如上所述，金属熔化焊是在保护条件下完成的，以避免空气对高温金属的不良反应。根据焊接保护方式不同，焊接冶金体系分为“金属-熔渣”“金属-气体”和“金属-熔渣-气体”三种焊接化学冶金体系，不同的焊接冶金体系中的气相成分和数量不同，它们之间的化学冶金也不相同。讨论气体与金属的焊接冶金作用时，首先需要了解焊接区域内气体的来源和组成。

焊接区域气体的来源主要取决于焊接方法，可以分为三个部分：

1）焊接保护性气体。通过焊接材料添加一种气体物质将空气排开，形成一个气氛保护下的焊接冶金区域。高温下的焊接化学冶金反应将主要在金属与保护性气氛之间进行。焊接保护性气体可以是以气态焊接材料添加的，如氩气、氦气、二氧化碳气体等；也可以是以固态焊接材料添加的，这些固体焊接材料在高温下发生热分解反应，产生一定数量的气态产物，如焊条药皮中的淀粉、木粉等碳水化合物，以及碳酸盐、高价氧化物等矿物质，这类物质又称为造气剂。纤维素、大理石和氧化锰的完全热分解反应分别如式（3-4）~式（3-6）所示。为了达到良好的保护效果，焊接区域内需要有足够多的焊接保护性气体。

$$(C_6H_{10}O_5)_n + 6nO_2 = 6nCO_2\uparrow + 5nH_2O\uparrow \tag{3-4}$$

$$CaCO_3 = CaO + CO_2\uparrow \tag{3-5}$$

$$MnO_2 = MnO + 1/2O_2\uparrow \tag{3-6}$$

2）杂质气体。母材待焊部位表面的氧化物、油污以及吸附的水分，焊接材料（焊丝和焊条等）吸收的水分、吸附的气体等，在受到高温加热时将发生挥发、蒸发及热分解反应，释放出一定数量的气体。因此，为了减少这类杂质气体的数量，实际焊接时常常要对母材待焊部位进行清理，同时对焊接材料采取密封保存、焊前烘干等技术措施。

3）其他气体。其他气体包括高温下液体金属和熔渣的蒸发，残留的空气等。相对而言，这类气体的数量受焊接参数的影响较大。以气体保护电弧焊为例，在保护气体的流量小、气体流态紊乱等情况下，焊接保护效果变差，空气侵入焊接冶金区域，从而严重降低焊缝金属的性能。

（2）焊接区气体的组成　焊接区内气体的组成除主要取决于焊接方法（采用的焊接材料）外，还受焊接参数的影响。对于**气体保护焊接**方法，焊接区内的气体主要是作为焊接材料的**保护气体**（Ar、He、CO_2等）；而对于**渣保护类的焊接**方法，焊接区内的气体主要是**焊条药皮和焊剂组分的气态热分解产物**（CO_2、O_2、H_2、H_2O 等）。另外，无论采取何种焊接方法，焊接区内都或多或少存在**空气侵入和残留**（N_2、O_2等）；焊接工艺措施不当时，空气的影响将更加明显。

从上面的分析可以看出，对于电弧焊而言，焊接区内气体的组成主要有 **N_2、O_2、H_2、CO_2、H_2O 及某些情况下 Ar、He** 等，另外还包括金属、熔渣的高温蒸气。

2. 焊接区气体的分解与电离

（1）焊接区气体的热分解　金属熔化焊所采用的焊接热源具有能量集中、温度很高的特点，处于焊接区内的气体分子在高温条件下将发生分解反应，气体大分子转变成小分子，进而转变成单个原子。**气体分子的热分解反应是吸热反应**，温度越高越有利于气体分子的分解反应，分解反应进行得越彻底。

分解反应的逆反应是合成反应，即由小分子转变成大分子的反应过程。分解反应与合成反应在一定温度下将达到动态平衡。一定温度下气体分子的分解程度通常用**分解平衡常数（K）和解离度（a）**来描述。**气体分解反应的平衡常数定义为某温度下分解产物的物质的量的乘积与反应物物质的量的比；解离度定义为某温度下已分解气体物质的量与反应前气体物质的量的比**。由于平衡常数和解离度都是与反应物及其产物的数量决定的，因此两者存在内在联系，并且这种内在联系与气体分解反应的方程式有关。气体分解反应的方程一旦确定，两者的关系也就确定，已知一个参数，则可以求得另一参数。由于试验手段测定气体分解非常困难，通常用热力学计算的方法获得气体分解反应的平衡常数，然后推算出气体的解离度。

根据化学反应理论，气体分子分解反应的平衡常数可以表示为

$$d\ln K/dT = \Delta H/(RT^2) \tag{3-7}$$

式中，K 为气体分解反应平衡常数；ΔH 为反应热效应（J/mol）；T 为反应温度（K）；R

为摩尔气体常数[8.31J/(mol·K)]。

由于气体分子分解是吸热反应，此处的反应热效应 ΔH 是负值，并且数值负得越多，表示气体分解需要的热量越多，越不利于分解反应的进行，因此 ΔH 的数值能够反映气体分解的难易程度。表 3-6[7] 给出了常见气体热分解反应方程及其在标准状态下的反应热效应，从表中可以看出，氟和氢较氮易于分解，二氧化碳较水易于分解。下面分别讨论简单气体和复杂气体的热分解问题。

表 3-6　常见气体热分解反应方程及其在标准状态下的反应热效应[7]

反应方程式	ΔH^0_{298}/(kJ/mol)	反应方程式	ΔH^0_{298}/(kJ/mol)
$F_2=F+F$	-270	$CO_2=CO+1/2O_2$	-282.8
$H_2=H+H$	-433.9	$H_2O=H_2+1/2O_2$	-483.2
$O_2=O+O$	-489.9	$H_2O=H_2+O$	-977.3
$N_2=N+N$	-711.4	$H_2O=2H+O$	-1808.3

1）简单气体分子的热分解。**简单气体分子又称为双原子分子，是指由两个原子组成的气体分子**，如 H_2、O_2、N_2 等。简单气体分子的热分解反应可以用下面的通式表示：

$$G_2=2G \tag{3-8}$$

按照气体分解平衡常数的定义，简单气体的分解平衡常数可以表示为

$$K_p=\frac{p_G^2}{p_{G_2}} \tag{3-9}$$

式中，K_p 为气体分解平衡常数；p_G 为体系中单原子的分压（atm）；p_{G_2} 为体系中双原子的分压（atm）。

按照气体解离度的定义，气体的解离度可以表示为

$$a=\frac{n}{n_0} \tag{3-10}$$

由简单气体分解方程式（3-8）可知，一个气体分子可以分解出两个原子，因此解离度又可写成式（3-11）的形式，即

$$a=\frac{n}{n_0}=\frac{p_G}{p_{G_2}+p_G/2} \tag{3-11}$$

假定气体体系的总压力为 p_0，即 $p_0=p_G+p_{G_2}$，结合式（3-10），可以得到简单气体解离度与分解平衡常数的关系式，即

$$a=\frac{n}{n_0}=\sqrt{\frac{K_p}{K_p+4p_0}} \tag{3-12}$$

式中，a 为气体解离度（%）；n 为体系中已分解的气体分子数量；n_0 为体系中初始的气体分子数量；K_p 为气体分解平衡常数；p_0 为体系的总压力（atm）。

通过简单气体热分解反应的热力学计算，可以确定气体解离度与温度的量化关系，从而得到**气体解离度随温度的变化曲线，简称解离度曲线**。图 3-6 所示为三种简单气体的解离度曲线[7]。从图中可以看出，氮气比氧气和氢气更难以分解，在焊接电弧温度下（约 5000K）氢和氧基本完全分解，而氮尚未分解，只有在更高的温度下（约 8000K）氮才可

以完全分解。由此可以推测，如果仅考虑温度的情况下，焊接化学冶金区中的氮多以分子状态存在，而氢和氧多以原子状态存在。

2）复杂气体的热分解。与简单气体分子不同，对于三个及以上原子组成的复杂气体分子，发生分解的产物和分解途径比较复杂。CO_2 和 H_2O 是焊接化学冶金区内常见的两种复杂气体，在高温下 CO_2 气体只有一种分解途径，而 H_2O 则有多种分解途径（参见表 3-6）。

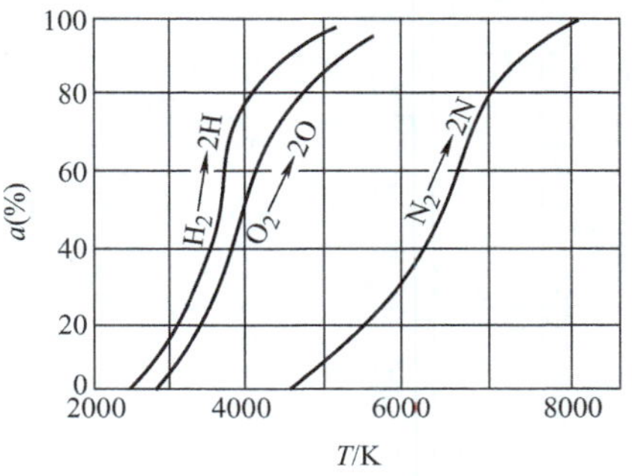

图 3-6 三种简单气体的解离度曲线（p_0 = 0.1MPa）[7]

与简单气体的分析方法相似，根据气体分解方程和分解反应自由能，通过热力学计算可以确定复杂气体按不同分解途径时的解离度曲线，如图 3-7 所示[7]。从图中可以看出，在焊接温度（5000K）下这两种复杂气体分子几乎完全分解。分解产物如果是双原子分子，根据前面的分析，这些双原子分子将进一步发生分解，得到原子。因此，在焊接温度（5000K）下，CO_2的分解产物是 CO 和 O，H_2O 的分解产物为 O 和 H。由于在焊接化学冶金区内这两种复杂气体都能释放出氧原子，所以都是氧化性气氛。为了减少焊接金属的氧化，有这些气体存在时，需要采取必要的脱氧措施。需要指出的是，H_2O 的分解产物不仅增加了气相的氧化性，而且增加了气相中的氢，使焊缝金属增氧和增氢，危害更大，必须严格控制。

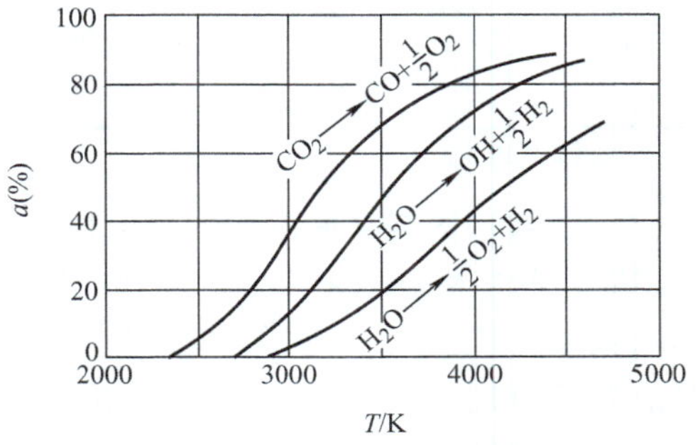

图 3-7 两种复杂气体的解离度曲线[7]

（2）焊接区内气体的吸附分解 如前所述，焊接冶金是分区域进行的，由于熔滴反应区的温度最高，液体金属与气体的接触面积最大，熔滴冶金反应区内的化学冶金反应最为激烈。气体的分解有时是在液体金属表面上进行的，在液体金属表面上进行的气体分解反应不是单纯的热分解，而是一种吸附分解，由于存在液体金属的催化作用，在同样温度下吸附分解比单纯热分解更易于进行。

氮气分子在熔滴表面的吸附分解反应可以用式（3-13）表示，即

$$N_2(\uparrow) = 2[N] \tag{3-13}$$

式中，[N] 为吸附在液体金属表面的氮原子。

与单纯的热分解反应相似，在某一温度下气体吸附分解也存在反应平衡常数（记为 K^d，以示区别），对于式（3-13）的吸附分解反应，其反应平衡常数可以表示为

$$d\ln K^d = -\Delta\frac{G}{RT}$$

式中，ΔG 为反应自由能。

由于吸附分解反应是在气体-液体金属表面上进行的，吸附分解反应的自由能 ΔG 除了

与气体的性质和温度有关外，还与液体金属的性质有关。表 3-7 给出了几种气体在铁液表面的分解反应方程和反应自由能，可以看出，液体金属表面吸附分解的反应自由能与单纯热分解反应显著不同，有些反应甚至是放热反应，影响因素更加复杂。

表 3-7　三种气体分子的分解反应方程与反应自由能[8]

气体分子	分解反应方程式	ΔG^0/(cal/mol)
N_2	$1/2N_2$（↑）$=N$（↑）	$86\,596.0-15.659T$
	N（↑）$=[N]$（钢中）	$-85\,736.0+21.405T$
	$1/2N_2$（↑）$=[N]$（钢中）	$860.0+5.71T$
O_2	$1/2O_2$（↑）$=O$（↑）	$60\,064-15.735T$
	O（↑）$=[O]$（钢中）	$-88\,064+15.045T$
	$1/2O_2$（↑）$=[O]$（钢中）	$-28\,000-0.69T$
H_2	$1/2H_2$（↑）$=H$（↑）	$53\,500.0-14.40T$
	H（↑）$=[H]$（钢中）	$-44\,780.0+3.38T$
	$1/2H_2$（↑）$=[H]$（钢中）	$8720.0-11.02T$

注：1cal = 4.1868J。

(3) 焊接区内气体的电离　温度越高，物质内部的热运动越剧烈。当气体分子受到加热作用时，其组成原子发生振动和旋转运动，温度到达一定限度时，原子将挣脱分子中原子键的束缚，成为自由的单个原子，这就是前面所讨论的气体分子的热分解过程。当温度继续升高，原子中的外层价电子的热运动作用将导致其挣脱原子对它的束缚，游离于原子之外成为独立电子，而失去价电子的原子变成了正离子。**这种在高温下气体原子转变成正离子和电子的过程就是气体的热电离现象**。气体电离所需要的能量比分解所需要的能量更高，因此热电离是在比热分解更高的温度下发生的，如图 3-8 所示。中性气体原子电离后成为带正电的离子和带负电的电子，并且这两种符号相反的物质所带电荷的数量相同，该状态称为物质的等离子态。

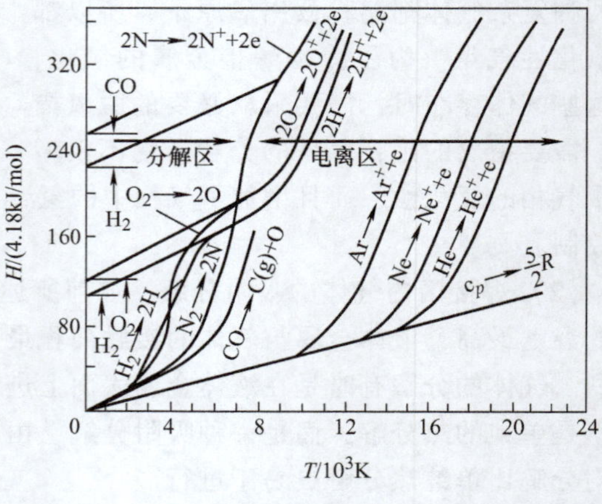

图 3-8　几种气体的热电离反应曲线[9]

除了加热可以使气体电离成为等离子体外，电磁场及粒子流都会加速气体原子的电离过程，从而获得等离子体。电弧是当前应用最广的焊接热源，焊接电弧弧柱区内的气体大多以等离子态（离子 + 电子）存在。等离子态是物质的高能状态，是不稳定的。当焊接电弧熄灭时，粒子流消失，温度急速下降，原弧柱区内的正离子和电子瞬间结合而成为原子和分子。

与电中性原子相比，离子在焊接电场作用下会发生快速的定向流动，带有正电荷的离子流向阴极，带有负电荷的离子流向阳极。对于电弧焊而言，由于弧柱区内相当数量的气体已经发生了电离，气体与液体金属的作用将受到包括焊接极性在内的焊接参数的影响，反应过程更加复杂，通常是加剧气体与液体金属的冶金反应。

综上所述，焊接化学冶金区存在的气体主要有 CO_2，H_2O，O_2，H_2，N_2和熔渣、金属的蒸气，以及它们的高温分解及电离产物所组成的混合物。由于焊接热源高度集中，焊接化学冶金区存在极大的温度梯度，无论是沿径向还是轴向，温度分布极不均匀；而且在焊接过程中参与焊接化学冶金的气氛不断引入和退出，现有手段无法确切测量焊接化学冶金区内的气氛及其组成，使得人们对焊接区内气相的分布状态仍然缺乏足够的认识，目前常用的方法是把焊接区内的气体抽出来，冷却到室温进行测试，显然，这种测试结果仅能确定在焊接化学冶金区内有哪些化学元素，而不能确切知道这些元素以何种状态参与焊接化学冶金过程。

3.2.2 氮与焊接区金属的作用

1. 氮的来源与溶解

（1）氮的来源 残留空气或侵入的空气是焊接区内氮的主要来源。尽管焊接过程中采取了各种各样的保护措施，但是总有或多或少的空气残留或侵入焊接化学冶金区，这些少量的空气在焊接化学冶金区被液体金属吸收，造成焊缝金属中氮含量增加。在正常的焊接工艺措施条件下，氮的含量可以控制在允许的水平，只有当工艺措施不合适时，如电弧过长、保护气流量不足、真空度不够高等条件下，氮的危害才不容忽视。

（2）氮的溶解 从前一节的内容可以知道，氮的溶解反应主要发生在焊接化学冶金区的高温区域，特别是熔滴反应区，因为此处的温度高、液体金属与气体的接触面积大，这些都是气体溶解的促进因素。氮向液体金属中溶解的过程与焊接方法有关，在一种焊接方法中氮的溶解途径可以是一种或多种并存。归纳起来，氮向液体金属中溶解的途径包括下面三种：

1）分子溶解。氮分子运动到液体金属表面，被液体金属表面吸附，在液体金属表面发生分解［见式（3-13）］，分解后氮原子溶入液态金属表面，并进一步扩散到液体金属内部。

2）离子溶解。前面已经提到，在焊接热源的极高温度下，特别是存在电磁场和粒子流时，气体分子不仅会分解成原子，并且可以进一步电离成为电子和离子。氮在焊接化学冶金区形成的离子有带正电荷的 N^+ 和带负电荷的 NO^-，这些带电粒子将在电场的作用下定向移动到相反的电极。与中性分子或原子的热运动不同，带电粒子在电磁场作用下不仅移动速度快，而且移动具有定向性，致使焊接化学冶金区的带电粒子在电极表面富集，增大了参与焊接化学冶金的机会。这种现象在熔化极电弧焊时表现得更加明显，因为熔化极电弧焊熔滴在形成和长大过程中始终是电弧的一个电极，当其作为负极时，电弧气氛中的 N^+ 将在表面富集；反之，当其作为正极时，电弧气氛中的 NO^- 将在表面富集，这是熔化极电弧焊比非熔化极电弧焊气体吸收严重的一个重要原因。

3）原子溶解。氮气分子的热稳定性比较高，约在 5000K 时开始发生分解，至 8000K 时基本完全分解。通常规范下电弧焊弧柱中心温度超过 5000K，而采用等离子束、激光束及电子束焊时束流中心区域温度超过 10 000K，再加上电磁场以及粒子流的作用，焊接化学冶金区域中的氮有一部分是以原子形式存在的，这些氮原子被液体金属吸附，溶入液体金属表面并扩散到液体金属内部。

（3）氮在金属中的溶解度　一般地，**溶解度是指在一定温度下溶剂所能容纳溶质的最大浓度，又可称为平衡状态饱和浓度**。对于液体溶剂-气体溶质的二元体系，气体在液体中的溶解度还与体系的气压有关，气压越大，则溶解度越大，反之则相反。如果气相中还存在其他气体，则溶解度与气相中溶质气体在气压中的分压有关，分压越大，则溶解度越大，分压越小，则溶解度越小。

焊接化学冶金区域内的氮主要来自空气，由于实际熔化焊时，几乎所有的金属熔化焊方法都采取了隔离大气的保护措施，因此，氮在焊接化学冶金区的分压通常很小。当焊接参数不当，或由其他原因导致焊接保护不良时，焊接化学冶金区的氮分压增大，氮在液体金属的溶解度相应增加。焊接冶金条件下液体金属中氮溶解量的影响因素可以归纳如下：

1）金属的性质。金属作为氮的溶剂，其化学成分和内部结构对氮的溶解度都有重要影响。以氮气分子形式溶解为例，根据热力学原理，氮在金属中的溶解度应符合平方根关系，即

$$S_N = K_{N_2}\sqrt{p_{N_2}} \tag{3-14}$$

式中，K_{N_2}为氮分子溶解反应的平衡常数，取决于金属种类和温度；p_{N_2}为气相中的氮气分压。

通过计算可以得到铁-氮二元体系在1个大气压下的氮在纯铁中的溶解度随温度变化的曲线（见图3-9）。从图中可以看出，相结构发生改变（固-液相变或固-固相变）时，氮溶解度都将发生突变。氮在液态铁和奥氏体态铁中的溶解度高于在铁素体态铁中的溶解度。在铁素体态铁和液态铁中的氮溶解度随温度升高而增加，而在奥氏体态铁中的氮溶解度随温度升高反而降低，可以推测氮气分子在液态铁和铁素体态铁中的溶解过程是吸热反应，而在奥氏体态铁中的溶解过程是放热反应。此外，当温度超过2200℃时，液态铁中氮的溶解度随温度升高而降低，此时液态铁开始大量蒸发，气相中的氮分子分压随温度升高而下降。

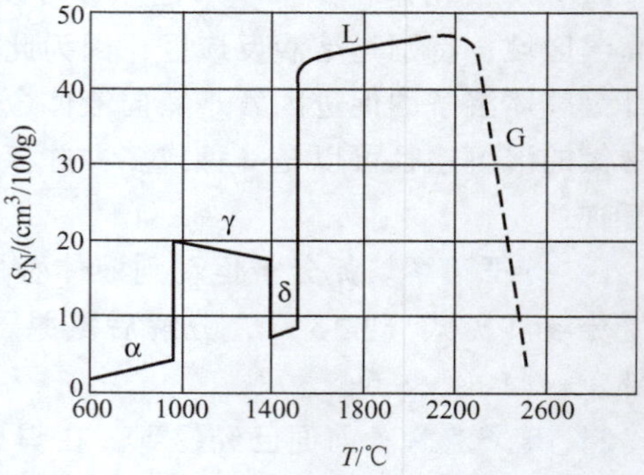

图3-9　氮在纯铁中的溶解度曲线[10]

2）焊接工艺。前面已经提到，除氮气分子的吸附分解溶解外，焊接化学冶金区的氮还可以通过离子和原子形式向液体金属中溶解，特别是电弧焊条件下，焊接化学冶金区存在电磁场和粒子流，氮的离子化程度较高，而带电离子在电磁场作用下向液体金属电极的快速和定向运动将增加氮的溶解机会。图3-10所示为1600℃平衡状态下氮在液态纯铁中的浓度与气相中氮分压的关系曲线，图中有三种加热工艺条件，分别是无电弧加热工艺、电弧焊加热工艺和等离子体加热工艺，可以看出在相同氮含量的气氛下，无电弧加热时液

态铁中的氮浓度最小，等离子体加热时最大，证明电弧的存在加剧了氮在液态铁中的溶解，因此电弧焊时液态金属的气体溶解量远高于平衡浓度（溶解度）。

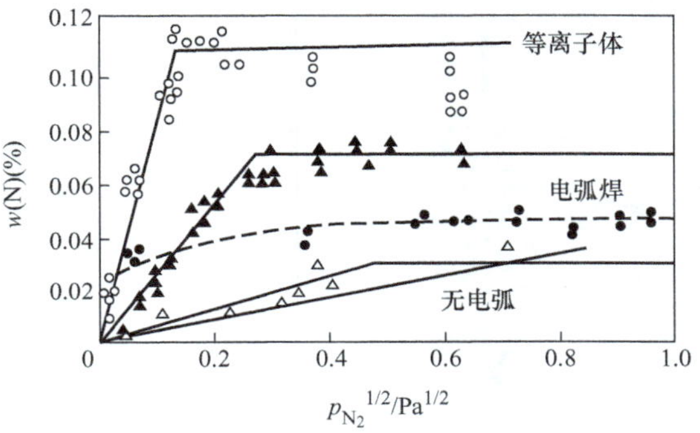

图 3-10 1600℃平衡状态下氮在液态纯铁中的质量分数与气相中氮分压的关系曲线[9]

2. 氮对焊接质量的影响

根据金属与氮相互作用的特点，可以把金属分为两类：一类是不与氮发生物理或化学反应的金属，如铜、镍等，既不溶解氮，又不形成氮化物；另一类则是与氮发生物理或化学反应的金属，包括除铜、镍等以外的其他金属。对第一类金属而言，氮气是惰性气体，因此可以用氮作为保护气体进行焊接或各类热加工；而对第二类金属，特别是目前常用的金属材料，如钢铁、铝及其合金、钛及其合金等，无论是固溶形式的氮，还是与金属形成的氮化物，往往严重地恶化金属材料的力学性能，因此在这类材料焊接时，必须考虑对焊接受热部位的保护，防止焊接过程中高温金属与氮的不良反应，以保证这些材料的焊接质量。

（1）焊缝氮气孔 从上节内容可以知道，液态金属中的氮溶解度显著高于固态金属中的氮溶解度，液态金属凝固过程中氮的溶解度发生陡降。如果焊接化学冶金的高温区段（如熔滴反应区）液态金属吸收了过量的氮，超过其在固体中的溶解度时，在随后的熔池凝固过程中，这些过饱和氮将在液-固界面前沿析出，并以气泡形式从液体熔池中向外逸出。当熔池的凝固速度大于氮气泡的逸出速度时，氮气泡将残留在已经凝固的焊缝金属中形成焊缝气孔。焊缝氮气孔通常在保护不良的情况下产生，例如焊条电弧焊的引弧端和收尾的弧坑处。

（2）焊缝金属的脆化 由于氮的固溶度随温度降低而下降，至室温时焊缝金属（钢铁）的固溶度非常低，例如，在 900～1000℃温度范围内，氮在奥氏体中的平衡固溶度为 0.0237%～0.0138%；在 500～900℃温度范围内，氮在铁素体中的平衡固溶度仅为 0.0008%～0.0025%[11]。因此，当氮与金属间存在化学反应时，液态金属吸收的氮一部分以过饱和固溶原子形式存在于焊缝金属的晶格中，另一部分在焊缝金属冷却过程中以氮化物（Fe_4N）形式析出。这种氮化物性质较脆，并且在形态上呈针状（见图 3-11）[12]，固溶氮和氮化物对钢铁焊缝金属的强度有提高作用，但是对塑性和韧性的降低更为严重，特别是使焊缝金属的低温韧性急剧下降，如图 3-12 所示。

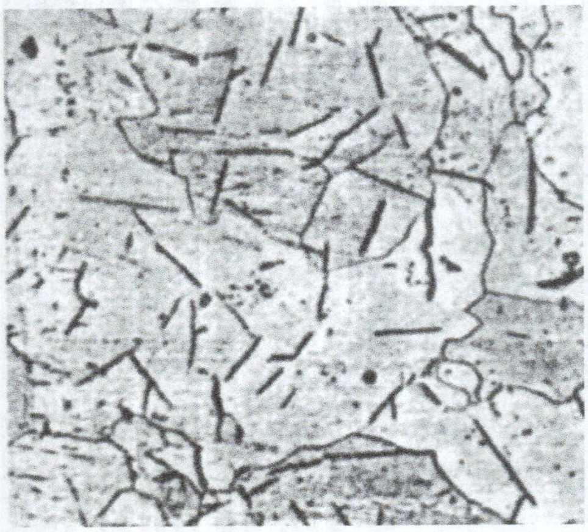

图 3-11 低碳钢焊缝中的针状氮化物[12]

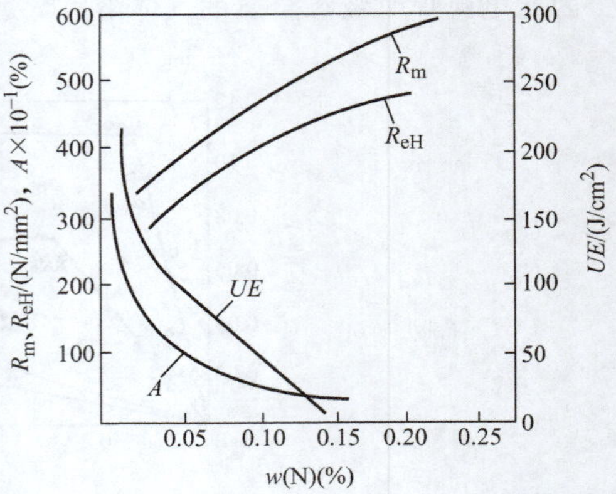

图 3-12 焊缝的力学性能与氮的质量分数的关系[10]

(3) 焊缝金属的时效脆化 焊缝金属中过饱和固溶的氮原子处于不稳定的高活性状态，随着时间延长，将逐渐扩散至晶格不完整的地方，例如晶界、相界及位错等处，与基体金属形成氮化物（Fe_4N）而析出。时效析出的 Fe_4N 与前面提到的在焊缝金属冷却过程中形成的 Fe_4N 一样，也是脆性的针状相，严重降低焊缝金属的韧性。由于这些 Fe_4N 相是时效过程中不断析出的，因此称为**焊缝金属的时效脆化**。

当焊缝金属中存在能够形成稳定氮化物的元素，如钛、铝、钒、锆等，在焊缝金属冷却过程以及随后的时效过程中，焊缝中的氮优先与这些元素生成稳定的氮化物，并且通常这类氮化物呈细小的颗粒状，不会对焊缝金属基体造成割裂作用，因此不会降低焊缝金属的韧性。在焊缝中添加这类元素可以抑制或消除氮在钢铁焊缝中的时效脆化现象。

3. 焊缝金属含氮量的影响因素及控制措施

来自空气的氮在焊接化学冶金区被高温液体金属吸收溶解是导致焊缝金属含氮量增加的根本原因。因此，凡是能够减少焊接化学冶金区氮的数量，阻碍氮的吸收溶解渠道，以及降低液体金属中氮溶解度的方法都可以降低焊缝金属的含氮量。

(1) 焊接区的保护 几乎所有的金属熔化焊方法都采取了对焊接区的保护措施。目前焊接保护的物理方法包括**真空保护**、**熔渣保护**、**气体保护和渣-气联合保护**四种。由于焊接保护的目的是隔离大气，而大气的主要成分是氮气，因此各种焊接方法的保护效果可以用焊缝金属的含氮量来衡量。表 3-8 是几种常见焊接方法焊接低碳钢时的焊缝金属含氮量，可以看出，埋弧焊和氩弧焊的焊缝金属含氮量较低，而裸焊丝和实心合金焊丝自保护焊的焊缝金属含氮量较高，后者比前者的焊缝金属含氮量高出数十倍。

表 3-8 常见焊接方法焊接低碳钢时的焊缝金属含氮量[10]

焊接方法		w(N)(%)	焊接方法	w(N)(%)
	裸焊丝	0.08～0.228	埋弧焊	0.002～0.007
焊条电弧焊	纤维素型焊条	0.013	CO_2焊	0.008～0.015
	钛型焊条	0.015	熔化极氩弧焊	0.0068
	钛铁矿型焊条	0.014	药芯焊丝自保护焊	0.015～0.04
	低氢型焊条	0.010	实心合金焊丝自保护焊	<0.12

（2）焊接参数的影响　对于电弧焊而言，对焊缝金属含氮量影响较大的焊接参数是电弧电压，这是因为电弧电压实际上反映了电弧的长度。增加电弧电压，即电弧长度增加，一方面减弱了焊接区域的保护作用，空气侵入量增加；另一方面延长了熔滴反应区的反应时间，因而使得高温熔滴金属溶解的氮量增加。同时，由于空气中含有数量较多的氧气，增加电弧电压也增加了焊缝金属的含氧量，如图 3-13 所示。因此，为了减少焊缝金属中的气体含量，应尽量采用短弧焊接。

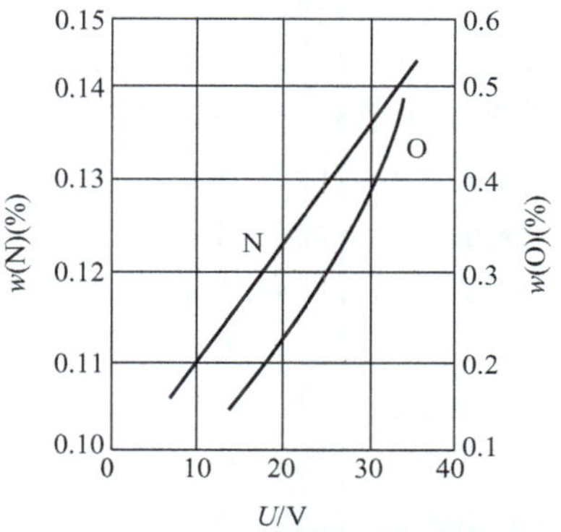

图 3-13　焊接参数对焊缝氮的质量分数的影响[10]

增加焊接电流，熔滴过渡频率增加，存在时间缩短，熔滴与氮的作用时间缩短，溶解的氮减少，因此有利于减少焊缝金属的含氮量。

电流极性对电弧焊焊缝金属的含氮量也有明显的影响，直流正极性焊接时焊缝含氮量比反极性时高，这是因为在直流正极性时焊丝端部逐渐形成的熔滴是焊接电弧的阴极，电弧气氛中已被电离的 N^+ 在电场力作用下向熔滴表面富集，促进了氮的溶解过程，在相同的氮分压情况下将吸收溶解更多的氮。

其他电弧焊接参数，如焊接速度、焊丝直径等对焊缝金属含氮量的影响较小。多层焊时由于每次焊接都有一定数量氮的溶解，熔敷金属中的氮逐层累积，因此比单层焊接时的焊缝金属含氮量高。

（3）合金元素的影响

1）碳元素。通过焊接材料向焊接冶金区中添加碳可以有效降低焊缝金属中的含氮量。碳的降氮作用是多渠道的：通过形成气相产物（CO、CO_2）增加了保护气体的数量，减少了空气中氮的侵入；生成的气相产物降低了氮在焊接冶金区的分压，减小了液态金属中氮的溶解度。

2）氮化物形成元素。如前所述，在焊缝中添加氮化物形成元素可以抑制或消除氮在钢铁焊缝中的时效脆化现象。实际上，在熔滴反应区，这些氮化物形成元素就开始与气氛中的氮和氧发生化合反应，减少气相中氮的分压，因而降低了氮在液态金属中的溶解度，生成的氮化物进入熔渣中，从而减少了焊缝金属中的含氮量。在自保护焊丝的药芯成分中含有大量的铝和钛等合金元素，利用它们的退氮和降氮作用，可实现焊接时对焊缝金属含氮量的控制[13, 14]。

3.2.3　氢与焊接区金属的作用

1. 氢的来源与溶解

（1）氢的来源　与氮有所不同，空气中的氢气含量不高，焊接化学冶金区氢的主要来源不是空气。自然界中的绝大多数氢不是以气体分子形式存在，而是以化合物形式存在。氢的化合物主要是氧化物，还有少量的碳化物、氮化物等。水（H_2O）是焊接化学冶金区氢的主要来源，包括各种显性水（水蒸气、吸附水、结晶水）和隐性水（化合水、有机物）。这些含氢的物质在高温下会分解出氢，与高温金属发生焊接冶金反应。

(2) 氢的溶解　氢向液态金属中的溶解途径与焊接方法有关。气体保护焊时氢通过气相与液态金属的界面以原子或质子形式溶入金属；渣保护焊时氢也可以通过熔渣溶入金属(详见3.3.4节)；焊条电弧焊是气-渣联合保护焊，两种途径都可能。

从上一节的分析知道，焊接冶金区的化学溶解分为分子溶解和原子溶解，氮的气相溶解主要是氮分子的吸附分解溶解，溶解度符合平方根规律。与氮气不同，氢气分子的热稳定性较低，温度高于2000K即开始分解成氢原子，高于5000K分解基本完成，因此**氢的气相溶解主要是通过氢原子（H）的形式**。图3-14所示为钨极氩弧焊气氛中的氢在熔池不同部位的溶解途径和溶解数量，可以发现，焊接气氛中的氢主要以原子溶解方式进入焊接熔池，并且，溶解过程主要发生在焊接熔池的边缘。

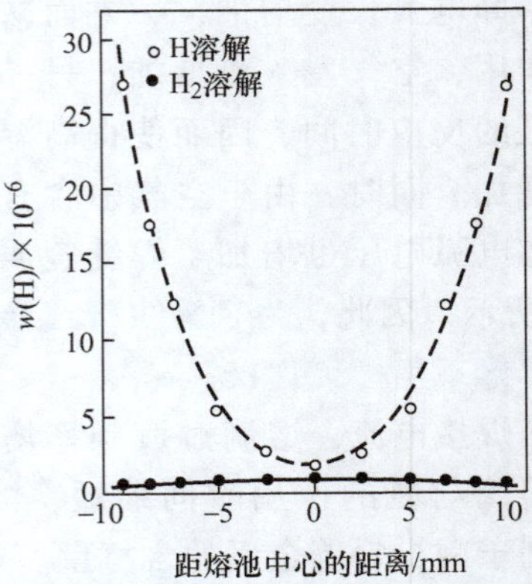

图3-14　钨极氩弧焊气氛中的氢在熔池不同部位的溶解途径和溶解数量[15]

氢原子易于发生电离成为正离子（H^+）和电子。焊接冶金区气相中以H^+存在的氢具有更高的活性。在电弧焊条件下，H^+受到电磁场的定向加速作用，溶解速度更快，在直流反接时熔池溶解的氢更多，高温液态金属中氢的溶解度比用平方根定律计算出来的标准溶解度要高得多。

(3) 氢的溶解度　与氮相似，氢在金属中的溶解度与金属的性质、温度及氢分压有关。对于同一金属而言，一定温度下**氢分压越高，溶解度越大，氢分压一定的条件下，温度越高，溶解度越大**。金属发生相变（液-固、固-固）时，氢溶解度会发生突变，如图3-15所示，因此焊接熔池凝固过程中固-液界面处氢气的逸出将可能导致焊缝金属气孔的形成。

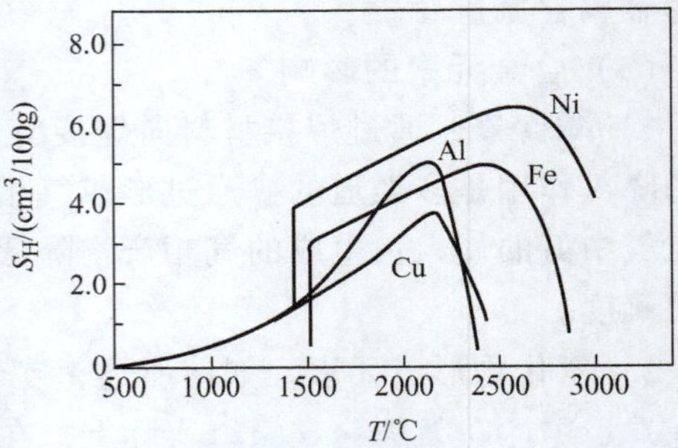

图3-15　氢在金属中的溶解度曲线[14]

2. 氢的存在形式与分布

(1) 氢在焊缝金属中的存在形式　氢在固体金属中的存在形式与金属的种类有关。根据氢与金属的相互作用特点可以把金属分为两类：**氢化物形成金属和非氢化物形成金属**，前者包括Ti、Zr、V、Ta、Nb等少数金属，除这些金属之外的其他金属均属于后者。

对于**氢化物形成金属，含氢量不多时，氢以固溶原子形式存在于金属晶格的间隙中；当含氢量达到一定量后，氢与金属元素形成比较稳定的氢化金属**，如TiH_2。与其他化合物一样，金属的氢化物也会发生热分解反应，分解出的氢原子向金属表面扩散，在表面处生成氢分子并逸出，金属中的氢含量降低，如图3-16所示。

对于**非氢化物形成金属，氢主要以固溶原子形式存在于金属晶格的间隙中**。然而，由于氢原子的尺寸很小，扩散能力很强，即使在室温条件下，也可以在金属晶格中自由扩散。温度越高，晶格缺陷越多，或氢原子处于过饱和状态等条件，都将促进氢原子在焊缝金属中的扩散。**焊缝金属中这种扩散性较强的原子态氢被称为扩散氢**，扩散氢是非氢化物形成金属及其合金焊后初期焊缝金属中氢的主要存在形式。

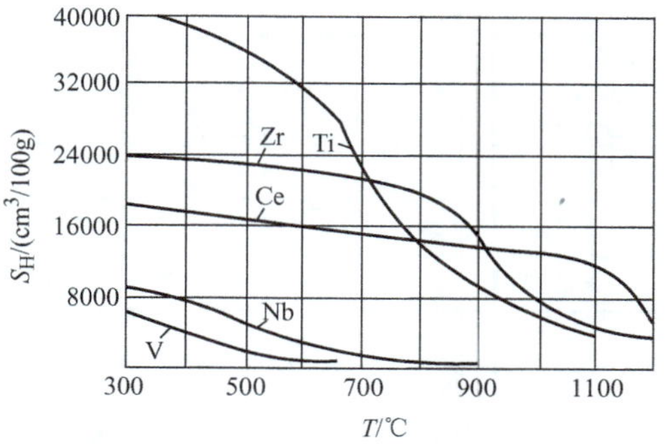

图 3-16 氢化物形成金属的氢的溶解度与温度的关系[9]

在焊缝金属随后的冷却过程中，一部分扩散氢扩散至焊缝金属中晶格不致密的地方（缩孔、显微裂纹、相界及晶界等），并在这些地方停留而聚集。当局部的氢原子浓度达到一定值后，达到了氢分子化合反应的动力学条件，两个氢原子将结合成一个氢分子（H_2）。这种双原子结构的氢分子由于尺寸较大，在金属晶格中难以继续扩散，从而丧失逸出焊缝金属表面的机会而永久残留在焊缝金属内部。这种**在晶格缺陷处丧失扩散能力的分子态氢被称为残余氢**。

焊缝金属中的含氢量是指扩散氢与残余氢的总和。焊件在焊后存放过程中，一部分固溶氢原子扩散在焊缝金属内部晶格缺陷处结合成为残余氢，还有一部分氢扩散至焊缝金属表面而逸出，因此焊缝中的含氢量是随时间变化的，如图 3-17 所示。随时间延长，扩散氢数量减少，残余氢数量增加，而焊缝总的含氢量是下降的。

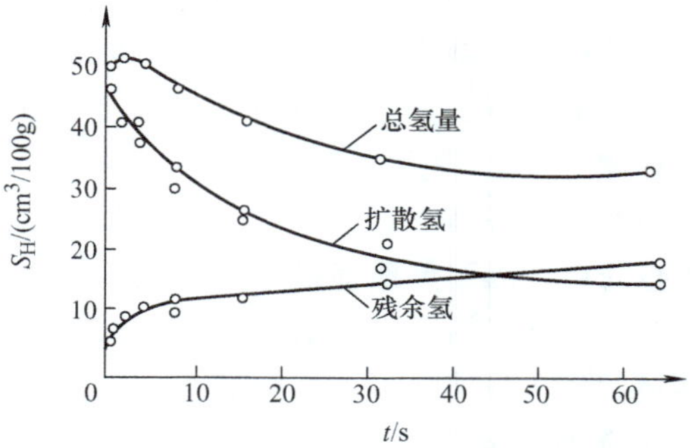

图 3-17 焊缝含氢量与焊件放置时间的关系[16]

为了测量和评价焊缝金属含氢量并便于比较分析，国内外都制定了测定熔敷金属扩散氢的标准方法，国际焊接学会推荐的是水银法，我国国家标准规定采用甘油法：将焊件焊后立即冷却并浸入 45℃的液体甘油中，在规定的时间内收集并测量逸出的氢气，然后换算成标准状态下 100g 熔敷金属的含氢量。焊缝金属残余氢的含量通常是指在真空室内将试样加热到 650℃测定的含氢量。表 3-9 列举了几种典型焊接方法焊接碳钢时熔敷金属的含氢量。可见在所有焊接方法中，CO_2气体保护电弧焊焊缝金属含氢量最低，是一种超低氢的焊接方法；在焊条电弧焊中，低氢型焊条焊缝金属含氢量最低。

表 3-9 典型焊接方法焊接碳钢时熔敷金属的含氢量

焊接方法		S_H/(cm³/100g)			备注
		扩散氢	残余氢	总氢量	
焊条电弧焊	钛型	39.1	7.1	46.2	低碳钢板和焊丝的含氢量为 0.2～0.5cm³/100g
	钛铁矿型	30.1	6.7	36.8	
	氧化铁型	32.3	6.5	38.8	
	纤维素型	35.8	6.3	42.1	
	低氢型	4.2	2.6	6.8	

（续）

焊接方法	S_H/（cm^3/100g）			备注
	扩散氢	残余氢	总氢量	
埋弧焊	4.40	1～1.5	5.90	在40～50℃停留48～72h测定扩散氢；真空加热测定残余氢
CO_2焊	0.04	1～1.5	1.54	
氧乙炔焊	5.00	1～1.5	6.50	

（2）氢在焊接接头中的分布　如前所述，焊缝金属中的氢原子具有很强的扩散能力，能够在焊缝金属中长距离扩散，转变成残余氢或从焊缝金属中逸出。氢原子在焊缝金属中扩散的驱动力源自其化学活度，是浓度梯度、相对过饱和度、温度梯度、晶格类型等因素的综合体现。母材金属通常含氢量很低，焊缝金属到母材氢的浓度梯度很大，因此焊缝中的氢常常越过焊缝边界向母材中扩散一定的深度，如图3-18中显示了几种典型条件下焊接接头中氢的分布。

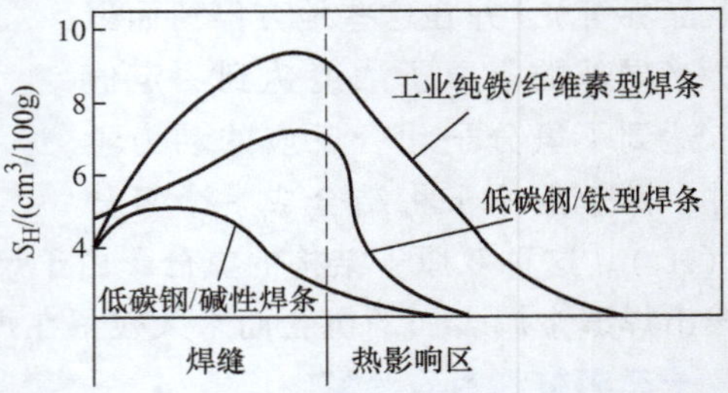

图3-18　典型条件下焊接接头中氢的分布

3. 氢对焊接质量的影响

（1）焊缝金属的氢气孔　氢在金属中的溶解度随温度下降而降低，同一成分的金属其固体金属中的溶解度明显低于同温度下的液态金属。在焊接化学冶金的熔滴和熔池高温阶段，液态金属具有较大的氢原子溶解能力，如果焊接区气体中含有较多的含氢物质，则焊接熔池的氢含量将比较高，随着熔池温度下降，特别当熔池凝固时，氢含量超过了其溶解度（平衡饱和浓度），多余的氢将从液态金属中析出，生成不溶于金属的氢分子（氢气泡）。氢气泡在浮力以及液态金属的流动作用下上浮至液态金属表面而逸出金属，如果氢气泡的上浮速度较小，而液态金属的凝固速度又较快时，氢气泡将残留在固态焊缝金属中成为气孔。

（2）焊缝金属的氢脆　**含氢钢在室温附近中等变形速度下加载时塑性明显下降的现象称为氢脆**。含氢量高的铁素体焊缝氢脆现象尤其明显。与母材相比，钢铁材料的焊缝金属通常含有较多的氢，因此氢脆现象往往发生在焊缝金属或焊接熔合区。氢脆现象是扩散氢的扩散引起的。当含有较多氢原子的焊缝金属发生塑性变形时，微观组织中的应力场和应变场将促进氢原子的扩散，位错滑移为氢原子提供了快速扩散的通道，而位错堆积形成的晶格缺陷为氢原子提供了聚集场所。在这些显微缺陷处氢原子的浓度不断增加，氢原子将两两结合成为氢分子，结合成的氢分子失去了晶格扩散能力，因而显微缺陷的氢原子只进不出，致使显微缺陷内部产生很高的气体压力，在显微缺陷的周围形成三向应力场，加上缺陷周围的氢含量较高，从而形成了微观脆性区。当金属中微观脆性区较多时就表现出了宏观的氢脆现象。

氢脆现象与多种因素有关。首先，焊缝金属的含氢量越高，则氢脆现象就越严重；其次，氢脆现象仅在中等温度和中等加载（变形）速度下才表现出来，如图3-19所示，这是因为氢脆是氢原子扩散与位错运动共同作用的结果，只有当两者的速度相匹配时，才有氢脆现象发生。氢原子的扩散速度由温度决定，位错运动速度由加载（变形）速度控制。加载速度太大（如施以冲击载荷等）、温度太低或太高（如低于 -80℃或高于 200℃），焊缝金属均不会发生氢脆现象。

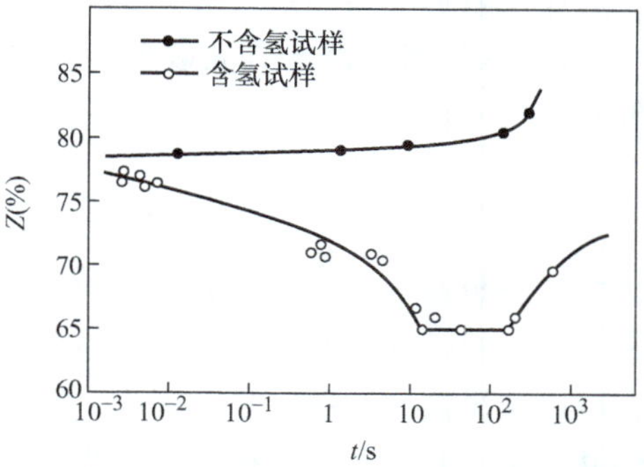

图 3-19　含氢钢断面收缩率与加载时间的关系[17]

（3）白点　**氢含量较高的碳钢或低合金钢焊缝拉伸或弯曲断面上常出现银白色圆形脆性局部断点，俗称“白点”。**白点直径一般为 0.5～3mm，中心常可看到微小夹杂物或气孔，周围为韧性断口，状似鱼眼，故又称为“鱼眼”。与氢脆相似，白点的产生也是由氢引起的。一般认为，白点是微小夹杂物或气孔在金属塑性变形过程中对氢原子的“陷阱”效应而引起的，即在塑性变形过程中，氢原子在微小夹杂物或气孔等缺陷处聚集并转变为氢分子，造成“陷阱”内的应力不断增大，以致局部发生脆性开裂。

焊缝金属对白点的敏感性与氢含量和组织等因素有关。氢在铁素体钢中的溶解度小，扩散速度快，易于逸出，而在奥氏体中溶解度大，扩散缓慢，难于聚集，因而，铁素体钢和奥氏体钢对白点不敏感。焊后对焊件进行除氢处理可以避免白点。

（4）氢致裂纹　**氢致裂纹是焊接接头在较低的温度（马氏体转变温度）产生的一种裂纹，也称延迟裂纹。**氢是延迟裂纹形成的要素之一。

4. 焊缝中氢含量的影响因素与控制措施

（1）焊接材料　焊接化学冶金区的氢主要来源于焊接材料。为了减少焊接区内氢数量，从源头上应该净化焊接材料，尽量选用含氢量低的焊接材料，并对焊接材料进行脱水处理。此外，由于空气中存在一定数量的水蒸气，没有密封的焊接材料，特别是焊条和烧结型焊剂，在放置过程中将吸附空气中的水蒸气，从而增加焊接化学冶金区内氢的数量。除密封保存外，焊前烘干是生产上常用的有效降氢的方法（见图 3-20）。氩气、氦气常用作电弧焊保护气体，气体的纯度对于焊缝金属含氢量有很大影响。保护气体中的杂质有相当一部分是水蒸气，采用露点（气体中开始析出水的温度）低的气体可以获得低氢的焊缝金属。

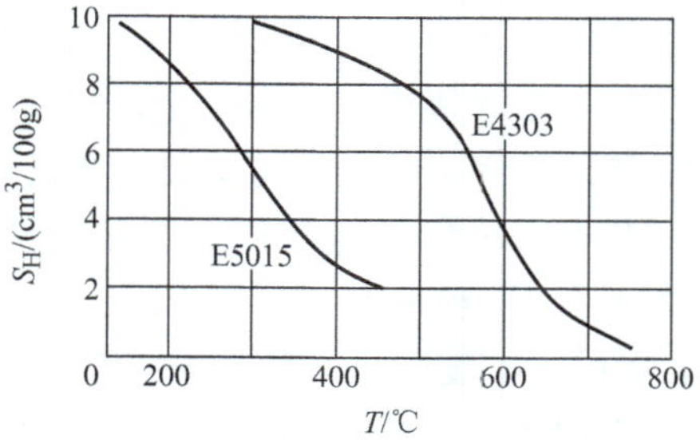

图 3-20　焊缝含氢量与焊条烘焙温度的关系[17]

（2）工件的表面状态　工件待焊部位表面在加工和放置过程中常常存在铁锈、油污及其他吸附物质，这些物质大多含有一定形态和数量的水分，在焊接化学冶金区释放出氢而被液态金属溶解，从而导致焊缝金属增氢。铝、镁、钛等活性金属表面的氧化膜也是含水的物质，必须采用机械或化学方法严格清理，并且清理后尽快焊接。为了防止焊丝表面生锈，常常在钢质焊丝的表面进行镀铜处理。

（3）冶金因素　焊接化学冶金过程中液态金属的氢的溶解量取决于溶解度和溶解反应

程度，降低氢溶解度和抑制氢溶解反应的冶金因素都可以用于控制焊缝中的氢含量。

1）焊接区的氧化性。研究表明，熔池中氢的溶解度 S_H 与焊接区 H_2 和 H_2O 的分压（p_{H_2} 和 p_{H_2O}）及熔池中氧的含量 S_O 等有关[18]：

$$S_H = \sqrt{\frac{p_{H_2}p_{H_2O}}{S_O}} \tag{3-15}$$

氧通常不作为焊缝金属的合金元素，而被视为杂质元素进行控制。但是氧能有效地降低氢在液态铁、低碳钢和低合金钢中的溶解度，以及抑制氢的溶解反应；氧也是一种表面活性元素，可以减少液态金属对氢的吸附。因此增加焊接区气氛或熔渣的氧化性，有利于获得低氢焊缝金属。其机理是焊接区的氧化性气氛和熔池中的氧可以与焊接区的含氢气氛和熔池中的氢发生冶金反应，形成稳定而不溶于液态金属的 OH，例如

$$CO_2 + H = CO + OH \tag{3-16}$$

$$O_2 + H_2 = 2OH \tag{3-17}$$

$$[O] + [H] = OH \tag{3-18}$$

而且，焊接区的氧化性气氛还可以增加熔池中的氧含量。焊缝含氢量与保护气体中 CO_2 含量的关系如图 3-21 所示。

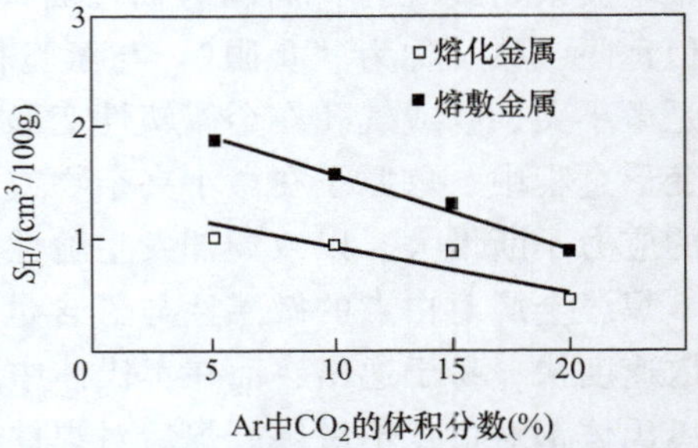

图 3-21　焊缝含氢量与保护气体中 CO_2 含量的关系[19]

2）稀土元素。合金元素对氢在液态铁中的溶解度虽然有不同程度的影响，如 C、Si、Al 等合金元素降低氢的溶解度，Ti、Zr 等合金元素增加氢的溶解度等，但实际中一般并不通过在焊接材料中直接添加普通合金元素的办法解决焊缝氢的问题，因为合金元素往往会通过其他机制对焊缝力学性能造成更严重的影响。

实际中一个比较有效的办法是在药皮或药芯中加入微量的稀土元素，如稀土元素钇（Y）和碲（Te）能够大幅度降低熔敷金属扩散氢的含量，尤其是钇的添加不仅可以降低扩散氢的含量，而且能够提高焊缝的韧性，如图 3-22 所示。碲的添加降氢效果虽明显，但会影响焊接工艺性能。由于我国是稀土资源丰富的国家，研究推广稀土的应用具有特殊的意义。

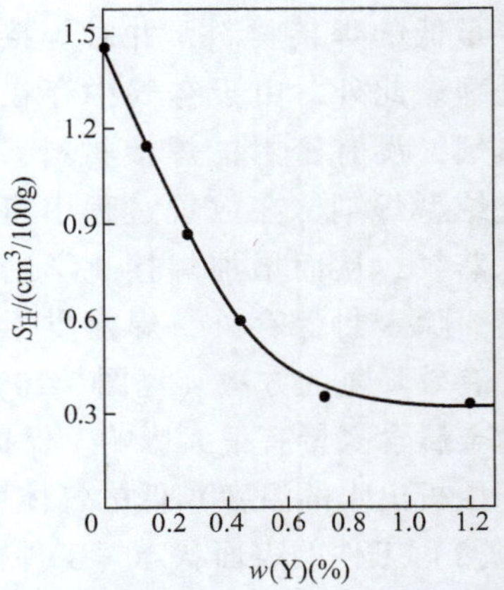

图 3-22　药皮中钇含量对熔敷金属扩散氢含量的影响[20]

（4）工艺因素

1）焊接方法与工艺。相对于前面的材料因素，焊接工艺因素对焊缝金属含氢量的影响是很有限的，通常不单独作为控制焊缝金属含氢量的手段去使用。

如前所述，不同的焊接方法所获得的焊缝金属含氢量有很大差别。CO_2 气体保护电弧焊是一种超低氢的焊接方法；钨极氩弧焊（TIG）和熔化极氩弧焊（MIG）相比，虽然都采用氩气保护，

而且焊丝中的氢含量也不高于母材，然而前者的焊缝含氢量明显低于后者，这主要是因为前者没有熔滴反应区，避免了熔滴金属与电弧气氛的冶金反应。

电流极性对焊缝金属含氢量也有一定的影响。其他条件相同的情况下，直流反接获得的焊缝金属含氢量较直流正接或交流要低一些，这是因为电弧区内氢被电离成正离子 H^+，直流反接时熔滴在焊丝端部长大过程中也带正电荷，抑制了氢与熔滴的电化学溶解反应；相反，当直流正接或交流时，电磁场会促进氢与熔滴的电化学溶解反应。

2）焊后脱氢处理。熔池刚刚凝固成为焊缝金属时，氢在焊缝中的主要存在形式是扩散氢。焊后对焊件加热并保温，加速扩散氢的外逸，可以减少焊接接头中的扩散氢含量。这种用于降低焊件含氢量的焊后热处理称为脱氢处理。经脱氢处理后，焊件中的扩散氢数量大大降低，因而降低氢脆及冷裂纹的倾向。为了保证脱氢效果，需要足够的加热温度和保温时间。焊缝氢含量与焊后热处理工艺参数的关系如图 3-23 所示。钢铁焊件典型的脱氢处理工艺为加热 350℃、保温 1h。脱氢处理主要用于珠光体钢和马氏体钢，对于奥氏体钢及铝、钛等合金，脱氢处理效果不大。

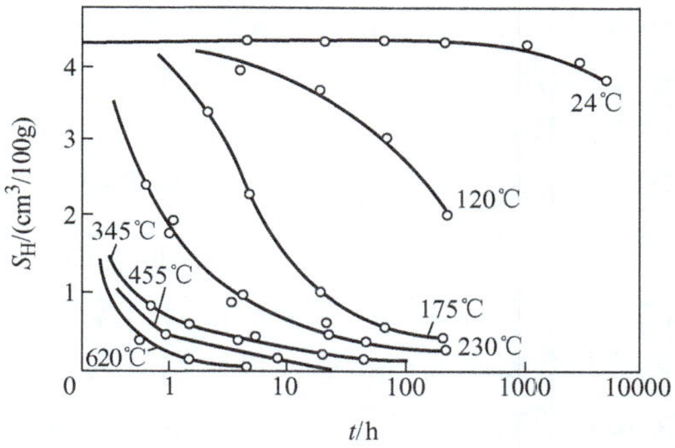

图 3-23 焊缝氢含量与焊后热处理工艺参数的关系[21]

实际中，除上述控制焊缝金属氢的措施与途径外，对于熔渣保护类的焊接方法，通过在焊条药皮或焊剂中添加氟化物可以对熔池金属起脱氢作用，相关内容将在 3.3.4 小节中讨论。

3.2.4 氧与焊接区金属的作用

1. 氧的来源与溶解

（1）氧的来源 焊接区的气态氧源主要有两方面：一部分来源于空气，因为氧气是空气的第二个主要组成部分；另一部分来源于焊接材料，水分是氧和氢的共同来源。与氮和氢相比，氧化学活性更强，除极少数贵金属外，几乎所有金属元素都与氧生成化合物，特别是在焊接区域的高温条件下，金属的氧化反应非常强烈。焊接冶金过程中的氧化反应不可避免，氧化和脱氧反应是焊接冶金的重要内容。

（2）氧在金属中的溶解 根据氧的溶解情况可以分成两类金属：溶解氧的金属和不溶解氧的金属。前者包括 Fe、Ni、Ti 等，这些金属元素的氧化物能溶解于各自相应的金属中；后者包括 Mg、Al 等，这类金属焊接时形成氧化物不溶于金属，漂浮在液体金属表面或在金属内部成为夹杂物。

在钢铁材料的焊接化学冶金区，氧的溶解途径包括气相溶解和熔渣溶解，然而无论何种溶解方式，在液体钢液中的氧都是原子氧［O］和氧化亚铁［FeO］的共存形式。氧是铁液的表面活性元素，溶解在铁液中的氧形成富氧金属层，一定温度下表面氧含量与内部氧含量存在一定的比例关系。当表面氧含量达到一定数量后，促使合成反应：

$$[O]+[Fe]=[FeO] \tag{3-19}$$

反应生成 FeO 的量较少时，溶解于铁液中；反应生成 FeO 的量达到一定数量后，一部分氧化铁脱离铁液而析出，析出的这部分氧化铁成为熔渣，记为（FeO）。可见**铁液中氧的溶解度是指与熔渣（FeO）共存时铁液中氧的饱和量**。

2. 液体金属的氧化

氧在金属中的溶解度随温度下降而降低。室温下铁中氧的溶解度几乎为零（$<0.001cm^3/100g$），因此，在高温焊接冶金区溶解在液体金属中的氧最终在焊缝金属中以氧化物夹杂的形式存在。液体金属的氧溶解问题实际上是焊缝金属的氧化问题。

（1）铁的氧化　对于铁液-氧气二元体系，体系中的氧气数量超过氧在铁液中的溶解度时，与铁液平衡的是纯 FeO 熔渣，有平衡反应方程：

$$2[Fe]+O_2\uparrow=2[FeO] \tag{3-20}$$

该反应的正反应方向是氧向铁液的溶解（氧化）过程，逆反应方向是氧化铁的分解过程。氧气是反应中的唯一气相物质，可以用氧的气压（亦为 FeO 的分解压，记为 $\{p_{O_2}\}$），作为上述反应的判据，通过比较冶金体系中氧实际气压 p_{O_2} 与 $\{p_{O_2}\}$ 的相对大小，确定反应进行的方向。

$p_{O_2}<\{p_{O_2}\}$　金属被还原

$p_{O_2}=\{p_{O_2}\}$　平衡状态

$p_{O_2}>\{p_{O_2}\}$　金属被氧化

焊接区域的气体通常是多种气体的混合物，在高温下的组成和分布难以测量。可以利用室温下测得的气相成分，计算出高温下气相中氧的分压，并与当时条件下 FeO 的分解压 $\{p_{O_2}\}$ 做对比，以粗略判断混合气体对金属的氧化还原反应的方向。

（2）合金元素的氧化　钢液中常含有其他与氧的亲和力比铁强的元素，如 C、Si、Mn 等，在焊接化学冶金区这些合金元素也会与氧发生反应，其结果是这些合金元素在液体金属中的数量减少。

$$[C]+\frac{1}{2}O_2=CO\uparrow \tag{3-21}$$

$$[Si]+O_2=(SiO_2) \tag{3-22}$$

$$[Mn]+\frac{1}{2}O_2=(MnO) \tag{3-23}$$

如果上述反应发生在钢液的内部，反应产物不能溶于金属而以夹杂物形式滞留在焊缝金属内部，则这部分的氧量也计入焊缝金属的含氧量，即**焊缝金属的含氧量包括原子氧和金属氧化物**。

3. 氧对焊接质量的影响

（1）力学性能　氧在焊缝中不论以何种形式存在，都影响焊缝的力学性能，通常使强度、塑性和韧性明显下降。氧对低碳钢焊缝力学性能的影响如图 3-24 所示。因此需要严格控制焊缝中的氧含量。

（2）物理、化学性能　氧对焊缝金属的物理和化学性能也有影响，如降低焊缝的导电性、导磁性和耐蚀性等，在焊接有色金属、活性金属和难熔金属时，氧的有害作用更加突出。

（3）CO 气孔　溶解在熔池中的氧与碳发生反应，生成不溶于金属的 CO，在熔池结晶时，CO 气泡来不及逸出就会形成气孔。

（4）焊接工艺性能　熔滴中含氧和碳较多时，相互作用生成 CO 气体，体积发生急剧膨胀，使熔滴爆炸，造成飞溅，影响焊接过程的稳定性。

某些情况下氧在焊接过程中是有益的，如铸铁冷焊时用于烧去多余的碳，以降低焊缝金属中的含碳量，减少补焊金属的裂纹倾向等。

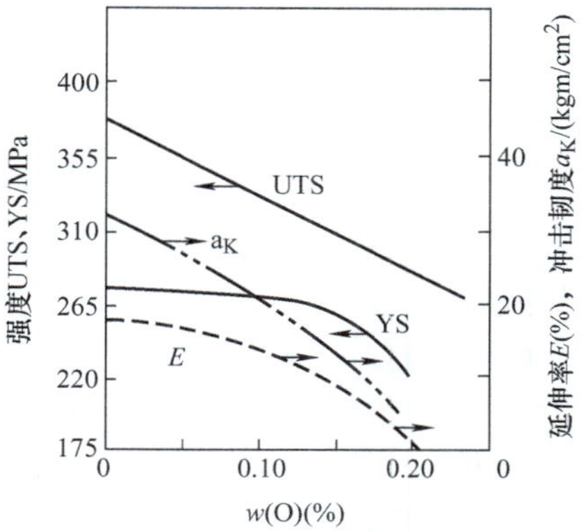

图 3-24　氧对低碳钢焊缝力学性能的影响[12]

4. 控制焊缝金属含氧量的措施

（1）净化材料　在正常焊接条件下，焊缝中的氧主要来自焊接材料、水分、工件和焊丝表面的氧化膜和铁锈等。焊前严格清理焊接材料和母材待焊处的氧化物、油污、水分等有利于减少焊缝含氧量。

（2）强化保护　空气侵入是焊接区氧的又一个重要来源，特别是在采用气体保护焊时，电弧长度、气体流量与流态、环境风力大小等直接影响保护效果。为了减少焊缝含氧量，应尽量采用短弧焊接。

（3）冶金脱氧　在焊接材料中加入合适的元素，使之在焊接过程中夺取氧，以减少被焊金属的氧化，从液态金属中排出氧。冶金脱氧是钢铁材料焊接中最为常见的控氧措施（详见 3.3.3 小节），常用的脱氧剂有锰铁、硅铁、钛铁、铝粉等。冶金脱氧不适用于铝、钛等活性金属及其合金的焊接。

3.3　熔渣与金属的冶金反应

熔渣是金属熔化焊常用的保护介质之一。典型的熔渣保护焊方法有电渣焊、埋弧焊、厚药皮焊条电弧焊以及药芯焊丝电弧焊等。从焊接冶金体系区分，前两种焊接方法的焊接化学冶金体系为“金属-熔渣”系；后两种焊接化学冶金体系是“金属-熔渣-气体”系。与保护气体不同，焊接熔渣除了能够隔离大气、保护高温金属之外，还具有脱氧、脱氢、改善焊接工艺性、辅助焊缝成形、过渡合金元素等功能。

3.3.1　焊接熔渣的作用与分类

1. 焊接熔渣的形成

焊接熔渣是焊接材料（焊条药皮和焊剂等）在焊接热源高温作用下经过一系列物理化学反应得到的复杂结构物质，其基本组成物包括各种金属氧化物、金属氟化物及金属氯化物等。焊接材料转变成焊接熔渣的过程称为造渣，用于造渣的焊接材料称为造渣剂。根据被焊金属材料及焊接方法不同，造渣剂不尽相同，最终形成的熔渣组成也不尽相同。

以焊条电弧焊为例，焊条电弧焊是通过焊条药皮进行造渣的。焊条药皮中添加的碳酸盐、钛铁矿，以及用作粘接的水玻璃等物质在焊条药皮反应区发生高温热分解反应，如

$$CaCO_3 = CaO + CO_2\uparrow \tag{3-24}$$

$$2Fe_2O_3 = 4FeO + O_2\uparrow \tag{3-25}$$

$$2K_2SiO_4 = 2K_2O + 2SiO_2 + O_2\uparrow \tag{3-26}$$

这些高温分解反应在造气的同时，生成的金属氧化物经熔化混合（熔炼）形成焊条电弧焊的焊接熔渣。

2. 焊接熔渣的作用

(1) 保护焊接区金属　熔渣是金属熔化焊的主要保护手段之一。熔渣的熔点通常低于被焊金属的熔点，在焊接过程中以液膜形式覆盖在熔滴、熔池和高温焊缝金属的表面。一定厚度的熔渣液膜可以有效地将液体金属及高温固体金属与周围的空气隔离，避免空气的有害影响。

(2) 调控焊接化学冶金　在焊接化学冶金区，特别是熔滴和熔池反应区，高温液体金属与熔渣的活性组分将发生冶金反应，从而改变液体金属的化学成分，因此，通过熔渣可以调控焊接化学冶金过程，从而改变焊缝金属的成分。

(3) 改善焊接工艺性能　对于电弧焊而言，焊接工艺性能包括电弧稳定性、焊接飞溅、焊接位置适应性、焊缝成形等，均与焊接熔渣密切相关。例如，在熔渣中加入的电离能低的物质有利于焊接电弧的引燃和维持，改善电弧焊的工艺性能。

3. 焊接熔渣的分类

根据焊接熔渣的成分不同，其可以分成三大类。

(1) 氧化物型熔渣　这类熔渣全部由金属氧化物组成。由于熔渣中的金属氧化物在液体金属中有一定的溶解度，可以向液体金属中溶解氧，从而对液体金属产生氧化作用，因此这类熔渣又称为活性熔渣，主要用于焊接低碳钢和低合金钢。常用的熔渣体系包括 $MnO\text{-}SiO_2$、$FeO\text{-}MnO\text{-}SiO_2$、$CaO\text{-}TiO_2\text{-}SiO_2$ 等。

(2) 氧化物-盐型熔渣　这类熔渣由金属氧化物和金属氟化物组成，金属氧化物通常采用强金属氧化物，金属氟化物通常是氟化钙。这类熔渣的化学活性较小，可以用于焊接中、高合金钢。常用的熔渣体系包括 $CaF_2\text{-}CaO\text{-}Al_2O_3$、$CaF_2\text{-}CaO\text{-}SiO_2$、$CaF\text{-}CaO\text{-}Al_2O_3\text{-}SiO_2$ 等。

(3) 盐型熔渣　这类熔渣全部由金属氟化物和金属氯化物组成。熔渣不具有氧化性，主要用于焊接活性的有色金属，例如铝合金、镁合金等。常用的熔渣体系包括 $KF\text{-}AlF_3$、$KF\text{-}AlF_3\text{-}KCl$ 等。

4. 焊接熔渣相图

焊接熔渣是多种化合物的复杂体系。为了便于研究，通常忽略含量少、影响小的组分，简化成由含量多、影响大的组分组成的二元或三元渣系，然后利用相图研究熔渣组成对其熔点、黏度和活性等性能的影响。

图 3-25 所示为 $FeO\text{-}SiO_2$ 二元渣系的渣相图，可以看出，FeO 与 SiO_2 在 SiO_2 摩尔分数 $x_{SiO_2}=0.33$ 附近存在复合氧化物（$2FeO\cdot SiO_2$），该复合氧化物的熔点约为 1205℃。（$2FeO\cdot SiO_2$）在其成分附近可以分别与 FeO 和 SiO_2 发生共晶反应，共晶组织的熔点约为 1188℃。

图 3-26 所示为 $FeO\text{-}SiO_2\text{-}MnO$ 三元渣系的渣相图，图中虚曲线为等温线，上面的数值

是等温线的温度。该等温线同时是熔渣的液相线，通过渣相图可以直观看出熔渣的液相温度随熔渣组分的分布。图中的实曲线为二元共晶反应的成分分布，两条实曲线的交点为三元共晶反应。可以看出 $FeO-SiO_2-MnO$ 三元渣系具有最低的三元共晶产物，熔点约为 1170℃。

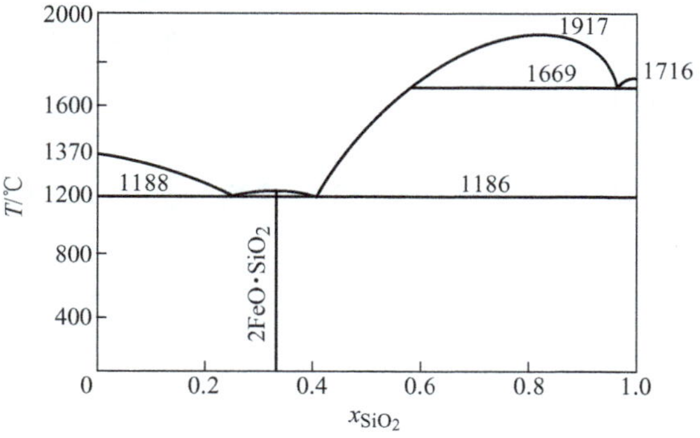

图 3-25　$FeO-SiO_2$ 二元渣系的渣相图

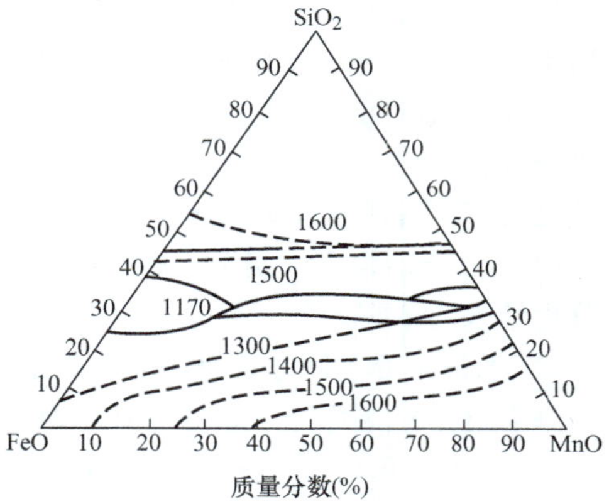

图 3-26　$FeO-SiO_2-MnO$ 三元渣系的渣相图[22]

焊接熔渣的渣相图除了可以提供熔渣液相线温度随成分分布的信息外，还可以用于研究其他方面的性能。图 3-27 所示为 $FeO-SiO_2-MnO$ 三元渣系在 1500℃下的表面张力分布相图，图中分为三个阴影部分 A、B 和 C。区域 A 的熔渣黏度太小，易于发生漫流；区域 C 的熔渣黏度太大，不易流动；区域 B 的熔渣黏度适中，适合作为焊接熔渣。

图 3-28 所示为 1500℃时 $MnO-SiO_2-CaO$ 三元渣系的 MnO 活度分布相图，图中曲线及其上面的数值表示了不同成分的熔渣向液体铁中过渡 Mn 的量，即下面冶金反应的进行程度：

$$(MnO) = [Mn] + [O] \tag{3-27}$$

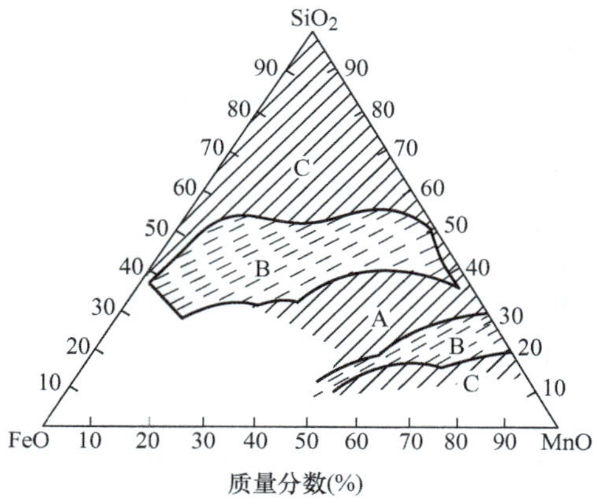

图 3-27　$FeO-SiO_2-MnO$ 三元渣系在 1500℃下的表面张力分布相图[10]

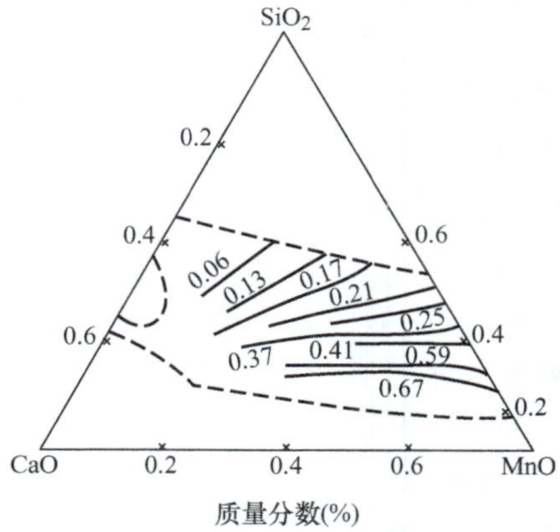

图 3-28　1500℃时 $MnO-SiO_2-CaO$ 三元渣系的 MnO 活度分布相图[23]

可以看出，在 $MnO\text{-}SiO_2\text{-}CaO$ 三元渣系中增加 SiO_2 能够抑制上述反应，减少熔渣中锰元素和氧元素向铁中过渡。

5. 熔渣的结构理论

从化学组成来看，熔渣是由数种简单无机物，如氧化物和盐等组成的机械混合物。然而在高温下这些机械混合物熔化成单一液相，该液相的性能明显有别于其组成物，并且也有别于其凝固产物。从前面提到的两种渣系相图可以清楚地看到，不仅熔渣的熔点、黏度等物理性能与其组成有关，而且化学活性也与熔渣的组成有关。这说明熔渣不是各组成物的机械混合，而是存在相互作用，呈现更为复杂的结构形态。有关熔渣结构形态的假设，目前主要有两种理论模型：分子结构理论模型和离子结构理论模型。

(1) 分子结构理论模型　熔渣的分子结构理论模型是以对凝固熔渣的相分析和化学成分分析结果为依据的，其要点可以概括为以下几方面：

1) 无论是处于固态还是液态，熔渣成分中的氧化物都以分子状态存在，这些氧化物分子分为自由氧化物分子和复合氧化物分子。

2) 自由氧化物分为酸性氧化物、碱性氧化物和中性氧化物三类。熔渣中的酸性氧化物按酸性由强变弱依次为 SiO_2、TiO_2、P_2O_5 等；碱性氧化物按碱性由强变弱依次为 K_2O、Na_2O、CaO、MgO、BaO、MnO、FeO 等；中性氧化物包括 Al_2O_3、Fe_2O_3、Cr_2O_3 等。

3) 复合氧化物是酸性自由氧化物和碱性自由氧化物通过化合反应得到的复杂大分子，在一定温度条件下自由氧化物及其复合物处于平衡状态，如

$$MnO + SiO_2 \rightleftharpoons MnO \cdot SiO_2 \tag{3-28}$$

升温时反应向左进行，渣中自由氧化物的含量增加；降温时反应向右进行，渣中复合氧化物的含量增多。

4) 只有自由氧化物才能参与液体金属的冶金反应，如

$$(FeO) + [C] = [Fe] + CO\uparrow \tag{3-29}$$

式中，“( )”为渣中成分；“[ ]”为液体金属中的成分。

熔渣的分子结构理论模型简单明了，可以定性解释熔渣与金属间的冶金反应。但是有些现象不能解释，如熔渣的导电性，因此提出了熔渣的离子结构理论模型。

(2) 离子结构理论模型　离子结构理论是在研究熔渣电化学性质的基础上提出来的。离子结构理论模型要点可以概括为如下几个方面：

1) 与固态时的组成物不同，熔渣在液态下是一个由阳离子和阴离子组成的电中性溶液。

2) 熔渣中的离子分为简单离子和复杂离子，负电性大的非金属元素以阴离子形式存在，如 F^-、O^{2-}、S^{2-} 等；负电性小的金属元素以阳离子形式存在，如 K^+、Na^+、Ca^{2+}、Mg^{2+}、Fe^{2+}、Mn^{2+} 等。

3) 按照离子综合矩（离子电荷与离子半径的比）的大小，熔渣中综合矩大的阴离子和阳离子易于结合成为复杂阴离子：

$$4O^{2-} + Si^{4+} = SiO_4^{\ 4-} \tag{3-30}$$

$$3O^{2-} + Al^{3+} = AlO_3^{\ 3-} \tag{3-31}$$

熔渣中离子相互作用的程度与熔渣成分及温度有关。

4）熔渣与液体金属之间的相互作用过程是离子与原子交换电荷的过程。在焊接化学冶金区，液体金属与熔渣在它们的界面处发生电荷转移，如

$$(Mn^{2+})+[Fe]=(Fe^{2+})+[Mn] \tag{3-32}$$

上式反应的结果是锰进入金属，铁变成离子进入熔渣，即液体金属发生氧化。

值得指出的是，实际焊接熔渣的结构是十分复杂的，既存在离子形式又存在分子形式，并且受焊接温度的影响很大，目前尚缺少可以用于定量描述实际焊接化学冶金的熔渣结构模型。

3.3.2 熔渣的性质

（1）熔渣的碱度

1）分子结构理论的熔渣碱度。在熔渣分子结构理论模型中，熔渣的碱度可以表示为

$$B=\frac{\sum(x_{R_2O}+x_{RO})}{\sum x_{RO_2}} \tag{3-33}$$

式中，x_{R_2O}、x_{RO}为熔渣中碱性氧化物的摩尔分数；x_{RO_2}为熔渣中酸性氧化物的摩尔分数，碱度的倒数即为酸度。

考虑到氧化物的酸碱程度以及相互形成中性复合氧化物的情况，通过大量实验数据给出比较精确的熔渣碱度计算公式：

$$B_1=\frac{0.18w(CaO)+0.15w(MgO)+0.006w(CaF_2)+0.014w(Na_2O+K_2O)+0.007w(MnO+FeO)}{0.017wSiO_2+0.005w(Al_2O_3+TiO_2+ZrO)} \tag{3-34}$$

当$B_1>1$时为碱性渣；$B_1<1$时为酸性渣；$B_1=1$时为中性渣。

2）离子结构理论的熔渣碱度。**在熔渣离子结构理论模型中，熔渣的碱度被定义为自由氧离子的浓度（或氧离子的活度）**。这是因为碱性氧化物在熔渣中产生氧离子，如

$$CaO=Ca^{2+}+O^{2-} \tag{3-35}$$

$$FeO=Fe^{2+}+O^{2-} \tag{3-36}$$

而酸性氧化物在熔渣能吸收氧离子，如

$$SiO_2+2O^{2-}=SiO_4{}^{4-} \tag{3-37}$$

$$Al_2O_3+3O^{2-}=2AlO_3{}^{3-} \tag{3-38}$$

因此，组成熔渣的碱性氧化物越多，熔渣中的自由氧离子含量就越高。

由于熔渣中氧离子的活度实测困难，计算也不方便，普遍采用下式计算碱度：

$$B_2=\sum_{i=1}^{n}a_ix_i \tag{3-39}$$

式中，x_i为第i种氧化物的摩尔分数；a_i为第i种氧化物的碱度系数，见表3-10。

当$B_2>0$时为碱性渣；$B_2<0$时为酸性渣；$B_2=0$时为中性渣。

表 3-10　熔渣中氧化物的碱度系数及相对分子质量[10]

类　别	氧　化　物	碱度系数	相对分子质量
碱性氧化物	CaO	6.05	56
	MnO	4.8	71
	MgO	4.0	40.3
	FeO	3.4	72
酸性氧化物	SiO_2	-6.31	60
	TiO_2	-4.97	80
	Al_2O_3	-0.2	102

可见，熔渣的碱度反映了熔渣的化学组分，是熔渣最为重要的化学性质。熔渣的其他物理化学性质，如熔渣的活性、黏度和表面张力等都与碱度有关。

（2）熔渣的黏度　**熔渣的黏度是指熔渣内部相对运动时的内摩擦力**，是熔渣重要的物理性质之一，对渣的保护效果、飞溅、焊接操作性、焊缝成形、熔池中气体的外逸、合金元素在渣中的残留损失、化学反应的活性等有显著影响。

通常情况下，所有熔渣的黏度均随温度升高而降低，但是下降的趋势不同。酸性渣与玻璃类似，凝固温度区间大，黏度随温度升高而缓慢下降；碱性渣与金属晶体相似，凝固温度区间小，黏度随温度降低而迅速增大。**在熔点附近随温度降低黏度迅速升高的熔渣称为短渣，而黏度随温度变化缓慢的熔渣称为长渣**，如图 3-29 所示。短渣的黏度随温度下降而迅速增加的特点，有利于焊接过程中阻挡熔池金属流淌，利于立焊、横焊、仰焊以及全位置焊接。

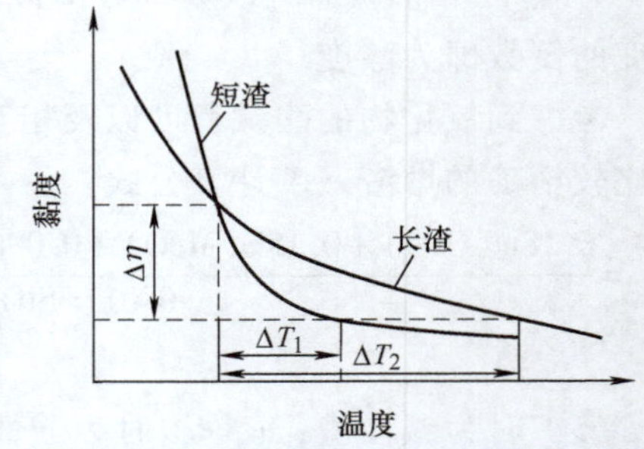

图 3-29　焊接熔渣黏度与温度的关系

熔渣成分对其黏度有很大影响。酸性渣中含 SiO_2 数量越多，则 Si-O 阴离子聚合程度越大，相同温度下熔渣的黏度就越高；采用 TiO_2 替代部分 SiO_2，可以减少 Si-O 阴离子聚合程度，从而降低熔渣的黏度。在碱性渣中加入高熔点的碱性氧化物（CaO），则有可能出现未熔化的固体颗粒，熔渣的流动阻力增大，则黏度升高；在碱性渣中加入少量 SiO_2 可以形成低熔点的复合氧化物（$CaO \cdot SiO_2$），有利于降低熔渣的黏度。CaF_2 具有低的表面张力，属表面活性物质，无论加入到酸性渣还是碱性渣中，都能够降低熔渣的表面张力。一般地，用于焊接钢铁的熔渣在 1500℃ 下的黏度范围为 0.1～0.2Pa·s。

（3）熔渣的表面张力　熔渣的表面张力和黏度有很紧密的联系，通常黏度越大表面张力越大，并且都随温度升高而降低。但是也不尽然，特别是从本质上两者是不同的。黏度与分子的结构形态有关，而**表面张力则取决于内部质点间的作用力（或结合键），键能越大，表面张力越大**。具有离子键的物质，如 CaO、MnO、MgO、FeO 等键能比较大，表面张力较大；共价键物质，如 TiO_2、SiO_2、B_2O_3、P_2O_5 等，键能小，表面张力较小。CaF_2 虽然为离子键结合，但是易于电离，并在表面吸附富集，属活性物质，在熔渣中能够降低熔渣的表面张力，如图 3-30 所示。

(4) 熔渣的熔点　焊接熔渣是由多种化合物组成的多元体系，其固液转变温度通常是一个区间，严格来说并没有确定的熔点，实际中一般将熔渣开始熔化的温度称为熔渣的熔点。熔渣的熔点除与成分有关外，还与颗粒度有关，熔渣中的难溶物质越多、颗粒度越大，熔渣的熔点越高。

实际应用中应查阅相关渣系相图（图 3-25、图 3-26），确定熔渣的熔点温度范围。焊接熔渣的熔点要求与焊丝和母材的熔点相匹配，适于钢铁材料焊接的熔渣熔点一般在 1150～1350℃。

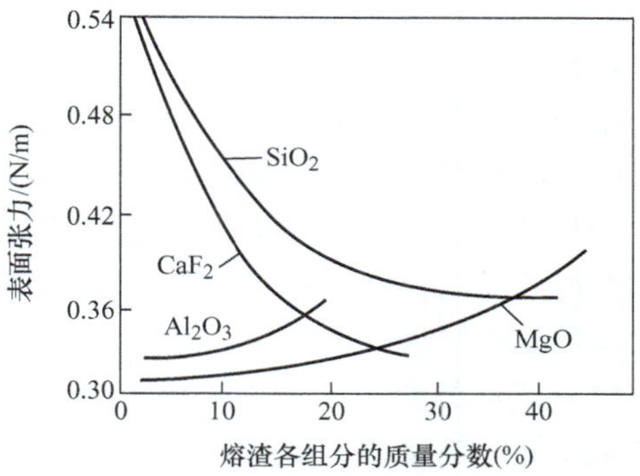

图 3-30　熔渣组分对熔渣表面张力的影响[10]

3.3.3　熔渣的氧化与脱氧反应

1. 熔渣对焊接区金属的氧化

氧化物型熔渣有向焊缝金属过渡氧的倾向，这类熔渣称为活性熔渣。活性熔渣对金属的氧化有三种机制：扩散氧化、置换氧化和电化学氧化。

(1) 熔渣的扩散氧化　由于 FeO 既可以溶于熔渣，又可以溶于液态铁，在一定温度下达到动态平衡时，FeO 在熔渣和液态铁两相中的溶解度存在一定的比例关系，即分配定律：

$$[FeO] = (FeO) \tag{3-40}$$

$$L = \frac{(FeO)}{[FeO]} \tag{3-41}$$

式中，L 为 FeO 在熔渣中的分配系数。

温度一定时分配系数 L 是确定的，因此，增加熔渣中氧化铁的溶解度（FeO），将促使氧化铁向熔池中扩散，从而使焊缝中的氧含量增加，即发生扩散氧化。

对于复杂组分的焊接熔渣，L 的大小与熔渣性质及温度有关。按照熔渣的分子结构理论，FeO 属于弱碱性自由氧化物，当熔渣中有较多的酸性自由氧化物时，一部分 FeO 将与酸性自由氧化物结合形成复杂氧化物，使得渣中自由氧化物 FeO 的溶解度降低，铁液中的 FeO 将向熔渣中扩散，增大了 FeO 在熔渣中的比例，即 L 增大；相反地，增加熔渣中的碱性氧化物数量，FeO 在熔渣中的活度将相应提高，FeO 将从熔渣中向铁液中扩散，即 L 减小。可见 FeO 的 L 值与熔渣的碱度有关，经热力学计算，在 SiO_2 饱和的酸性渣中有

$$\lg L = \frac{4906}{T} - 1.877 \tag{3-42}$$

在 CaO 饱和的碱性渣有

$$\lg L = \frac{5014}{T} - 1.98 \tag{3-43}$$

从上面两式可以看出，同样的温度下，碱性渣比酸性渣更容易向液体金属中分配氧，如图 3-31 所示。为了控制碱性熔渣焊接时焊缝增氧，碱性熔渣主要是强碱性氧化物和氟

化物，如 CaO、K_2O、Al_2O_3及 CaF_2等，不含 FeO，并且焊接前严格清理待焊部位及焊丝表面的铁锈等。

另外，从上面两式还可以看出，无论是碱性熔渣还是酸性熔渣，lg*L* 与温度成反比，即温度升高，*L* 减小，FeO 从熔渣中向铁液中发生扩散氧化，**表明扩散氧化主要在熔滴阶段和熔池高温区进行**。

(2) 熔渣的置换氧化　如果熔渣含有较多的易分解的氧化物，则可能与铁液发生置换反应，使铁元素氧化，而熔渣中的合金元素被还原，冶金反应方程式为

$$(MnO) + [Fe] = [Mn] + FeO \qquad (3\text{-}44)$$

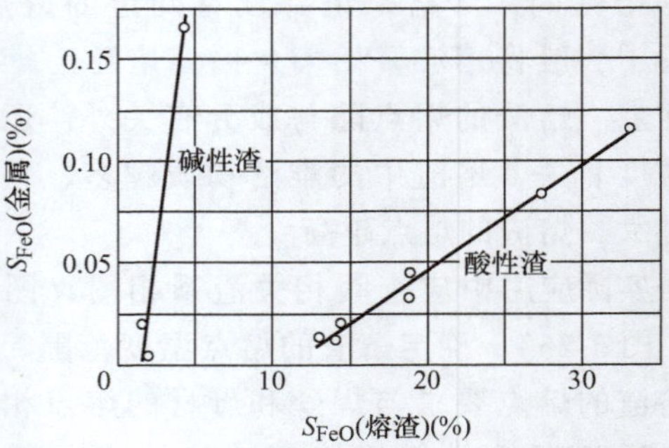

图 3-31　氧在焊缝金属与熔渣之间的分配[10]

$$(SiO_2) + 2[Fe] = [Si] + 2FeO \qquad (3\text{-}45)$$

置换反应生成的 FeO 将按照前面提到的 FeO 在熔渣中的分配系数分别进入熔渣和铁液；同时被还原出的 Mn 和 Si 进入铁液，可见，活性熔渣的置换反应同时也是通过熔渣向焊缝金属过渡合金元素的焊接冶金反应（参见 3.3.6 小节）。

上述置换反应进行的程度取决于体系成分和体系温度。升高温度，反应式向右进行，促进置换反应进行。因此，与扩散氧化规律相同，**置换氧化主要发生在熔滴反应区和熔池头部的高温区**，并且由此可以推测焊接参数对置换氧化有重要影响。作为反应体系的组成物，熔渣中的 MnO、SiO_2、FeO 的活度以及液体金属中的 Mn、Si 含量对上述置换反应有影响，增加熔渣中同类氧化物的含量和减少液体金属中被还原金属的含量将促进置换反应，反之，减少熔渣中同类氧化物的含量和增加液体金属中被还原金属的含量将抑制置换反应。

(3) 熔渣的电化学氧化　研究表明，熔渣对焊接区金属的氧化还可能存在一种电化学机制。按照熔渣的离子结构理论模型，熔渣中的金属元素以正离子形式存在，氧以负离子形式存在。当采用直流电弧焊接时，在电场力作用下熔渣中的金属正离子向电弧阴极聚集并发生电荷转移，氧负离子向电弧阳极聚集并发生电荷转移，即**阳极反应使液体金属增氧，阴极反应使焊缝金属脱氧**[23,24]。

阳极反应为

$$[M] + (nO^{2-}) = (MO_n) + 2ne^- \qquad (3\text{-}46)$$

$$(O^{2-}) = [O] + 2e^- \qquad (3\text{-}47)$$

阴极反应为

$$M^{2+}(\text{熔渣}) + 2e^- = M(\text{金属}) \qquad (3\text{-}48)$$

$$(O) + 2e^- = (O^{2-}) \qquad (3\text{-}49)$$

图 3-32 所示为低碳钢埋弧焊的氧的质量分数检测实验结果，可以看出，无论是焊丝末端生长期熔滴金属还是穿越弧柱的过渡期熔滴金属，在直流反极性（DCEP）条件下的

增氧量总是高于直流正接[26]。

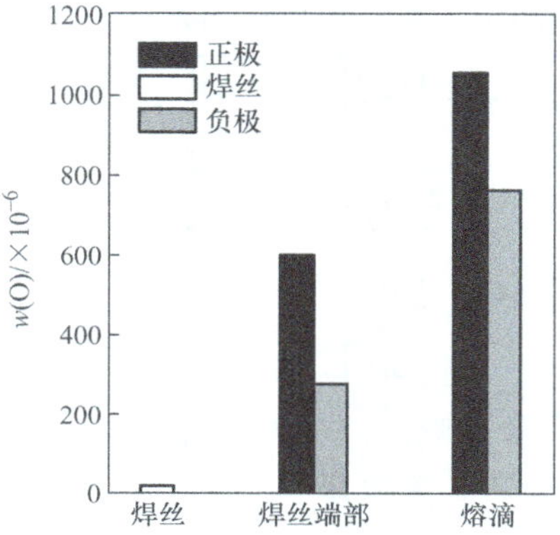

图 3-32 低碳钢埋弧焊时焊丝、熔滴中氧的质量分数[25]
（焊剂组成 11.2% SiO_2-18.14% Al_2O_3-33.2% MgO-25.3% CaF_2-6.9% CaO-1.2% MnO）

2. 焊接区金属的脱氧

焊接区金属的脱氧是通过焊接冶金反应减少焊接区金属的氧化和从液态金属中排出氧的过程，旨在减少焊缝金属中的氧含量。焊接冶金中脱氧的主要措施是在焊接材料中添加对氧亲和力强的合金元素（脱氧剂）。由于脱氧反应的产物为氧化物，形成后进入熔渣，因此，脱氧反应与熔渣的性质、行为及其与焊缝区金属间的作用密切相关。

如前所述，焊接化学冶金反应是分区域进行的，根据脱氧反应的区域性和机制，焊接冶金脱氧分为三种方式，即**先期脱氧、沉淀脱氧和扩散脱氧**。

(1) 先期脱氧　在熔渣形成之前及形成过程中，**固态焊接材料内部发生的冶金脱氧反应称为先期脱氧**，其主要特征是脱氧过程和脱氧产物不与液体金属直接接触。

以焊条电弧焊为例，先期脱氧发生在药皮反应区。当受到高温加热时，焊条药皮组成物发生热氧化分解反应（参见 3.1.2 小节），释放出氧化性气体。当药皮中有脱氧剂存在时，氧化性气体将与这些脱氧剂发生冶金反应，如

$$2CaCO_3 + Ti = 2CaO + TiO_2 + 2CO\uparrow \tag{3-50}$$

$$CaCO_3 + Mn = CaO + MnO + CO\uparrow \tag{3-51}$$

从上述反应式可以看出，脱氧剂氧化的同时降低了焊接区域气氛的氧化性，因此可以减少焊接气氛随后对焊接区金属的氧化，起到了冶金脱氧的效果。

焊条药皮中常用的先期脱氧剂有铝粉、钛铁、硅铁和锰铁等。由于铝和钛对氧的亲和力很大，在先期脱氧过程中大部分被烧损，形成稳定的氧化物而进入熔渣，一般不再参与沉淀脱氧过程。

(2) 沉淀脱氧　**沉淀脱氧是指液体金属中的脱氧剂（合金元素）与溶解氧结合形成氧化物并脱离液体金属进入熔渣的冶金过程，发生在焊接化学冶金的熔滴和熔池反应区**。

为了保证脱氧效果和效率，脱氧剂应满足化学和物理两个基本条件：**化学条件是在焊接温度下与氧的亲和力大于被还原金属与氧的亲和力；物理条件是脱氧产物易于与液体金属分离，即不溶于液态金属，密度小于液态金属，熔点低于被焊金属的熔点**等。钢铁材料

焊接熔渣中常见氧化物的熔点和密度见表3-11。

表3-11 常见氧化物的熔点和密度[10]

氧化物	FeO	MnO	SiO_2	TiO_2	Al_2O_3	$FeO\cdot SiO_2$	$MnO\cdot SiO_2$
熔点/℃	1370	1580	1713	1825	2050	1205	1270
密度/(g/cm³)	5.80	5.11	2.26	4.07	3.95	4.30	3.6

1）锰脱氧。锰脱氧的化学冶金反应式为

$$[Mn]+[FeO]=(MnO)+[Fe] \tag{3-52}$$

前面已经分析，增加锰含量和减少渣中MnO数量有利于脱氧反应，提高脱氧效果。由于脱氧产物MnO是碱性氧化物，在酸性渣系中，MnO可以与酸性氧化物（如SiO_2）形成复合氧化物（$MnO\cdot SiO_2$等），降低熔渣中MnO的活度，促进反应进行，提高脱氧效果；反之，碱性渣系不利于锰的脱氧反应，降低脱氧效果，如图3-33所示。因此，酸性焊条中常用锰铁作为脱氧剂，而碱性焊条中不单独使用锰铁作为脱氧剂。

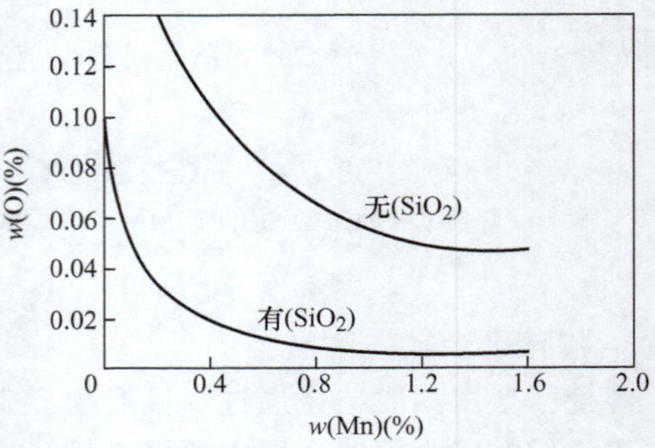

图3-33 1600℃时SiO_2对锰脱氧的影响[10]

2）硅脱氧。硅脱氧的化学冶金反应式为

$$[Si]+2[FeO]=(SiO_2)+2[Fe] \tag{3-53}$$

与锰脱氧的分析相似，增加硅含量和减少渣中SiO_2数量（提高熔渣的碱度）有利于脱氧反应，提高硅脱氧的效果。

值得注意的是，虽然硅的脱氧能力比锰强，但硅脱氧的产物SiO_2熔点高（见表3-11），一般为固态，且与钢液的界面张力小、润湿性好，难以从钢液中分离出来，容易形成夹杂，因此，实际应用中一般不单独使用硅进行脱氧。

3）硅锰联合脱氧。如上所述，硅和锰的脱氧产物酸碱性相反，因此，把锰与硅按适当的比例加入焊接材料中进行联合脱氧，脱氧产物易于形成复合氧化物，可以得到较好的脱氧效果。硅锰联合脱氧反应式为

$$[Si]+[Mn]+3[FeO]=(MnO\cdot SiO_2)+3[Fe] \tag{3-54}$$

由于硅与氧的化学亲和性高于锰，一般来说，在脱氧剂中锰的数量应大于硅的数量。实践证明，**当$w(Mn)/w(Si)=3\sim7$时，脱氧产物为$MnO\cdot SiO_2$**，这种复合氧化物的熔点低，密度小，易于与铁液分离，焊缝夹杂的倾向小。在CO_2气体保护电弧焊中，也是根据上述锰硅联合脱氧的理论进行焊丝成分设计的（参见3.4.4小节）。

（3）扩散脱氧 扩散脱氧与扩散氧化互为逆过程，都是基于FeO在熔渣与液体铁中的平衡分配。凡是促进扩散氧化的因素都是扩散脱氧的抑制因素；反之，凡是抑制扩散氧化的因素，都有利于扩散脱氧反应进行。例如，当液体金属中的氧含量和温度都相同时，酸性渣比碱性渣的扩散脱氧效果好；降低温度有利于扩散脱氧反应，即在温度较低的熔池

尾部有利于扩散脱氧反应。

3.3.4　熔渣的渗氢与脱氢反应

1. 熔渣的渗氢反应

如前所述，在焊接化学冶金区氢向液体金属中的溶解有多种途径，除了主要通过气相溶解外，在熔渣保护的焊接方法中，氢也可以通过熔渣与液体金属的冶金反应向金属中过渡氢元素。

（1）熔渣中的氢　氢通过熔渣向金属中溶解时，氢或者水蒸气首先溶于熔渣。氢是第一主族元素，最外层只有一个电子，易于失去外层电子而成为离子，因此氢具有金属的某些属性。氢的氧化物（H_2O）能够溶解到焊接熔渣中，与其他金属氧化物（TiO_2、CaO 等）一起成为焊接熔渣的组成物质。

按照熔渣的离子结构理论模型，氢在高温熔渣中主要以 OH^- 简单离子形式存在，根据熔渣的碱度（自由氧离子数量）不同，氢或水蒸气向熔渣中的溶解过程不同。对于含有自由氧离子的酸性渣或碱性渣，水蒸气的溶解反应为

$$H_2O + (O^{2-}) = 2(OH^-) \tag{3-55}$$

对于不含自由氧离子的熔渣，水蒸气的溶解反应为

$$H_2O + (SiO_4^{4-}) = 2(OH^-) + (SiO_3^{2-}) \tag{3-56}$$

从上述两个水蒸气的溶解反应式可以看出，熔渣中含有的自由氧离子浓度（即熔渣的碱度）越大，则水蒸气在熔渣中的溶解度越大，图 3-34 所示为 1600℃ 时 $CaO\text{-}Al_2O_3\text{-}SiO_2$ 熔渣体系中的水蒸气溶解度与熔渣碱度的关系，可以看出，随碱度增加熔渣中的水蒸气溶解度显著增大。

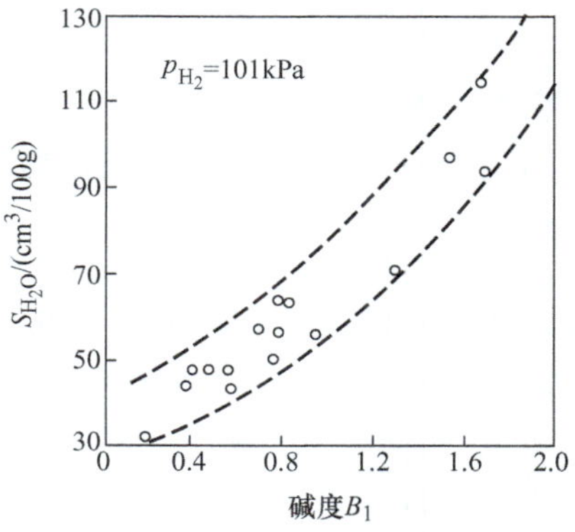

图 3-34　1600℃时 $CaO\text{-}Al_2O_3\text{-}SiO_2$ 熔渣体系中的水蒸气溶解度与熔渣碱度的关系[26]

（2）熔渣的渗氢反应　含有（OH^-）离子的熔渣在与液体金属接触时，界面处将可能发生如下冶金反应：

$$2(OH^-) + (Fe^{2+}) = 2[H] + [Fe] + 2[O] \tag{3-57}$$

$$2(OH^-) + [Fe] = 2[H] + (Fe^{2+}) + 2(O^{2-}) \tag{3-58}$$

$$2(OH^-) = 2[H] + [O] + (O^{2-}) \tag{3-59}$$

可以看出，无论哪个反应，其结果都是氢从熔渣中转移到液体金属中，即发生了熔渣的渗氢过程。从上述渗氢反应的方程式还可以看出，反应产物中含有氧原子或自由氧离子，说明了熔渣在向液体金属渗氢的同时，也向液体金属过渡了氧，其本质与上节提到的活性熔渣对金属的氧化反应相同。熔渣渗氢数量与熔渣成分和性质有关，当熔渣中含有较多的自由氧离子时，可以抑制氢的溶解反应，减少液体金属中氢的溶解度。

通过熔渣向液体金属中渗氢的量与液体金属中的氧含量有关，与提高焊接气氛的氧化性可以降低液体金属中的氢含量作用相似，增加焊接熔渣的氧化性（如添加 Fe_2O_3）可以抑制熔渣渗氢反应的进行，减少液体金属中的含氢量；反之，增加脱氧剂（如Fe-Ti合金）的数量将促进熔渣渗氢反应，增加焊缝金属含氢量，如图 3-35 所示。

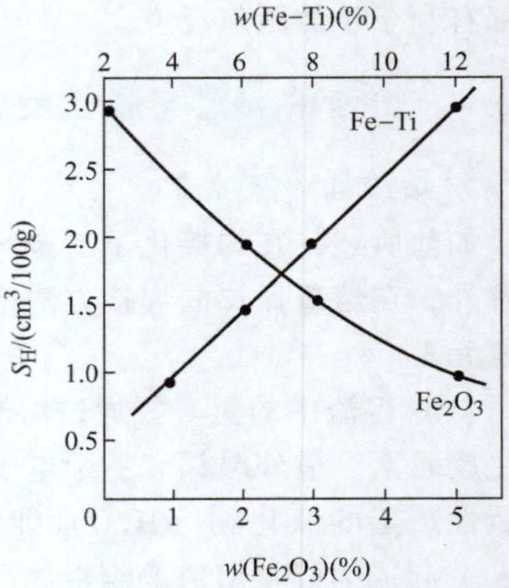

图 3-35　焊条药皮中的氧化剂与脱氧剂对焊缝金属含氢量的影响

此外，在电弧焊的条件下，熔渣还可能通过电极反应而发生熔渣的电化学渗氢过程。例如，在电场作用下，熔渣中的（OH^-）向阳极富集，并在那里得到电子而被还原，还原出的氢和氧进入电极（液体金属）。

$$(OH^-) = [H] + [O] + e^- \qquad (3\text{-}60)$$

2. 熔渣的脱氢反应

熔渣的脱氢反应与熔渣的渗氢反应互为逆反应，理论上，抑制熔渣渗氢反应的措施都可以促进熔渣的脱氢反应。提高熔渣的氧化活性虽然可以抑制溶氢反应，然而其代价是增加焊缝金属的含氧量，故难以在实际中获得应用。目前，渣保护电弧焊降氢的主要措施是在焊条药皮或焊剂中添加氟化物（CaF_2、MgF_2、BaF_2、Na_3AlF_6等），其机制是基于氟化物与氢的冶金反应。

（1）熔渣内部的脱氢反应　按照焊接熔渣的离子结构理论模型，CaF_2在熔渣中以氟离子（F^-）存在，水在熔渣中以氧氢离子（OH^-）存在，两者在熔渣内发生化学反应：

$$(OH^-) + (F^-) = (O^{2-}) + HF\uparrow \qquad (3\text{-}61)$$

其结果是生成气态产物 HF，降低了熔渣中的 OH^- 含量，使渗氢冶金反应式（3-57）~式（3-59）反应方向逆转，液体金属中氢进入熔渣，从而减少了液体金属中的氢含量。

（2）熔渣与气氛的脱氢反应　熔渣中的 CaF_2不仅能够在熔渣内发生冶金反应，与熔渣中的氢结合成为 HF，而且还可以与焊接气相中氢（水蒸气）发生冶金反应，将不稳定的氧化氢转化成稳定的 HF。实践表明，CaF_2与水蒸气的冶金反应途径与熔渣的组分有关，在 SiO_2 含量高的酸性渣中，CaF_2的脱氢反应为

$$2CaF_2 + 3SiO_2 = 2CaSiO_3 + SiF_4\uparrow \qquad (3\text{-}62)$$

$$SiF_4 + 2H_2O = SiO_2 + 4HF\uparrow \qquad (3\text{-}63)$$

而在低氢型碱性熔渣中，CaF_2的脱氢反应为

$$CaF_2 + H_2O = CaO + 2HF\uparrow \qquad (3\text{-}64)$$

可见，无论是 SiO_2 含量高的酸性渣还是 SiO_2 含量低的碱性渣，熔渣中含有的 CaF_2能够从氢的氧化物中夺取氢，生成化学性质更稳定，且不溶解于液体金属的 HF 气体，降低了氢在焊接气氛中的浓度和活度，抑制氢与液体金属的焊接冶金反应，最终降低焊缝金属中的含氢量。

3.3.5　熔渣的脱硫与脱磷反应

1. 熔渣的脱硫作用

(1) 硫的危害　硫在金属中的固溶度几乎为零，焊缝金属中的硫主要以金属硫化物形式存在。硫化物通常可以与基体金属形成低熔点的共晶组织，在熔池凝固过程中增加焊缝热裂纹的敏感性。另外，金属硫化物是脆性的非金属化合物，少量硫化物的存在即能显著降低焊缝金属的韧性，增大焊缝金属冷裂纹的敏感性。

(2) 焊接区硫的来源　被焊金属和焊丝等金属制品中硫的含量通常很低，焊接化学冶金区内的硫主要来源于焊接材料中的焊剂和焊条药皮等。硫在自然界中主要存在于各种矿石中，焊剂中含有大量的矿石类物质，在焊接过程中这些矿物质形成熔渣，在熔渣与液体金属的冶金反应过程中，硫由熔渣而进入液体金属。

可见，为了控制焊缝金属中的硫含量，首先应严格限制焊接材料中的含硫量，尽量采用含硫量低的原料制造焊接材料。其次利用熔渣与液体金属的冶金反应，脱去已溶入液体金属中的硫。

(3) 脱硫反应　脱硫反应与脱氧反应的机理相似，即利用与硫亲和力大的合金元素与硫结合生成稳定的硫化物，并使硫化物与液体金属分离而进入熔渣。由于硫、氧两种元素的化学性质相似，与氧亲和力大的合金元素通常与硫的亲和力也大，因此脱氧剂也可以用于脱硫，钢铁材料焊接时最常用的脱硫剂是锰铁及稀土合金，钢中锰铁的脱硫冶金反应及平衡常数为

$$[Mn] + [FeS] = (MnS) + [Fe] \tag{3-65}$$

$$\lg K = 8220/T - 1.86 \tag{3-66}$$

上述反应平衡常数与温度成反比，这表明温度降低促进脱硫反应。

除合金元素外，熔渣中的强碱性氧化物也可以与液体金属中的［FeS］产生脱硫反应：

$$(MnO) + [FeS] = (MnS) + (FeO) \tag{3-67}$$

$$(CaO) + [FeS] = (CaS) + (FeO) \tag{3-68}$$

脱硫反应的结果是强碱性氧化物（CaO）转变成了弱碱性氧化物（FeO），因此，提高熔渣的碱度有利于脱硫反应的进行；碱性熔渣体系，焊缝金属中硫含量较低。

2. 熔渣的脱磷作用

(1) 磷的危害　磷也是金属材料的有害元素。磷会降低钢的冲击韧度，一般应将其质量分数控制在 0.12% 以下。超过此数量的磷在钢中主要以脆性非金属化合物 Fe_3P 形式存在。此外，与硫的危害相似，Fe_3P 也可以与铁、镍金属等形成低熔点共晶，增大焊缝金属的热裂纹倾向。

(2) 焊接区磷的来源　焊剂和焊条药皮中的矿石类物质（如锰矿）是焊缝金属磷的主要来源，磷通过熔渣过渡到液体金属中。为了减少焊缝金属中的磷含量，首先必须严格限制焊接材料的含磷量，其次通过焊接化学冶金反应脱去溶入液体金属中的磷。

(3) 脱磷反应　与脱氧、脱硫的产物不同，钢铁材料中的脱磷产物不是金属磷化物，而是磷酸盐，即氧化磷与金属氧化物的复合物。因此，脱磷反应分为两步：先用 FeO 将

磷氧化生成氧化磷，再用强碱性氧化物（CaO）与氧化磷生成稳定的复合化合物（磷酸盐），即

$$2[Fe_3P]+3(FeO)=(P_2O_3)+9[Fe] \tag{3-69}$$

$$(P_2O_3)+3(CaO)=((CaO)_3\cdot P_2O_3) \tag{3-70}$$

酸性渣含有较多的 FeO，有利于磷的氧化，但碱性氧化物少，不利于生成稳定的磷酸盐；碱性渣的抗氧化能力弱，不允许含有较多的 FeO，否则会使焊缝严重增氧。因此，依靠提高熔渣碱度来增加脱磷的效果有限。近年来一些稀土氧化物被用于降低熔敷金属磷的含量，取得较好的效果[27]。但最有效的措施还是从源头上严格限制焊接材料中的磷含量。

3.3.6 焊缝金属的合金化

所谓焊缝金属合金化，是指通过焊接材料将所需要的合金元素添加到焊缝金属中的过程。

1. 合金化的目的

焊缝金属合金化的主要目的有如下几个方面：

（1）补充烧损的合金元素 焊接加热温度很高，被焊金属在焊接过程中会发生合金元素的蒸发、烧损等现象，为了保证焊缝金属中这些合金元素的含量，需要通过采用含有这些合金元素的焊接材料施焊，以补充这些合金元素可能的损失。

（2）消除焊接缺陷、改善焊缝的组织与性能 由于被焊金属的性质不同，其在形成焊缝时可能会产生各种焊缝缺陷或不理想的焊缝组织。例如，某些铝合金焊接时容易产生焊接热裂纹，某些高温合金焊缝会出现粗大晶粒组织等，此时需要通过焊接材料添加合适的合金元素，以降低或消除焊接组织缺陷。

（3）获得特殊性能的堆焊层 堆焊金属的化学成分通常希望与被焊金属不同，以满足提高被焊金属表面硬度、耐磨性、耐蚀性等的需求。堆焊金属的化学成分主要通过焊接材料中的合金元素来实现。

2. 合金化的方式

从焊接材料的形式以及合金元素状态区分，焊缝金属合金化的方式包括如下几种：

（1）合金焊丝或合金带极 通过熔炼方法将合金元素加入基体金属制备成合金，然后加工成所需的焊丝、焊芯或金属带，通过惰性气体保护或氧化性小的熔渣保护焊接方式进行焊接。这种合金化方式的优点是焊缝合金元素的成分稳定、分布均匀，主要缺点有制造工艺复杂，成本高，且不适用于加工性差的合金。

（2）药芯焊丝 药芯焊丝是一种管内填充所需合金元素物质的管状焊丝。用这种药芯焊丝代替实心焊丝可以用于多种焊接方法，如埋弧焊、气体保护电弧焊及自保护焊等。这种合金化方式的主要优点是易于调配合金元素的含量，主要缺点是制造工艺复杂。

（3）焊条药皮或粘结焊剂 把所需的合金元素粉末与药皮或焊剂其他原料混合，然后做成焊条药皮或直接做成焊剂，采用焊条电弧焊或埋弧焊，合金元素熔化后进入焊接熔池。这种方式的最大优点是易于制造、成本低，缺点是合金元素利用率低，焊缝金属的成分不易控制。

（4）合金粉末 把所需的合金元素按比例配制成一定粒度的合金粉末，直接置于焊接

区域（预置或焊接时送入），在焊接热源作用下熔化而进入焊接熔池。此种方式的优点是合金调配方便，缺点是焊接操作较复杂，焊缝金属成分均匀性难以控制。

(5) 熔渣还原反应 上述几种方式都是直接采用合金元素而进行焊缝金属合金化，而熔渣还原反应则是采用合金元素的氧化物，通过氧化物的还原反应产物（金属元素）而进入液体金属，实现对焊缝金属的合金化。如前述式（3-44）和式（3-45）的反应，既是置换氧化，同时也是锰和硅的合金化过程。

3. 合金过渡系数及其影响因素

（1）合金过渡系数　如上所述，焊接过程中合金元素既可以直接通过金属形态的焊接材料（焊芯、焊丝及金属粉末等）向熔池过渡，也可以间接通过熔渣向熔池过渡，而且，过程中有部分合金元素可能因蒸发、氧化等原因而损失。为了表征和评价焊接过程中合金元素的利用率，提出了合金过渡系数的概念。

合金过渡系数定义为熔敷金属中某合金元素的质量分数与所消耗的金属态焊接材料（焊芯、焊丝、焊条药皮和焊剂中的金属粉剂等）中同一合金元素初始平均质量分数的比值，即

$$\eta = w_d / w_e \tag{3-71}$$

式中，η 为合金元素过渡系数；w_d 为熔敷金属中的合金元素的质量分数；w_e 为所消耗的金属态焊接材料（焊芯、焊丝、焊条药皮和焊剂中的金属粉剂等）中同一合金元素初始平均质量分数。

对于实芯焊丝气体保护电弧焊，合金过渡系数比较简单，就是熔敷金属中合金元素的质量分数与焊丝中该合金元素质量分数的比值；对于焊条电弧焊而言，初始合金元素不仅要考虑焊芯中的合金元素，还要考虑药皮中以金属粉末形态存在的合金元素，因此，焊接材料（焊芯和焊条药皮）中金属态部分的初始平均质量分数为

$$w_e = \frac{w_{cw} + K_b w_{co}}{1 + K_b w_m} \tag{3-72}$$

式中，w_{cw} 为焊芯中合金元素的质量分数；w_{co} 为焊条药皮中合金元素的质量分数；w_m 为焊条药皮中金属粉末的质量分数；K_b 为药皮质量系数。

因此，焊条电弧焊的合金过渡系数为

$$\eta = \frac{1 + K_b w_m}{w_{cw} + K_b w_{co}} w_d \tag{3-73}$$

若考虑 $K_b w_m \ll 1$，即忽略焊条药皮中金属粉剂的质量对熔敷金属成分的影响，则

$$\eta \approx \frac{w_d}{w_{cw} + K_b w_{co}} \tag{3-74}$$

对于埋弧焊而言，合金元素的初始平均质量分数的计算更复杂一些，需要考虑焊丝中的合金元素和实际消耗（参与反应）的焊剂中以金属粉末形态存在的合金元素。

（2）合金过渡系数的影响因素　提高合金元素的过渡系数，实质上是减少合金元素在焊接过程中的损失。根据前面章节内容已经知道，合金元素在焊接过程中的损失主要是氧化、蒸发和在熔渣中残留。相应地，影响合金过渡系数的因素可以归纳为如下几个方面：

1）合金元素的物理化学性质。由于通常情况下焊接气氛及熔渣都具有一定的氧化性，

合金元素的化学活性越高，氧化损失越大，则过渡系数越小；合金元素的沸点越低、饱和蒸气压越大，则蒸发数量越多，真空焊接时更为明显。

2）焊接方法。**焊接方法决定了焊接化学冶金区的反应物组成和反应条件**，对合金元素的损失自然不同，表3-12是实验测得的不同焊接方法的合金元素过渡系数，可以看出，在常见焊接方法中钨极氩弧焊的合金过渡系数比较大。

表3-12　不同焊接方法的合金元素过渡系数[28]

焊接方法	焊丝或焊芯	焊剂或药皮	过渡系数 η									
			C	Si	Mn	Cr	W	V	Nb	Mo	Ni	Ti
无保护焊	H70W10Cr3Mn2V	—	0.54	0.75	0.67	0.99	0.94	0.85	—	—	—	—
氩弧焊		—	0.80	0.79	0.88	0.99	0.99	0.98	—	—	—	—
埋弧焊		HJ251	0.53	2.03	0.59	0.83	0.83	0.78	—	—	—	—
		HJ431	0.33	2.25	1.13	0.70	0.89	0.77	—	—	—	—
CO_2 焊		—	0.29	0.72	0.60	0.94	0.96	0.68	—	—	—	—
	H18CrMnSi	—	0.60	0.71	0.69	0.92	—	—	—	—	—	—
焊条电弧焊		赤铁矿	0.22	0.02	0.05	0.25	—	—	—	—	—	—
		大理石	0.28	0.10	0.14	0.43	—	—	—	—	—	—
		石英矿	0.20	0.75	0.18	0.80	—	—	—	—	—	—
		氟石	0.67	0.88	0.38	0.89	—	—	—	—	—	—
	H08A	钛钙型	—	0.71	0.38	0.77	—	0.52	0.80	0.60	0.96	0.13
		氧化铁型	—	0.14～0.27	0.08～0.12	0.64	—	—	—	0.71	—	—
		低氢型	—	0.14～0.27	0.45～0.55	0.72～0.82	—	0.59～0.64	—	0.83～0.86	—	—

3）其他因素。随着药皮或焊剂中合金元素含量的增加，其过渡系数逐渐增加，最后趋于相对稳定的水平。随合金剂的颗粒尺寸增大，合金的过渡系数提高，这是因为大颗粒具有相对较小的比表面积，从而减小了氧化损失。

另外，由于熔渣对液体金属的氧化有电化学氧化方式（参见3.3.3），因此焊接参数对合金过渡系数也有一定的影响。直流反极性（DCEP）对液体金属的氧化较为严重，故直流反接焊接时的合金过渡系数较小。

3.4　典型焊接方法的化学冶金

3.4.1　焊接材料

如第1章中所述，焊接化学冶金系统是由焊接区母材、焊丝（或焊条）、熔池、熔滴、熔渣和气体等构成的高温固态、液态和气态系统，焊接材料是焊接冶金过程的主要参与物质。为了便于典型焊接方法的化学冶金讨论，本节首先对熔化焊涉及的焊接材料（焊条、焊丝和焊剂）进行简要的介绍。

1. 焊条

（1）焊条的组成　焊条是一种专门用于焊条电弧焊（旧称“手工电弧焊”）的焊接材料，由一定长度的金属丝外表涂上特殊涂层制成，其中的金属丝通常称为焊芯，外部的特殊涂层称为焊条药皮，简称药皮。

1）焊芯。在焊条中焊芯的作用主要有两方面，其一是作为电弧的一极，起导电作用；其二是焊接过程中本身熔化作为填充金属。

由于焊芯是焊缝金属的主要来源之一，焊芯的成分对焊接过程的稳定性和焊缝性能有直接影响，因此，对各种焊芯材料的化学成分制定了统一的国家标准，表 3-13 给出了国标 GB/T 14957—1994 中规定的低碳钢焊芯的化学成分。一般来说，焊接时应选择与被焊母材成分接近的焊芯，如焊接碳钢和低合金钢时，通常应选用低碳钢焊芯焊条进行焊接。

表 3-13　低碳钢焊芯化学成分（GB/T 14957—1994）

牌　号	化学成分（质量分数）（%）							
	C	Mn	Si	Ni	Cr	Cu	S	P
H08A	≤0.10	0.30～0.55	≤0.03	≤0.03	≤0.20	≤0.20	≤0.030	≤0.030
H08E	≤0.10	0.30～0.55	≤0.03	≤0.30	≤0.20	≤0.20	≤0.020	≤0.020
H08C	≤0.10	0.30～0.55	≤0.03	≤0.10	≤0.10	≤0.20	≤0.015	≤0.015
H08MnA	≤0.10	0.80～1.10	≤0.07	≤0.30	≤0.20	≤0.20	≤0.030	≤0.030
H15A	0.11～0.18	0.35～0.65	≤0.03	≤0.30	≤0.20	≤0.20	≤0.030	≤0.030
H15Mn	0.11～0.18	0.80～1.10	≤0.03	≤0.30	≤0.20	≤0.20	≤0.035	≤0.035

注：表中焊芯牌号的第一个字母 H 表示焊芯，H 之后的数字表示碳的质量分数；最后一个字母表示钢的级别：A 表示优质，E 表示特优，C 表示超优。

低碳钢焊芯的合金元素主要有碳、锰、硅、镍、铬、铜、硫和磷等，为了保证焊缝性能，需要对焊芯的合金元素含量进行严格控制。①碳是钢的主要强化元素，但碳的增加将使焊缝金属的韧性降低，气孔和裂纹倾向增大，同时还可能使飞溅增多。通常，在保证焊缝强度的前提下，低碳钢焊芯碳的质量分数应控制在 0.10% 以下。②锰总的来说是焊芯中的有益元素，既有固溶强化作用，又能在焊缝形成过程中起脱氧、脱硫作用，降低焊缝结晶裂纹的倾向，但锰含量过高或过低都会降低焊缝的韧性。低碳钢焊芯中锰的质量分数一般控制在 0.30%～0.55% 为宜。③硅具有脱氧作用，但硅容易使焊缝形成 SiO_2 夹杂，降低焊缝的韧性，因此焊芯中硅的量需要严格控制。④硫和磷在焊缝中属于有害元素，促进结晶裂纹的形成（详见第 7 章），低碳钢焊芯中硫和磷的质量分数一般应控制在 0.035% 以下，焊缝质量要求高时应控制在 0.015% 以下。

2）焊条药皮。焊条药皮的主要功能是在焊接过程中造渣、造气、稳弧和合金化等。熔渣既可以和形成的气体一起隔离空气，对焊接区金属进行保护，也可以在焊缝形成过程中通过各种化学反应起脱氧、去氢、脱硫/磷等冶金作用；药皮中的“稳弧剂”可以使电弧更易引燃，提高电弧的稳定性和焊接过程的稳定性，减少焊接飞溅；另外，通过在药皮中添加合金剂，还可以向熔池和焊缝过渡对焊接过程或焊缝性能有益的合金元素。

焊条药皮的组成材料主要是氧化物、碳酸盐、硅酸盐、氟化物、金属及合金、有机物等粉末态物质，这些物质在药皮中按其功能分别充当“造渣剂”“造气剂”“稳弧剂”“脱氧剂”“合金剂”“粘结剂”和“成形剂”等。

① 造渣剂。**造渣剂是焊接时形成熔渣的基本物质**，常用作造渣剂的物质主要有钛铁矿、赤铁矿、金红石、大理石、菱苦土、白云石、石英砂、长石、云母、氟石等。

② 造气剂。**造气剂是指焊接时能够燃烧或分解产生气体的一类物质**，常见的可以用作造气剂的物质主要有有机物和碳酸盐，如木粉、淀粉、糊精、大理石、菱苦土和白云石等。

③ 稳弧剂。**该类物质通常含有电离电位较低的元素，焊接时能够改善电弧的引弧性能和稳定性**。常用的稳弧剂物质有碳酸钾、大理石、水玻璃、长石、金红石等。

④ 脱氧剂。**脱氧剂是能够通过冶金反应降低药皮或熔渣氧化性及焊缝氧含量的一类物质**。对于钢铁材料的焊接，与氧的亲和力比铁大的金属元素及其合金都可以作为脱氧剂，如铝粉、钛铁、锰铁、硅铁等。

⑤ 合金剂。**其作用是补偿焊接过程中有益合金元素的烧损并使焊缝获得所需要的合金成分**。常用的合金剂主要是铁合金粉和纯金属粉，如锰铁粉、硅铁粉、钼铁粉、镍粉、铝粉等。

⑥ 粘结剂。**该类物质的主要作用是使药皮具有一定的粘结强度并能够涂覆在焊芯上**。常用的粘结剂物质是钠水玻璃、钾水玻璃等。

⑦ 成形剂。**其作用主要是使药皮材料具有良好的塑性及流动性，以便于焊条的压制且压制后表面光滑而不开裂**。常见的成形剂物质主要有白泥、云母、钛白粉、糊精和滑石等。

表3-14中列出了常用的焊条药皮材料及其作用，从表中可以发现一种物质的作用并不一定是单一的，同一种物质可能有多种作用。

表 3-14　常用焊条药皮材料及其作用[28]

材料	主要成分	稳弧	造气	造渣	脱氧	合金化	粘结	成形	氧化	增氢	增硫	增磷
金红石	TiO_2	次		主								
钛白粉	TiO_2	次		主				主				
钛铁矿	TiO_2、FeO	次		主					副			
赤铁矿	Fe_2O_3			主					副		副	副
锰矿	MnO_2			主					副			副
大理石	$CaCO_3$	次	主	主					副			
白云石	$CaCO_3+MgCO_3$	次	主	主					副			
菱苦土	$MgCO_3$	次	主	主					副			
石英砂	SiO_2			主								
白泥	SiO_2、Al_2O_3、H_2O			主				主		副		
滑石	SiO_2、Al_2O_3、MgO			主				次				
长石	SiO_2、Al_2O_3、K_2O+Na_2O	次		主								
云母	SiO_2、Al_2O_3、H_2O、K_2O	次		主				主		副		
氟石	CaF_2			主								
碳酸钠	Na_2CO_3	次		次				主				
碳酸钾	K_2CO_3	主		次								
锰铁	Mn、Fe			次	主	主						副
硅铁	Si、Fe			次	主	主						

（续）

材料	主要成分	稳弧	造气	造渣	脱氧	合金化	粘结	成形	氧化	增氢	增硫	增磷
钛铁	Ti、Fe			次	主	次						
钼铁	Mo、Fe			次	次	主						
铝粉	Al			次	主							
木粉	$C_{39.7}H_{70.8}O_{28.8}$	次	主		次			次		副		
淀粉	$(C_6H_{10}O_5)_n$	次	主		次			次		副		
糊精	$(C_6H_{10}O_5)_nH_2O$	次	主		次			次		副		
钠水玻璃	$Na_2O \cdot nH_2O$	主		次			主					
钾水玻璃	$K_2O \cdot nH_2O$	主		次			主					

注：主——主要作用；次——次要作用；副——副作用。

按照主要组成物质及其含量，焊接药皮可分为氧化钛型（钛型）、氧化钛钙型（钛钙型）、钛铁矿型、氧化铁型、纤维素型、低氢型、石墨型和盐基型八种类型。其中，石墨型药皮主要用于铸铁焊条，药皮中含有适量的石墨，以保证焊缝金属的石墨化；盐基型药皮由氟化钠、氟化钾、氯化钠、氯化锂等氟化物和氯化物组成，主要用于焊接铝及铝合金。表3-15中给出了另外六种结构钢焊条的药皮类型及其物质组成。

表3-15 结构钢焊条药皮类型及其物质组成（质量分数）[28]（%）

组成物	钛型	钛钙型	钛铁矿型	氧化铁型	纤维素型	低氢型
碳酸盐	4～12	15～22	0～18	0～3	3～5	25～55
硅酸盐	20～35	25～40	30～45	35～45	10～15	7～23
二氧化钛	45～60	35～45	0～12	0～12	5～8	0～5
钛铁矿	—	0～25	25～40	—	20～30	—
赤铁矿	—	—	—	29～35	—	—
铁合金	10～12	10～15	13～20	24～30	14～20	≥15
有机物	0～9	0～3	0～5	0～5	25～35	—
氟化物	—	—	—	—	—	15～30

（2）焊条的分类

1）按焊条的用途分类。按焊条的实际用途对焊条进行分类，可将焊条分为结构钢焊条、不锈钢焊条、钼和铬钼耐热钢焊条、低温钢焊条、铸铁焊条、堆焊焊条、镍及镍合金焊条、铜及铜合金焊条、铝及铝合金焊条和特殊用途焊条十大类，分别对应着各种金属材料及应用场合的焊接应用。

① 结构钢焊条。焊芯为低碳钢或低合金钢，熔敷金属的抗拉强度在420MPa以上，主要用于焊接碳钢和低合金高强钢。

② 不锈钢焊条。焊芯成分中含有一定量的铬和镍，主要用于焊接不锈钢和耐热钢，可分为铬不锈钢焊条和铬镍不锈钢焊条两种。

③ 钼和铬钼耐热钢焊条。焊芯中含有一定量的铬和钼，主要用于焊接耐热钢（珠光体耐热钢和马氏体耐热钢）。

④ 低温钢焊条。焊芯中含有提高钢的低温性能的合金元素，主要用于焊接低温钢和低温下工作的结构（部件）。

⑤ 铸铁焊条。焊芯采用铸铁、碳钢、镍铁合金、镍铜合金或铜铁合金，药皮采用石

墨，主要用于铸铁构件的焊接或补焊。

⑥ 堆焊焊条。主要用于堆焊，以获得具有耐磨、耐蚀等特殊性能的堆焊层。

⑦ 镍及镍合金焊条。焊芯为纯镍或镍合金，主要用于焊接镍及镍合金。

⑧ 铜及铜合金焊条。焊芯为纯铜、青铜或白铜，主要用于焊接铜及铜合金。

⑨ 铝及铝合金焊条。焊芯为纯铝、铝硅合金或铝锰合金，主要用于焊接铝及铝合金。

⑩ 特殊用途焊条。焊芯为特殊成分和性能的合金，用于特殊材料和场合的焊接，如水下焊接、水下切割等。

2）按熔渣的碱度分类。根据熔渣的碱度，可以将焊条分为**酸性焊条**和**碱性焊条**两大类。焊条药皮形成的熔渣酸碱度对焊条的工艺性能和焊缝金属性能有重要影响。

酸性焊条是指药皮中含有较多的酸性氧化物，熔渣呈酸性的焊条。由于药皮中含有较多的 FeO、TiO_2、SiO_2 等氧化物，因而熔渣具有较强的氧化性。**该类焊条工艺性能好，直流和交流电源均可适用，焊缝成形美观，脱渣性好**。

碱性焊条是指药皮中含有较多碱性氧化物，熔渣呈碱性的焊条。碱性焊条药皮中含有较多的大理石和氟石等成分，焊接过程中有 CO_2 和 HF 生成，可以有效降低焊缝金属的含氢量，因此碱性焊条又称低氢型焊条。**碱性焊条焊缝具有较高的塑性和韧性，但焊接工艺性能较酸性焊条差**，主要用于一些动载结构或刚性较大的重要结构的焊接。

3）按焊条药皮类型分类。与前述八种药皮类型相对应，焊条也可分为氧化钛型（钛型）焊条、氧化钛钙型（钛钙型）焊条、钛铁矿型焊条、氧化铁型焊条、纤维素型焊条、低氢型焊条、石墨型焊条和盐基型焊条八种类型。在焊条型号/牌号相关国家/部门标准中，对焊条的药皮类型及其适应的电源类型规定了相应的代号。

4）按药皮质量系数分类。**焊条的药皮质量系数（K_b）为药皮与焊芯的质量比值**。根据焊条药皮的质量系数，可以将焊条分为**厚药皮焊条**（K_b = 30% ~ 50%）和**薄药皮焊条**（K_b = 10% ~ 20%）两类，但目前实际中应用的主要是厚药皮焊条。

（3）焊条的型号　焊条型号是用以表征焊条主要特性（类型、特点和性能）的代号，通常由若干个字母和数字组成。**焊条型号中所表达的焊条特性主要有焊条的类型、熔敷金属抗拉强度、药皮类型、适用的焊接电流种类和焊接位置等**。我国现行的各类焊条型号类别代号及国家标准见表 3-16。图 3-36 所示为焊条型号的含义，表 3-17 中列出了 E43 系列非合金钢及细晶粒钢焊条的型号及其主要特性。例如，型号 E4315 表示非合金钢及细晶粒钢焊条，熔敷金属抗拉强度大于或等于 43kgf/mm^2（420MPa），适用于全位置焊接，药皮类型为低氢钠型，应采用直流反接。

表 3-16　焊条型号类别代号及国家标准[29]

序号	焊条类别	型号类别代号	国家标准	国际标准
1	非合金钢及细晶粒钢焊条	E	GB/T 5117—2012	ISO 2560：2009
2	热强钢焊条	E	GB/T 5118—2012	ISO 3580：2010
3	不锈钢焊条	E	GB/T 983—2012	ISO 3581：2003
4	堆焊焊条	ED	GB/T 984—2001	ANSI AWS A5. 13
5	铸铁焊条	EZ	GB/T 10044—2006	ANSI AWS A5. 15
6	铜及铜合金焊条	ECu	GB/T 3670—1995	ANSI AWS A5. 6
7	铝及铝合金焊条	EAl	GB/T 3669—2001	ANSI AWS A5. 3
8	镍及镍合金焊条	ENi	GB/T 13814—2008	ANSI AWS A5. 11（ISO 14172：2003）

除国家标准规定的型号外，焊条生产厂商或行业还对焊条产品命名了焊条牌号，有关规则可参考相关行业标准。

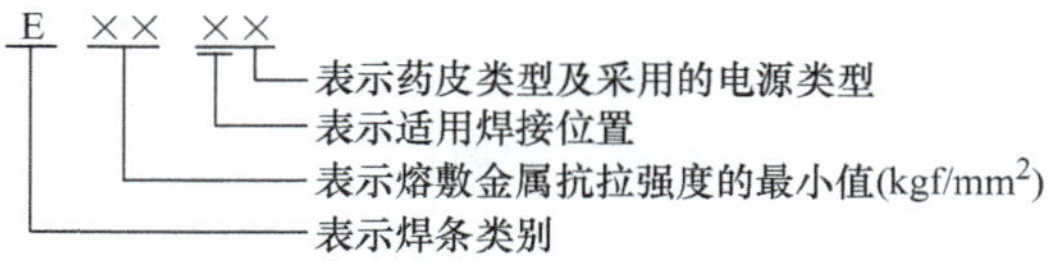

图 3-36　焊条型号的含义

表 3-17　E43 系列非合金钢及细晶粒钢焊条的型号及其主要特性（GB/T 5117—2012）

焊条型号	药皮类型	焊接位置	焊接电流种类	熔敷金属力学性能		
				R_m/MPa	R_{eL}/MPa	A（%）
E4340	特殊型	平、立、仰、横	交流或直流正、反接	≥430	≥330	≥20
E4319	钛铁矿型					
E4303	钛钙型					
E4310	高纤维钠型		直流反接			
E4311	高纤维钾型		交流或直流反接			
E4312	高钛钠型		交流或直流正接			≥16
E4313	高钛钾型		交流或直流正、反接			
E4315	低氢钠型		直流反接			≥20
E4316	低氢钾型		交流或直流反接			
E4320	氧化铁型	平角焊	交流或直流正接			
		平焊	交流或直流正、反接			
E4324	铁粉钛型	平焊、平角焊				≥16
E4327	铁粉氧化铁型		交流或直流正接			≥22
E4328	铁粉低氢型		交流或直流反接			

2. 焊丝

焊丝是用作焊接填充材料的金属丝，是埋弧焊、气体保护电弧焊（包括熔化极和非熔化极）、电渣焊等焊接方法中广泛应用的焊接材料。在埋弧焊、熔化极气体保护电弧焊、电渣焊等焊接方法中，焊丝还有导电的作用。随着焊接质量要求和自动化水平的提高，焊丝已成为应用最广泛的熔化焊材料，而且用量还在不断地增加。截至 2012 年，欧美发达国家各种焊丝的消耗量占熔化焊材料的比例已超过 80%，我国也已经突破 50%[30,31]。

（1）焊丝的分类　焊丝种类繁多，可以分别按焊丝适用的被焊材料（母材）及焊丝的形状/结构来进行分类。

1）按适用的被焊材料分类　可分为碳钢焊丝、合金钢焊丝、不锈钢焊丝、铸铁焊丝、硬质合金焊丝、铝及铝合金焊丝、铜及铜合金焊丝和镍及镍合金焊丝等。

2）按焊丝的形状/结构分类　可分为实心焊丝和药芯焊丝等，其中，实心焊丝又可分为气体保护电弧焊焊丝和埋弧焊焊丝等。

(2) 实心焊丝　**实心焊丝由热轧线材经拉拔加工而成，为防止生锈，一般焊丝表面还需进行镀铜处理**。实心焊丝广泛应用于熔化极气体保护电弧焊、埋弧焊、钨极氩弧焊和电渣焊等焊接方法中，是用量最大的一类熔化焊材料。

1）实心焊丝的型号和牌号。实心焊丝的型号和牌号均由字母和数字组成，但命名规则和所表达的信息不尽相同。实心焊丝型号主要表征了焊丝的类别和特性（熔敷金属的性能、化学成分等），实心焊丝的牌号主要按焊丝的类别和化学成分编制。图 3-37 和图 3-38 以碳钢和合金钢实心焊丝为例，分别示例说明了实心焊丝型号和牌号的含义（命名规则）；表 3-18 是常用实心焊丝型号和牌号的类别代号；表 3-19 列出了国家标准 GB/T 14957—1994 中结构钢实心焊丝的牌号和化学成分。

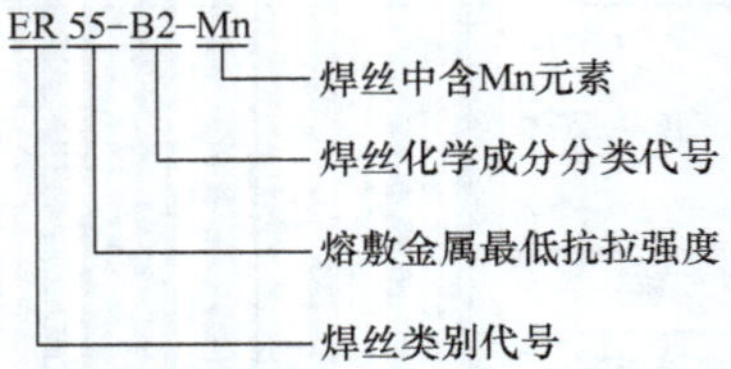

图 3-37　实心焊丝型号实例

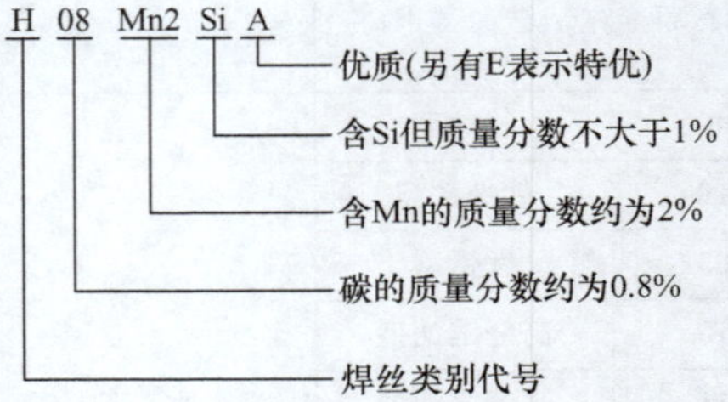

图 3-38　实心焊丝牌号实例

表 3-18　常用实心焊丝型号和牌号的类别代号

焊丝名称	碳钢焊丝	合金钢焊丝	铸铁焊丝	铝及铝合金焊丝	镍及镍合金焊丝
型号类别代号	ER	ER	RZ	SAl	ERNi
牌号类别代号	H	H	HS	HS	HS

表 3-19　结构钢实心焊丝的牌号和化学成分（GB/T 14957—1994）

钢种	牌号	化学成分（质量分数）（%）										
		C	Mn	Si	Ni	Cr	Mo	V	Cu≤	Ti	S≤	P≤
碳素结构钢	H08A	≤0.10	0.30～0.55	≤0.03	≤0.30	≤0.20	—	—	0.20	—	0.030	0.030
	H08E	≤0.10	0.30～0.55	≤0.03	≤0.30	≤0.20	—	—	0.20	—	0.020	0.020
	H08C	≤0.10	0.30～0.55	≤0.03	≤0.30	≤0.20	—	—	0.20	—	0.015	0.015
	H08MnA	≤0.10	0.80～1.10	≤0.07	≤0.30	≤0.20	—	—	0.20	—	0.030	0.030
	H15A	0.11～0.18	0.35～0.65	≤0.03	≤0.30	≤0.20	—	—	0.20	—	0.030	0.030
	H15Mn	0.11～0.18	0.80～1.10	≤0.03	≤0.30	≤0.20	—	—	0.20	—	0.035	0.035

（续）

钢种	牌号	化学成分（质量分数）（%）										
		C	Mn	Si	Ni	Cr	Mo	V	Cu≤	Ti	S≤	P≤
合金结构钢	H10Mn2	≤0.12	1.50~1.90	≤0.07	≤0.30	≤0.20	—	—	0.20	—	0.035	0.035
	H08Mn2Si	≤0.11	1.70~2.10	0.65~0.95	≤0.30	≤0.20	—	—	0.20	—	0.035	0.035
	H08Mn2SiA	≤0.11	1.80~2.10	0.65~0.95	≤0.30	≤0.20	—	—	0.20	—	0.030	0.030
	H10MnSi	≤0.14	0.80~1.10	0.60~0.90	≤0.30	≤0.20	—	—	0.20	—	0.035	0.035
	H10MnSiMo	≤0.14	0.90~1.20	0.70~1.10	≤0.30	≤0.20	0.15~0.25	—	0.20	—	0.035	0.035
	H10MnSiMoTiA	0.08~0.12	1.00~1.30	0.40~0.70	≤0.30	≤0.20	0.20~0.40	—	0.20	0.05~0.15	0.025	0.030
	H08MnMoA	≤0.10	1.20~1.60	≤0.25	≤0.30	≤0.20	0.30~0.50	—	0.20	0.15	0.030	0.030
	H08Mn2MoA	0.06~0.11	1.60~1.90	≤0.25	≤0.30	≤0.20	0.50~0.70	—	0.20	0.15	0.030	0.030
	H10Mn2MoA	0.08~0.13	1.70~2.00	≤0.40	≤0.30	≤0.20	0.60~0.80	—	0.20	0.15	0.030	0.030
	H08Mn2MoVA	0.06~0.11	1.60~1.90	≤0.25	≤0.30	≤0.20	0.50~0.70	0.06~0.12	0.20	0.15	0.030	0.030
	H10Mn2MoVA	0.08~0.13	1.70~2.00	≤0.40	≤0.30	≤0.20	0.60~0.80	0.06~0.12	0.20	0.15	0.030	0.030
	H08CrMoA	≤0.10	0.40~0.70	0.15~0.35	≤0.30	0.80~1.10	0.40~0.60	—	0.20	—	0.030	0.030
	H13CrMoA	0.11~0.16	0.40~0.70	0.15~0.35	≤0.30	0.80~1.10	0.40~0.60	—	0.20	—	0.030	0.030
	H18CrMoA	0.15~0.22	0.40~0.70	0.15~0.35	≤0.30	0.80~1.10	0.15~0.25	—	0.20	—	0.025	0.030
	H08CrMoVA	≤0.10	0.40~0.70	0.15~0.35	≤0.30	1.00~1.30	0.50~0.70	0.15~0.35	0.20	—	0.030	0.030
	H08CrNi2MoA	0.05~0.10	0.50~0.85	0.10~0.30	1.40~1.80	0.70~1.00	0.20~0.40	—	0.20	—	0.025	0.030
	H30CrMnSiA	0.25~0.35	0.80~1.10	0.90~1.20	≤0.30	0.80~1.10	—	—	0.20	—	0.025	0.025
	H10MoCrA	≤0.12	0.40~0.70	0.15~0.35	≤0.30	0.45~0.65	0.40~0.60	—	0.20	—	0.030	0.030

2）实心焊丝的选用。焊丝的选择是获得高性能焊缝的重要条件。一般来说，选择焊丝时需要将被焊母材的化学成分、焊接方法的化学冶金特点和焊缝的力学性能要求等因素进行综合考虑。如上所述，采用实心焊丝的焊接方法主要有钨极氩弧焊（TIG）、熔化极

惰性气体保护电弧焊（MIG）、熔化极混合气体保护电弧焊（MAG）、CO_2气体保护电弧焊、埋弧焊等。

① 钨极氩弧焊（TIG）。钨极氩弧焊或钨极惰性气体保护电弧焊（TIG）焊接时焊丝仅仅作为填充金属使用，并不充当电弧的电极，而且，正常情况下焊接过程中不存在复杂的冶金反应和合金元素的损耗，因此，一般选用与母材成分基本相同的焊丝进行焊接即可，需要时采用母材切条作为焊丝也不失为一种有效的方法。

② 熔化极惰性气体保护电弧焊（MIG）和熔化极混合气体保护电弧焊（MAG）。MIG焊接过程中也不存在复杂的冶金反应，因此，焊接时一般也可以选用与母材成分基本相同的焊丝。但MIG过程中焊丝除作为填充金属外，还是电弧的一极，为了改善焊接过程的稳定性和焊缝成形，发展了MAG焊接方法而且应用越来越普遍，选择焊丝时需要适当考虑焊接过程的冶金反应特点。以低合金钢焊接为例，焊接时常采用Ar+5% CO_2混合气体取代纯氩作为保护气体（即MAG焊接），焊接气氛具有一定的氧化性，焊接过程中将有部分合金元素烧损，因此焊接时应考虑选用Si和Mn含量比母材略高的焊丝。

③ CO_2气体保护电弧焊。高温下CO_2气体具有强烈的氧化性，焊接时CO_2的氧化作用不仅容易使大量合金元素烧损（氧化），而且导致严重的气孔和飞溅（详见3.4.4小节）。为了解决CO_2的氧化性所造成的问题，CO_2气体保护电弧焊常采用C-Mn-Si系焊丝，这些焊丝中都含有Si、Mn、Ti、Al等脱氧剂，如H08MnSiA、H08Mn2SiA、H04Mn2SiTiA、H10MnSiMo等。其中，H08Mn2SiA具有良好的工艺性能，是CO_2气体保护电弧焊最常用的焊丝，适用于焊接低碳钢和500MPa级以下的低合金钢；H10MnSiMo适合于焊接强度级别较高的钢种。

通过在焊丝中添加钾（K）和铯（Cs）等易电离的活性物质，研制了“活性焊丝”。与普通实心焊丝比较，活性焊丝飞溅少，焊接速度高，焊缝冲击韧度及抗气孔能力得到改善。

④ 埋弧焊。埋弧焊焊丝的选用需考虑与焊剂的搭配问题。对于低碳钢和低合金钢，常用的焊丝有低锰焊丝、中锰焊丝和高锰焊丝三类：低锰焊丝如H08A、H15A等，通常与高锰高硅焊剂配合用于焊接低碳钢和强度级别较低的低合金钢；中锰焊丝如H08MnA、H10MnSi等，配合低锰焊剂用于焊接低碳钢，配合中锰或高锰焊剂用于焊接低合金钢；高锰焊丝如H08Mn2Si、H10Mn2等，配合低锰或中锰焊剂用于焊接低合金钢。对于强度级别较高的低合金高强钢：590MPa级的高强度钢可选用Mn-Mo系焊丝，如H08MnMoA、H08Mn2MoA和H10MnMoA等；690～780MPa级的高强度钢可选用Mn-Cr-Mo系、Mn-Ni-Mo系或Mn-V-Cr-Mo系焊丝，如H13CrMoA、H08CrMoVA等；当焊缝对焊缝韧性要求较高时，多选用Mn-Ni-Cr-Mo系焊丝，如H08CrNi2MoA等[32]。

（3）药芯焊丝　顾名思义，药芯焊丝是芯部装有药粉的焊丝，一般由薄钢带卷管（圆形或异形）并同步填粉经拉拔而成。由于药芯焊丝克服了焊条无法实现自动化的局限性，焊接飞溅小，焊缝成形美观，熔敷效率高且可以进行全位置焊接，因此，药芯焊丝焊接被认为是一种更新换代型的焊接技术，自产生以来得到了飞速发展。

1）药芯焊丝的分类。药芯焊丝可以从焊丝外层结构、药芯材料、渣系的碱度及焊接时的保护条件等不同的角度进行分类。

①按焊丝外层结构分类。药芯焊丝可分为有缝焊丝和无缝焊丝，前者由冷轧钢带拉拔

而成，后者由无缝钢管拉拔而成。无缝药芯焊丝表面可以采用镀铜防蚀处理，利于存放且焊接工艺性能好，已成为未来的发展趋势。

② 按药芯材质分类。药芯焊丝可分为**造渣型药芯焊丝**和**金属型药芯焊丝**，前者药芯为造渣剂粉末，后者药芯为金属粉末。造渣型药芯焊丝的药芯功能类似焊条药皮和埋弧焊焊剂，具有保护、稳弧和改善成形等作用；金属型药芯焊丝的焊接工艺特性类似于实心焊丝，其抗裂性和熔敷效率优于造渣型药芯焊丝。

③ 按渣系的碱度分类。药芯焊丝可分为**钛型渣系（酸性）焊丝、钛钙型渣系（中性或弱碱性）焊丝和钙型渣系（碱性）焊丝**。钛型渣系焊丝焊接工艺性能好，焊缝成形美观，但焊缝韧性及抗裂性能稍差；钙型渣系焊丝焊缝韧性及抗裂性好，但焊接工艺性能及焊缝成形稍差；钛钙型渣系焊丝介于两者之间。

④按焊接保护条件分类　药芯焊丝可分为**气体保护焊丝**和**自保护焊丝**。气体保护药芯焊丝需要保护气体配合焊接，一般保护气体为 CO_2 气体（普通结构）或 $Ar+CO_2$ 混合气体（重要结构），该类药芯焊丝焊接工艺性能好、焊缝成形好且对钢材适应性强；自保护药芯焊丝焊接时自身有造渣、造气功能，不需要保护气体和焊剂即可实现焊接。自保护药芯焊丝的熔敷效率比焊条高，但焊缝的塑性和韧性较气体保护药芯焊丝差，目前主要用于低碳钢普通结构的焊接。

2）药芯焊丝的型号和牌号。药芯焊丝的型号形如“EF × × - × × × ×”，由焊丝类别代号和焊缝金属的力学性能指标两部分组成，如图 3-39 所示。前一部分为焊丝类别代号，其中“EF”表示药芯焊丝，EF 后的第一位数字表示适用的焊接位置（“0”表示平焊和横焊，“1”表示全位置焊接），第二位数字或字母表示焊丝类别（见表 3-20）；后一部分是焊缝金属的力学性能代号，由四位数字组成，其中前两位数字表示焊缝金属的最低抗拉强度，后两位数字分别表示焊缝金属夏比（V 形缺口）冲击吸收能量不小于 27J 和不小于 47J 时所对应的温度，见表 3-21。

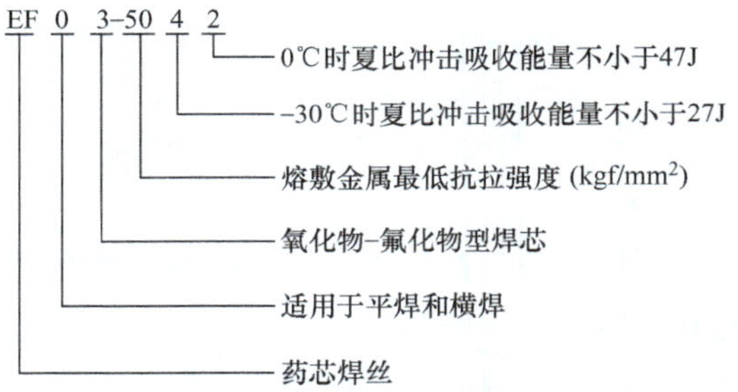

图 3-39　药芯焊丝型号实例

表 3-20　药芯焊丝的类别代号

类别代号	药芯类型	保护气体	电源种类	适用性
EF × 1	氧化钛型	二氧化碳	直流反接	单道焊、多道焊
EF × 2	氧化钛型	二氧化碳	直流反接	单道焊
EF × 3	氧化钙-氟化物型	二氧化碳	直流反接	单道焊、多道焊
EF × 4	—	自保护	直流反接	单道焊、多道焊
EF × 5	—	自保护	直流反接	单道焊、多道焊
EF × G	—	—	—	单道焊、多道焊
EF × GS	—	—	—	单道焊

表 3-21　药芯焊丝焊缝金属夏比冲击吸收能量不小于 27J 和不小于 47J 时所对应的温度和代号

第一位数字	温度/℃	冲击吸收能量/J	第二位数字	温度/℃	冲击吸收能量/J
0	没有规定		0	没有规定	
1	+20	≥27	1	+20	≥47
2	0		2	0	
3	-20		3	-20	
4	-30		4	-30	
5	-40		5	-40	

药芯焊丝牌号形如“Y××××-×”，按焊丝的类别（适用材料）、熔敷金属化学成分或抗拉强度、药芯类型及保护方式等编制，图 3-40 所示为结构钢药芯焊丝牌号实例。牌号中第一个字母表示药芯焊丝，第二个字母是焊丝的类别代号；第二个字母之后的前两位数字表示大类别中的小类（结构钢药芯焊丝以焊缝金属强度级别分类）；第三位数字表示药芯类型和适用的电流种类；符号“-”之后的数字表示焊接时的保护方式：“1”为气保护，“2”为自保护，“3”为气保护和自保护两用，“4”为其他保护形式。另外，焊丝有特殊性能或用途时，在牌号后加注起主要作用的元素和主要用途的字母，但一般不超过两个字母。

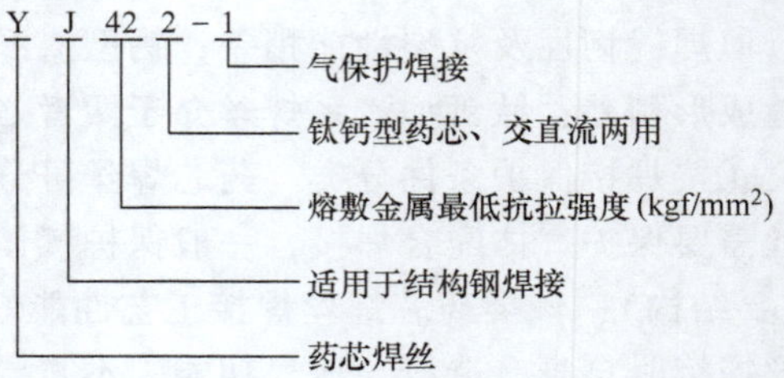

图 3-40　结构钢药芯焊丝牌号实例

3. 焊剂

焊剂是一种颗粒状物质，其成分与焊条药皮相似，主要**由各种氧化物和氟化物组成，功能和作用也与焊条药皮相似，也是在焊接过程中通过造气、造渣对焊接区金属起保护和冶金处理作用，**因此，焊剂对相关焊接方法（如埋弧焊、电渣焊等）焊缝金属的化学成分和力学性能有重要影响。

（1）焊剂的分类　焊剂的种类非常多，可以从不同角度对焊剂进行分类，比较常见的分类依据有适用对象（焊接方法和材料）、制造方法、化学性质、熔渣的碱度、化学成分等。

1）按焊剂适用的焊接方法或材料分类。按适用焊接方法可以将焊剂分为埋弧焊焊剂、电渣焊焊剂和堆焊焊剂；按适用材料可以将焊剂分为钢用焊剂和有色金属焊剂，其中钢用焊剂又可进一步分为碳素钢焊剂、低合金钢焊剂和不锈钢焊剂。

2）按焊剂制造方法分类。按制造方法可以将焊剂分为**熔炼焊剂**和**烧结焊剂**，其中烧结焊剂又分为低温（300~500℃）烧结焊剂和高温（700~1000℃）烧结焊剂。

熔炼焊剂在制备过程中需要熔化，焊剂中无法加入碳酸盐、脱氧剂和合金剂，焊剂的成分设计和调控存在局限性。烧结焊剂制备过程中无须熔化，生产成本低，更重要的是其成分可以根据需要灵活地进行设计和调控，可以在较大范围内调节酸碱度，也可以加入脱氧剂和合金剂，因此，焊剂可以保持良好的工艺性能，能够获得良好的焊缝金属性能（强度和韧性）。烧结焊剂的缺点是因孔隙率高而吸潮性强，焊缝容易增氢，存放条件严格。

3）按焊剂化学性质分类。按焊剂的氧化性可以将焊剂分为**氧化性焊剂**、**弱氧化性焊剂**和**非氧化性焊剂**。

氧化性焊剂中含有大量的SiO_2和MnO，或FeO含量较高，对被焊金属有较强的氧化性，焊缝含氧量较高；弱氧化性焊剂含SiO_2、MnO和FeO等活性氧化物含量较少，对被焊金属氧化性较弱，焊缝含氧量较低；非氧化性焊剂主要由Al_2O_3、CaO、MgO等惰性氧化物及CaF组成，基本不含SiO_2、MnO和FeO等活性氧化物，对焊缝金属基本没有氧化作用。

4）按焊剂熔渣的碱度分类。按焊接时形成的熔渣碱度可以将焊剂分为**酸性焊剂**、**中性焊剂**和**碱性焊剂**。

式（3-75）是国际焊接学会推荐的焊剂熔渣碱度计算公式：

$$B=\frac{w(CaO+MgO+BaO+Na_2O+K_2O+CaF_2)+0.5w(MnO+FeO)}{w(SiO_2)+0.5w(Al_2O_3+TiO_2+ZrO_2)} \tag{3-75}$$

式中，B为焊剂熔渣的碱度；w为焊剂组成物的质量分数。

酸性焊剂B小于1.0，一般具有良好的工艺性能，焊缝成形好，但焊缝含氧量高，冲击韧度较低；碱性焊剂B大于1.5，焊缝含氧量低，冲击韧度好，抗裂性好，但焊接工艺性能较差，当碱度较高时容易出现咬边和夹渣；中性焊剂B介于1.0～1.5之间，工艺性能和焊缝金属性能总体上也介于酸性焊剂和碱性焊剂之间。

5）按焊剂的化学成分分类。

① 按SiO_2的含量划分。根据SiO_2的含量不同可以将焊剂分为高硅焊剂（SiO_2的质量分数>30%）、中硅焊剂（SiO_2的质量分数介于10%～30%之间）和低硅焊剂（SiO_2的质量分数<10%）。

② 按MnO的含量划分。根据MnO的含量不同可以将焊剂分为高锰焊剂（MnO的质量分数>30%）、中锰焊剂（MnO的质量分数介于15%～30%之间）、低锰焊剂（MnO的质量分数在2%～15%之间）和无锰焊剂（MnO的质量分数<2%）。

③ 按CaF_2的含量划分。根据CaF_2的含量不同可以将焊剂分为高氟焊剂（CaF_2的质量分数>30%）、中氟焊剂（CaF_2的质量分数介于10%～30%之间）和低氟焊剂（CaF_2的质量分数<10%）。

④ 按SiO_2、MnO和CaF_2的相对含量划分。根据SiO_2、MnO和CaF_2的相对含量不同可以将焊剂分为高锰高硅低氟焊剂、中锰中硅中氟焊剂、低锰中硅中氟焊剂等。

⑤ 按焊剂的主要成分划分。根据焊剂的主要成分不同可以将焊剂分为硅锰型焊剂（$MnO+SiO_2$质量分数>50%）、硅钙型焊剂（$CaO+MgO+SiO_2$质量分数>60%）、铝钛型焊剂（$Al_2O_3+TiO_2$质量分数>45%）、高铝型焊剂（$Al_2O_3+CaO+MgO$质量分数>45%且Al_2O_3质量分数>20%）及氟碱型焊剂（$CaO+MgO+MnO+CaF_2$质量分数>50%且CaF_2质量分数>15%、SiO_2质量分数≤20%）等。

（2）焊剂的型号　在实际中，焊剂通常是与焊丝配合使用的，因此焊剂型号采用与焊丝匹配的标注形式。现以碳钢埋弧焊用焊剂为例简要说明焊剂型号的含义，如图3-41所示。型号中首位字母“F”为焊剂代号；第二位上的数字为熔敷金属最低抗拉强度代号（见表3-22）；第三位上的字母表示试样的状态——“A”

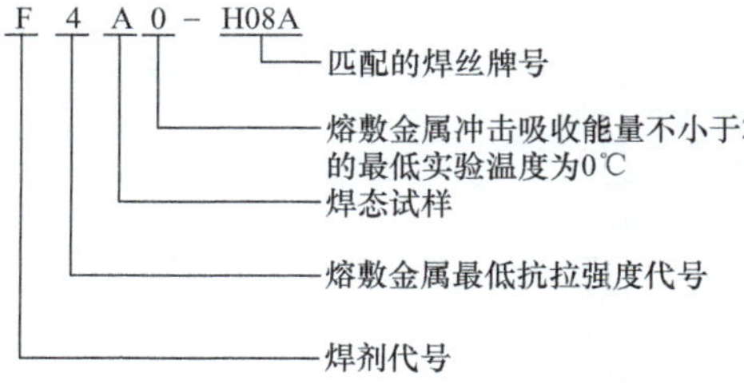

图3-41　焊剂型号实例

表示焊态，“P”表示焊后热处理态（即装炉温度不高于300℃，升温速率不大于200℃/h，620℃ ±15℃保温1h，低于190℃/h炉冷至320℃，炉冷或空冷至室温）；第四位上的数字表示熔敷金属冲击吸收能量不小于27J时的最低试验温度（见表3-23）；最后一部分为匹配的焊丝牌号。

表3-22 焊剂型号中第二位上数字代号的含义

第二位上的数字	抗拉强度 R_m/MPa	屈服强度 R_{eL}/MPa	伸长率 A（%）
3	410～540	≥300	≥22
4		≥330	
5	480～650	≥400	

表3-23 焊剂型号中第四位上数字代号的含义

第四位上的数字	0	2	3	4	5	6
试验温度/℃	0	-20	-30	-40	-50	-60

（3）焊剂的牌号　焊剂的牌号是按其主要成分编制的。熔炼焊剂和烧结焊剂在制造方法和化学组成上存在较大差异，两者牌号的编制方法也不相同，分述如下。

熔炼焊剂主要用于埋弧焊和电渣焊，其牌号形如“HJ ×××”，如图3-42所示。其中，“HJ”表示埋弧焊和电渣焊熔炼焊剂；第一位数字表示焊剂中MnO的含量（见表3-24）；第二位数字表示焊剂中SiO_2和CaF_2的含量（见表3-25）；第三位数字表示同一类型焊剂的不同牌号，按0、1、2、…、9的顺序编排。同一牌号焊剂有两种粒度时，细粒度焊剂牌号后加注字母“X”。

烧结焊剂主要用于埋弧焊，其牌号形如“SJ ×××”，如图3-43所示。其中，“SJ”表示烧结焊剂；第一位数字表示焊剂熔渣的渣系（见表3-26）；第二位和第三位数字表示同一渣系焊剂的不同牌号，按01、02、…、09的顺序编排。

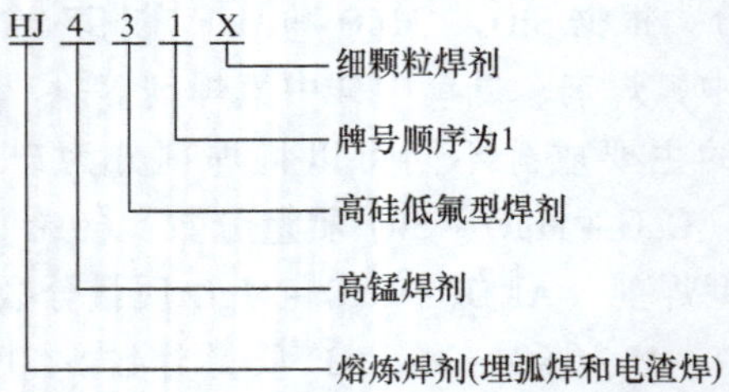

图3-42 熔炼焊剂牌号实例

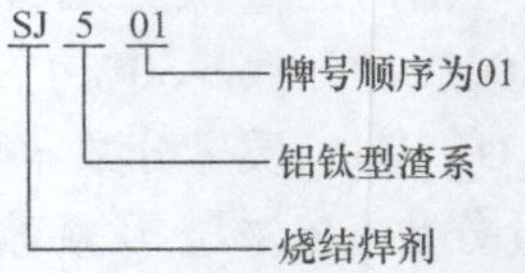

图3-43 烧结焊剂牌号实例

表3-24 熔炼焊剂牌号中第一位数字的含义

焊剂牌号	焊剂类型	MnO质量分数（%）
HJ1××	无锰	<2
HJ2××	低锰	2～15
HJ3××	中锰	15～30
HJ4××	高锰	>30

表 3-25 熔炼焊剂牌号中第二位数字的含义

焊剂牌号	焊剂类型	SiO_2 质量分数（%）	CaF_2 质量分数（%）
HJ×1×	低硅低氟	<10	<10
HJ×2×	中硅低氟	10～30	<10
HJ×3×	高硅低氟	>30	<10
HJ×4×	低硅中氟	<10	10～30
HJ×5×	中硅中氟	10～30	10～30
HJ×6×	高硅中氟	>30	10～30
HJ×7×	低硅高氟	<10	>30
HJ×8×	中硅高氟	10～30	>30
HJ×9×	其他	不规定	不规定

表 3-26 烧结焊剂牌号中第一位数字的含义

焊剂牌号	焊剂类型	主要组分的质量分数（%）
SJ1××	氟碱型	$w(CaF_2) \geqslant 15\%$、$w(CaO+MgO+MnO+CaF_2) > 50\%$、$w(SiO_2) \leqslant 20\%$
SJ2××	高铝型	$w(Al_2O_3) \geqslant 20\%$、$w(Al_2O_3+CaO+MgO) > 45\%$
SJ3××	硅钙型	$w(CaO+MgO+SiO_2) > 60\%$
SJ4××	硅锰型	$w(MnO+SiO_2) > 50\%$
SJ5××	铝钛型	$w(Al_2O_3+TiO_2) > 45\%$
SJ6××	其他型	不规定

（4）焊剂的应用　焊剂与焊丝的化学冶金作用极大地影响焊接过程的稳定性、焊缝金属的最终成分和性能，因此，焊剂的应用是和焊丝联系在一起的。焊剂的种类很多，分类也比较复杂，但在实际应用中比较常见的是将焊剂分为熔炼焊剂和烧结焊剂两大类，前者又分为高硅焊剂、中硅焊剂和低硅焊剂，后者又分为氟碱型焊剂、高铝型焊剂、硅钙型焊剂、硅锰型焊剂和铝钛型焊剂等。焊剂的具体选用可参考有关手册，这里仅简要讨论焊剂选择的一般原则。

焊剂选用时需要考虑的问题主要有硅锰的过渡、焊剂的氧化性、焊剂的工艺性能和熔敷金属的力学性能等。

1）硅和锰的过渡。高硅（高 SiO_2 含量）或高锰（高 MnO 含量）的硅锰型焊剂对焊缝金属有强烈的硅或锰过渡倾向，该类焊剂通常用于焊接低碳钢或低合金钢，一般焊剂与焊丝中的硅和锰含量应高低互补，即高硅（锰）焊剂配低硅（锰）焊丝。如高硅无锰或低锰焊剂应配合高锰焊丝，高硅中锰焊剂应配合低锰焊丝，而高硅高锰焊剂应配合低碳钢焊丝或低锰焊丝等。

2）焊剂的氧化性。氧化性焊剂中因含有大量的 SiO_2 和 MnO，对被焊金属有较强的氧化性，因此，一般只能用于焊接低碳钢或低合金钢；弱氧化性焊剂含 SiO_2、MnO 和 FeO 等活性氧化物含量较少，对被焊金属氧化性较弱，可用于焊接合金钢；非氧化性焊剂（惰性）主要由 Al_2O_3、CaO、MgO 等惰性氧化物及 CaF 组成，对焊缝金属基本没有氧化性，可用于焊接高合金钢。

3）焊剂的工艺性能与熔敷金属的力学性能。如前所述，一般而言酸性焊剂具有良好的工艺性能，焊缝成形好，但焊缝含氧量高，冲击韧度较低；碱性焊剂焊缝含氧量低，冲击韧度好，抗裂性好，但焊接工艺性能较差；中性焊剂工艺性能和焊缝金属性能总体上介于酸性焊剂和碱性焊剂之间。

3.4.2 焊条电弧焊化学冶金

1. 钛钙型酸性焊条焊接化学冶金

钛钙型碳钢焊条工艺性能优良，广泛用于焊接低碳钢和低合金钢。现以 E4303 焊条为例，对钛钙型酸性焊条的焊接化学冶金进行简要的分析。

E4303 焊条焊芯为 H08A，主要合金元素为 Mn（0.30% ~ 0.55%），具体成分见表 3-13；药皮为钛钙型，配方见表 3-27，其原料主要有金红石（造渣、稳弧）、钛白粉（造渣、成形、稳弧）、钛铁矿（造渣）、云母（造渣、成形）、白泥（造渣、成形）、大理石（造渣、造气）、白云石（造渣、造气）等，除此之外，药皮中还含有质量分数为 14% 的锰铁（脱氧剂）。

表 3-27 E4303 焊条药皮配方（质量分数） （%）

物质	金红石	钛白粉	钛铁矿	大理石	白云石	白泥	云母	锰铁
主要成分	TiO_2	TiO_2	TiO_2-FeO	$CaCO_3$	$CaCO_3$-$MgCO_3$	SiO_2-Al_2O_3-H_2O	SiO_2-Al_2O_3-K_2O-H_2O	Fe-Mn
质量分数	28	9	6	9	10	14	10	14

E4303 焊条焊接时的主要化学冶金反应有氧化反应、脱氧反应、还原反应、脱硫反应和脱磷反应等。

（1）氧化反应

1）电弧气氛对焊接区金属的氧化。钛钙型焊条焊接碳钢时的气相成分为：50.7% CO、5.9% CO_2、37.7% H_2、5.7% H_2O，这些气氛中的 CO_2、H_2O 及大气中混入的氧对熔滴或熔池金属（Fe）均有氧化作用，焊条电弧焊焊接碳钢时冷至室温的气相成分见表 3-28。

表 3-28 焊条电弧焊焊接碳钢时冷至室温的气相成分[33] （%）

焊条类型	气相成分（体积分数）					备注
	CO	CO_2	H_2	H_2O	N_2	
钛钙型	50.7	5.9	37.7	5.7	—	焊条在 110℃ 烘干 2h
钛铁钙型	48.1	4.8	36.6	10.5	—	
纤维素型	42.3	2.9	41.2	12.6	—	
钛型	46.7	5.3	34.5	13.5	—	
低氢型	79.8	16.9	1.8	1.5	—	
氧化铁型	55.6	7.3	24.0	13.1	—	

CO_2 对铁的氧化：

$$[Fe] + CO_2 = [FeO] + CO \tag{3-76}$$

H_2O 对铁的氧化：

$$[Fe]+H_2O=[FeO]+H_2 \tag{3-77}$$

可见 H_2O 的氧化作用还可能使焊缝金属增氢。

2）熔渣对液态金属的氧化。E4303 药皮形成的焊接熔渣主要组成物为 TiO_2、SiO_2、MnO 和 CaO，熔渣碱度为 0.76，属于酸性渣，见表 3-29。这些氧化物中的 SiO_2 和 MnO 等氧化物对焊接区液态金属（Fe）有氧化作用。

表 3-29 典型焊接熔渣的化学成分（指质量分数）[33]

焊条类型	熔渣化学成分（%）										熔渣碱度		熔渣类型
	SiO_2	TiO_2	Al_2O_3	FeO	MnO	CaO	MgO	Na_2O	K_2O	CaF_2	B_1	B_2	
钛铁钙型	29.2	14.0	1.1	15.6	26.5	8.7	1.3	1.4	1.1	—	0.88	-0.1	氧化物型
钛型	23.4	37.7	10.0	6.9	11.7	3.7	0.5	2.2	2.9	—	0.43	-2.0	氧化物型
钛钙型	25.1	30.2	3.5	9.5	13.7	8.8	5.2	1.7	2.3	—	0.76	-0.9	氧化物型
纤维素型	34.7	17.5	5.5	11.9	14.4	2.1	5.8	3.8	4.3	—	0.60	-1.3	氧化物型
氧化铁型	40.4	1.3	4.5	22.7	19.3	1.3	4.6	1.8	1.5	—	0.60	-0.7	氧化物型
低氢型	24.1	7.0	1.5	4.0	3.5	35.8	—	0.8	0.8	20.3	1.86	0.9	盐-氧化物型

$$(SiO_2)+2[Fe]=[Si]+2FeO \quad \begin{matrix}\uparrow (FeO)\\ \downarrow [FeO]\end{matrix} \tag{3-78}$$

$$(MnO)+[Fe]=[Mn]+FeO \quad \begin{matrix}\uparrow (FeO)\\ \downarrow [FeO]\end{matrix} \tag{3-79}$$

上述反应生成的 FeO 大部分进入熔渣，但也有部分溶入液态铁中。

（2）脱氧反应　如上所述，由于 FeO 在液态铁中有一定的溶解度，焊接过程中将有部分的 FeO 溶解在熔池中，这些氧如果不加以脱除，不仅将使焊缝增氧，降低焊缝性能，而且还将促进碳的氧化而增加气孔倾向，即

$$[C]+[FeO]=[Fe]+CO\uparrow \tag{3-80}$$

由于 E4303 焊条为酸性焊条，因此其脱氧被设计为主要由 Mn 来完成，焊条药皮中添加有 14% 的锰铁（10.6% Mn），见表 3-27。焊前药皮中不含 MnO，但焊后熔渣中含 13.7% 的 MnO，其原因是锰在焊接冶金过程中发生了脱氧反应。实际焊接中的脱氧过程是分阶段进行的。

在药皮反应阶段，固态药皮中的锰有先期脱氧作用。在该反应阶段，锰将与碳酸盐或高价氧化物分解出的二氧化碳和氧发生反应，例如

$$Mn+CO_2=MnO+CO\uparrow \tag{3-81}$$

$$Mn+\frac{1}{2}O_2=MnO \tag{3-82}$$

先期脱氧产物在一定程度上可以降低焊接区气相的氧化性。

在熔滴反应阶段和熔池反应阶段，溶解在液态金属中的脱氧剂（Mn）和 FeO 将发生式（3-52）的脱氧反应，即

$$[Mn]+[FeO]=[Fe]+(MnO)$$

由于该焊条为酸性焊条，熔渣中 SiO_2、TiO_2 含量较高，脱氧产物 MnO 可与 SiO_2、TiO_2 等形成复合氧化物，即

$$MnO+SiO_2=MnO\cdot SiO_2 \tag{3-83}$$

$$MnO+TiO_2=MnO\cdot TiO_2 \tag{3-84}$$

该复合反应有利于脱氧产物进入熔渣，从而可以保证良好的脱氧效果。

（3）脱硫反应　硫在低碳钢焊接时主要以 FeS 形式存在。由于 Mn 对硫的亲和力比 Fe 强，因此，在钛钙型焊条中，Mn 不仅是脱氧剂，还是脱硫剂。其脱硫反应为式（3-65），即

$$[FeS]+[Mn]=[Fe]+(MnS)$$

另外，前述 Mn 的脱氧产物也有一定的脱硫效果，其脱硫反应为式（3-67），即

$$[FeS]+(MnO)=(FeO)+(MnS)$$

形成的脱硫产物 MnS 不溶于钢液，大部分进入熔渣，少量以夹杂形式残留在焊缝中。

钛钙型焊条熔渣碱度较低，脱磷效果较差，实际焊接中焊缝磷含量的控制主要是通过控制焊接材料的磷含量来实现。

（4）合金元素的过渡　E4303 焊条焊接时主要存在合金元素 Mn 和 Si 的过渡。

合金元素 Mn 的过渡主要有两种途径：其一是药皮和焊芯中的 Mn 元素直接进入熔池，其二是通过式（3-79）反应过渡到熔池。E4303 焊芯 H08A 中 Mn 的质量分数是 0.30% ~ 0.55%，试验表明，如果焊条药皮中不添加锰铁，焊芯中的 Mn 将大部分消耗于脱氧和脱硫，焊接后焊缝金属中的 Mn 的质量分数仅为 0.07%；如果在药皮中加入 14% 的锰铁，焊后焊缝金属中的 Mn 的质量分数可以达到 0.54%。

合金元素 Si 的过渡主要是通过式（3-78）和 Mn 对 Si 的还原反应过渡到熔池，即

$$2[Mn]+SiO_2=[Si]+2(MnO) \tag{3-85}$$

实践证明，钛钙型焊条具有较强的 Si 元素过渡能力，焊芯中基本不含 Si（≤0.03%），但焊后焊缝金属 Si 的质量分数可以达到 0.25%，从而保证了焊缝金属所必需的硅。

2. 低氢型碱性焊条焊接化学冶金

以 E5015 焊条为例，对低氢型碱性焊条的化学冶金进行简要的讨论。

E5015 焊条焊芯为 H08A，主要合金元素为 Mn（0.30% ~0.55%），具体成分见表 3-13；焊条药皮的主要原料为大理石、萤石（氟石），石英砂以及钛铁、锰铁、硅铁等铁合金，见表 3-30。形成的渣系为 $CaO-SiO_2-CaF_2$，碱度约为 1.86，属碱性熔渣，见表 3-29。

表 3-30　E5015 焊条药皮配方（质量分数）　（%）

物质	石英砂	钛白粉	氟石	大理石	纯碱	低度硅铁	钛铁	锰铁
主要成分	SiO_2	TiO_2	CaF_2	$CaCO_3$	Na_2CO_3	Fe-Si	Fe-Ti	Fe-Mn
质量分数	7	2	24	44	1	3	13	4

(1) 脱氧反应 如表3-28所示，低氢型焊条焊接时的气相成分是79.8% CO、16.9% CO_2、1.8% H_2、1.5% H_2O，保护气体主要是CO和CO_2，其中CO_2和H_2O对焊接区金属均具有较强的氧化性。为了脱氧，低氢焊条药皮添加了一定量的脱氧物质，如钛铁、锰铁、硅铁等。由于低氢型焊条中含有较多的碱性氧化物，而锰脱氧所形成的MnO也属于碱性氧化物，不能与熔渣中的碱性氧化物结合形成复合氧化物而进入熔渣。相反，硅和钛的氧化物是酸性的，可以与熔渣中的碱性氧化物结合成为复合化合物，提高脱氧效果。因此，低氢型焊条的脱氧主要依靠硅和钛来完成，其反应式为

$$2CO_2 + Si = SiO_2 + 2CO\uparrow \tag{3-86}$$

$$CaO + SiO_2 = CaO \cdot SiO_2 \tag{3-87}$$

$$CO_2 + TiO = TiO_2 + CO\uparrow \tag{3-88}$$

$$CaO + TiO_2 = CaO \cdot TiO_2 \tag{3-89}$$

尽管低氢碱性焊条的气氛氧化性强，但是由于药皮中的合金元素含量较多，脱氧比较充分，焊缝金属的含氧量可以有效控制，熔敷金属的总含氧量不高于0.03%（质量分数）。

(2) 脱氢反应 低氢型焊条焊接过程中的脱氢主要是通过以下几种途径完成的：

1) 氟石脱氢。焊条药皮中加入了一定量的氟石，在焊接冶金过程中发生式（3-64）的脱氢反应，即

$$CaF_2 + H_2O = CaO + 2HF\uparrow$$

和如下反应：

$$CaF_2 + 2H = Ca + 2HF\uparrow \tag{3-90}$$

上述脱氢反应产物HF是比较稳定的气体，高温不易分解，也不溶于液体金属，焊接过程中以烟尘的形式逸出焊接冶金区。

2) 氟石与石英砂联合脱氢。焊条药皮中的CaF_2和SiO_2在高温下可以发生化学反应，其产物进一步与含氢物质结合形成HF，即发生式（3-62）和式（3-63）的脱氢反应：

$$2CaF_2 + 3SiO_2 = 2CaSiO_3 + SiF_4\uparrow$$

$$SiF_4 + 2H_2O = SiO_2 + 4HF\uparrow$$

和如下脱氢反应：

$$SiF_4 + 3H = SiF + 3HF\uparrow \tag{3-91}$$

式（3-62）中反应生成的SiF_4沸点很低，焊接过程中以气态存在，容易与原子氢和水蒸气发生反应形成HF，从而起到脱氢的作用。

3) 氟石与水玻璃作用而脱氢。氟石与水玻璃作用脱氢的反应式如下：

$$Na_2O \cdot nSiO_2 + H_2O = 2NaOH + nSiO_2 \tag{3-92}$$

$$2NaOH + CaF_2 = Ca(OH)_2 + 2NaF \tag{3-93}$$

$$2NaF + H_2O + CO_2 = Na_2CO_3 + 2HF\uparrow \tag{3-94}$$

由上述分析可见，低氢型焊条脱氢的关键物质是焊条药皮中的氟石（CaF_2）。熔敷金属含氢量低是该类焊条最突出的特征，其熔敷金属含氢量低于8mL/100g。

(3) 脱硫、磷反应 **低氢型焊条中的脱硫、脱磷都是依靠熔渣中的CaO等碱性氧化**

物来实现的。如3.3节中所述，提高熔渣碱度可以增强脱硫和脱磷效果。低氢焊条的熔渣碱性大，CaO含量高，熔渣脱硫、脱磷效果优于钛钙型酸性焊条。

（4）合金元素的过渡　在焊接冶金过程中，当一种合金元素的氧化物与熔渣的酸碱性相同时，有利于该合金元素的过渡。由于MnO是碱性氧化物，因此，在低氢型碱性焊条中，锰的过渡系数比较高，尽管焊芯（H08A）中锰的质量分数仅有0.30%～0.55%，但焊缝熔敷金属锰的质量分数可达0.7%～1.1%。另外，焊条药皮中加入了较多的活性更高的钛作为脱氧剂，有利于提高硅的过渡系数，焊后焊缝熔敷金属中硅的质量分数可达0.35%～0.45%。

3.4.3　埋弧焊化学冶金

1. 埋弧焊焊接冶金过程的特点

埋弧焊和焊条电弧焊都属于渣保护电弧焊，焊接区金属的保护主要由熔渣完成，但与焊条电弧焊相比，埋弧焊在焊接的化学冶金方面有一些不同的特点。

（1）空气不易侵入焊接区　如图1-4所示，埋弧焊过程中，电弧始终在一层厚厚的焊剂下“燃烧”，靠近电弧的部分焊剂连续不断地熔化形成熔渣，对焊接区金属形成严密的保护，空气很难进入焊接区。以低碳钢焊接时焊缝金属含氮量（质量分数）为例，焊条电弧焊为0.02%～0.03%，而埋弧焊仅为0.002%，见表3-31。

表3-31　焊条电弧焊和埋弧焊电弧区气相成分　（%）

焊接方法	气相成分（体积分数）					焊缝金属氮的质量分数（%）
	CO	CO_2	H_2	H_2O	N_2	
焊条电弧焊（钛型焊条）	46.7	5.3	34.5	13.5	—	0.02
埋弧焊（焊剂431）	89～93	—	7～9	—	≤1.5	0.002

（2）冶金反应充分　埋弧焊焊接热输入大，且焊接区金属（熔池、熔滴和凝固焊缝等）始终被焊剂所覆盖，因此与焊条电弧焊相比，埋弧焊焊接热效率高，熔池体积大，熔池凝固速率缓慢，熔池金属处于液态的时间显著延长（是焊条电弧焊的数倍），熔池液态金属与熔渣之间的作用时间更长，冶金反应更充分。

2. 低碳钢埋弧焊的化学冶金

埋弧焊焊接低碳钢常用的焊剂（如“HJ430”和“HJ431”）是高硅高锰低氟焊剂，焊接时通常与“H08”“H08A”等焊丝配合，但对重要结构应考虑配用“H08Mn”和“H08MnA”等焊丝。焊剂“HJ430”和“HJ431”的化学成分见表3-32，主要组成物为MnO和SiO_2，其渣系为MnO和SiO_2；焊丝“H08A”等的化学成分见表3-19。低碳钢埋弧焊过程中的冶金反应主要有硅和锰的过渡、碳的烧损和脱氢反应等。

表3-32　焊剂HJ430和HJ431的化学成分

焊剂牌号	焊剂类型	组成物的质量分数（%）								
		SiO_2	MnO	CaF_2	Al_2O_3	CaO	MgO	FeO	S	P
HJ430	高锰高硅低氟	38～45	38～47	5～9	≤5	≤6	—	≤1.8	≤0.06	≤0.08
HJ431	高锰高硅低氟	40～44	40～44	3～7	≤6	≤8	5～8	≤1.8	≤0.06	≤0.08

(1) 锰和硅的过渡　锰和硅是低碳钢埋弧焊焊缝的主要合金元素，对保证焊缝的性能有重要作用。**适量的锰可以改善焊缝的力学性能（强度和韧性），减小热裂纹倾向；硅对熔池有镇静作用，有利于获得致密焊缝。**

焊接过程中，锰和硅的过渡及焊缝中锰和硅的最终含量取决于焊接区金属与熔渣间的如下反应平衡：

$$[Fe]+(MnO)\underset{低温}{\overset{高温}{\rightleftharpoons}}[Mn]+[FeO]$$
$$2[Fe]+(SiO_2)\underset{低温}{\overset{高温}{\rightleftharpoons}}[Si]+2[FeO] \tag{3-95}$$

上述反应温度较高时趋于向右进行，有利于锰和硅的过渡；温度较低时趋于向左进行，为脱氧反应。因此，熔滴、熔池前部等温度较高的部位，反应趋于向右进行，锰和硅的含量增加，而熔池后部由于温度较低，反应趋于向左进行，锰和硅的含量将有所减少。但总的平衡结果与母材和焊丝的原始含量相比，锰和硅的含量是增加的，见表 3-33。

表 3-33　低碳钢埋弧焊不同部位金属锰和硅的质量分数

材　料	化学成分（质量分数）(%)		材　料	化学成分（质量分数）(%)	
	Si	Mn		Si	Mn
母材（Q235A）	0.01	0.45	在弧柱中过渡的熔滴	0.20	0.86
焊丝（H08）	0.01	0.52	熔化的母材（用非熔化极）	0.04	0.56
焊丝端的熔滴	0.15	0.63	正常焊接的焊缝（用 HJ431）	0.1～0.15	0.60～0.65

低碳钢埋弧焊中，锰和硅过渡的影响因素主要有焊剂成分、锰和硅的原始含量、焊剂的碱度和焊接参数等。

1) 焊剂成分和锰、硅原始含量的影响。**焊剂成分和锰、硅原始含量（即焊剂中 MnO、SiO_2的含量和焊丝、母材中锰、硅的原始含量）对焊缝金属锰和硅的过渡均有显著影响。**理论上，焊缝中锰和硅的过渡量（或终含量）取决于式（3-95）和式（3-96）的反应平衡，因此，焊剂成分和锰、硅原始含量对锰、硅过渡量影响的一般规律是：随焊剂中 MnO 含量增加，锰的过渡量增加，而硅的过渡量减少；随焊剂中 SiO_2含量增加，硅的过渡量增加，而锰的过渡量减少；焊丝和母材中锰的原始含量越低，越有利于锰的过渡，而不利于硅的过渡；焊丝和母材中硅的原始含量越低，越有利于硅的过渡，而不利于锰的过渡；当焊丝和母材中锰或硅的含量较高时，锰或硅的过渡量甚至会出现负值（烧损））。实际结果也证明了上述分析，如图 3-44 和图 3-45 所示。

$$2[Mn]+(SiO_2)\rightleftharpoons[Si]+2[MnO] \tag{3-96}$$

2) 焊剂碱度的影响。在焊接熔渣中，酸性氧化物（SiO_2、TiO_2等）与碱性氧化物（CaO、MgO、MnO 等）趋向于形成复合氧化物，如 CaO · SiO_2、MnO · SiO_2 等。焊剂碱度增加，意味着焊剂中碱性氧化物增加，可以替换出复合氧化物中弱碱性氧化物 MnO 的量增多，即自由态 MnO 的量增多，而自由态的酸性氧化物 SiO_2减少。因此，**随焊剂碱度增加，焊缝金属中锰的过渡量增加，而硅的过渡量减少。**

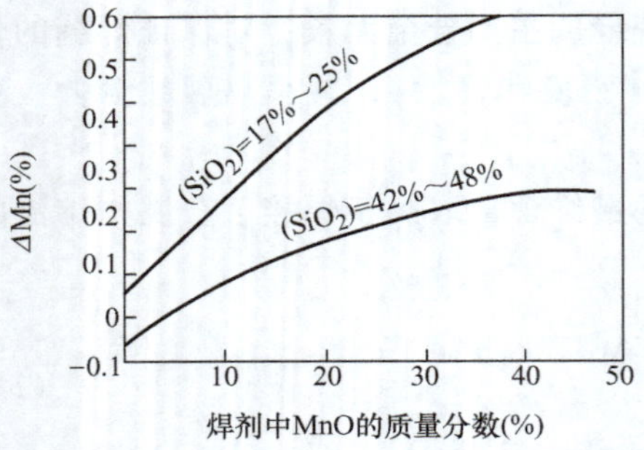

图 3-44　锰的过渡量与焊剂中 MnO 的质量分数的关系[34]

（低碳钢母材，H08 焊丝，$I=600\sim700\text{A}$，$U=30\sim32\text{V}$）

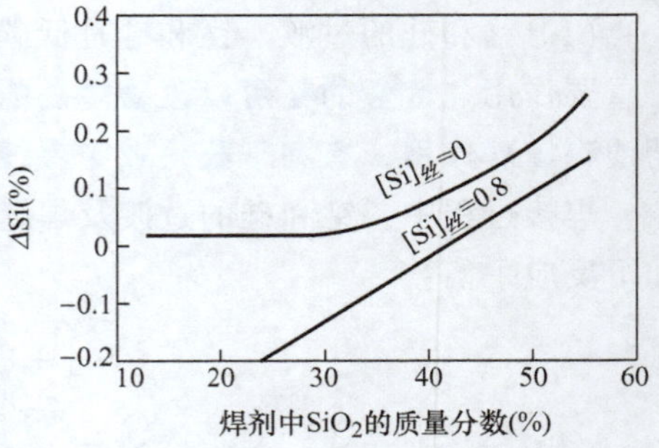

图 3-45　硅的过渡量与焊剂中 SiO_2 的质量分数的关系[34]

（低碳钢母材，$I=600\sim700\text{A}$，$U=32\sim36\text{V}$）

3）焊接参数的影响。一般来说，电弧电压增加，意味着弧长增长，焊剂的熔化量增加，液态熔渣与液态金属的比值增大，Mn、Si 的过渡量增加；焊接电流增大，焊丝熔化加快，熔滴形成时间缩短，金属熔化量相对增加，液态熔渣与液态金属的比值减小，Mn、Si 的过渡量减少。

（2）碳的氧化烧损　埋弧焊时焊剂中一般不含碳，焊缝的碳来源于焊丝和母材。焊接过程中将会有一定的碳被氧化烧损：

$$[C]+[FeO]=CO+[Fe] \tag{3-97}$$

该反应既发生在熔滴中，也发生在熔池中。增加液态金属中合金元素（硅和锰等）的含量有利于抑制碳的烧损。

（3）脱氢反应　采用高锰高硅焊剂埋弧焊时，其氢的控制主要是通过反应生成 HF 和 OH 来完成的。所生成的 HF 和 OH 都是稳定的化合物，不溶于液态金属，易于从熔池排出。

1）通过生成 HF 脱氢。

$$2CaF_2+3SiO_2 \rightleftharpoons 2CaSiO_3+SiF_4$$

$$SiF_4+3H \rightleftharpoons SiF+3HF$$

$$SiF_4+2H_2O \rightleftharpoons SiO_2+4HF$$

2）通过生成 OH 脱氢。

$$MnO+H \rightleftharpoons Mn+OH \tag{3-98}$$

$$SiO_2+H \rightleftharpoons SiO+OH \tag{3-99}$$

$$CO_2+H \rightleftharpoons CO+OH \tag{3-100}$$

3.4.4　CO_2 气体保护电弧焊化学冶金

CO_2 气体保护电弧焊的构想始于 20 世纪 20 年代，但由于焊接过程中强烈的飞溅和焊缝气孔问题无法解决，一直没有得到重视。50 年代初，正是基于焊接化学冶金的思想研制出了 Si-Mn 焊丝，才使得这种高效率、低成本的焊接方法获得了广泛应用。

CO_2气体保护电弧焊过程中涉及的焊接化学冶金问题主要有：焊接区金属的氧化与脱氧、焊缝金属的增碳与减碳等。

1. 焊接区金属的氧化与脱氧

（1）氧化反应　与单原子氩气相比，二氧化碳分子中含有一个碳原子和两个氧原子。常温下二氧化碳是惰性的；然而在高温下它将分解成一氧化碳（CO）和氧气（O_2）。如前所述，在焊接电弧温度（3000℃）下 CO_2解离度很高，分解得到的氧的分压超过空气中氧的分压，其氧化性超过了空气。焊接区金属的氧化程度取决于焊接区内合金元素的含量和它们对氧的亲和力。熔滴和熔池金属中铁的含量最大，铁的氧化激烈；硅、锰、碳的含量虽然比较低，但由于它们与氧的亲和力比铁大，因此也将氧化烧损。焊接温度下，电弧气氛中未分解的二氧化碳和分解出来的氧对焊接区金属均有氧化作用，前者为直接氧化，后者为分解氧化。

直接氧化：

$$CO_2 + Fe = FeO + CO$$
$$2CO_2 + Si = SiO_2 + 2CO$$
$$CO_2 + Mn = MnO + CO$$

分解氧化：

$$CO_2 = CO + O$$
$$Fe + O = FeO$$
$$Si + 2O = SiO_2$$
$$Mn + O = MnO$$

上述氧化反应产物中 SiO_2和 MnO 将形成渣，但 FeO 却可以溶解在液态铁中。在焊接温度下，溶解在熔滴或熔池中的 FeO 又将与碳发生还原反应，即

$$[FeO] + [C] = [Fe] + CO \tag{3-101}$$

在熔滴中，上述反应形成的 CO 将被迅速加热膨胀、爆破，从而形成焊接飞溅；在熔池中，上述反应形成的 CO 将随温度的降低、溶解度的下降，而在焊缝中形成气孔。因此，**当采用 CO_2作为保护气氛时，其氧化作用除导致焊接区金属中合金元素烧损外，更重要的还将导致强烈的焊接飞溅并使焊缝产生气孔，严重影响焊接过程的稳定性和焊接质量**。

（2）脱氧反应　如上所述，**CO_2气体保护电弧焊时，合金元素的烧损、飞溅和气孔等问题的关键共性原因是焊接区金属的氧化问题**。实践证明，解决上述氧化问题的有效方法是在焊接材料（焊丝）中添加脱氧剂进行脱氧。常用的脱氧剂主要有硅、锰等，有的焊丝中还添加有钛、铝等强脱氧剂，见表 3-19。

如 3.3.3 小节中所述，锰和硅联合脱氧时，脱氧产物 MnO 和 SiO_2可以形成低熔点的复合氧化物，有利于脱氧和排渣，其脱氧反应如式（3-54）所示。研究表明，采用含锰和硅的低碳钢焊丝进行 CO_2气体保护电弧焊时，熔渣的主要成分是 MnO 和 SiO_2，焊缝金属夹杂物含量与焊丝中锰和硅的比例密切相关，见表 3-34。据此，国内外 CO_2焊丝中锰和硅的比例一般控制在 1.5～3.0。

表 3-34 低碳钢 CO_2 气体保护电弧焊焊缝金属夹杂物含量与焊丝中锰和硅的比例的关系

焊丝	焊缝成分（%）				渣的成分（%）				焊缝夹杂物（%）
	[Mn]/[Si]	C	Mn	Si	MnO	SiO_2	FeO	S	
H08MnSiA	2.6 1.7	0.13 0.14	0.78 0.82	0.29 0.47	38.7	48.2	10.6	0.016	0.014
H08Mn2SiA	2.74 3.1	0.12 0.14	0.85 0.72	0.31 0.23	47.6	41.9	8.5	0.050	0.009

2. 焊缝金属的增碳与减碳

熔敷金属相对于焊丝碳含量的变化是 CO_2 气体保护电弧焊中的另一个重要的化学冶金现象，其具体表现为：**当焊丝碳含量较高时，焊后熔敷金属中碳含量降低；当焊丝中碳含量较低时，焊后熔敷金属中碳含量升高**。如表 3-35 所示，当钢焊丝中碳的质量分数高于 0.07% 时，熔敷金属碳含量低于焊丝原碳含量；当钢焊丝中碳的质量分数低于 0.07% 时，熔敷金属碳含量高于焊丝原碳含量；尤其对于不锈钢焊丝，增碳现象更加明显。

表 3-35 CO_2 气体保护电弧焊焊丝与熔敷金属碳的质量分数的变化

不锈钢焊丝碳的质量分数(%)	熔敷金属碳的质量分数(%)	不锈钢焊丝碳的质量分数(%)	熔敷金属碳的质量分数(%)
0.19	0.11	0.07	0.12
0.12	0.09	0.06	0.11
0.07	0.07	0.04	0.10
0.05	0.06		
0.03	0.04		

上述现象表明 CO_2 气体保护电弧焊焊接碳钢过程中还存在如下反应：

$$[Fe] + CO \rightleftharpoons [FeO] + [C] \tag{3-102}$$

因此，当焊丝碳含量较高时，熔滴和熔池中碳含量较高，反应趋于向左进行（减碳），反之当焊丝碳含量较低时，熔滴和熔池中碳含量较低，反应趋于向右进行（增碳）。在不锈钢等高合金钢中，由于含有活性更高的铬（Cr）等元素，CO_2 气体保护电弧焊过程中更容易发生如下反应：

$$2[Cr] + 3CO \rightleftharpoons (Cr_2O_3) + 3[C] \tag{3-103}$$

因此表现出更容易增碳——增碳的碳含量门槛值更高，且增碳量也更大，见表 3-35。正因为高合金钢 CO_2 气体保护电弧焊接过程中容易增碳，实际应用中 CO_2 气体保护电弧焊一般不用于高合金钢的焊接。

上述现象从热力学角度理解也可以唯象地解释为：CO_2 气体中含有碳元素，因此 CO_2 气体保护电弧焊气氛具有一定的碳势（化学位）。当熔滴和熔池中碳含量较低，导致电弧气氛中的碳势高于熔滴和熔池中的碳势时，碳将向熔滴和熔池迁移（熔滴和熔池增碳），反之碳将向电弧气氛迁移（熔滴和熔池减碳）；对于高合金钢，当合金元素的存在降低碳在钢中的碳势（化学位）时，将进一步促进增碳。

本章小结

熔化焊过程中焊接区内各种物质之间在焊接高温下的相互作用统称为焊接化学冶金。

焊接化学冶金的主要任务是研究和探讨熔化焊条件下焊接区物质（金属材料、保护材料及空气等）间的冶金热力学（相互作用的方向和限度）的行为、规律和机理。

焊接化学冶金体系是指焊接过程中热源作用区域内金属、熔渣、气体等物质的总和。焊接化学冶金体系主要取决于焊接方法，特别是与焊接保护方式有关，大致可以分为“金属-熔渣”“金属-气体”和“金属-熔渣-气体”三种化学冶金体系：焊条电弧焊（药皮中不含造气成分）、电渣焊和埋弧焊等“熔渣保护”类的焊接方法属于“金属-熔渣”体系；“气体保护”“真空保护”和“自保护”类的焊接方法均属于“金属-气体”体系；焊条电弧焊（药皮中含造气剂）和药芯焊丝电弧焊等“渣-气联合保护”类的焊接方法属于“金属-熔渣-气体”体系。

实际焊接过程中的化学冶金反应过程是分区域（阶段）连续进行的，这也是焊接化学冶金系统的一个重要特点。熔化焊的化学冶金系统结构（反应过程）与焊接方法有关，不同焊接方法的化学冶金系统结构不尽相同：焊条电弧焊的化学冶金系统结构可以分为“药皮反应区”“熔滴反应区”和“熔池反应区”三个反应区（阶段）；熔化极气体保护电弧焊的化学冶金过程可分为熔滴反应区和熔池反应区两个反应区，但不填丝的钨极氩弧焊和电子束焊等焊接冶金过程只有熔池反应一个反应区。综合来看，尽管熔池阶段的反应时间比熔滴阶段长，但由于反应温度低，反应相之间接触面积小，使得熔池阶段反应速率比熔滴阶段低，对整个化学冶金反应的贡献也较熔滴阶段小。焊接化学冶金系统的另一个重要特点是非平衡性，这是由其开放性、温度不均匀性和过程的短暂性所决定的。

焊接化学冶金过程的影响因素可分为反应物质因素和反应条件因素两方面，前者包括反应体系和反应物质的数量（浓度）等，决定了化学冶金过程的参与物质、浓度和数量；后者包括焊接方法和焊接工艺等，决定了化学冶金过程的反应温度和时间等。通常情况下，焊接方法和反应体系实际上是联系在一起的，因此，在焊接方法和反应体系确定的条件下，影响化学冶金过程的物质因素主要有熔合比（θ）和保护材料的相对量等，反应条件因素主要有焊接电流/电压和熔滴过渡特性等。

气体与焊接区金属的相互作用是焊接化学冶金的一个重要内容。不同焊接方法气体的组成不同，其主要来源包括：为了隔离大气有意添加的保护性气体，如氩气、二氧化碳气体等；焊剂通过热氧化分解产生的保护性气体；焊接材料以及工件表面吸附的水分、油污等释放出的有害气体；以及保护不良混入的空气等。焊接区域内的气体组成复杂，最常见的有氮、氧、氢、水、二氧化碳等几种。这些气体在电弧的高温以及电场作用下将发生分解和电离，与焊接区金属相互作用，进而影响焊缝金属的成分、组织和性能。

氮的来源主要是空气。氮对低碳钢焊接接头的影响包括焊缝气孔、时效脆化等。防范氮的主要措施是加强对焊接区域的保护。氢的来源主要是各种水分及其他含氢物质。氢对钢铁材料焊接接头的影响包括气孔、氢脆、白点和延迟裂纹等。控制氢的措施分为冶金措施和工艺措施，前者包括在焊接冶金体系中适当提高氧化性、添加氟化物及某些稀土元素；后者包括焊接材料的焊前去氢处理和焊后脱氢热处理等。氧的来源可以是气氛，也可以是熔渣，氧对焊接质量的影响包括产生气孔、夹杂，引起焊缝金属热脆、冷脆和时效硬化等。控制焊缝含氧量的措施主要有净化焊接材料、强化焊接保护和冶金脱氧等。

熔渣与金属的相互作用是焊接化学冶金的另一个重要内容。熔渣在焊接过程中除了前面提到的保护作用外，还可以对焊缝金属产生冶金作用，同时能够改善焊接工艺。熔渣按照其成分特点分为氧化物型、盐型和混合型三种类型。熔渣的焊接冶金反应主要体现在氧化与脱氧、渗氢与脱氢、脱硫/磷和合金过渡等。熔渣中的 CaF_2 能够从氢的氧化物中夺取氢，生成化学性质更稳定，且不溶解于液体金属的 HF 气体，降低氢在焊接气氛中的浓度和活度，抑制氢与液体金属的焊接冶金反应，从而降低焊缝金属中的含氢量。熔渣的脱硫/磷主要发生在熔池反应区，增加熔渣的碱度在一定程度上有利于提高脱硫/脱磷效果；限制焊接材料中的硫/磷含量是控制焊缝金属硫/磷含量最有效的措施。合金过渡系数定义为熔敷金属中某合金元素的实际含量与所消耗的金属态焊接材料中同一合金元素初始平均含量的比值，影响合金过渡系数的因素主要有焊接方法和熔渣的特性等。

思 考 题

1）熔化焊方法的保护方式有哪些？

2）什么是焊接化学冶金体系？常见的焊接化学冶金体系有哪几种？

3）论述焊接化学冶金体系的特点。

4）分析焊接化学冶金的影响因素。

5）焊接区内气体的主要来源是什么？它们是怎样产生的？

6）为什么电弧焊时熔化金属的含氮量可以高于其正常溶解度？

7）氮对焊接质量有哪些影响？控制焊缝含氮量的主要措施是什么？

8）焊条电弧焊时，氢通过哪些途径向液态铁中溶解？写出溶解反应及规律。

9）氢对焊接质量有哪些影响？

10）既然随着碱度的增加水蒸气在熔渣中的溶解度增大，为什么在低氢型焊条熔敷金属中的含氢量反而比酸性焊条少？

11）氧对焊接质量有哪些影响？应采取什么措施减少焊缝含氧量？

12）在焊接过程中熔渣起哪些作用？设计焊条、焊剂时，应主要调控熔渣的哪些物理和化学性质？为什么？

13）既然熔渣的碱度越高自由氧越多，为什么碱性焊条焊缝含氧量比酸性焊条焊缝含氧量低？

14）综合分析熔渣中的 CaF_2 在焊接化学冶金过程中所起的作用。

15）综合分析熔渣的碱度对金属的氧化、脱氧、脱硫、脱磷、合金过渡的影响。

16）试述合金化的目的、方式及过渡系数的影响因素。

17）为什么酸性焊条用锰铁作为脱氧剂，而碱性焊条用硅铁、锰铁和钛铁作为脱氧剂？

18）焊条药皮的主要功能是什么？主要组成物质是什么？

19）简要说明焊条的分类。

20）分析低碳钢埋弧焊锰和硅过渡的影响因素。

21）分析 CO_2 气体保护电弧焊气孔和飞溅产生的原因。

22）CO_2 气体保护电弧焊焊接碳钢时熔敷金属有时会增碳，有时会减碳，为什么？为什么焊接不锈钢时增碳更加突出？

参考文献

[1] Kou S. 焊接冶金学 [M]. 闫久春，杨建国，张广军，译．北京：高等教育出版社，2012.
[2] Petch N J. The definition and significance of toughness and brittleness in metals [J]. Toughness and Britleness in Metals, 1961: 3-12.
[3] Ерохин А А. Кинетика металлургических процессов дуговой сварки [М]. Москва: Машиностроение, 1964.
[4] Патон Б Е. Технология электрической сварки металлов и сплавов плавлением [М]. Москва: Машинос троение. 1974.
[5] 叶罗欣 A A. 熔焊原理 [M]. 赵裕民，张炳范，贾安东，译．北京：机械工业出版社，1982.
[6] 陈伯蠡．金属焊接性基础 [M]. 北京：机械工业出版社，1990.
[7] 张文钺，张炳范，杜则裕．焊接冶金学 [M]. 北京：机械工业出版社，1993.
[8] Kou S. Welding Metallurgy [M]. 2th ed. New Jersey: A John Wiley & Sons Inc. 2002.
[9] 张文钺．焊接冶金学（基本原理）[M]. 北京：机械工业出版社，1983.
[10] 张文钺．焊接冶金学（基本原理）[M]. 北京：机械工业出版社，1990.
[11] 雍岐龙，陈明昕，赵昆渝，等．Fe_4N 及氮在铁基体中的平衡固溶度公式 [J]. 特殊钢，2007，28（1）：4-6.
[12] Seferian D. The Metallurgy of Welding [M]. London: Chapman and Hall, 1962.
[13] Mejis H D, Stephen A C, Smith D C. Microstructure and mechanical properties of self-shielded flux cored arc weld metal [J]. ASM International, 1986: 503-507.
[14] 胡强，魏琪，蒋建敏，等．稀土元素对自保护药芯焊丝的影响 [J]. 焊接学报，2001，22（2）：39-42.
[15] Gedeon S A, Eagar T W. Assessing hydrogen-assisted cracking fracture modes in high-strength steel weldments [J]. Welding Journal, 1990, 69 (6): 213s-264s.
[16] Lancaster J F. The Physics of Welding [M]. New York: Pergamon Press, 1984.
[17] 周振丰，张文钺．焊接冶金与金属焊接性 [M]. 2版．北京：机械工业出版社，1993.
[18] Seferian D. The Metallurgy of Welding [M]. London: Chapman and Hall, 1962.
[19] Mirza R M, Gee R. Effects of shielding gases on weld diffusible hydrogen contents using cored wires [J]. Science and Technology of Welding & Joining, 1999, 4 (2): 104-111.
[20] Максяшев Т П. Расчет равновесного содержния водорода b Металле сварочной Ванны [J]. Сварочное производство, 1984 (4): 7-9.
[21] Kita S, Shinagawa K. The ABC's of Arc Welding and Inspection [M]. 4th ed. Tokyo: Kobe Steel LTD, 2011.
[22] Elliott J F, Gleiser M, Ramakrishna V. Thermochemistry for Steelmaking Ⅱ [M]. New Jersey: Addison Wesley, 1963.
[23] Burck P A, Indacochea J E, Olson D L. Effects of welding flux additions on 4340 steel weld metal composition [J]. Welding Journal, 1990, 69 (3): 115s-122s.
[24] Kim J H, Frost R H, Olson D L. Electrochemical oxygen transfer during direct current arc welding [J]. Welding Journal, 1998, 77 (12): 488-494.
[25] Kim J H, Frost R H, Olson D L, et al. Effect of electrochemical reactions on submerged arc weld metal compositions [J]. Welding journal, 1990, 69 (12): 446-453.
[26] Потапов Н Н. Основы Выбора флюсов при сварке сталей [М]. Москва: Машиностроение, 1979.
[27] 范希营，郭永环．氧化铈对低合金钢焊条焊缝硫磷的影响 [J]. 焊接学报，2010，31（12）：70-72.

[28] 刘会杰．焊接冶金与焊接性［M］．北京：机械工业出版社，2007.
[29] 陈裕川．焊条电弧焊［M］．北京：机械工业出版社，2013.
[30] 储继君．扎实做好行业工作，推动行业平稳转型升级［J］．焊接，2014（8）：13-18.
[31] 聂常海．中国焊接材料市场走势分析及展望［J］．新材料产业，2014（5）：40-44.
[32] 陈茂爱，齐勇田．埋弧焊［M］．北京：化学工业出版社，2014.
[33] 张文钺．焊接冶金学（基本原理）［M］．北京：机械工业出版社，2011.
[34] 吴志生，杨立军，李志勇．现代电弧焊方法及设备［M］．北京：化学工业出版社，2010.

第4章 熔池凝固与焊缝组织

熔化焊过程是焊接热源（电弧、激光和电子束等）加热、熔化母材和填充材料（焊条、焊丝等）形成熔池，而后凝固形成焊缝的过程。熔池的凝固行为对焊接接头（焊缝）的组织结构和性能具有决定性的影响。本章主要讨论焊接熔池的凝固（结晶）行为及其与焊缝组织的关系（包括结晶形核、结晶形态、焊缝的凝固组织焊接参数对焊缝凝固组织的影响等）、焊缝金属的不均匀性、焊缝金属的固态转变和焊缝组织的调控方法等。

4.1 焊接熔池的结晶形核

4.1.1 自发形核与非自发形核

根据结晶理论，结晶过程由形核和长大两个过程构成，而形核又有两种机制：自发形核和非自发形核。所谓**自发形核是指新相晶核在液相中直接生成，即晶核由液相中的一些原子团直接形成，此时，新相在液相中是均匀形核的，因此又称作均匀形核；非自发形核（图4-1）有时又称作异质形核，是指新相优先依附在液相中的杂质表面或外来表面形核**，显然，此时的形核是不均匀的，因此也称为非均匀形核。与其他相变过程一样，无论是自发形核还是非自发形核，都将引起体系的自由能发生变化。如果忽略体积变化引起的应变能，凝固过程形核对体系自由能的变化影响主要有两方面：一方面，从液态形成固态晶核将使体系自由能降低；另一方面，晶核形成所构成的新的界面又会引起体系自由能增加。前者是形核的驱动力，后者对形核是阻力。

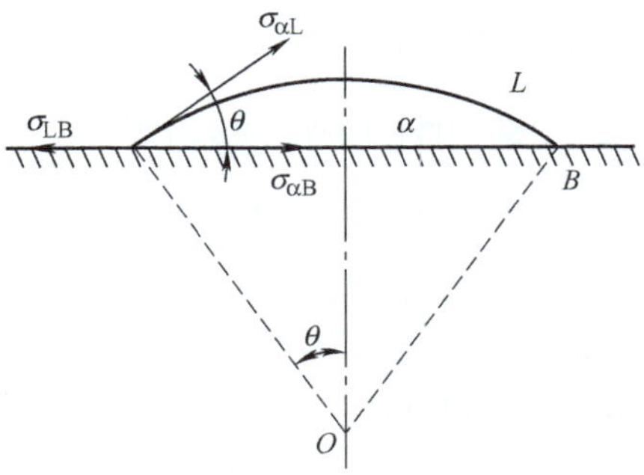

图4-1 非自发形核示意图

只有当晶核达到某一临界尺寸时，其长大才能使体系自由能降低，因而可以继续生长。根据热力学原理可以导出该临界晶核尺寸[1]：

$$r^* = -\frac{2\sigma}{\Delta G_v} \tag{4-1}$$

或

$$r^* = -\frac{2\sigma T_m}{\Delta H_m \Delta T} \tag{4-2}$$

式中，r^*为临界晶核的半径（对自发形核，为临界球形晶核半径；对非自发形核，为临界球冠状晶核的曲率半径）；σ 为新相与液相间的界面张力；ΔG_v 为等温、等压条件下单位体积液、固两相自由能差；T_m 为液、固两相的平衡温度；ΔT 为过冷度；ΔH_m 为体积凝固焓变（熔化热）。

无论形成自发晶核还是非自发晶核，都需要克服一定的能量。形成临界自发晶核所需克服的能量为[1]

$$\Delta G^* = \frac{16\pi\sigma^3}{3\Delta G_v^2} \tag{4-3}$$

或

$$\Delta G^* = \frac{16\pi\sigma^3 T_m^2}{3(\Delta H_m \Delta T)^2} \tag{4-4}$$

在液相中形成非自发晶核所需的能量为

$$\Delta G = \frac{16\pi\sigma^3}{3\Delta G_v^2}\,\frac{2-3\cos\theta+\cos^3\theta}{4} \tag{4-5}$$

即

$$\Delta G = \Delta G^*\,\frac{2-3\cos\theta+\cos^3\theta}{4} \tag{4-6}$$

式中，θ 为非自发晶核的浸润角。

式（4-5）和式（4-6）中，当 $\theta=0$ 时，$\Delta G=0$，说明新相和现成形核表面完全润湿；当 $\theta=180°$时，$\Delta G=\Delta G^*$，说明液相中只存在自发形核，不存在非自发形核的现成表面。通常 $\theta=0\sim180°$，$\Delta G/\Delta G^*=0\sim1$，现有形核表面将降低形成临界晶核所需的能量，有利于晶核的形成。

4.1.2 焊接熔池的形核机制

为了理解熔池凝固结晶形核的可能机制，首先对焊接过程中熔池及其周边的结构和行为进行简要的分析。

如图 4-2 所示，焊接熔池通常指的是以液相线温度 T_L 等温线（面）围成的完全熔化区，其形状与焊接速度和热输入有关，一般类似鸡蛋状，快速焊接时类似泪滴状。在熔池外围有一个 T_L 与 T_S 等温线（面）围成的环带，为固/液混合区。图 4-2 中同时定性地给出了熔池位置焊缝中心线、熔化边界及非熔化边界对应的温度分布。由于焊接过程中热源通常是以一定的速度匀速移动的，移动距离与时间之间为线性关系，因此，实际上这些温度分布曲线也同时表征了焊缝中心线、熔化边界及非熔化边界上任意一点在焊接过程中的热循环。

图 4-2 中以焊接方向（热源移动方向）为参考，通过熔池最高温度点 O、垂直焊缝中心线（面）的直线（平面）将焊接熔池及其周围的固/液两相带分成“前端”和“后端”两部分：随着热源连续向前移动，前端任意一点温度都处于上升过程中，后端任意一点温度都处于下降过程中。由此可以推知，虽然熔池周围 T_L 与 T_S 等温线（面）之间围成的区域均为固/液混合区，但不同位置的固/液混合区的状态和行为并不相同。前端固/液混合区的温度仍处在上升通道，其中的固相将继续熔化，因此将该区域称为“部分熔化区”；而后端固/液混合区的温度处在下降通道，整个后端固/液混合区都处在凝固过程中，但该

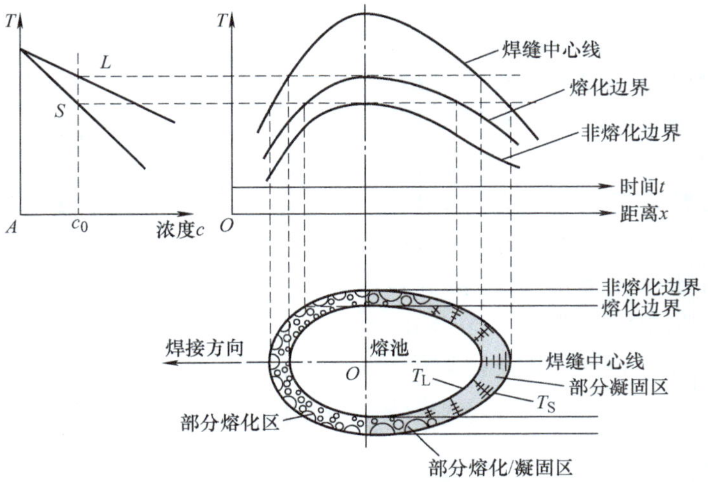

图 4-2　焊接熔池的结构

区又可进一步分为两个区：两边熔化边界之间的固/液混合区和熔化边界与非熔化边界之间的固/液混合区，前者称为“部分凝固区”，后者称为“部分熔化/凝固区”。显然，焊接过程中部分凝固区凝固前是完全熔化的，其凝固形成焊缝，而部分熔化/凝固区是从部分熔化开始凝固的，其凝固形成熔合区（熔合区相关内容将在第 5 章中详细讨论）。

研究表明，焊接过程中熔池结晶形核的主导机制是非自发形核。熔合区现有基体金属表面、部分凝固区的破碎枝晶、部分熔化区游离出来的晶粒和高熔点异质颗粒等都可能成为发生非自发形核的条件。

1. 熔合区基体金属表面

在熔化焊中，熔池边界（熔化边界）具有最低的温度，凝固结晶通常都是从熔化边界开始的。熔池凝固过程中最常见的一种形核机制是在熔合区附近被加热到半熔化状态的基体金属表面直接形核，因为在这些位置形核所需克服的能量非常低。多数情况下焊缝金属成分和晶体结构与基体（母材）金属相近甚至基本相同，此时，焊缝金属对基体金属表面的润湿角几乎为零，由式（4-5）可知 $\Delta G=0$，这意味着新晶核的形成不需要克服任何能量，实际上是一种直接长大，称为“联生结晶”或“外延生长”（将在后面再讨论）。即便当焊缝金属成分和结构与基体差异较大时（如异种材料焊接、焊丝和焊条等填充材料成分与母材差异较大等），在现有基体晶粒表面结晶形核所需要的能量仍然是比较低的，除非焊缝金属对母材完全不润湿。

2. 枝晶破碎

焊接过程中，熔池内温度不均匀且很不稳定，加之焊接气体的驱动、焊接热源（电弧、激光和电子束等）的移动、焊条或焊丝的摆动及熔池内部气体的逸出等作用，使得熔池内发生强烈的对流和搅拌，这种对流和搅拌可能使部分凝固区的枝晶破碎，如图 4-3 所示。如果这些破碎的枝晶进入熔池且能够保留下来，就可能成为新晶粒形成的晶核[2]，因为新晶粒在这些破碎的枝晶上形核需要克服的能量极低。

3. 晶粒分离

焊接过程中熔池内的对流和搅拌作用还可能使部分熔化区内的晶粒分离出来，进入熔池后端，成为新晶粒形成所需要的晶核[2]，如图4-3a所示。理论上，虽然部分熔化区都可能会有晶粒分离出来，但只有当这些分离出来的晶粒靠近熔池后端时才可能保留下来。那些远离熔池后端（尤其是熔池最前端）的部分熔化区分离出来的晶粒是很难存留下来的。

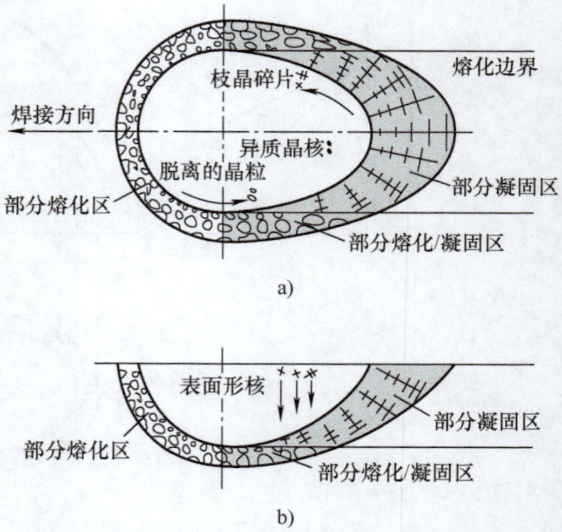

图4-3 熔池形核机制示意图

a）熔池俯视图 b）熔池纵剖侧视图

4. 异质形核

异质形核通常是指液体凝固结晶时以异质质点为核心形核的一种现象。如上所述，当液体金属中存在高熔点异质质点（如氧化物、氮化物、碳化物、硼化物等），且异质质点（颗粒）与凝固金属间的界面能低于液态金属与凝固金属间的界面能时，液态金属就会倾向于依附在异质表面上排列成晶体形态形核。如图4-4a所示是质量分数为0.043% Ti的6061铝合金钨极气体保护电弧焊焊缝中观察到的两个等轴晶中心的异质晶核[3]。研究表明，这些异质晶核可能是TiB_2；图4-4b所示是AISI 430Ti铁素体不锈钢激光焊焊缝等轴晶中心的异质晶核（Ti的氮化物或氧化物）[4]。异质形核多发生在焊缝金属中心等轴晶区域，焊缝金属（母材或焊接填充材料）中往往含有形成高熔点质点（金属间化合物、氧化物、氮化物、碳化物、硼化物等）趋势较大的合金元素，如钛（Ti）、锆（Zr）、铌（Nb）等。正因为如此，这些合金元素通常具有细化焊缝晶粒的作用。

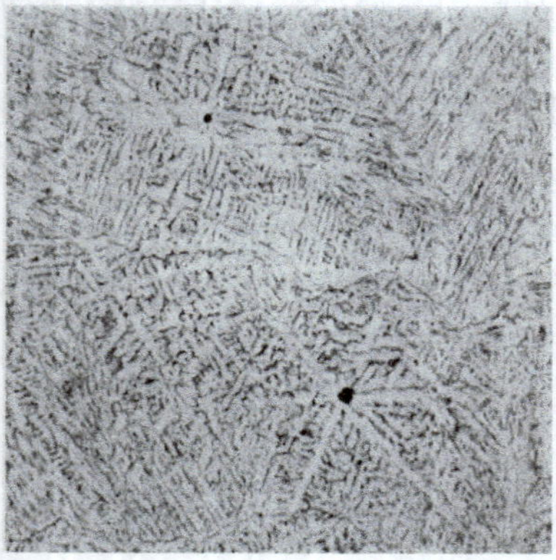

a)

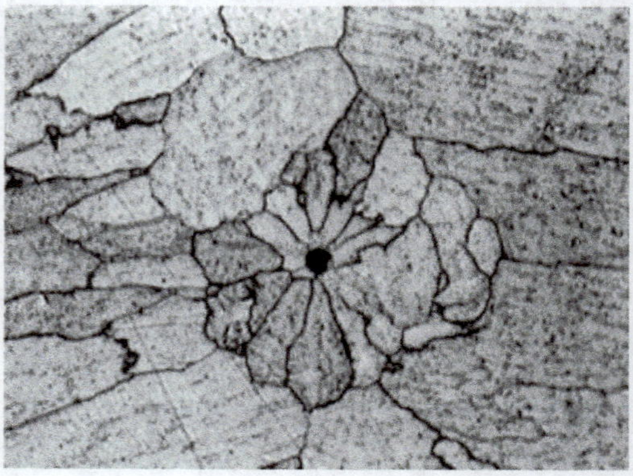

b)

图4-4 焊缝等轴晶中的异质晶核

a）6061铝合金钨极气体保护电弧焊焊缝等轴晶中心的TiB_2异质晶核[3]

b）AISI 430Ti铁素体不锈钢激光焊焊缝等轴晶中心的异质晶核（Ti的氮化物或氧化物）[4]

当焊缝金属与母材金属晶体结构不同时，熔池金属也有可能在母材熔化边界部分熔化的基体金属表面上非自发形核[5]，这种情况也属于一种异质形核。

5. 表面形核

焊接过程中，熔池后端热源位置之外的熔池表面冷却快、温度较低，容易形成深度过冷，引发表面形核[2]。由于固态晶核密度较熔池液态金属大，在熔池对流和搅拌作用下，这些晶核也有可能进入熔池内部，成为凝固结晶的核心，如图 4-3b 所示。

4.2 焊接熔池的晶核长大

4.2.1 凝固过程中的成分过冷

为了便于分析熔池凝固结晶的长大行为，先简要讨论一下凝固过程中的一个重要概念——“成分过冷”。

由金属学理论知道，纯金属具有固定的熔点，其理论凝固温度（T_m）也固定不变。当液体金属中的温度低于其理论凝固温度 T_m 时，就形成过冷，这种过冷通常称为“热过冷”。与纯金属不同，在合金凝固过程中，溶质在固、液相中将重新分配，固、液相成分并不相同，这种成分的差异将影响液相的凝固温度。

如图 4-5 所示，成分 c_0 的合金从液态降温凝固，即便在平衡凝固条件下（凝固速度极慢），固、液两相成分仍然不同，但两相成分都是均匀的。“平衡分配系数”（或称“平衡偏析系数”）表征了固、液两相间的溶质分配。定义平衡分配系数 k：

$$k = \frac{c_S}{c_L} \tag{4-7}$$

式中，c_S 和 c_L 分别是固、液界面上固相和液相的溶质浓度。

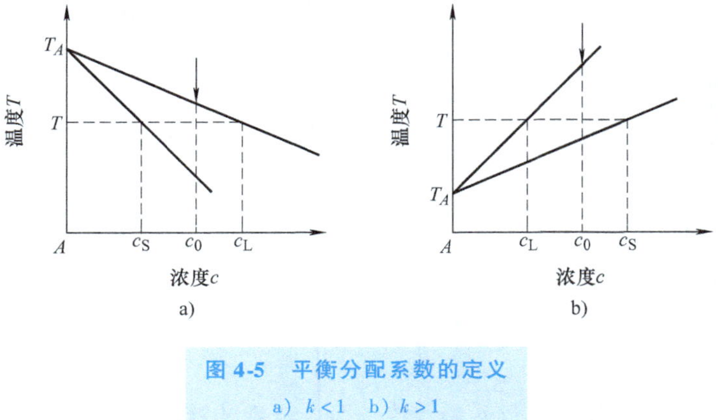

图 4-5 平衡分配系数的定义

a) $k<1$ b) $k>1$

通常情况下，k 的值取决于温度，当固相线和液相线近似为直线时，k 近似为常数。**k 的值越接近 1，表明合金凝固时溶质重新分配的程度越小；反之，表明溶质重新分配的程度越大（固、液两相浓度差别越大）。**

在实际中，由于溶质在固相中扩散非常缓慢，平衡凝固基本是不存在的。作为比较接近实际凝固条件的情形，假定凝固时固相中的扩散可以忽略，液相中没有对流且扩散是有限的，固、液两相间仅在凝固界面保持平衡。考虑一个 $k<1$ 的合金系，由于液相中扩散速率有限，被固相排出的溶质将在凝固界面前沿液相中形成一个富集层，如图 4-6 所示。在该溶质富集层中，靠近凝固界面（固/液界面）一侧溶质浓度最高，该浓度经过一个短暂的初始过渡期后将进入稳定状态，其值达到最大值 c_0/k。溶质富集层中任意一点的浓度为[6]

$$c_L = c_0\left[1+\frac{1-k}{k}e^{-(R/D_L)x}\right] \tag{4-8}$$

或表示为[7]

$$\frac{c_L-c_0}{c_0/k-c_0}=e^{-(R/D_L)x} \tag{4-9}$$

式中，R 为凝固速率；D_L 为液相中溶质的扩散系数；x 为距离凝固界面的距离。

显然，当 $x=0$ 时，c_L-c_0 有最大值 $c_0/k-c_0$；当 $x=D_L/R$ 时，$c_L-c_0=(c_0/k-c_0)/e$，降到最大值的 1/e。习惯上定义**溶质富集层厚度**为

$$\delta = D_L/R \tag{4-10}$$

根据凝固界面前沿富集层中溶质的浓度分布，对应相图中的液相线可以获得溶质富集层的液相线温度分布。当凝固界面前沿实际温度低于该液相线温度时，在溶质富集层中就形成了过冷，这种现象就是所谓的**成分过冷**，如图 4-6 所示。

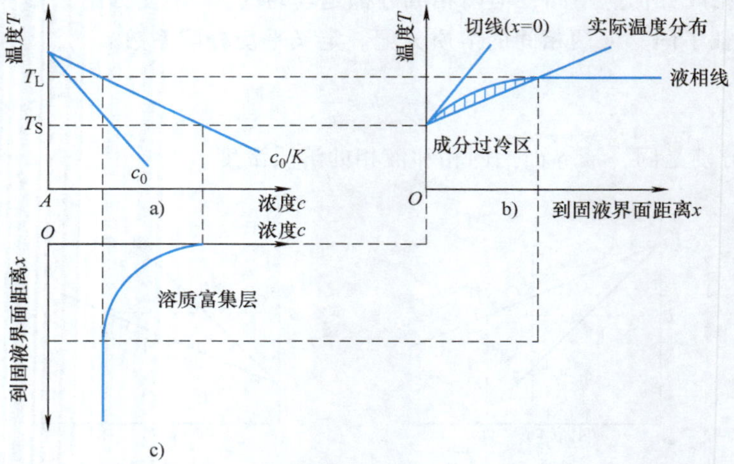

图 4-6 成分过冷的形成

如果在图 4-6 中假定分配系数 k 为常数，即合金系的液相线为直线，则根据图 4-6 中的几何关系不难导出固液界面前沿溶质富集层中液相线的温度分布[1]：

$$T_L = T_A - mc_0\left[1+\frac{1-k}{k}e^{-(R/D_L)x}\right] \tag{4-11}$$

式中，T_L 为固液界面前沿距离 x 位置的液相线温度；T_A 为纯溶剂（A）组元的熔点；m 为合金系液相线斜率（即图 4-6a 中液相线斜率）。根据式（4-11）可以导出成分过冷形成的

条件：

$$G \leqslant \left(\frac{\mathrm{d}T_{\mathrm{L}}}{\mathrm{d}x}\right)_{x=0} \tag{4-12}$$

即

$$G \leqslant \frac{Rmc_0}{D_{\mathrm{L}}} \frac{1-k}{k} \tag{4-13}$$

或

$$\frac{G}{R} \leqslant \frac{mc_0}{D_{\mathrm{L}}} \frac{1-k}{k} \tag{4-14}$$

式中，G 为凝固界面前沿的温度梯度，式（4-14）表明，当合金系确定时，G/R 值越小，越容易形成成分过冷；当凝固条件（G/R）确定时，溶质含量越高，越容易形成成分过冷，液相中溶质的扩散系数越小，越容易形成成分过冷。

4.2.2　凝固结晶形态

凝固过程中固液界面的稳定性及结晶形态与固液界面前沿成分过冷情况有关[7-16]。根据成分过冷理论，由于过冷条件不同，大致可以形成**平面结晶、胞状结晶、胞状树枝结晶、树枝状结晶和等轴结晶五种凝固结晶形态**。

1. 平面结晶

当固液界面前沿温度梯度 G 为正且比较大时，固液界面前沿实际温度曲线 T 不与液相线 T_{L} 相交，因此不出现成分过冷现象。此时，凝固所释放的热量全部靠界面后方的固体输运，使结晶界面缓慢地向前推移，结晶呈平面形态，称为平面结晶，如图 4-7 所示。由于结晶是逐步地向较热的液体金属内推进，晶体长大受到限制，所以界面平整。这种平面结晶常发生在高纯度的纯金属焊缝中，因为纯金属凝固时不存在成分过冷现象。如纯铌板氩弧焊时就是以平面结晶的形态长大的。

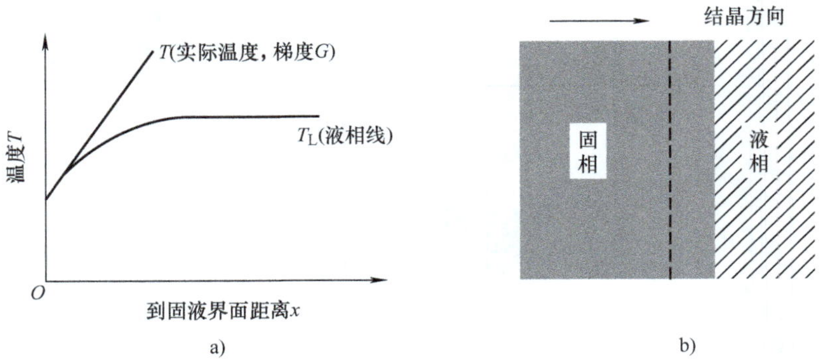

图 4-7　平面结晶

a）成分过冷条件　b）结晶形态

2. 胞状结晶

当固液前沿实际温度曲线 T 与液相线 T_{L} 相交距离较短，即具有较小成分过冷时，便

出现胞状结晶。此时平面结晶界面处于不稳定的状态，凝固界面长出许多平行束状的芽胞伸入过冷的液体内，如图 4-8 所示，断面是六角形的胞状结晶形态，如同细胞状或蜂窝状。

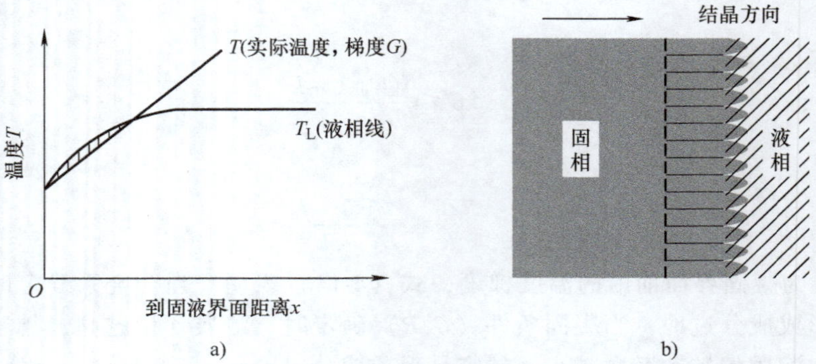

图 4-8 胞状结晶形态

a）成分过冷条件 b）结晶形态

3. 胞状树枝结晶

当固液界面沿实际温度曲线 T 与液相线 T_L 相交距离较大时，将出现胞状树枝晶。此时成分过冷较大，界面上凸起部分能够深入液体内部较长的距离，如图 4-9 所示。与此同时，凸起部分也向周围排释溶质，于是在横向也产生了成分过冷，从主干向横向方向伸出短小的二次横枝。但由于主干的间距较小，所以二次横枝也比较短，这样就形成了特殊的胞状树枝结晶。

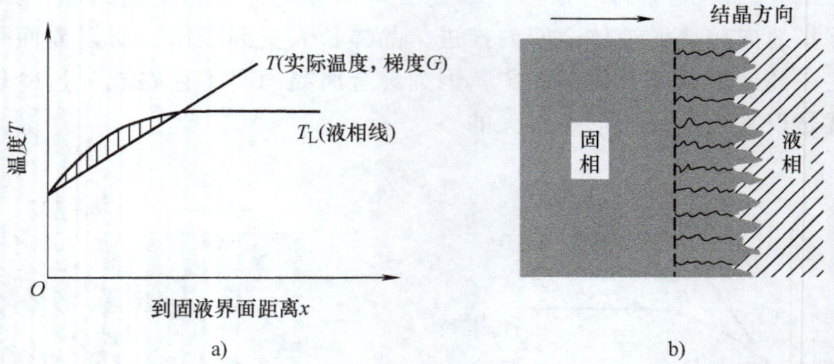

图 4-9 胞状树枝结晶形态

a）成分过冷条件 b）结晶形态

4. 树枝状结晶

当固液界面前沿成分过冷进一步增大，即固液界面前沿实际温度曲线 T 与液相线 T_L 相交的距离很大时，在一个晶体内除产生一个很长的主干之外，还向四周伸出二次横枝，因而形成明显的树枝状结晶，如图 4-10 所示。

5. 等轴结晶

当液相中的温度梯度 G 很小，能在液相中形成很宽的成分过冷区，此时不仅在结晶前

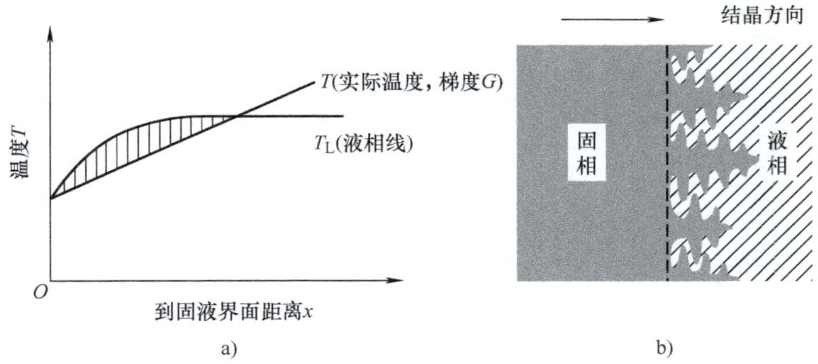

图 4-10　树枝状结晶形态
a）成分过冷条件　b）结晶形态

沿形成树枝状结晶，同时也能在液相的内部生核，产生新的晶核。这些晶核的四周不受阻碍，可以自由成长，形成等轴晶，如图 4-11 所示。

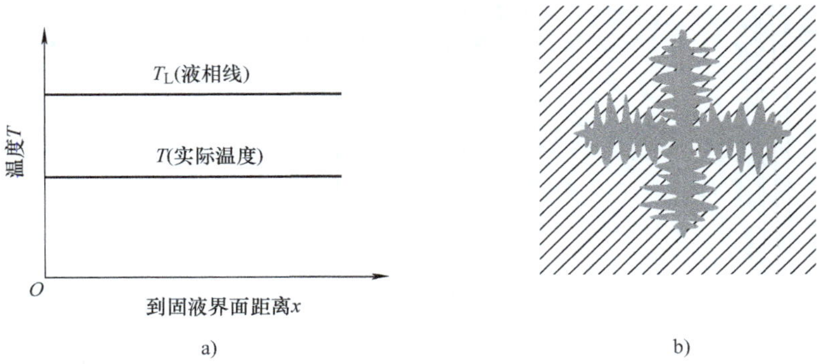

图 4-11　等轴结晶形态
a）成分过冷条件　b）结晶形态

图 4-12 中显示了上述四种典型的结晶形态：平面结晶、胞状结晶、树枝状结晶和等轴晶结晶[2]。

结晶形态取决于液固界面前沿的成分过冷程度，而式（4-14）又表明，对于一个确定的合金系，成分过冷的程度与固液界面前沿温度梯度 G、凝固速率 R 和合金中溶质的浓度 c_0 有关，因此，结晶形态主要取决于 G、R 和 c_0 的综合作用，如图 4-13 所示。当结晶速度 R 和温度梯度确定时，随合金中溶质浓度的提高，则成分过冷增加，从而使结晶形态由平面晶变为胞状晶、胞状树枝晶、树枝状晶，最后到等轴晶；当合金中溶质的浓度 c_0 一定时，结晶速度 R 越快，成分过冷的程度越大，结晶形态也可由平面晶过渡到胞状晶、树枝状晶，最后到等轴晶；当合金中溶质浓度 c_0 和结晶速度 R 一定时，随固液界面前沿液相温度梯度的提高，成分过冷程度减小，结晶形态由等轴晶、树枝状晶逐步演变到平面晶。

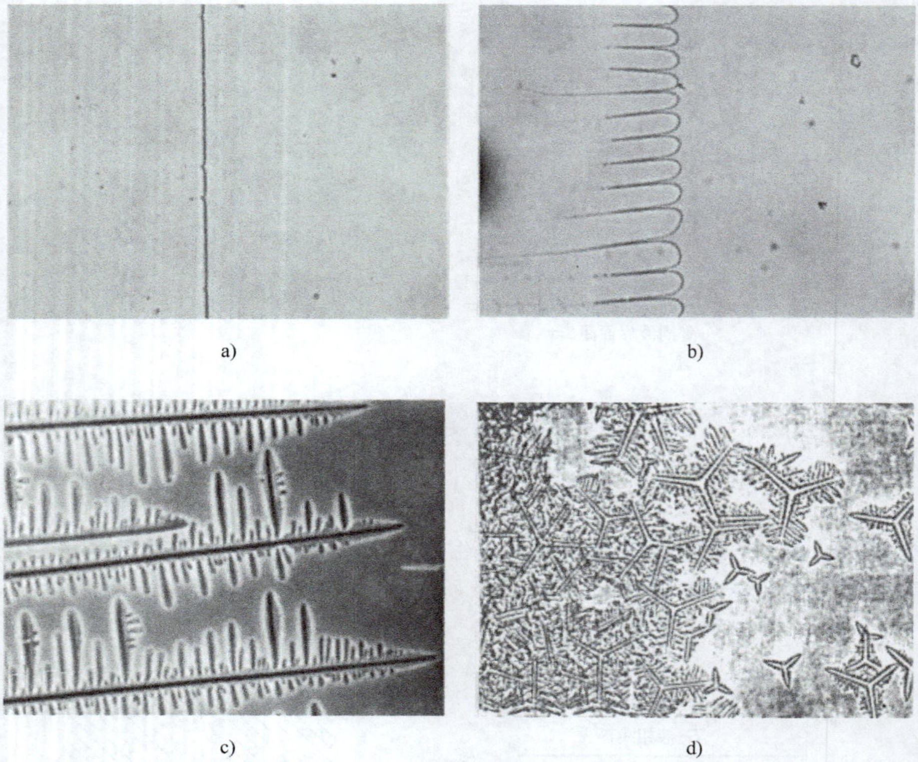

图 4-12　四种典型的凝固结晶形态[2]

a）四溴化碳的平面结晶　b）四溴化碳的胞状结晶　c）四溴化碳的树枝状结晶　d）环己醇的等轴晶结晶

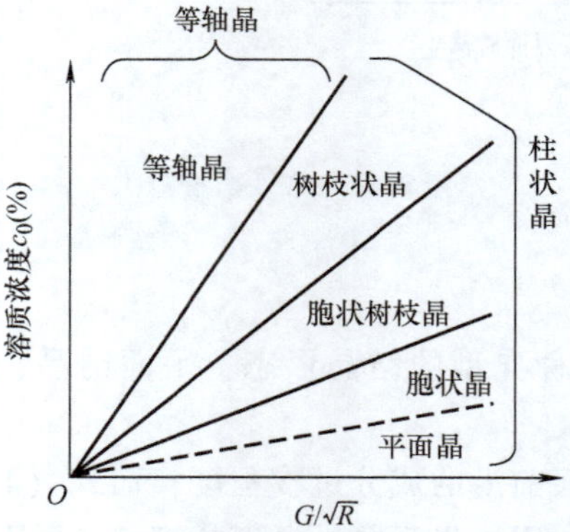

图 4-13　G、R 和 c_0 对结晶形态的影响

4.2.3　焊接熔池的结晶形态

不同焊缝的显微组织不同，即使在同一焊缝中，不同位置的显微组织也不同，这种差异源于不同焊接熔池及其不同位置的结晶行为的差异。如上所述，凝固过程中的微观结晶形态取决于固液界面前沿的成分过冷程度，而成分过冷程度又与固液界面前沿温度梯度 G 和凝固速率 R 等因素有关。由式（4-14）可以看出，G/R 值越小，越容易形成成分过冷，成分过冷程度越大。在焊接熔池中，不同位置的温度梯度和凝固速率可能都有差异，因此，熔池中不同位置的结晶行为和形态也表现出较大的差异。

首先分析熔池不同位置的温度梯度差异。焊接过程中，熔池边界实际上是 T_L 等温线，由前述焊接热过程的有关讨论和分析可知，由于焊接热源以一定的速度（焊接速度）移动，因此焊接熔池通常在焊接方向上被拉长，熔池最高温度点（图 4-14 中 O 点）到焊缝中心线上熔池后端边界（图 4-14 中 C 点）的距离，远比到焊缝两侧熔池边界（图 4-14 中 B 点）的距离大，因此，焊缝中心线上熔池后端边界法向的温度梯度（G_C）要比焊缝两侧溶池边界法向的温度梯度（G_B）小，如图 4-14 所示。

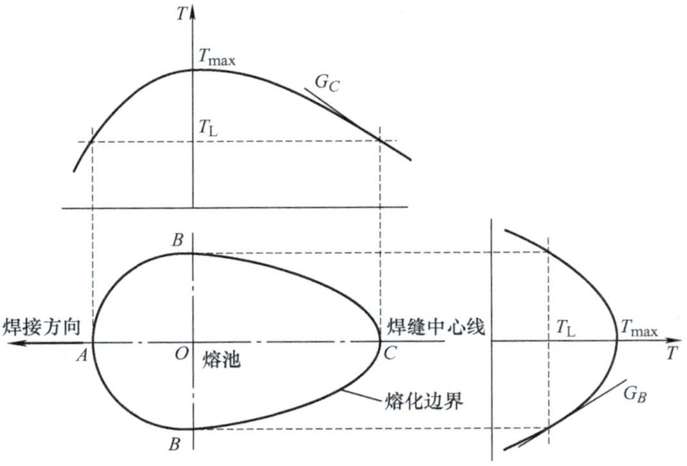

图 4-14　熔池温度分布示意图

再分析熔池不同位置的凝固（结晶）速率。焊接过程达到稳定状态后，焊接熔池是随焊接热源等速移动的，熔池的凝固速率必然和焊接速度有关，但熔池不同位置的凝固（结晶）生长方向与焊接方向的夹角不同，其凝固速率自然也不同。如图 4-15 所示，考察熔池从 t 到 $t+dt$ 时刻的移动距离与熔池后端边界上任一点 P 在相同时间内的凝固距离之间的关系，显然有

$$R_n dt = v dt\cos\alpha = R dt\cos(\alpha - \beta) \tag{4-15}$$

整理得到[17]

$$R = \frac{v\cos\alpha}{\cos(\alpha - \beta)} \tag{4-16}$$

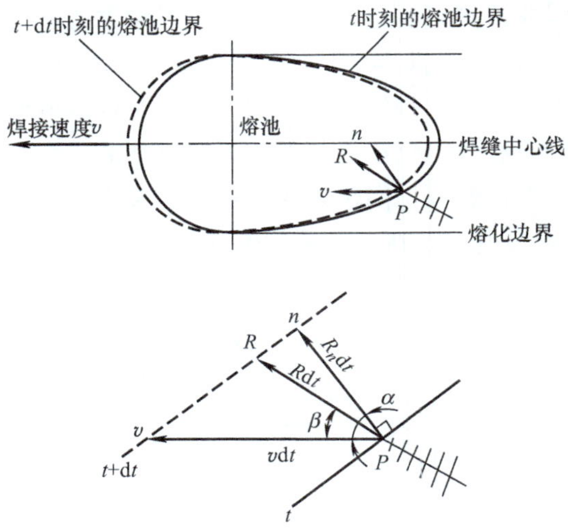

图 4-15　凝固速率 R 与焊接速度 v 的关系

式中，R 为 P 点的凝固速率；v 为焊接速度；R_n 为 t 时刻熔池边界与 $t+\mathrm{d}t$ 时刻熔池边界在 P 点法向的距离；α 为焊接方向与 P 点法向的夹角；β 为焊接方向与 P 点凝固结晶长大方向的夹角。实际中，凝固结晶倾向于沿散热最快的方向即温度梯度最大的方向生长，而温度梯度最大的方向通常就是熔池边界的法向，因此，α 和 β 通常差异并不大。当 $\alpha=\beta$ 时

$$R = v\cos\alpha \tag{4-17}$$

由式（4-17）知，在焊缝中心线熔池边界上，$\alpha=0$，$R=v$；在焊缝两侧熔池边界上，$\alpha=90°$，$R=0$。图 4-16a 定性表示了熔池后端边界上法向温度梯度和凝固速度的分布，图 4-16b 定性地给出了熔池后端边界上法向温度梯度（数值）和凝固速率与距焊缝中心线距离的关系（即在焊缝垂直方向的分布）。

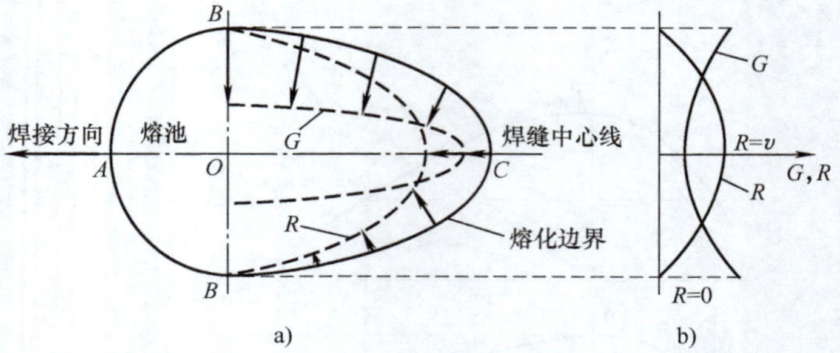

图 4-16　熔池后端边界上温度梯度 G 和凝固速率 R 的分布示意图

a）熔池后端边界上法向 G 和 R 的分布　b）熔池后端边界上法向 G 和 R 在焊缝垂直方向的分布

由图 4-16 可以看到，在焊缝中心线熔池边界 C 点，R 最大，而 G 最小；在焊缝两侧熔池边界（B 点），R 最小（≈ 0），而 G 最大。由此可以得出结论：

$$\left(\frac{G}{R}\right)_C \ll \left(\frac{G}{R}\right)_B \tag{4-18}$$

从焊缝两侧熔池边界到焊缝中心线熔池边界，G/R 值是减小的。

结合式（4-14），上述分析进一步的结论是，从焊缝两侧熔池边界到焊缝中心线熔池边界，成分过冷的程度是增大的；在焊缝两侧熔池边界位置，几乎不存在成分过冷，而在焊缝中心线熔池边界位置，成分过冷非常大。

上述熔池不同位置成分过冷程度的差异，将引起熔池不同位置结晶形态的变化，如图 4-17 所示。在焊缝两侧熔池边界，由于基本不存在成分过冷，凝固结晶只能以平面形

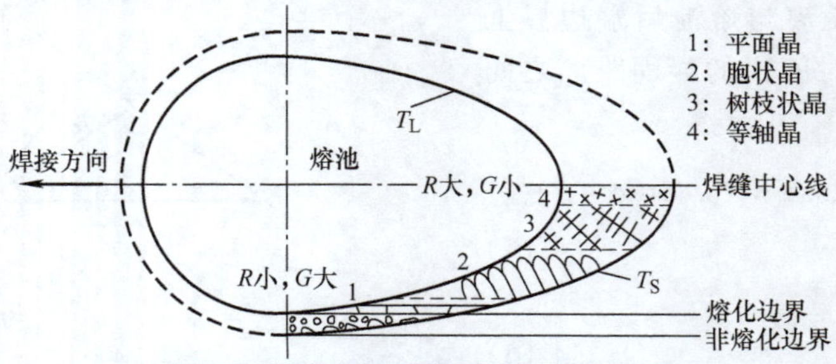

图 4-17　焊接熔池结晶形态的分布

态缓慢推进；而在焊缝中心线熔池边界，由于过冷度非常大，凝固常常以等轴晶（等轴树枝晶）形态进行。从焊缝两侧熔池边界位置到焊缝中心线熔池边界位置，显微结晶形态依次是平面晶、胞状晶、树枝状晶和等轴晶，在胞状晶和树枝状晶之间，有时还会出现胞状树枝晶。其中，平面晶、胞状晶、胞状树枝晶和树枝状晶均呈现柱状晶形态。

4.2.4　联生结晶与竞争生长

如 4.1.2 节中所述，在熔化焊中，当焊缝金属成分和晶体结构与基体（母材）金属相近甚至基本相同时，熔池凝固过程中最常见的一种形核机制是在熔合区附近被加热到半熔化状态的基体金属晶粒表面直接形核，这种现象实际上是熔化的焊缝金属直接在现有晶粒上长大，称为“**联生结晶**”或“**外延生长**”。

熔池金属凝固过程中还存在竞争生长现象。液态金属在凝固时需要释放出凝固潜热，因此，焊缝中的柱状晶总是倾向于沿着固液界面的法线方向生长，因为这个方向具有最大的温度梯度，散热最快；另一方面，每一种结构的晶体，都有一个生长速率最大（最容易生长）的晶体学方向。表 4-1 列出了几种常见晶体结构最大生长速率的方向，对于最常见的体心立方（bcc）和面心立方（fcc）晶体，其最大生长速率方向是 <100>。在熔池凝固过程中，那些最容易生长的方向与最大温度梯度方向一致的晶粒生长最快，因此能够得到充分生长，可以从熔化边界一直长到焊缝中心，形成粗大的柱状晶。而对于一些最容易生长方向与最大温度梯度方向不一致的晶粒，因生长速度较慢，在成长过程中将被排挤，最终停止生长。图 4-18 简要示意了焊接熔池中的联生结晶和竞争生长现象。

表 4-1　常见晶体结构最大生长速率的方向[18]

晶体结构	容易生长的方向	典型材料
面心立方（fcc）	<100>	铝合金，奥氏体不锈钢
体心立方（bcc）	<100>	碳钢，铁素体不锈钢
密排六方（hcp）	$<10\bar{1}0>$	钛，镁
体心正方（bct）	<110>	锡

图 4-19 所示为 Ti-5Al-5V-5Mo-3Cr 合金电子束焊缝的金相照片，图中左下为母材，右上为焊缝。可以看到熔化边界附近联生结晶（外延生长）非常明显，联生结晶的柱状晶中含有胞状树枝晶。图 4-20 所示为 LD10CS 铝合金高频直流脉冲氩弧焊焊缝的联生结晶（图中右下为母材，左上为焊缝）。图 4-21 所示为碳钢表面钨极氩弧焊熔敷 Stellite + WC 焊缝中的树枝状晶照片，可以清晰地看到其中树枝状晶之间的竞争生长。

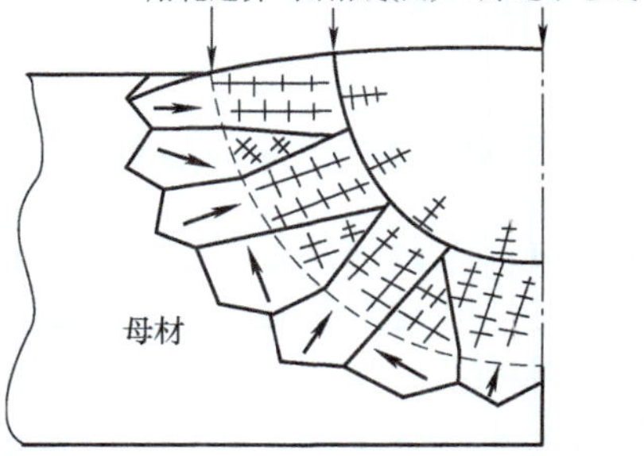

图 4-18　焊接熔池中的联生结晶和竞争生长现象

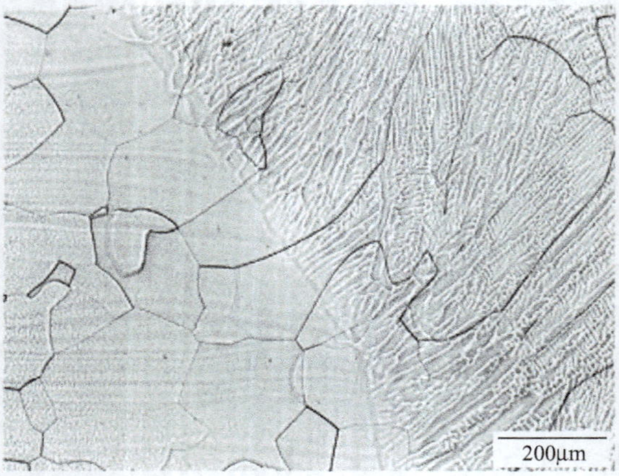

图 4-19 Ti-5Al-5V-5Mo-3Cr 合金电子束焊缝的金相照片[19]

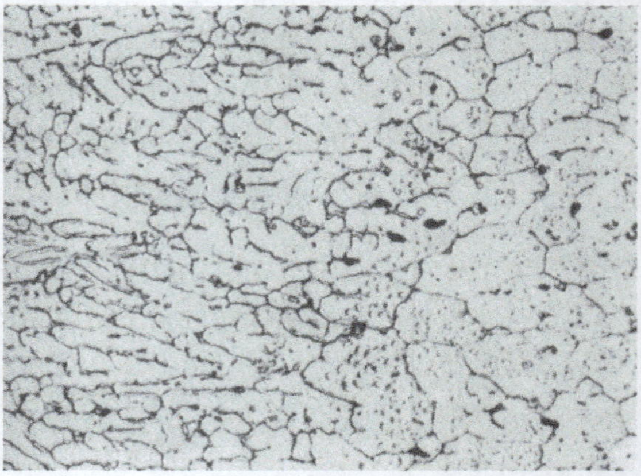

图 4-20 LD10CS 铝合金高频直流脉冲氦弧焊焊缝的联生结晶（200×）[20]

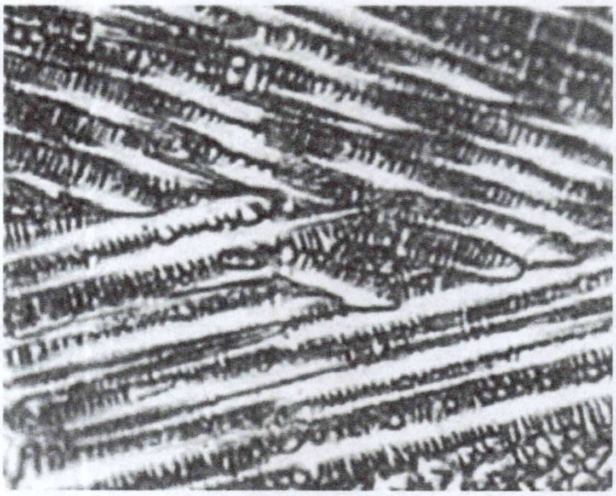

图 4-21 碳钢表面钨极氩弧焊熔敷 Stellite + WC 焊缝中的树枝状晶照片[21]

4.3 焊缝的凝固组织

4.3.1 焊缝凝固组织的一般特征

如上所述，实际焊接过程中热源是连续移动的，随着热源的连续前移，热源位置新的熔池不断形成，热源后部熔池不断凝固，由此可见熔池的形成和凝固是一个连续的过程。

焊缝由移动的熔池连续凝固而形成，焊缝的凝固组织由熔池凝固行为决定。从熔池来看，凝固仅发生在熔池的后端边界，熔池边界不同位置具有不同的凝固结晶速率、生长方向和结晶形态；另一方面，从焊缝的角度来看，焊缝金属凝固通常从熔化边界开始（而且常常发生联生结晶），向焊缝中心以柱状晶形态生长，其生长方向总是倾向于熔池边界的法向。很明显，**熔池边界不同位置凝固结晶速率、生长方向和结晶形态的变化，实际上反映了焊缝中从焊缝边界向焊缝中心生长的柱状晶在不同位置的结晶生长速率、方向和显微形态的变化**，如图 4-22 所示。

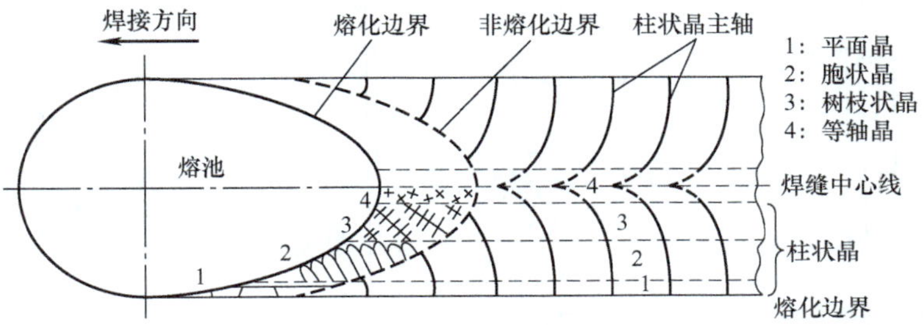

图 4-22　焊缝组织与熔池凝固行为的关系

由熔池凝固与焊缝组织之间的关系不难理解，**焊缝凝固组织一般由柱状晶和等轴晶组成：在焊缝中心区域，由于过冷度大，温度梯度小，时常形成等轴晶；从焊缝边界到中心等轴晶区之间是柱状晶**。理论上，从焊缝熔化边界到焊缝中心，柱状晶的显微结晶形态依次是平面晶、胞状晶、树枝晶（在胞状晶和树枝状晶之间，有时还会出现胞状树枝晶），焊缝中心等轴晶的显微结晶形态为等轴晶。但在实际中，上述显微结晶形态并不一定都出现，例如在有些条件下焊缝中心区等轴晶有可能不存在，此时，柱状晶可以一直长到焊缝中心；另外，柱状晶并不总是连续生长的，只有少数柱状晶通过竞争生长，可以一直连续长到焊缝中心（见 4.2.4 节）。由于熔池的边界通常是弯曲的，焊缝柱状晶的主轴方向（生长方向）也必然是弯曲的。在焊缝边界，柱状晶生长方向与焊缝垂直（$\alpha = 90°$），而在焊缝中心线，如果等轴晶不存在，柱状晶生长方向与焊接方向一致（$\alpha = 0°$）。图 4-23 ~ 图 4-27 显示了几种典型的焊缝凝固组织。

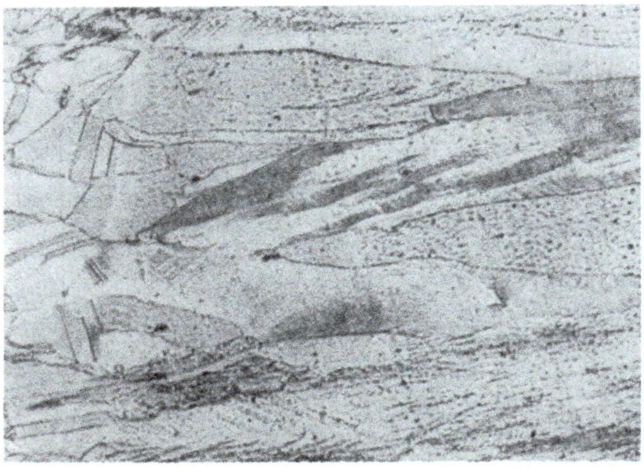

图 4-23　T2 纯铜埋弧焊接头平面结晶形成的柱状晶（50 ×）[20]

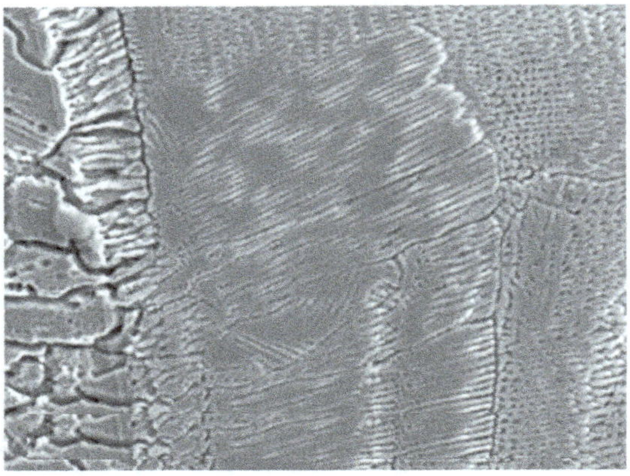

图 4-24　AISI 304 与 Inconel 600 激光焊焊缝胞状晶[22]

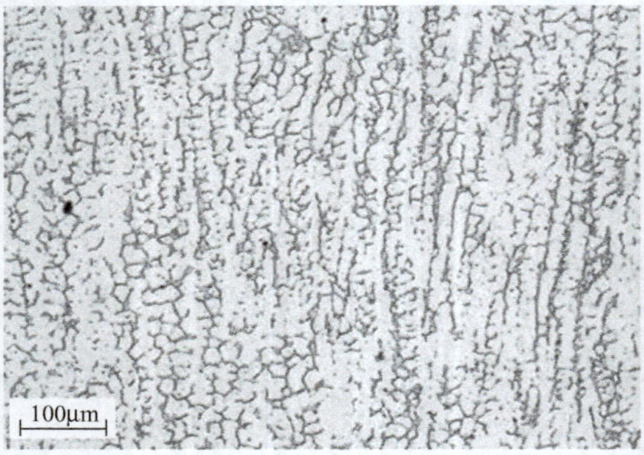

图 4-25　AISI 316L 奥氏体不锈钢埋弧焊焊缝胞状树枝晶（焊丝：AWS E309MoL-16）[23]

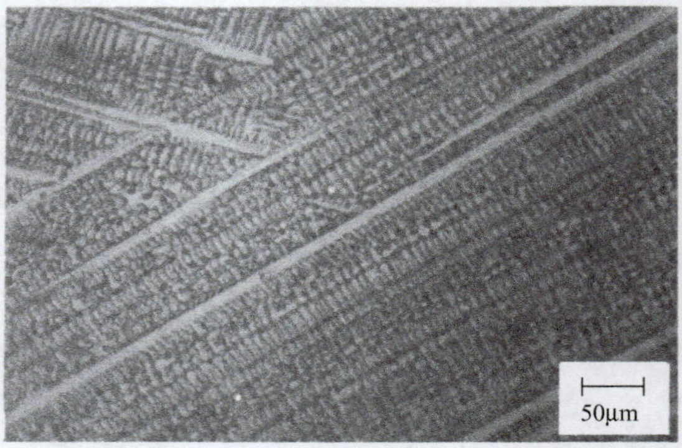

图 4-26　蒙乃尔合金钨极氩弧焊焊缝树枝状晶[6]

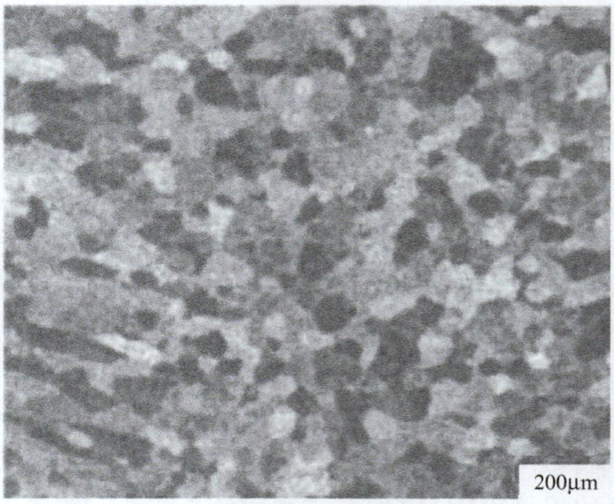

图 4-27　铁素体不锈钢熔化极气体保护电弧焊焊缝中心等轴晶[24]

4.3.2　焊接参数对焊缝凝固组织的影响

焊缝的凝固组织由熔池凝固行为决定，而熔池的凝固行为与焊接参数密切相关。**焊接参数对焊缝凝固组织的影响主要表现在两方面：对焊缝柱状晶结晶主轴方向的影响和对显微结晶形态及其结构尺度（枝晶臂和胞晶间距等）的影响。**

1. 焊接参数对焊缝柱状晶主轴方向的影响

如上所述，由于熔池凝固结晶倾向于沿散热最快的方向即垂直熔池边界生长，熔池边界不同位置的生长方向实际上是焊缝中从焊缝边界向焊缝中心生长的柱状晶主轴在同一位置的方向，因此，式（4-17）中的 α 实际上表征了焊缝中柱状晶的主轴方向与焊接方向的夹角。显然，α 与熔池的形状有关，而熔池的形状又与焊接速度、焊接热输入和被焊材料的热物理性质有关，因此，在一定的条件下，可以利用焊接传热理论导出 α 与焊接速度、焊接热输入和被焊材料热物理性质的关系。例如，对于图 4-28 所示的大厚件表面快速堆

焊熔池，其边界为三维曲面，有[25]

$$\cos\alpha=\left[1+A\frac{Pv}{a\lambda T_M}\left(\frac{K_y^2+K_z^2}{1-K_y^2-K_z^2}\right)\right]^{-\frac{1}{2}} \tag{4-19}$$

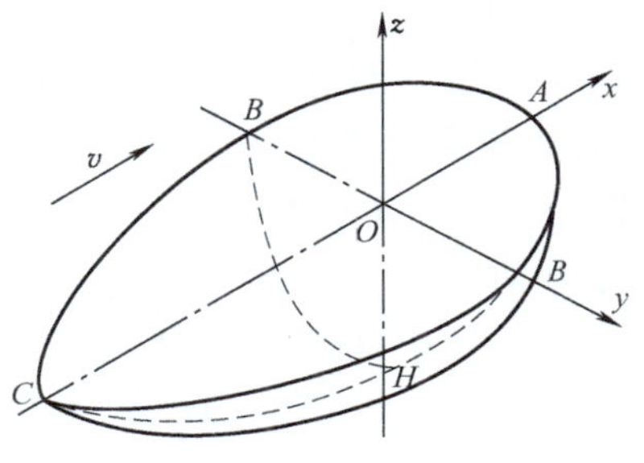

图 4-28　大厚件表面堆焊熔池示意图

式中，$A=0.043\,217$ 为常数；P 为焊接热源的有效功率（J/s）；v 为焊接速度（cm/s）；a 为被焊金属的热扩散系数（cm^2/s）；λ 为被焊金属的热导率 [W/(cm·℃)]；T_M 为被焊金属的熔点（℃）；$K_y=Y/|OB|$，$|OB|$为 $z=0$ 平面即焊接面上熔池最大半宽；$K_z=z/|OH|$，$|OH|$为熔池最大深度；y 和 z 为熔池边界（曲面）上的位置坐标。

为简单起见，讨论 $z=0$ 平面即焊接面上的情况，在式（4-19）中令 $z=0$ 有

$$\cos\alpha=\left[1+A\frac{Pv}{a\lambda T_M}\left(\frac{K_y^2}{1-K_y^2}\right)\right]^{-\frac{1}{2}} \tag{4-20}$$

即

$$\cos\alpha=\left[1+A\frac{Ev^2}{a\lambda T_M}\left(\frac{K_y^2}{1-K_y^2}\right)\right]^{-\frac{1}{2}} \tag{4-21}$$

式中，E 为焊接线能量输入，$E=P/v$。

式（4-21）是焊接面上熔池边界上不同位置凝固生长方向与焊接方向的夹角与焊接速度、焊接热输入和被焊材料热物理性质的关系，也是焊接面上焊缝柱状晶结晶主轴方向与焊接方向的夹角与焊接速度、焊接热输入和被焊材料热物理性质的关系。

根据式（4-21）还可以进一步从理论上解释前述对焊缝柱状晶主轴方向变化的分析：从焊缝边界到焊缝中心（y 减小），柱状晶的主轴方向与焊接方向的夹角逐渐减小；当 $y=|OB|$时，$\cos\alpha=0$，$\alpha=90°$，即在焊缝边界，结晶主轴方向与焊接方向垂直；当 $y=0$ 时，$\cos\alpha=1$，$\alpha=0$，即结晶主轴方向与焊接方向一致。由式（4-21）可以得到的进一步结论是，**当焊接热输入不变时，随焊接速度增大，$\cos\alpha$ 值减小，焊缝柱状晶结晶主轴方向与焊接方向的夹角 α 增大**。如图 4-29 所示，产生这一现象的主要原因是，随着焊接速度的提高，焊接熔池被拉长，熔池后端边界任一点的法向与焊接方向的夹角增大。事实上，在较高的焊接速度条件下，熔池后端边

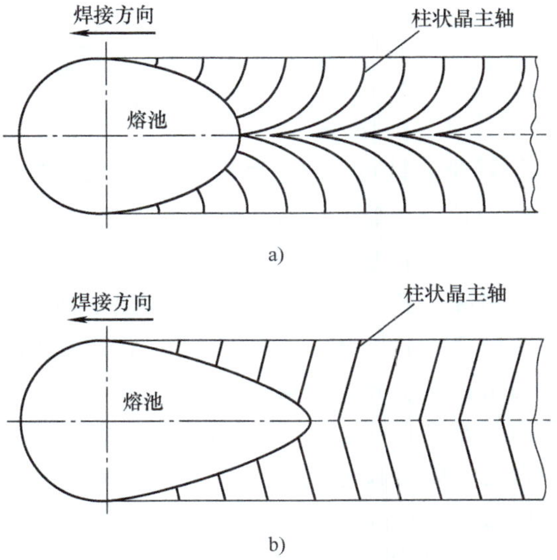

图 4-29　焊接速度对熔池形状和焊缝柱状晶主轴方向的影响
a）低速焊接　b）高速焊接

界曲率越来越小（甚至接近直线），焊缝柱状晶主轴越来越直，而且近乎垂直焊缝。实际焊接证明了这一现象，如图 4-30 所示，在保持焊接热输入大体不变的条件下，纯铝钨极氩弧焊焊缝中的柱状晶在低速焊接（$v=250\text{mm/min}$）时是弯曲的，但在高速焊接（$v=1000\text{mm/min}$）时基本是直的，且与焊缝中心线大体垂直。

a)

b)

图 4-30　焊接速度对纯铝钨极氩弧焊焊缝组织的影响[26]
a）$v=250\text{mm/min}$　b）$v=1000\text{mm/min}$

2. 焊接参数对焊缝显微结晶形态及其结构尺度的影响

与一般金属凝固一样，**焊缝凝固显微结晶形态及其结构尺度也主要受熔池凝固过程中固/液界面前沿的温度梯度（G）和凝固生长速率（R）**控制。由凝固理论已经知道，固/液界面前沿的温度梯度 G 和凝固生长速率 R 是影响凝固微观组织形态和尺度的两个最基本参数：G/R 反映了固/液界面前沿的过冷程度，因而决定微观结晶形态，而 $G\cdot R$ 表征了凝固过程的冷却速率，从而影响微观组织的尺度，如图 4-31 所示。一个 G/R 值对应着一个结晶形态，随着 G/R 的减小，凝固结晶形态由平面晶顺序向胞状晶、树枝晶和等轴晶转变；G/R 越大，越倾向于形成柱状晶；G/R 减小，越倾向于形成等轴

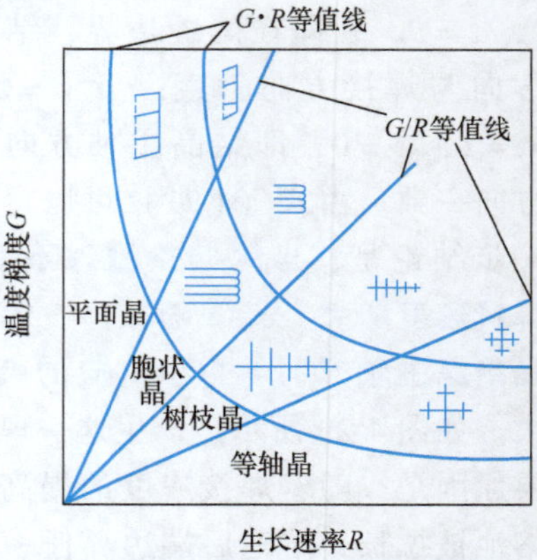

图 4-31　G 和 R 对显微凝固结晶形态和尺度的影响

晶；一个 $G \cdot R$ 值对应着一个结构尺度，随着 $G \cdot R$ 的增大，微观组织尺度减小（细化）。

焊接参数对焊接熔池凝固过程中的温度梯度和生长速率有显著影响，因此对焊缝凝固显微组织形态及其结构尺度也有明显影响。对于一个稳定的焊接过程，焊接熔池是随热源等速移动的。一般地，对于同一种焊接方法，在焊接热输入恒定的条件下，随着焊接速度增大，熔池结晶速率（R）将增大，熔池边界温度梯度尤其是熔池中心线附近边界温度梯度（G）趋于减小，G/R 值减小，熔池凝固结晶时成分过冷程度增加，焊缝中心更容易出现等轴晶；在焊接速度恒定的条件下，随着焊接热输入增加，熔池边界温度梯度（G）趋于减小，G/R 和 $G \cdot R$ 值均趋于减小，熔池凝固结晶时成分过冷程度趋于增加，焊缝中心也更容易出现等轴晶，焊缝结晶显微结构尺度增加（粗化）。如图 4-32 所示，如果保持焊接热输入大体恒定，大功率、高速焊接时将较小功率、低速焊接时熔池边界的温度梯度小，而固/液界面前沿的成分过冷程度大，因此，大功率、高速焊接时焊缝中心区域更容易形成等轴晶。

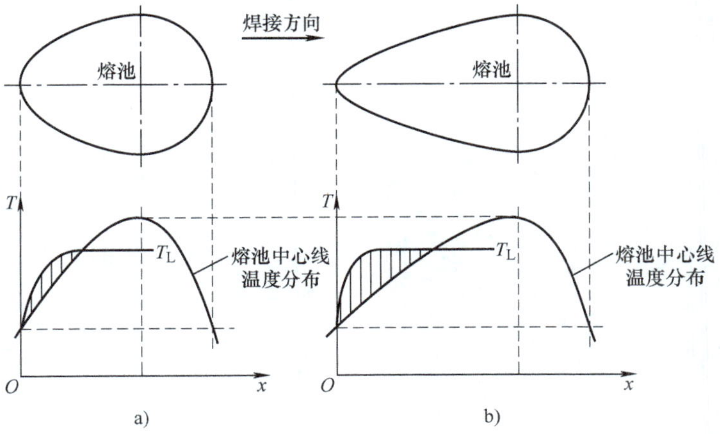

图 4-32 焊接热输入恒定时焊接速度对熔池固/液界面前沿温度梯度及过冷度的影响
a）低速焊接 b）高速焊接

图 4-33 所示为焊接速度对 5052 铝合金钨极气体保护焊焊缝组织结构的影响。每种焊速下均保证试样焊透，即焊接热输入大体相同，随着焊接速度增加，G/R 值减小。很明显，在焊接速度较低时，焊缝中基本没有等轴晶，随着焊接速度增加，焊缝中心等轴晶增加；另外，从图中还可以再一次观察到焊接速度对焊缝柱状晶主轴方向的影响：焊速较低时，焊缝中的柱状晶是弯曲的，而焊速较高时，焊缝中的柱状晶基本是直的，且趋于垂直焊缝。图 4-34 显示了在焊接速度相同条件下热输入对 6061 铝合金钨极气体保护焊焊缝显微组织的影响。可以看到，由于随焊接热输入增加，熔池边界温度梯度（G）趋于减小（G/R 值减小），焊缝中心区域等轴晶明显增加。图 4-35 显示了 $G \cdot R$ 值对 AISI 316L 奥氏体不锈钢埋弧焊焊缝显微组织尺度的影响。很显然，随着焊接速度减小和焊接热输入增加，R 和 G 均减小，焊接熔池凝固结晶 $G \cdot R$ 值减小，焊缝结晶显微结构尺度增加（粗化）。图 4-36 中采用填丝钨极氩弧焊焊接 AISI 304 不锈钢（焊丝：308stainless steel，双面开坡口正反两道焊接），考察了 G/R 值对焊缝组织结构的影响。随焊接速度和焊接热输入

增加，R 增加，G 减小，G/R 值减小，熔池结晶过冷度增加，焊缝枝晶倾向明显增加。图中 v_1 和 v_2 分别为正反面焊接速度，E_1 和 E_2 分别为正反面焊接热输入。需要指出的是，由于纯金属焊接熔池凝固时不存在成分过冷，结晶形态多是柱状晶（平面结晶），焊接参数对焊缝组织结构的影响主要表现在对焊缝柱状晶主轴方向的影响上，而对结晶形态影响不大，图 4-30 正反映了这一现象。

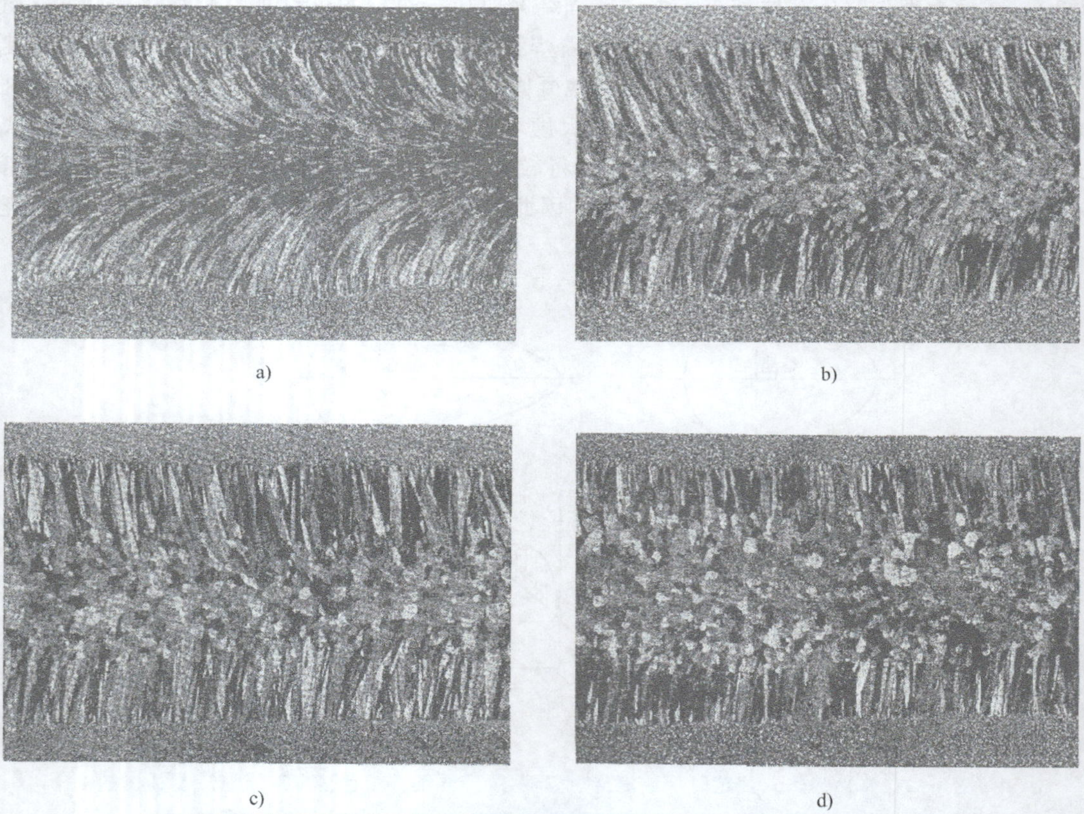

图 4-33　焊接速度对 5052 铝合金钨极气体保护焊焊缝组织结构的影响[26]

a）$v=104\text{mm/min}$　b）$v=500\text{mm/min}$　c）$v=750\text{mm/min}$　d）$v=1000\text{mm/min}$

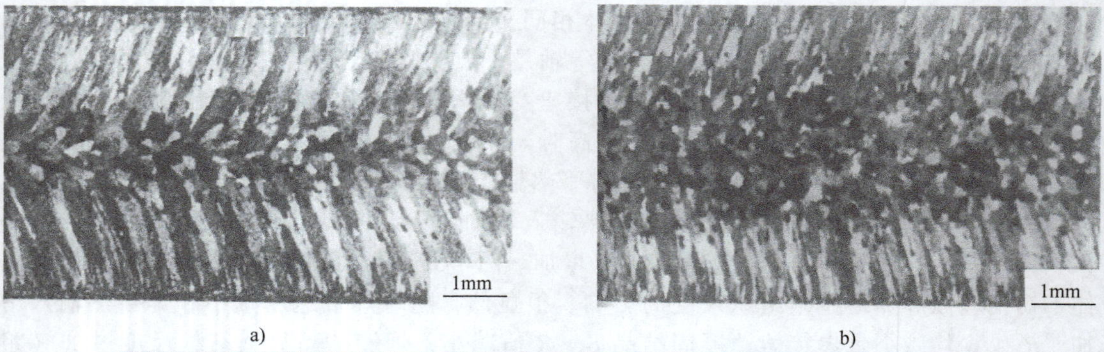

图 4-34　焊接热输入对 6061 铝合金钨极气体保护焊焊缝显微组织的影响[3]

a）热输入 100A×11V，焊接速度 12.7mm/s　b）热输入 120A×11V，焊接速度 12.7mm/s

焊接冶金原理

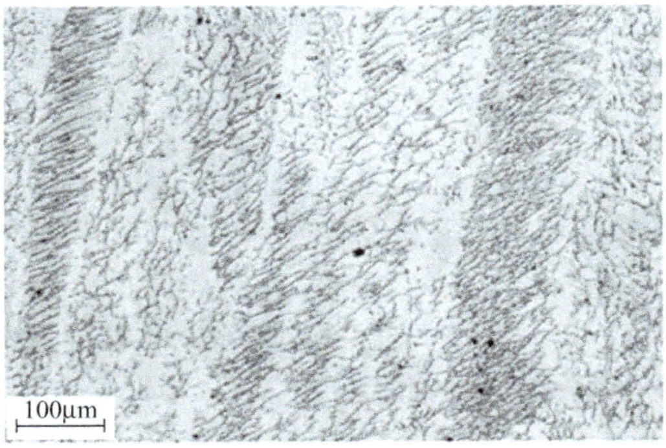

a)

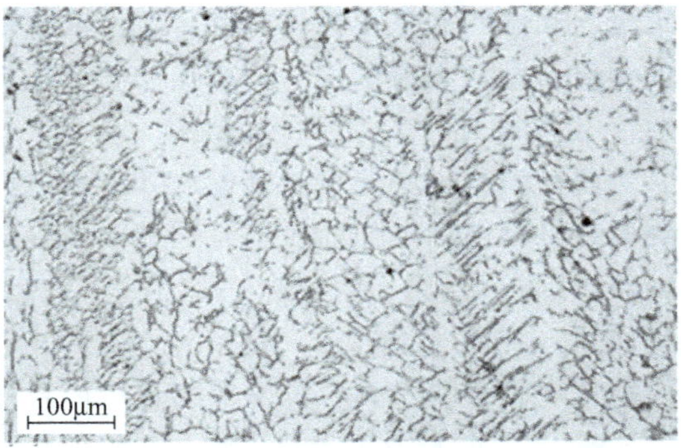

b)

图 4-35　*G* · *R* 值对 AISI 316L 奥氏体不锈钢埋弧焊焊缝显微组织尺度的影响（焊丝：AWS E309MoL-16）

a）$v=20\text{cm/min}$，$E=6.0\text{kJ/cm}$　b）$v=12.5\text{cm/min}$，$E=9.6\text{kJ/cm}$[23]

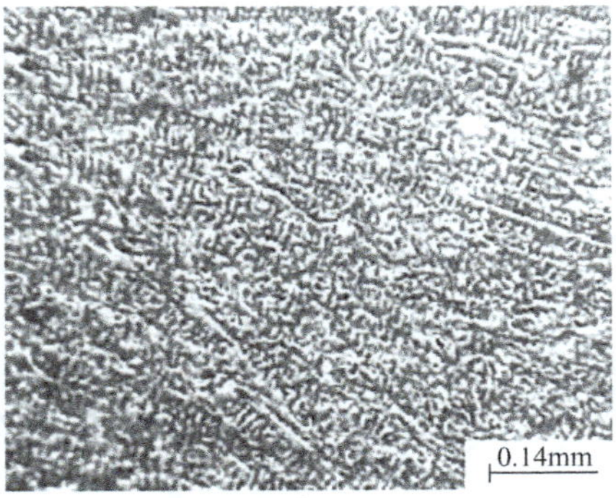

a)

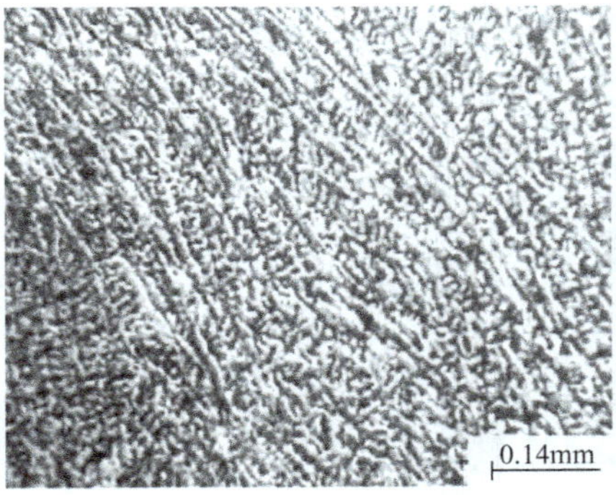

b)

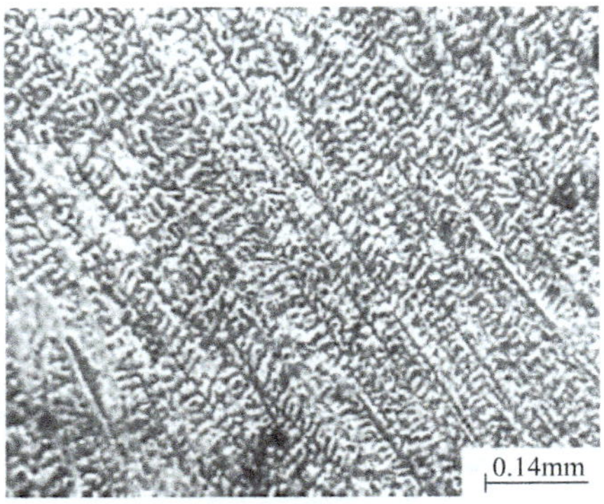

c)

图 4-36　*G*/*R* 值对 AISI 304 填丝钨极氩弧焊焊缝组织结构的影响（焊丝：308stainless steel）[27]

a）$v_1=2.252\text{mm/s}$，$v_2=2.243\text{mm/s}$，$E_1+E_2=2.563\text{kJ/mm}$

b）$v_1=3.030\text{mm/s}$，$v_2=3.003\text{mm/s}$，$E_1+E_2=2.784\text{kJ/mm}$

c）$v_1=3.846\text{mm/s}$，$v_2=3.787\text{mm/s}$，$E_1+E_2=3.017\text{kJ/mm}$

4.3.3　焊缝凝固组织的调控

材料的性能由其组织决定，为了获得优良的焊缝性能（强韧性），可以根据上述焊缝凝固组织的形成原理对焊缝的组织结构进行合理的调控。**一般而言，在组织形态上，柱状晶对焊缝性能不利，而等轴晶组织有利于获得良好的强韧性；在结构尺度上，焊缝的显微组织越细小，焊缝综合性能越好。**因此，为了获得良好的焊缝性能，一般希望焊缝凝固组织为细小的等轴晶。根据上述焊接熔池凝固和焊缝组织的关系原理，理论上，可以通过改变熔池的形核行为和（或）晶核长大行为对焊缝的凝固组织进行调控，前者主要是为了增加形核，后者主要是为了干扰柱状晶的生长。**调控的实现途径通常可以从冶金和工艺两方**

面考虑，冶金措施主要通过添加合金元素或形核剂进行变质处理，工艺措施主要有焊接参数的优化、脉冲电流焊接、熔池振动和电磁搅拌等。

1. 变质处理

变质处理是一种促进待凝固液体中形成异质形核质点，增加非自发形核而细化凝固组织的冶金处理技术。如前所示，通过向焊缝金属（母材或焊接填充材料）中添加一些形成高熔点质点（金属间化合物、氧化物、氮化物、碳化物、硼化物等）趋势较大的合金元素，如钛（Ti）、锆（Zr）、铌（Nb）、钒（V）等，可以促进熔池凝固过程中的非自发形核，细化焊缝晶粒。有时，变质剂也可以直接是化合物、碳化物等。

文献［28］采用钨极氩弧焊（GTA）焊接 Al-2.5% Mg 合金，考察了在焊缝金属中添加合金元素钛（Ti）对焊缝组织结构的影响，发现 Ti 具有显著的细化焊缝晶粒的作用：当添加 $w(\mathrm{Ti})=0.005\%$ 时，焊缝仍为柱状晶组织；当添加 $w(\mathrm{Ti})=0.011\%$ 时，焊缝中心出现大量的细小等轴晶，但焊缝边缘仍有一些柱状晶；当添加 $w(\mathrm{Ti})=0.029\%$ 时，焊缝全部为细小等轴晶组织，如图 4-37 所示。

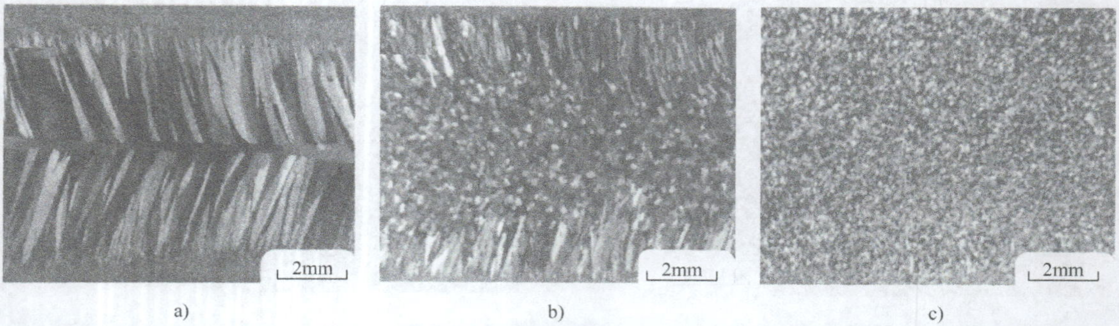

图 4-37　Ti 的添加量对 Al-2.5% Mg 合金钨极氩弧焊焊缝组织的影响（$v=10$ mm/s，$E=160$J/mm）[28]
a）w（Ti）$=0.005\%$　b）w（Ti）$=0.011\%$　c）w（Ti）$=0.029\%$

图 4-38 中显示了添加合金元素锆（Zr）对铝合金焊缝进行变质处理的效果：图中焊接方法为填丝钨极氩弧焊（GTA），被焊母材为 7020 Al-Zn-Mg 合金（Al-4.5% Zn-1.2%

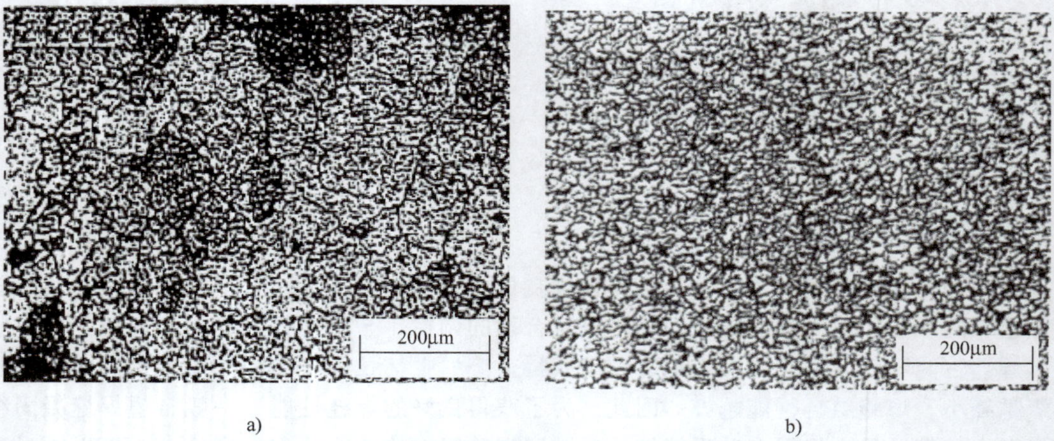

图 4-38　合金元素 Zr 对 7020 Al-Zn-Mg 合金钨极氩弧焊焊缝组织的影响[29]
a）未做变质处理　b）添加 0.5% Zr 做变质处理

Mg-0.15% Zr)，填丝为 Al-2.8% Zn-4.0% Mg。从图中可以看到未变质处理的焊缝组织比较粗大，而添加 0.5% Zr 变质处理的焊缝组织非常细小均匀，显示出合金元素 Zr 对铝合金焊缝具有良好的细化晶粒效果。

对于焊缝的变质处理，稀土元素常常有很好的细化晶粒效果。图 4-39 所示为 7010 铝合金钨极氩弧焊焊缝组织，从图中可以明显看到，较之原焊缝（未添加稀土元素 Sc）粗大的柱状晶（见图 4-39a），添加 0.25% Sc 的焊缝变为均匀的等轴晶（见图 4-39b）。

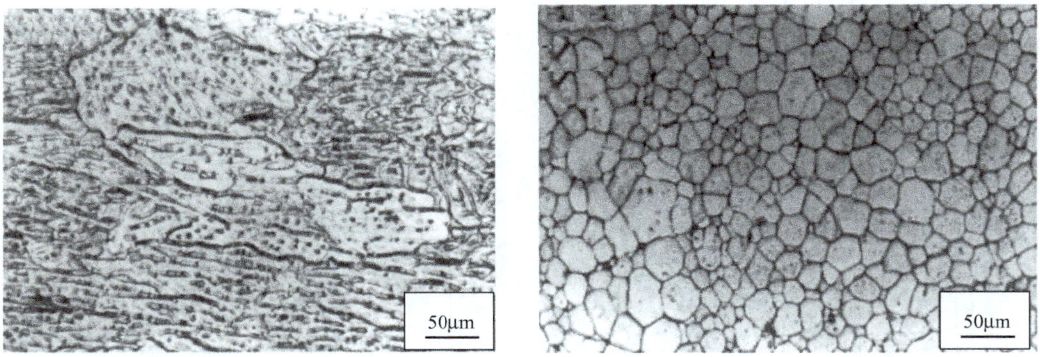

a)　　b)

图 4-39　稀土元素钪（Sc）对 7010 铝合金钨极氩弧焊焊缝组织的影响[30]

a）未做变质处理　b）添加 0.25% Sc 做变质处理

2. 焊接参数优化

如前所述，焊接参数对焊缝组织结构（结晶形态及其显微结构尺度）有显著影响，适当的焊接参数可以获得理想的焊缝组织结构和力学性能，相反，如果焊接参数不适当，可能会导致粗大的焊缝组织，甚至形成裂纹。因此，通过优化焊接参数，对焊缝的组织结构和性能进行调控，是焊接实践中的基本思路。

图 4-40 所示为焊接速度对 AISI 430Ti 铁素体不锈钢薄板激光焊焊缝组织结构的影响，

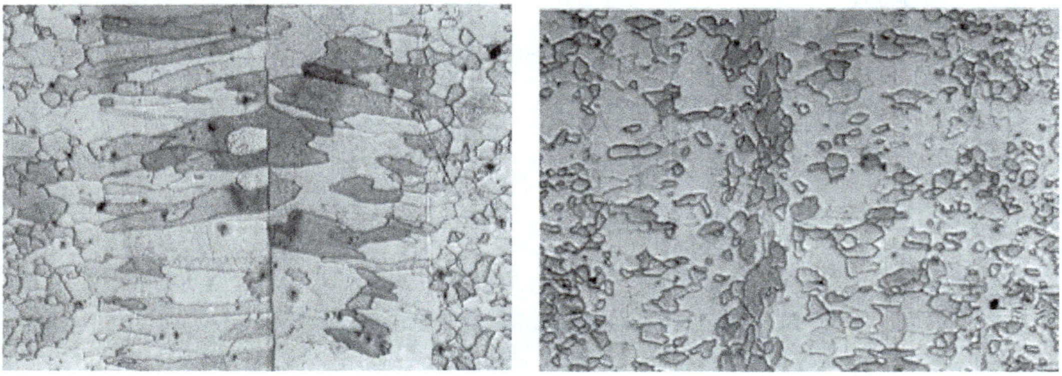

a)　　b)

图 4-40　焊接速度对 AISI 430Ti 铁素体不锈钢薄板激光焊焊缝组织结构的影响（$P=5.5\text{kW}$）[4]

a）$v=5\text{m/min}$（73×）　b）$v=11\text{m/min}$（73×）

当焊接功率恒定，焊接速度为5m/min时，焊缝为粗大的柱状晶，且两侧柱状晶在焊缝中心线汇合；当焊接速度为11m/min时，基本为等轴晶焊缝组织。两种组织结构相比较，显然后者更有利于获得好的焊缝性能，前者不仅不利于获得好的焊缝性能，而且还容易沿焊缝中心线形成裂纹。

3. 脉冲电流焊接

与普通直流或交流焊接相比，采用脉冲电流焊接有利于细化焊缝晶粒，改善焊缝的组织结构。如图4-41和图4-42所示，分别采用直流、交流、脉冲直流和脉冲交流钨极氩弧焊焊接TC4钛合金（Ti-6Al-4V）。很明显，采用普通直流或交流焊接时焊缝为柱状晶组织，但直流脉冲和交流脉冲焊接的焊缝均为等轴晶，且晶粒显著细化。

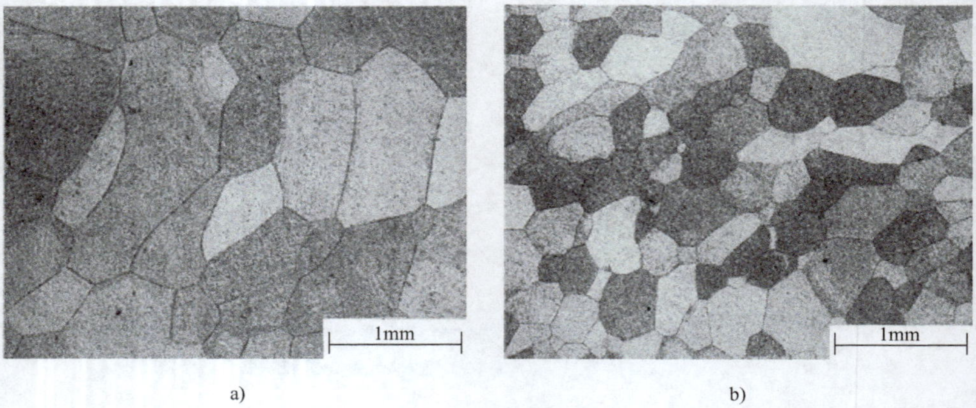

图4-41 Ti-6Al-4V合金钨极氩弧焊焊缝组织[31]
a）直流焊接 b）脉冲直流焊接

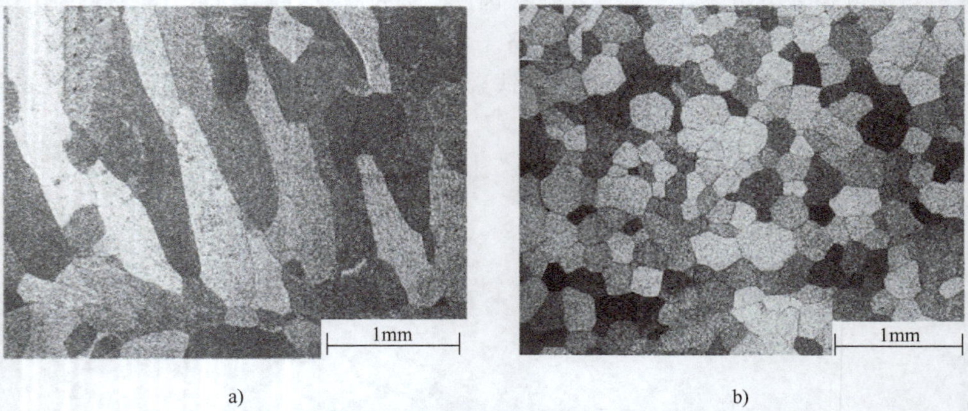

图4-42 Ti-6Al-4V合金钨极氩弧焊焊缝组织[31]
a）交流焊接 b）脉冲交流焊接

脉冲电流焊接焊缝的组织特点与其焊接时的热输入特点有关。脉冲焊接时的电流波形是在一定的基值电流基础上周期性地输出脉冲电流，从热输入角度来看，基值电流的热输入主要是对母材起预热作用，脉冲电流阶段的热输入才真正形成熔池实现焊接。短时的大电流脉冲形成的熔池将具有较快的凝固速度，而基值电流的预热又有利于减小熔池的温度梯度，因此，脉冲焊接熔池易于获得大的过冷度而形成等轴晶。另外，电流脉冲引起的电弧力脉冲对熔池有搅拌作用，尤其是高频脉冲对熔池还有超声振荡效应和电磁搅拌作用，这些效应都具有促进等轴晶的形成和细化晶粒的作用。

4. 熔池振动结晶

对熔池施加振动一方面将对正在成长的晶粒形成干扰甚至使其破碎，另一方面还有促进熔池内对流传热，减小结晶前沿温度梯度，增加熔池凝固结晶过冷度的效果。因此，对熔池施加振动有利于等轴晶的形成，细化焊缝晶粒，改善焊缝的组织结构。已经研究用于熔池振动的方式有低频机械振动和高频超声振动。

机械振动可以通过工件或焊丝激发熔池振动，其频率一般在 10kHz 以下，振幅在 2mm 以下。实践证明，机械振动可以细化晶粒，也有促进夹渣和气泡上浮的效果，有利于改善焊缝的成分分布、组织结构和力学性能。

超声振动是一种波，其频率在 20kHz 以上，但振幅只有 10^{-4}mm 量级。研究表明，超声振动可以使传播介质承受拉、压交替的应力，在焊接熔池中，这种高频率的拉、压交替应力将对正在成长的晶粒形成强大的冲击波而使其破碎，这种效应既限制了晶粒（尤其是柱状晶）的长大，又可增加结晶核心数量，从而可以促进等轴晶的形成并细化焊缝组织。如图 4-43 中采用钨极氩弧焊（GTA）填丝焊焊接超纯净铁素体不锈钢的成分（质量分数）为 0.007% C-0.25% Si-0.15% Mn-0.033% P-0.001% S-0.18% Ni-18.33% Cr-0.44% Nb-1.86% Mo-0.01% N），焊丝成分为 0.004% C-0.24% Si-0.10Mn-0.027 % P-0.001% S-0.10% Ni-18.23% Cr-0.42% Nb-1.88% Mo-0.01% N。焊接过程中通过焊丝对熔池引入超声振动，比较了不施加超声振动和施加超声振动的焊缝组织结构。很明显，未施加超声的焊缝组织为纯柱状晶结构，且两侧柱状晶在焊缝中心线交汇，但施加超声后，焊缝中心区域形成了等轴晶[32]。

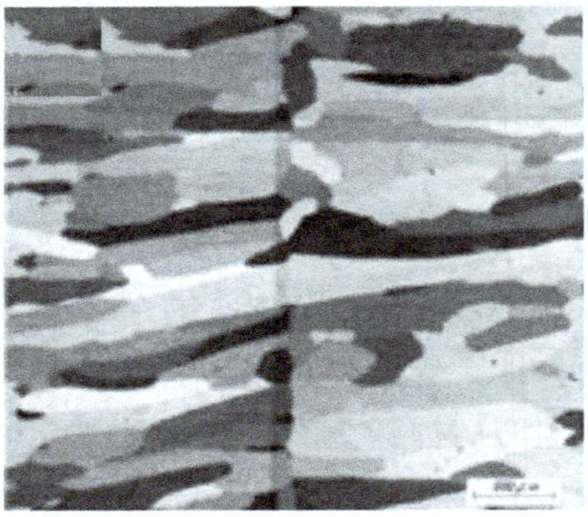

a)

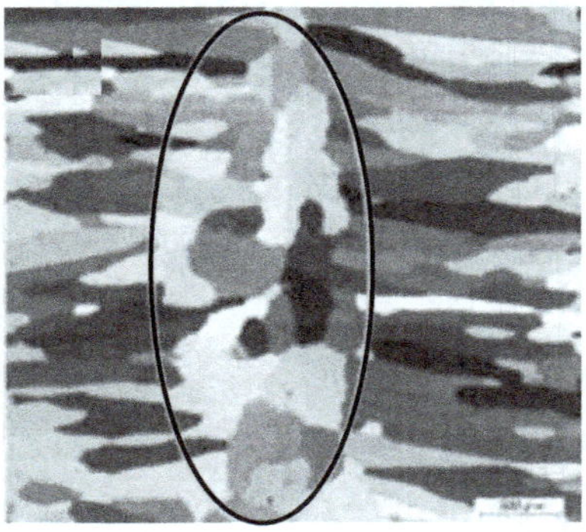

b)

图 4-43　超声振动对铁素体不锈钢钨极氩弧焊焊缝组织的影响[32]
a）无超声振动　b）超声振动
（焊接电流 125A；焊接速度 10mm/s；送丝速度 660mm/min）

需要指出的是，虽然振动结晶在调控焊缝凝固组织结构方面有很好的效果，并已研究多年，但实现焊接熔池振动并不是一项容易的工作，与变质处理相比振动结晶需要更复杂的设备，成本高、效率低，这极大地限制了该项技术在工程实际中的应用。

5. 电磁搅拌

通过对熔池施加磁场进行搅拌，也可以对熔池中正在成长的晶粒（尤其是柱状晶）生长形成强烈的干扰甚至使其破碎，从而改变熔池的结晶形态，细化焊缝组织。文献［33］进行 5052 铝合金钨极氩弧焊（GTA）焊接时，在焊缝的下方施加一个平行于电弧的磁场对熔池进行跟踪搅拌，研究了电磁搅拌对焊缝组织的影响，如图 4-44 所示。结果显示，电磁搅拌能够有效地使熔池成分均匀化且有显著的细化晶粒效果，但电磁搅拌主要作用在低速焊接、熔池结晶形态主要为柱状晶的情况下，当熔池结晶形态为等轴晶时，细化效果不明显；电磁搅拌能够有效地消除焊缝中的羽毛状组织和气孔。与超声振动类似，由于对焊接熔池施加电磁搅拌比较复杂，目前采用电磁搅拌改善焊缝凝固组织结构基本停留在研究阶段，在工程实际中尚未推广应用。

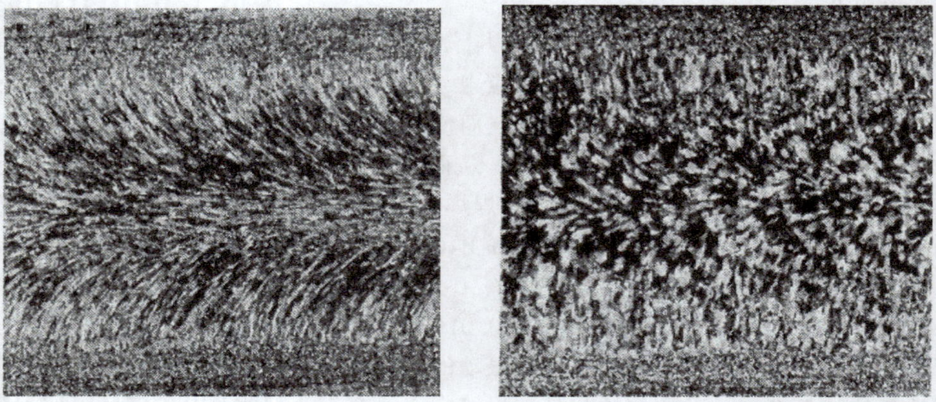

a)　　　　　　　　　　b)

图 4-44　电磁搅拌对 5052 铝合金钨极氩弧焊（GTA）焊缝组织的影响[33]
a）无电磁搅拌　b）电磁搅拌

4.4　焊缝金属的不均匀性

焊缝金属的不均匀性包括化学成分的不均匀性、气孔和夹杂等，均属于凝固缺陷，对焊缝力学性能有负面影响，在焊接中应该加以预防。焊缝金属的这些“不均匀性”均与焊接熔池的凝固过程密切相关，要预防它们，必须对其性质和形成机理有所了解。

4.4.1　凝固偏析

如图 4-45 所示，合金在凝固过程中固相和液相的成分存在较大的差异，对于平衡分配系数 $k<1$ 的合金，已经凝固的固相中溶质的含量远低于液相中溶质的含量。除非凝固过程是在完全平衡的条件下进行的，即凝固过程中固相和液相中的成分始终保持均匀，否则，**凝固结束后固相中的成分将是不均匀的，即存在成分偏聚，也就是通常所说的凝固**

偏析。

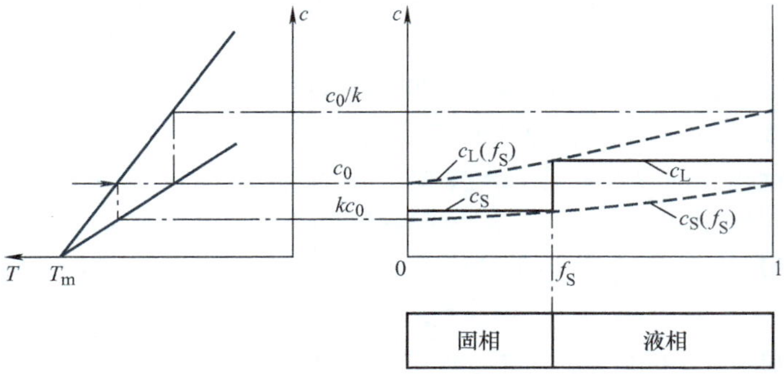

图 4-45 完全平衡凝固时固、液相中的成分变化

如图 4-45 所示，图中 c_0 是溶质的浓度；k 是平衡分配系数；f_S 是固相分数；c_S 和 c_L 分别为固相和液相中溶质的浓度。在完全平衡条件下，凝固过程中固相和液相成分虽然不同，并分别沿 $c_S(f_S)$ 和 $c_L(f_S)$ 变化，但固相和液相中成分是均匀的，凝固结束后固相成分与凝固前液相的成分完全相同，且成分均匀。由于固相中的成分很难随凝固过程均匀化，因此，在实际中完全平衡凝固几乎是不存在的。如前所述，作为比较接近实际凝固条件的情形，假定凝固时固相中的扩散可以忽略，液相中没有对流且扩散是有限的，固、液两相间仅在凝固界面保持平衡。如图 4-46 所示，此时，凝固过程中固相和液相中的成分都是不均匀的，固/液界面左侧的固相成分和界面右侧的液相成分分别沿 c_S（S/L^-）和 c_L（S/L^+）变化，而且，由于固相中完全没有扩散，固相成分（c_S）的变化与 c_S（S/L^-）的轨迹完全相同。很明显，凝固初始固相中的溶质含量较合金平均含量明显偏低，而凝固结束阶段固相中的溶质含量又较合金平均含量明显偏高，即出现**凝固偏析现象**。凝固偏析现象是导致焊缝中化学成分不均匀的基本原因。

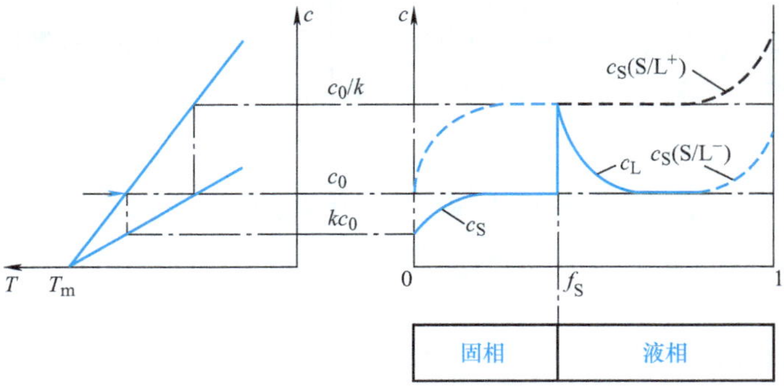

图 4-46 固相中无扩散、液相中部分扩散条件下凝固时固、液相中的成分变化

4.4.2 焊缝金属的化学成分不均匀性

如上所述，液态合金在凝固过程中固、液相的成分并不相同，凝固后固相中的成分是

变化的。在焊接条件下，由于熔池的体积小，且周围直接与母材金属接触，所以熔池的冷却速度远比普通钢锭要大得多。通常电弧焊熔池的平均冷却速度约为 4～100℃/s，而钢锭的平均冷却速度约为 $(3\sim150)\times10^{-4}$℃/s。由此可见，熔池的平均冷却速度比钢锭的平均冷却速度要大 10 000 倍左右。熔池的这种快速凝固特点对固、液相中的溶质分配有显著影响。另外，焊接条件下的一些特殊的工艺条件，如熔滴过渡、热源的摆动、多层焊接等，对熔池凝固过程中的热和成分都有影响，也对焊接后焊缝中的成分分布有明显影响。因此，在熔池凝固结晶过程中，已凝固的固态焊缝金属中合金元素的分布往往不均匀，容易出现所谓的偏析现象。由于固相中的成分均匀化只能通过扩散进行，而焊接过程冷却速度又较高，因此，这种成分偏析将残留在焊缝中。另外，在焊缝的边界处——熔合区，也容易出现明显的成分不均匀，常常成为焊接接头的薄弱地带（相关内容将在第 5 章中讨论）。**焊缝中的化学不均匀性主要表现为显微偏析、区域偏析和层状偏析三种**。

1. 显微偏析

所谓显微偏析通常是指晶粒尺度层面的成分偏析现象，最典型的显微偏析是晶界相对于晶粒内部的成分偏析，因此也称晶间偏析。如图 4-46 所示，对于平衡分配系数 $k<1$ 的合金系，先结晶的固相溶质的含量较低，也就是先结晶的固相比较纯，而后结晶的固相溶质的含量较高。晶界与晶粒内部相比较，显然晶界为最后结晶的部分，晶界往往具有较高的溶质含量，并将富集较多的杂质。如图 4-47 显示了 Al-Li 合金脉冲钨极氩弧焊焊缝中 Cu 的晶界偏析，显然 Cu 发生了明显的晶界偏析[34]。

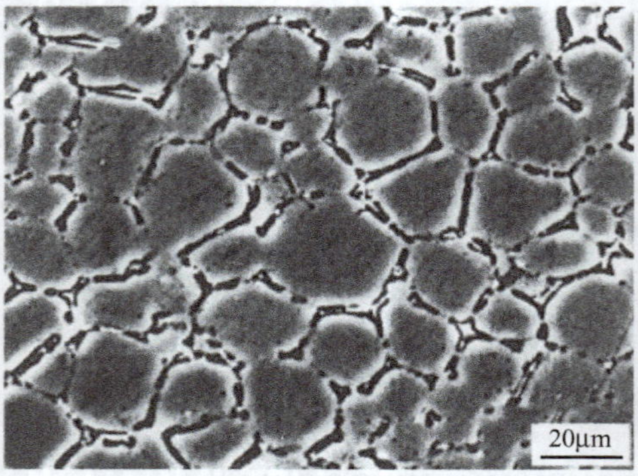

a)

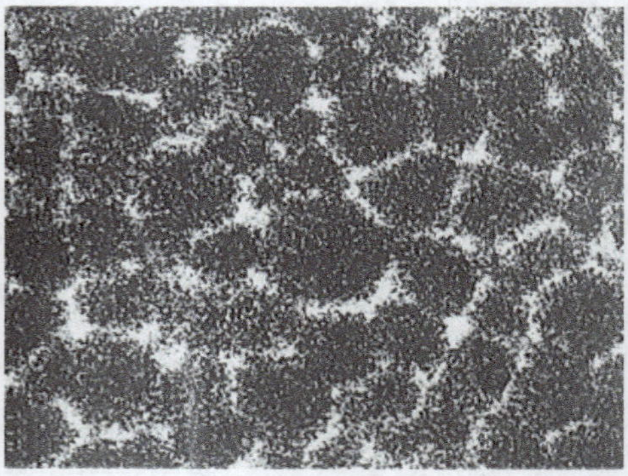

b)

图 4-47 Al-Li 合金脉冲钨极氩弧焊焊缝中 Cu 的晶界偏析[34]

a）背散射照片 b）Cu 的面分布

显微偏析（晶界偏析）对焊接裂纹有重要影响。文献［35］研究证明，S 和 P 的晶界偏析是 18% Cr-10% Ni 不锈钢熔化极气体保护电弧焊焊缝产生热裂纹的主要原因，如图 4-48 能谱分析显示在发生热裂纹的晶界 S 和 P 的含量明显要高。

焊缝中的显微偏析与熔池凝固结晶形态、溶质元素的性质和凝固冷却条件（速度）等有关。当熔池结晶呈树枝晶长大时，先结晶的柱状晶溶质的浓度最低，后结晶的枝晶含溶质浓度略高，最后结晶的枝晶和相邻枝晶之间的晶界上溶质的浓度最高，这些区域往往还有比较高的杂质含量。对显微偏析有影响的溶质元素的性质主要有平衡分配系数（k）和

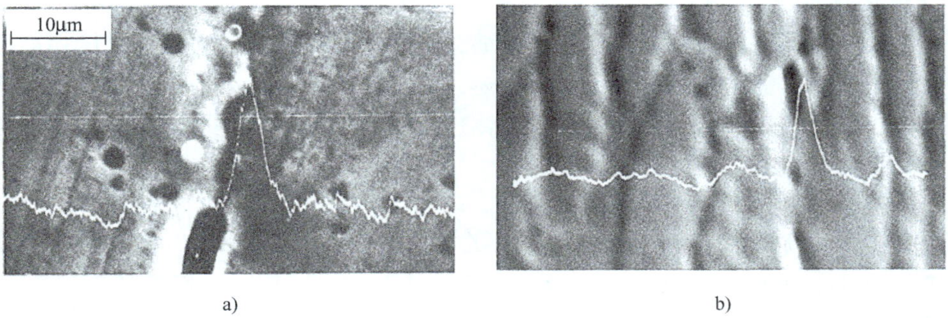

图 4-48　18%Cr-10%Ni 不锈钢熔化极气体保护电弧焊焊缝中 S 和 P 的晶界偏析[35]
a) S　b) P

扩散系数（D）。一般地，对于 $k<1$ 的合金系，溶质的平衡分配系数越小，扩散系数越小，显微偏析程度越趋于严重。凝固冷却速度对显微偏析的影响相对复杂，如图 4-49 是冷却速度对镁合金铸锭中 Ca 的显微偏析程度与冷却速度的关系曲线。图中 K 是表征偏析程度的系数，称为偏析度[36]：

$$K=\frac{c_b}{c_g} \tag{4-22}$$

式中，c_g 和 c_b 分别为晶轴和晶界上溶质的浓度。

$K=1$ 时表明无偏析，K 值越大，表明偏析越严重（$k<1$ 的合金系）。从图 4-49 中可以看到，当冷却速度较低时，偏析度均大于 1，且随冷却速度增大，偏析度增加；但当超过某临界冷却速度后，偏析度反而随冷却速度增大而减小。其中缘由可以解释为：当冷却速度较低时，冷却速度增大，平衡分配系数减小，因而偏析程度增加；但当冷却速度大到一定程度后，液相中的扩散被抑制，偏析程度反而随冷却速度减小，在极端情况下（冷却速度非常大），结晶过程甚至进入一种“无扩散结晶”状态，偏析基本消失（$K\rightarrow1$），如图 4-49 所示。比较图 4-49a 和 b 还可以发现，由于同一元素在不同合金系中的分配系数和扩散系数都可能不同，同一种元素在不同合金系中的偏析行为可能有较大差异。

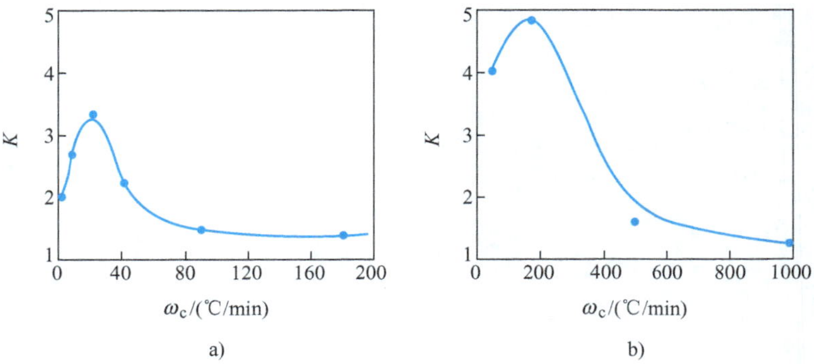

图 4-49　冷却速度对镁合金铸锭中 Ca 的显微偏析的影响[37]
a) Mg-Ca 合金　b) Mg-Mn-Al-Ca 合金

2. 区域偏析

焊缝金属的**区域偏析是指焊缝中的化学成分区域性的不均匀，主要指焊缝中心区域成分明显区别于焊缝其他区域的现象**。如前所述，焊缝凝固时先结晶的固相溶质含量明显低于平均成分，因此，焊缝结晶时由于柱状晶体连续长大和推移，会把溶质或杂质驱赶到焊缝的中心，致使焊缝中心的溶质和杂质含量逐渐升高，最后凝固的部位产生较严重的区域偏析。尤其当焊接热输入较低而焊接速度又较大时，焊缝两侧的柱状晶容易在焊缝中心附近汇合，使溶质和杂质都聚集在焊缝中心附近，如图 4-50 所示。这种区域偏析严重时在应力作用下容易产生焊缝纵向裂纹。

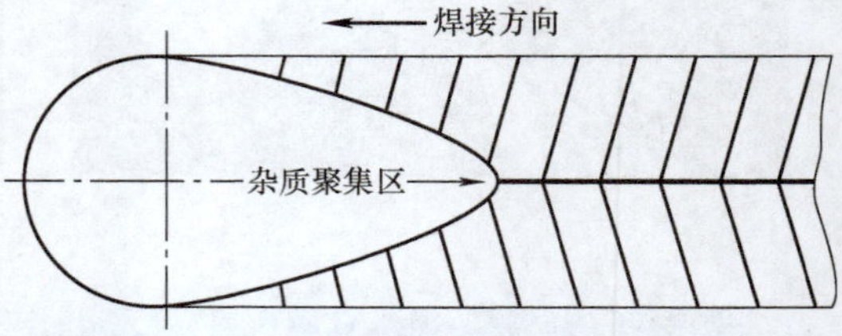

图 4-50 低热输入/较高速焊接时焊缝中心的区域偏析示意图

3. 层状偏析

层状偏析是指焊缝中的成分或杂质呈现层状分布的一种现象。焊缝断面经浸蚀之后，经常可以看到成分呈明显的层状分布，图 4-51 是 Inconel 718 合金熔化极气体保护电弧焊焊缝的显微照片，其中可以清楚地看到层状偏析现象。

一般认为，焊缝中层状偏析的形成与焊接熔池凝固速度变化有关。如前所述，熔池金属结晶时，已凝固固相中溶质和杂质的含量与凝固（冷却）速度密切相关，凝固速度的变化将导致固相中溶质和杂质含量的变化。焊接过程中，热源移动的周期性变化（如焊条电弧焊中）、熔滴过渡等都可能引起熔池热输入的周期性变化，从而导致熔池凝固速度的周期性变化；也有研究认为，结晶过程放出的结晶潜热的积聚是引起熔池凝固速度周期性变化的另一个原因。另外，周期性的熔滴过渡除引熔池热输入的周期性变化外，还对液态熔池的成分形成周期性的干扰。这些热和成分上的周期性影响最终导致凝固界面液体金属成分也发生周期性的变化，凝固后形成层状偏析。

层状偏析还会使焊缝的力学性能不均匀，耐蚀性能下降，断裂韧度降低。研究表明，层状偏析常集中一些有害的元素（碳、硫、磷等），因而缺陷也往往出现在偏析层中。图 4-52 显示了 X7106 铝合金钨极氩弧焊焊缝中由于层状偏析所造成的气孔层状分布。

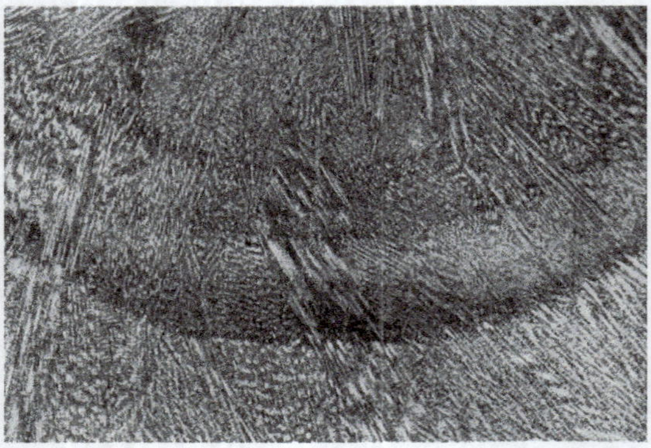

图 4-51 Inconel 718 合金熔化极气体保护电弧焊焊缝的显微照片[38]

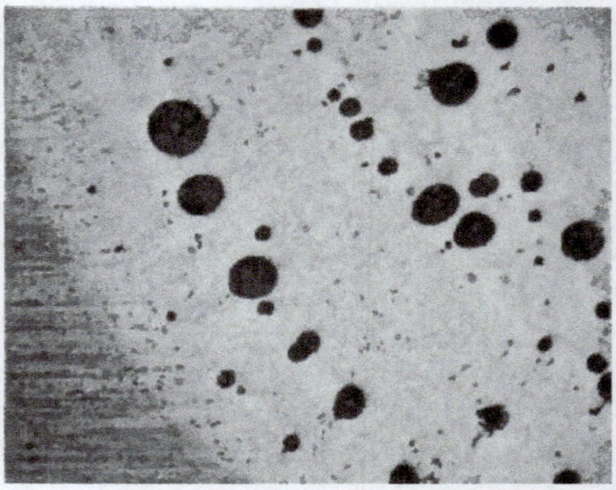

图 4-52 X7106 铝合金钨极氩弧焊焊缝中由于层状偏析所造成的气孔层状分布[39]

4. 焊缝金属化学成分不均匀性的调控

一般来说，等轴晶组织有利于改善焊缝化学成分的不均匀性，且晶粒越细，越有利于改善化学成分的不均匀性，而柱状晶组织更容易形成化学成分的不均匀。因此，**改善焊缝化学成分不均匀性的方向是促进焊缝形成等轴晶，并细化焊缝晶粒**。前述调控焊缝凝固组织的措施，包括变质处理、焊接工艺优化、超声振动和电磁搅拌等都同时对化学成分的均匀化有良好的作用。如前所示，焊接参数（如焊接速度、焊接热输入等）对焊接熔池的凝固结晶行为有重要影响，因而对焊缝化学成分的均匀性也有显著影响。恰当的焊接工艺可以获得细小的等轴晶组织，从而减小化学成分的不均匀性，而不恰当的焊接工艺可能形成粗大的柱状晶组织，甚至两侧柱状晶在焊缝中心线交汇，形成严重的区域偏析和结晶裂纹。

4.4.3　焊缝中的气孔

1. 气孔的分类与形成机理

焊缝中的气孔种类繁多，按气孔的分布位置分类，有表面气孔，也有焊缝内部气孔；按气孔的形状分类，有球形气孔、条形气孔和虫形气孔等；按照产生气孔的气体种类分类，常见的有氢气孔、氮气孔、一氧化氮气孔、二氧化碳气孔和金属蒸气孔等。为了便于讨论，这里将气孔按形成机理分为**析出型气孔**、**反应型气孔**和**金属蒸气孔**三类。

（1）析出型气孔　该类气孔主要是由于高温下熔池金属中气体的溶解度随温度的降低急剧下降，析出的气体来不及逸出而形成的，常见的是氢气孔和氮气孔，其中尤以氢气孔最为常见。在第 3 章已经讨论，高温下液态金属对气体都有一定的溶解度，因此，焊接过程中液态熔池和熔滴通常都溶解有一定量的氢气和氮气，随着熔池温度的下降，尤其是在熔池金属由液态转变为固态的凝固过程中，熔池金属对氮和氢的溶解度将急剧下降（见图 3-9 和图 3-15），熔池中溶解的氮和氢将从金属中快速析出。如铁从液态转变为 δ 铁素体时，氢的溶解度由 32mL/100g 陡降至 10mL/100g。由于熔池凝固速度较快，如果析出的气体来不及逸出，就可能残留在焊缝中形成气孔。如图 4-53a 所示是 AA 1100 铝合金激光焊焊缝中的析出型氢气孔。由于氢气的快速析出通常发生在固/液凝固界面附近，因此，图中的气孔也呈现沿柱状晶方向“生长”的特点。在实际焊接中，氮气的来源是空气，氮气

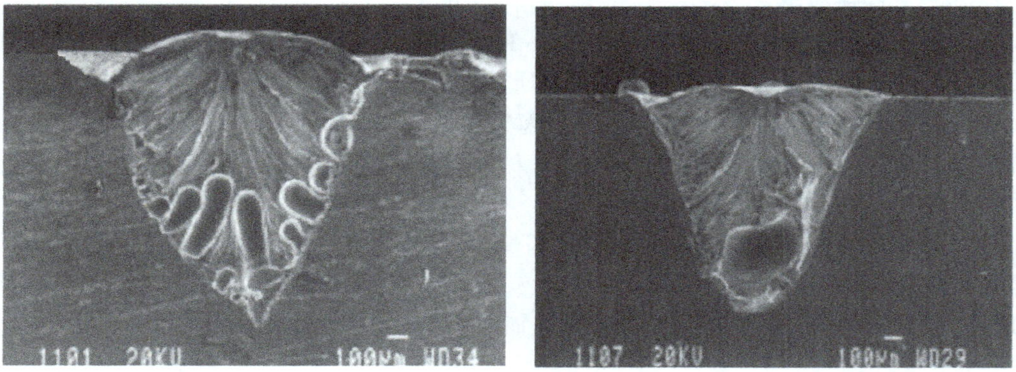

a)　　b)

图 4-53　AA 1100 铝合金激光焊焊缝中的气孔[40]

a）析出型氢气孔　b）金属蒸气孔

孔的形成主要是因空气侵入焊接区所致，一般比较少见。只要采用正确的防护措施，就可以避免氮气孔的形成。

(2) 反应型气孔 **反应型气孔是指由焊接过程中的冶金反应产生的不溶于熔池金属的反应性气体而形成的一类气孔。**常见的反应型气体主要有 CO 和 H_2O 等，它们基本不溶于熔池金属（焊接区 CO 和 H_2O 的形成见第 3 章）。

(3) 金属蒸气孔 **焊接熔池的金属蒸气有时也可能在焊缝中形成气孔。**这类气孔往往发生在高能束焊接中，由于焊接热源能量密度高，当焊接参数选择不当时，容易产生大量的金属蒸气而形成气孔。图 4-53b 所示是激光焊接 AA 1100 铝合金焊缝中的金属蒸气孔；图 4-54 中归纳了焊接速度和离焦量对富铬的镍基合金 690 激光焊焊缝纵剖面气孔情况的影响。很明显，随着焊接速度降低（热输入增加）和能量密度提高，气孔问题越严重，显示出金属蒸气孔的特点。

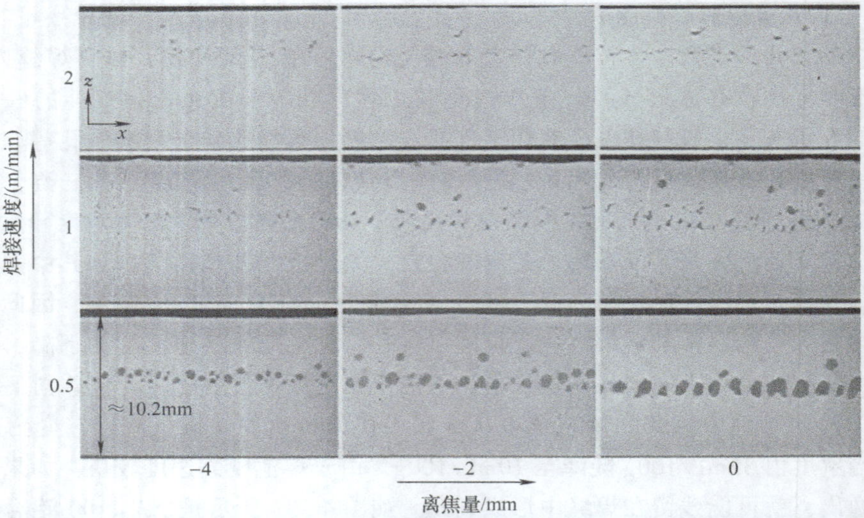

图 4-54 焊接速度和离焦量对镍基合金 690 激光焊焊缝纵剖面气孔情况的影响[41]

2. 气孔的控制措施

根据上述常见气孔的性质和形成机理，在实际焊接中可以从气体来源、焊接材料和焊接工艺等方面采取相应的措施来预防气孔的形成。

(1) 消除气体来源 焊接过程中应注意加强焊接区保护，对焊接材料（焊丝、焊条和焊剂等）使用前进行烘干处理，对被焊母材和焊接材料进行必要的清理，清除其表面的有机物（油污）、铁锈及氧化物等。

(2) 正确选择焊接材料 焊接时应根据焊接方法、被焊母材和可能产生或已经产生的气孔类型合理选择焊接材料，如焊条、焊丝、焊剂、保护气体等。一般来说，氧化性强的焊剂（渣系）会增加形成 CO 气孔的倾向，而减小氢气孔的形成倾向。碱性焊条药皮中含有一定量的氟石（CaF_2），焊接时存在如下反应：

$$CaF_2 + H_2O = CaO + 2HF$$

$$CaF_2 + H = CaF + HF$$

$$CaF_2 + 2H = Ca + 2HF$$

因此，碱性焊条可以有效地减小氢气孔的倾向。

CO_2具有强氧化性，因此，CO_2焊接时必须选择脱氧能力强的合金钢焊丝，以防止产生 CO 气孔。另外，焊接有色金属时，在 Ar 中添加少量的氧化性气体（如 CO_2、O_2等），有利于减少或防止氢气孔的产生。

(3) 优化焊接工艺　恰当的焊接工艺应当使得焊接过程稳定，以防止或减少环境气体侵入焊接区。焊接电流类型和极性对气孔倾向也有影响。一般来说，交流焊接时比直流焊接时气孔倾向大，直流正接比直流反接气孔倾向大；如前所述，脉冲电流焊接、振动结晶和电磁搅拌均有利于熔池气体逸出，减少气孔倾向。

4.4.4　焊缝中的夹杂

焊缝中的夹杂顾名思义是指焊缝中的杂质，一般是指焊缝金属中正常相组成之外的固态物质。焊缝中的夹杂破坏了焊缝金属的连续性和均匀性，不仅对焊缝金属的力学性能有负面影响，而且往往成为裂纹形成的诱因或裂纹源。

1. 夹杂的分类与形成机理

焊缝金属中常见的夹杂主要有氧化物、氮化物和硫化物等。

(1) 氧化物夹杂　金属材料进行熔化焊时，熔池中氧的存在是难以完全避免的，因此，氧化物夹杂是金属材料焊缝中最常见的夹杂。各种焊接方法的焊缝都可能存在氧化物夹杂，其中尤以钢的渣保护焊接（如焊条电弧焊和埋弧焊焊缝中）最常见。硅（Si）、锰（Mn）、钛（Ti）、铝（Al）等是钢中常见的合金元素，因此，在低碳钢焊条电弧焊和埋弧焊焊缝中的氧化物夹杂主要是 SiO_2，其次是 MnO、TiO_2 和 Al_2O_3 等，一般多以硅酸盐形式存在。这些氧化物主要在熔池的冶金反应过程中形成，只有少数因焊接操作不当，在液态熔池金属内混入熔渣而形成（称为“夹渣”）。图 4-55 所示是采用钨极氩弧焊（GTA）焊接富 Si 相变诱发塑性钢焊缝中的氧化物夹杂。

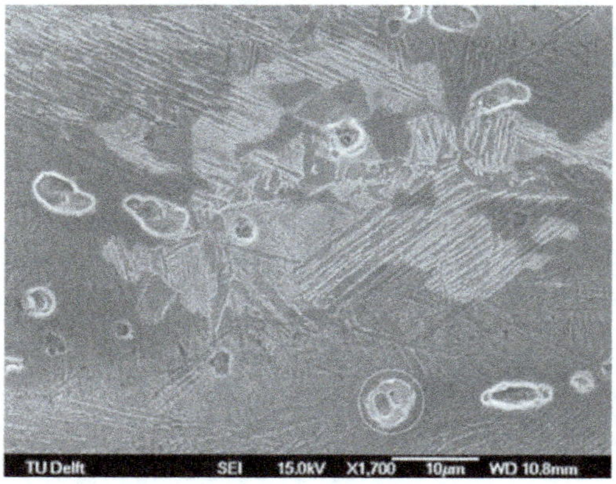

a)

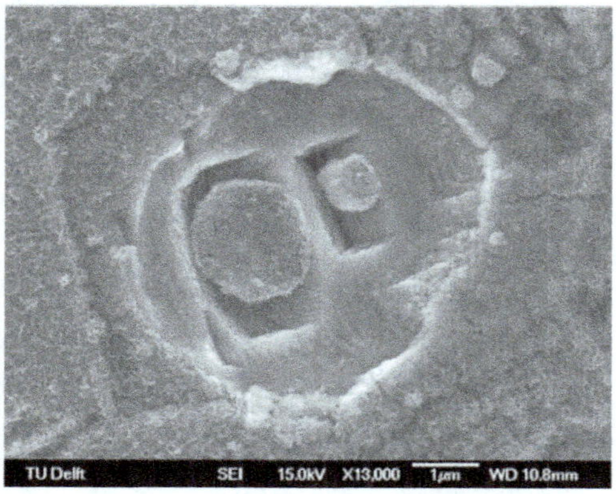

b)

图 4-55　采用钨极氩弧焊（GTA）焊接富 Si 相变诱发塑性钢焊缝中的氧化物夹杂[42]
a）低倍　b）高倍

需要指出的是，氧化物夹杂并不总是有害的，如果钢中氧化物颗粒非常细小（如纳米级），且分布均匀，氧化物的存在可能反而对钢有强化作用，且可以通过抑制焊接过程中热影响区晶粒的长大，改善钢的焊接性，这正是发展大线能量焊接钢的“氧化物冶金”思想。

（2）氮化物夹杂　当焊接保护不良，空气中的氮侵入熔池时，焊缝中有可能出现氮化物夹杂。低碳钢和低合金钢焊缝氮化物夹杂主要是 Fe_4N，常以针状形态存在。**氮化物夹杂通常使焊缝的硬度增大，而塑性和韧性显著降低。**

和氧化物一样，虽然作为“夹杂”时氮化物对钢和焊缝性能的影响是负面的，但当钢中氮化物呈细小弥散分布时，氮化物对钢可以有很好的强化作用，且韧性损失较少，因此，从 20 世纪 40 年代开始已研究将氮与 Mo、V、Nb、Ti、Al 等一起作为合金元素加入钢中，发展了具有良好力学性能的含氮钢，如 15MnVN 钢、06AlNbCuN 钢等。

（3）硫化物夹杂　硫化物夹杂主要存在于钢焊缝中，主要来源于焊条药皮和焊剂。当母材或焊接材料中硫的含量偏高时也会促进焊缝中形成硫化物夹杂。焊缝中的硫化物夹杂主要有 MnS 和 FeS，其中尤以 FeS 对焊缝性能危害最大，其主要原因是 FeS 沿晶界析出，与 Fe 或 FeO 形成低熔共晶，降低焊缝性能，促进热裂纹的形成（参见第 7 章）。

文献［43］采用钨极氩弧焊焊接 2.25% Cr-1% Mo 铁素体钢，在焊缝中发现大量的微裂纹，观察表明裂纹面存在大量的富铬硫化物夹杂，因此裂纹的形成机理被认为是原奥氏体晶粒硫化物的析出以及硫的偏析造成的晶界脆化，如图 4-56 所示。

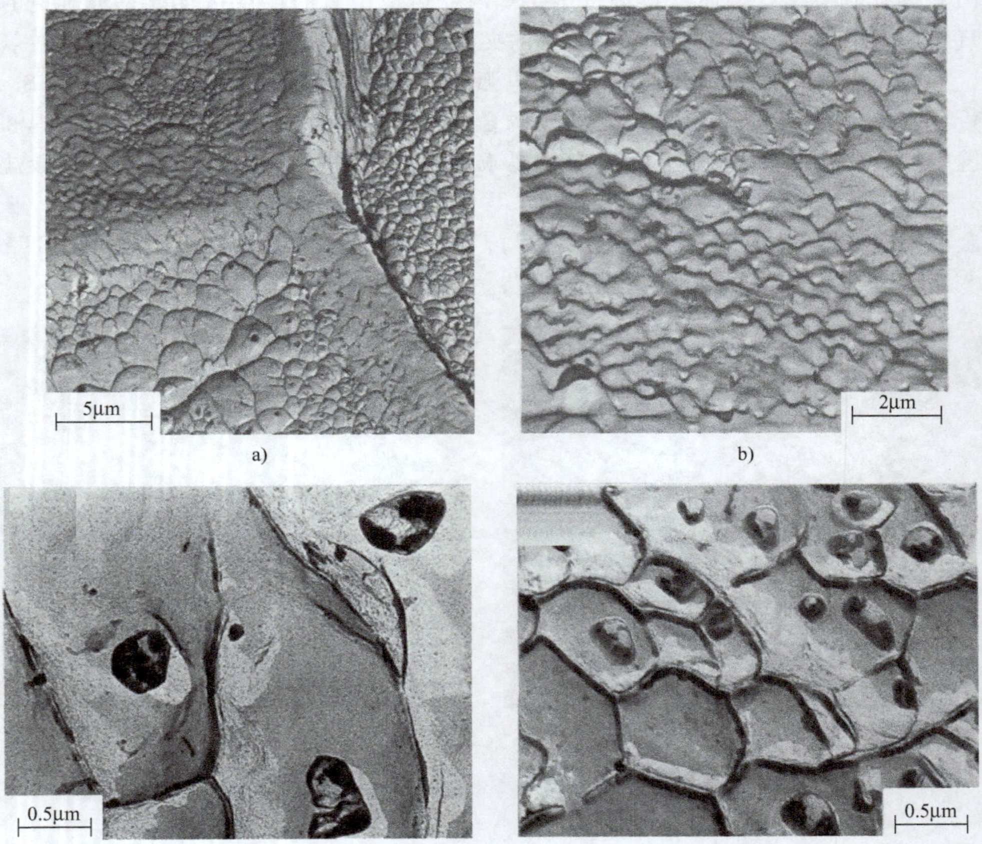

a)　b)　c)　d)

图 4-56　2.25%Cr-1%Mo 铁素体钢钨极氩弧焊焊缝裂纹面富铬硫化物夹杂[43]

a）三个晶粒交界处裂纹面　b）阶梯区的放大　c）大的晶内夹杂　d）晶间亚微米夹杂

2. 夹杂的控制措施

夹杂的预防主要从材料和工艺两方面考虑。在材料方面，应控制母材和焊接材料中硫和磷的含量，合理选择焊条、焊剂等焊接材料，以保证焊接过程中能够充分脱氧、脱硫；在焊接工艺方面，应加强焊接保护，防止空气侵入熔池，并优化焊接参数，以利于熔渣的浮出。多层焊时，应注意层间清渣。

4.5　焊缝金属的固态转变

由金属学理论知道，金属材料在不同的温度下常常具有不同的相组成，因此，随着温度的降低，有些焊缝金属凝固后还将进一步发生固态转变，其固态转变组织和性能通常由化学成分和冷却条件决定。

钢铁材料是目前工程实际中应用最广泛的金属材料，也是固态转变最丰富的金属材料，因此，也是固态转变被研究得最多、最系统的金属材料。考虑到钢铁材料种类繁多，且焊缝金属固态相变行为和机理基本相同，本节主要对工程中应用最广泛的低碳钢和低合金钢焊缝金属的固态转变行为和金相组织进行简要的讨论。

4.5.1　低碳钢和低合金钢焊缝固态转变的类型

根据焊缝金属化学成分和焊接条件（冷却条件）的不同，低碳钢和低合金钢焊缝可能出现的固态相变包括**铁素体转变**、**珠光体转变**、**贝氏体转变**和**马氏体转变**四种类型，分别简要论述如下。

1. 铁素体转变

铁素体转变是低碳钢和低合金钢焊缝中的主要固态相变之一，转变温度较高。铁素体在焊缝中的数量和形态由焊缝金属的化学成分和焊接条件决定，根据转变温度和形态不同大体可分为**先共析铁素体**、**侧板条铁素体**、**针状铁素体**和**细晶铁素体**四种。

（1）先共析铁素体　**先共析铁素体（Proeutectoid Ferrite，PF）是焊缝冷却到一定温度下，最先析出的一类铁素体，**其主要特点是转变温度较高（约为 770～680℃），且沿奥氏体晶界析出，因此，也称为**晶界铁素体**（Grain Boundary Ferrite，GBF）。奥氏体晶界先共析铁素体的析出量和分布形态与钢的化学成分和焊接条件（焊接热循环的冷却条件）有关，一般而言，高温停留时间越长，冷却速度越慢，先共析铁素体越多；通常呈细条状分布在奥氏体晶界，但有时也以块状形态出现，此时又称**块状铁素体**（Polygonal Ferrite）。

正是由于先共析铁素体通常都沿原奥氏体晶界析出，因此，在焊缝中从先共析铁素体的分布可以看出焊缝凝固组织的晶粒形态（轮廓）。图 4-57a 是 16Mn 钢双丝半自动埋弧焊焊缝柱状晶区，图 4-57b 是 15MnVN 钢焊条电弧焊等轴晶区，图中白色先共析铁素体均沿原奥氏体晶界分布。从先共析铁素体的分布可以明显看出，前者焊缝凝固结晶为柱状晶，而后者为等轴晶。

（2）侧板条铁素体　**侧板条铁素体（Ferrite Side Plate，FSP）的形成温度比 GBF 稍低，约在 700～550℃。**其特点是从奥氏体晶界先共析铁素体的侧面以板条状向奥氏体晶内成长，板条的长宽比约为 20∶1，从形态上看如镐牙状。有的研究者把侧板条铁素体称为无碳贝氏体，还有的研究者认为侧板条铁素体就是魏氏铁素体（WF）。图 4-58 中给出了

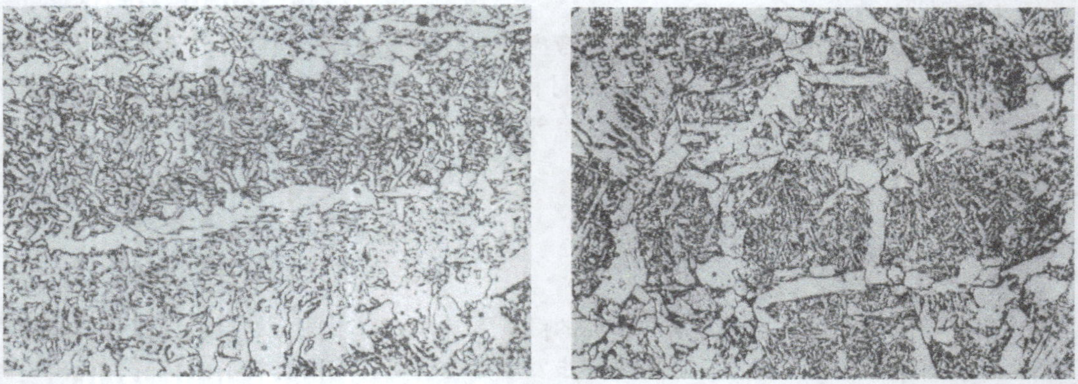

a)　　　　b)

图 4-57　低合金钢焊缝中的先共析铁素体[20]

a）16Mn 钢双丝半自动埋弧焊焊缝柱状晶区（440×）　b）15MnVN 钢焊条电弧焊等轴晶区（250×）

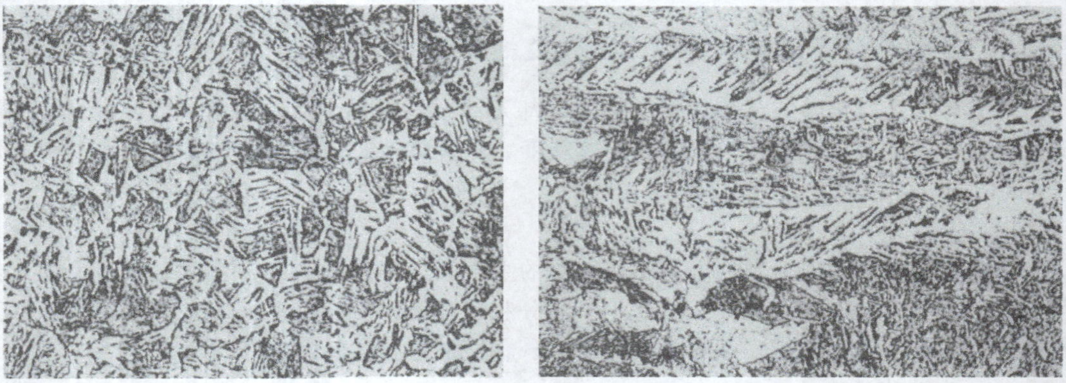

a)　　　　b)

图 4-58　20 钢等离子弧焊焊缝中的侧板条铁素体[20]

a）焊缝中心等轴晶区（300×）　b）焊缝两侧柱状晶区（300×）

20 钢等离子弧焊焊缝中心等轴晶区和两侧柱状晶区的侧板条铁素体形态。

（3）针状铁素体　**针状铁素体（Acicular Ferrite，AF）的形成温度比侧板条铁素体更低些（约 500℃）**，大部分在奥氏体晶内形成，常以某些质点（主要是氧化物夹杂）为核心放射性成长。针状铁素体的增加可以显著改善焊缝金属的力学性能。如图 4-59a 是焊条电弧焊 Fe-Cr-C 低合金焊缝金属中的针状铁素体照片，除原奥氏体晶界有一些先共析铁素体外（左上），晶内基本都是针状铁素体。图 4-59b 中显示了焊条电弧焊 C-Mn-Ni 低合金焊缝金属中针状铁素体以氧化物夹杂为核心放射性生长。

（4）细晶铁素体　**当钢中有细化晶粒的元素（如 Ti、B 等）存在且转变温度较低时、在奥氏体晶内可形成细小的铁素体，称为细晶铁素体**（Fine Grain Ferrite，FGF），在细晶之间有 Fe_3C 析出。从其本质来讲，细晶铁素体是介于铁素体与贝氏体之间的转变产物，

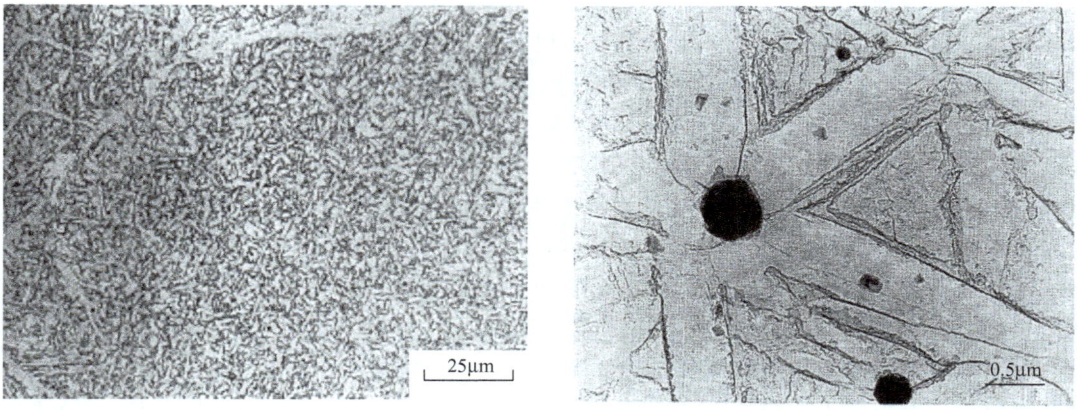

a)　　　　b)

图 4-59　焊缝中的针状铁素体

a）焊条电弧焊 Fe-Cr-C 低合金焊缝金属中的针状铁素体[44]

b）焊条电弧焊 C-Mn-Ni 低合金焊缝金属中针状铁素体以氧化物夹杂为核心放射性生长[45]

故又称为**贝氏铁素体**（Bainitic Ferrite）。细晶铁素体的转变温度通常在 500℃以下，如果在更低的温度转变（约 445℃）可转变为上贝氏体。图 4-60 中分别是 16Mn 钢焊条电弧焊多层焊焊缝层间细晶铁素体和含铌（Nb）低合金管线钢焊缝中的细晶铁素体。

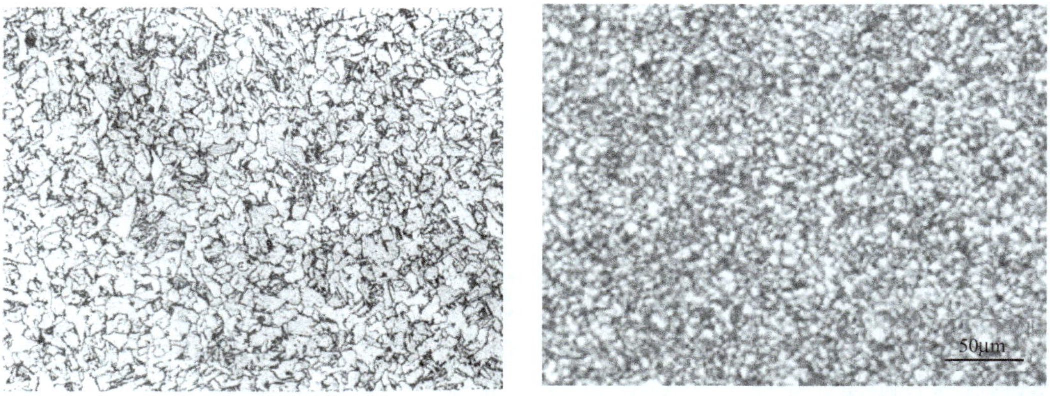

a)　　　　b)

图 4-60　低合金钢焊缝中的细晶铁素体

a）16Mn 钢焊条电弧焊多层焊焊缝层间细晶铁素体（200×）[20]

b）含铌（Nb）低合金管线钢焊缝中的细晶铁素体[46]

2. 珠光体转变

在缓慢冷却条件下珠光体转变大体发生在 Ar_1～550℃之间，其转变产物是铁素体和渗碳体的两相混合物。根据组织中渗碳体的形态，可分为片状珠光体和粒状珠光体两种。焊接条件下得到的多是片状珠光体，其结构是铁素体和渗碳体的片层交错组织，片层间距与冷速和转变温度密切相关。一般地说，随冷速增大，转变温度降低（过冷度增大），片层间距减小。根据片层间距的大小（片层细密程度）不同，片状珠光体又可分为**片层珠光体**（Lamellar Pearlite）、**索氏体**（Sorbite）和**托氏体**（Troostite）三种[47]。片层珠光体转变温度较高，约在 A_1 ~650℃范围，片层间距较大，平均大于 0.3μm，在 400 倍以上光学显微镜下即可分辨出片层结构；索氏体转变温度约为 650 ~600℃，片层间距较细，约为 0.1 ~0.3μm，需要在 1000 倍以上的光学显微镜下才能分辨出片层结构；托氏体转变温度最低，约为 600 ~550℃，片层间距更细，平均片层间距在 0.1μm 以下，需要在扫描电子显微镜下才能分辨出片层结构。片层珠光体、索氏体和托氏体本质上是同一种组织（都是共析体），并无结构差异，只是组织的粗细程度不同而已，它们之间的界限也是相对的。

在铁素体基体上分布着颗粒状渗碳体的组织，称为粒状珠光体，其形成条件是奥氏体化温度较低，奥氏体中残留有渗碳体质点和高碳区，缓冷至 A_1 以下较小过冷度下，高碳区非自发形核长大或未溶渗碳体质点直接长大成渗碳体颗粒，而周围低碳区转变为铁素体。很显然，如果奥氏体化温度较高，粒状珠光体的形成条件很难存在，必然形成片层珠光体。因此，在焊缝中一般不会出现粒状珠光体。

由金属学理论知道，奥氏体向珠光体的转变过程受碳在奥氏体中的扩散所控制，属典型的扩散型相变。由于在焊接条件下焊缝冷却速度比较大，珠光体转变将受到抑制，扩大了铁素体转变和贝氏体转变的区域，因此，在焊接条件下只有低碳钢焊缝中可以得到少量的珠光体组织，一般低合金钢焊缝很少能得到珠光体组织，除非在非常缓慢的冷却条件下（如焊前预热、焊后缓冷等）才有少量珠光体转变。当焊缝中含有硼、钛等细化晶粒的元素时，珠光体转变有可能全部被抑制。

文献［48］研究了焊后正火处理对低碳钢气体保护电弧焊（GMAW）焊缝金属（添加 Nb）组织结构和性能的影响，发现 1020℃ ×2h 正火获得的珠光体片层间距比 920℃ ×2h 正火获得的珠光体大，以片层间距论，前者应归属片层珠光体，而后者可归为索氏体，如图 4-61 所示。

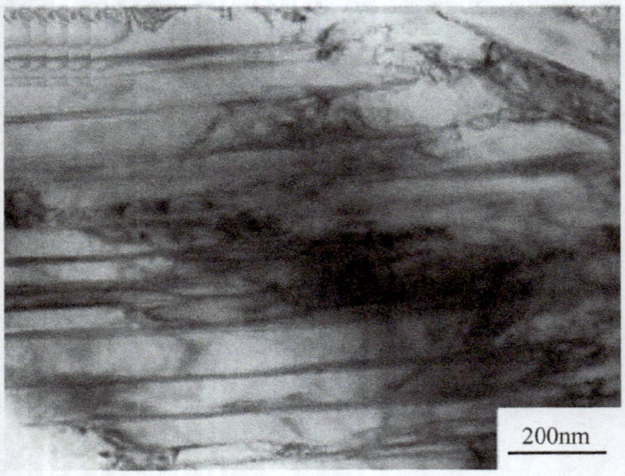

a)

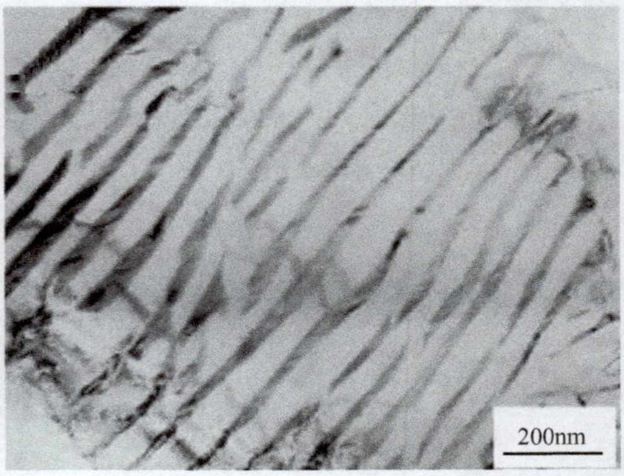

b)

图 4-61　低碳钢气体保护电弧焊（GMAW）焊缝金属（添加 Nb）中的珠光体[48]

a）片层珠光体（1020℃ ×2h 正火）　b）索氏体（920℃ ×2h 正火）

3. 贝氏体转变

奥氏体化的钢过冷到 B_S（约 550℃）～*Ms* 温度范围进行等温将发生贝氏体转变。贝氏体转变是中温转变，一种介于扩散性珠光体转变与非扩散性马氏体转变之间的中间转变。由于转变温度比较低，贝氏体转变时只有碳原子的扩散，而没有铁原子的扩散，转变是以切变的方式进行奥氏体向铁素体的点阵重构，通过碳原子的扩散进行碳化物的沉淀析出。焊接热过程远比一般热处理过程复杂，因此，焊缝中的贝氏体转变也比热处理条件下的贝氏体转变更为复杂。按照贝氏体的生成温度区间和形貌（结构）特征可分为**上贝氏体**和**下贝氏体**。

上贝氏体（Upper Bainite，B_u）形成的温度区间约在 550～450℃之间，在光学显微镜下观察时呈羽毛状：从奥氏体晶界开始，向晶内伸展成束的、大致平行的铁素体板条。在电子显微镜下可以看到，在平行的条状铁素体间沿长轴方向分布有短杆状、链状或粒状等不连续的渗碳体。

下贝氏体（Lower Bainite，B_L）形成的温度区间约在 450℃～*Ms* 之间，光学显微镜下呈针状，针与针之间成一定交角，类似回火针状马氏体组织。在电子显微镜下观察时，可看到在针状铁素体内成行地分布着细片状或颗粒状的 ε 碳化物（$Fe_{2.4}C$），沿与铁素体长轴成 50°～60°方向整齐地排列。下贝氏体中的针状铁素体是过饱和的 α 固溶体，其中的 ε 碳化物为六方晶系亚稳相，成分和结构均不同于渗碳体。

在某些条件下，焊缝中还可能出现所谓的**粒状贝氏体**，其形成温度稍高于上贝氏体，接近 B_S温度。粒状贝氏体由块状铁素体和岛状的富碳奥氏体组成，在一定的冷却速度下，这些富碳的奥氏体岛可转变为富碳马氏体和残余奥氏体，称为 M-A 组元（Constitution M-A），也称岛状马氏体。当 M-A 组元以粒状分布在块状铁素体上时称为粒状贝氏体，当 M-A 组元以条状分布在块状铁素体上时称为条状贝氏体。

关于贝氏体组织的看法学术界尚不完全统一，“**魏氏组织**”也被认为是一种贝氏体组织。魏氏组织主要是由于过热而引起的奥氏体晶粒严重长大，冷却时首先沿奥氏体晶界析出粗大的铁素体针，然后富碳的奥氏体转变为珠光体。铁素体沿奥氏体晶界析出后，还沿奥氏体晶粒内一定惯习面上不断长大，形成粗大的魏氏组织。魏氏组织主要出现在低碳低合金钢的焊接热影响区的过热部位，在焊缝中一般很少出现。

图 4-62a 为 $\Delta t_{8/5}=12.03s$ 条件下 0.08C-0.4S-1.5Mn-0.4Mo 焊缝金属中的上贝氏体组织；b 为 $\Delta t_{8/5}=4.06s$ 条件下 0.08C-0.4S-1.5Mn-0.4Mo 焊缝金属中的下贝氏体组织；c 为控轧 10Ti 钢焊条电弧焊焊缝中的粒状和条状贝氏体，其中白色基体为铁素体，基体上的岛状相有的呈条状平行排列，有的呈颗粒状；d 为 40SiMnCrMoV 钢焊条电弧焊焊缝下贝氏体中针状铁素体内的碳化物，可以看到图中部宽条铁素体上碳化物沉淀与铁素体片长轴呈约50°分布。

4. 马氏体转变

当焊缝的含碳量偏高或合金元素较复杂时，在快速冷却的条件下，奥氏体过冷到 *Ms* 温度以下将发生马氏体转变。**马氏体转变是典型的非扩散型相变，此时铁原子和碳原子都不能扩散，相变过程中完全依靠切变进行点阵重构，没有成分变化**，因此，马氏体也被视为碳在 α-Fe 中的过饱和固溶体。**按组织形态分类，马氏体主要有板条马氏体（低碳马氏体）和片状马氏体两种（高碳马氏体）。**

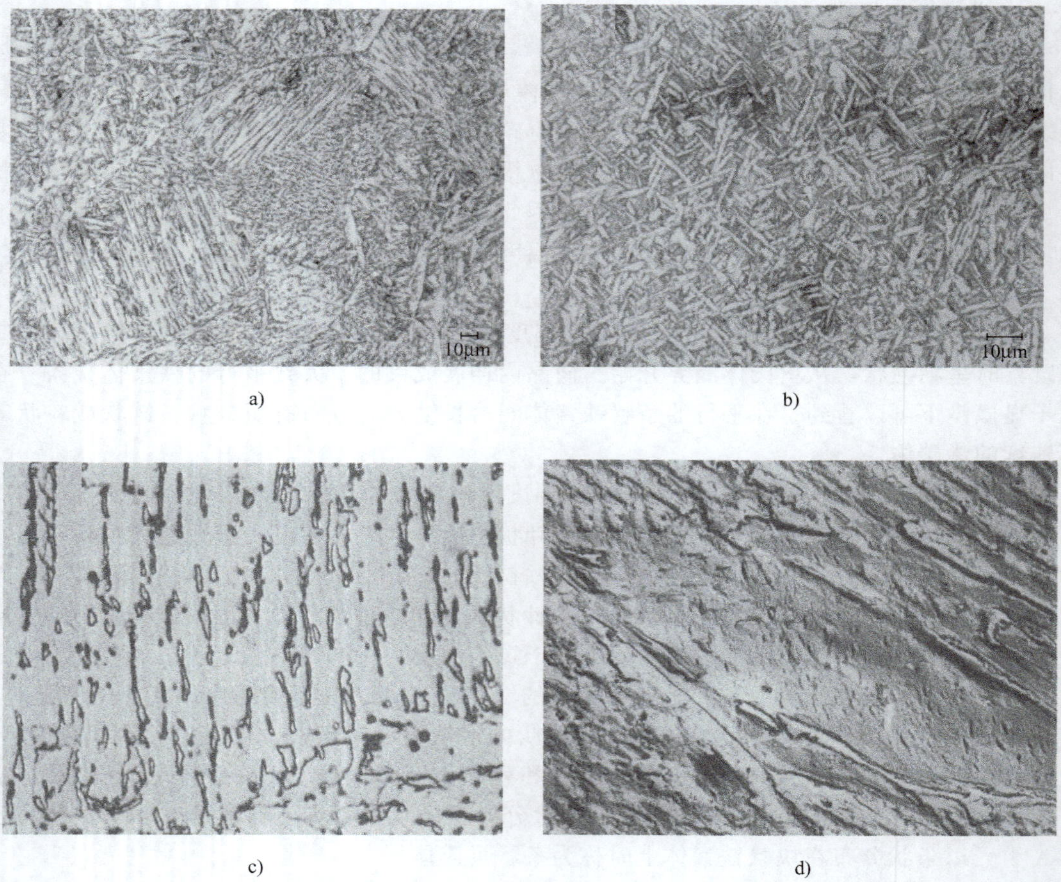

图 4-62 低合金钢焊缝中的贝氏体

a）0.08C-0.4S-1.5Mn-0.4Mo 焊缝金属中的上贝氏体（$\Delta t_{8/5}=12.03\text{s}$）[49] b）0.08C-0.4S-1.5Mn-0.4Mo 焊缝金属中的下贝氏体（$\Delta t_{8/5}=4.06\text{s}$）[49] c）控轧 10Ti 钢焊条电弧焊焊缝中的粒状和条状贝氏体（1000×）[20] d）40SiMnCrMoV 钢焊条电弧焊焊缝下贝氏体中针状铁素体内的碳化物（6000×）[20]

低碳低合金焊缝金属在连续冷却条件下，常出现板条马氏体。其主要原因是低碳钢的 *Ms* 点较高，引起滑移所需要的临界应力较低，点阵重构的切变主要以滑移方式进行，滑移形成高位错密度的板条马氏体。板条马氏体的结构与形态特征是在奥氏体晶粒的内部形成几束马氏体板条，束与束之间具有一定的交角；在透射电镜下观察可以看到，板条马氏体内位错密度较高，因此，这种马氏体又称位错型马氏体；由于这种马氏体含碳量低，故也称低碳马氏体。低碳马氏体不仅具有较高的强度，同时也具有良好的韧性，如图 4-63 所示。

当焊缝中含碳量（或碳当量）较高 [$w(\text{C})\geqslant 0.4\%$] 时将会出现片状马氏体。片状马氏体又称高碳马氏体，此时，由于 *Ms* 点较低，引起孪生所需要的临界切应力较低，点阵重构的切变主要以孪生方式进行，从而形成含有大量孪晶的片状马氏体，如图 4-64 所示。片状马氏体的立体形态呈双凸透镜状，显微镜下呈针状或竹叶状，因此，也称**针状马氏**

体；马氏体片之间不相互平行，初始形成的马氏体片较粗大，往往贯穿整个奥氏体晶粒，使后面形成的马氏体片受到限制；透射电镜下观察，片状马氏体内部的亚结构存在许多细小平行的带纹，称为孪晶带，故**片状马氏体又称为孪晶马氏体**。片状马氏体硬度很高，且很脆。因此，焊接时应尽可能控制焊缝金属的含碳量，对于某些中高碳钢的焊接，甚至可考虑采用奥氏体焊条，以防止焊缝出现孪晶马氏体。如预热温度不足，含碳量较高的钢的焊接热影响区可能会出现孪晶马氏体。

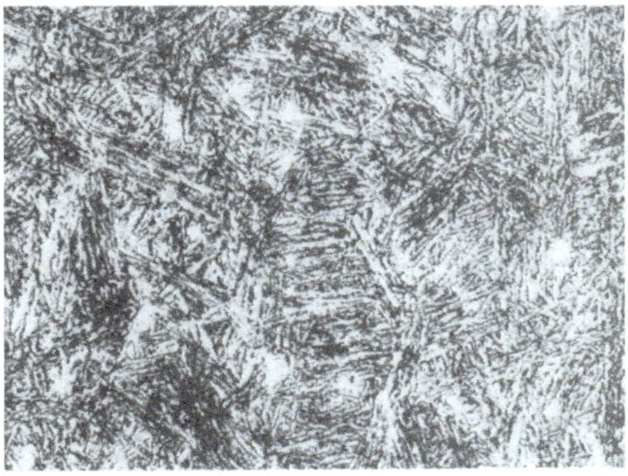

a)

b)

图4-63　低合金钢焊缝中的板条马氏体组织形态及显微结构

a）35SiMnCrMoV 钢钨极自动氩弧焊焊缝板条马氏体组织（500×）[20]

b）HY-100 钢气体保护电弧焊（GMAW）焊缝板条马氏体显微结构[50]

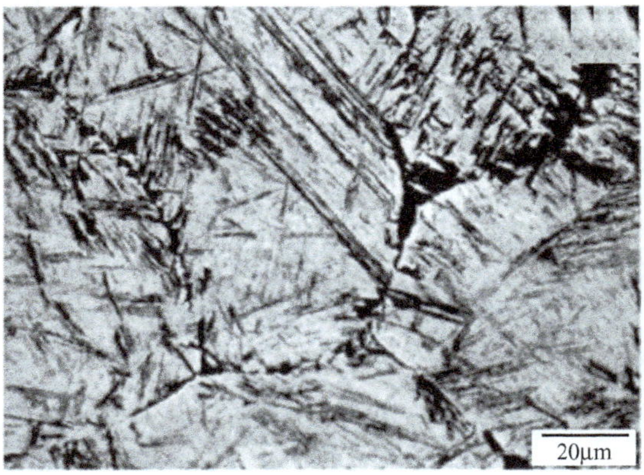

a)

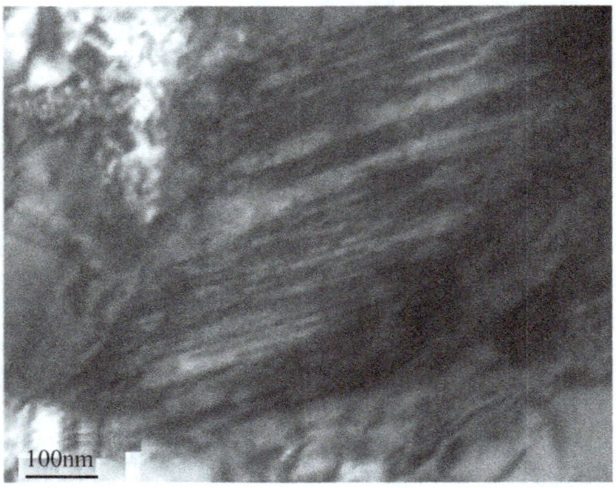

b)

图4-64　低合金钢焊缝片状马氏体组织形态及显微结构

a）0.16C-1.6Mn-1.5Si TRIP 钢钨极氩弧焊（GTA）焊缝片状马氏体组织[51]

b）含铌（Nb）低合金管线钢焊缝片状马氏体中的孪晶带[46]

低碳钢和低合金钢焊缝固态转变的分类及其组织形态和显微结构如图4-65所示。

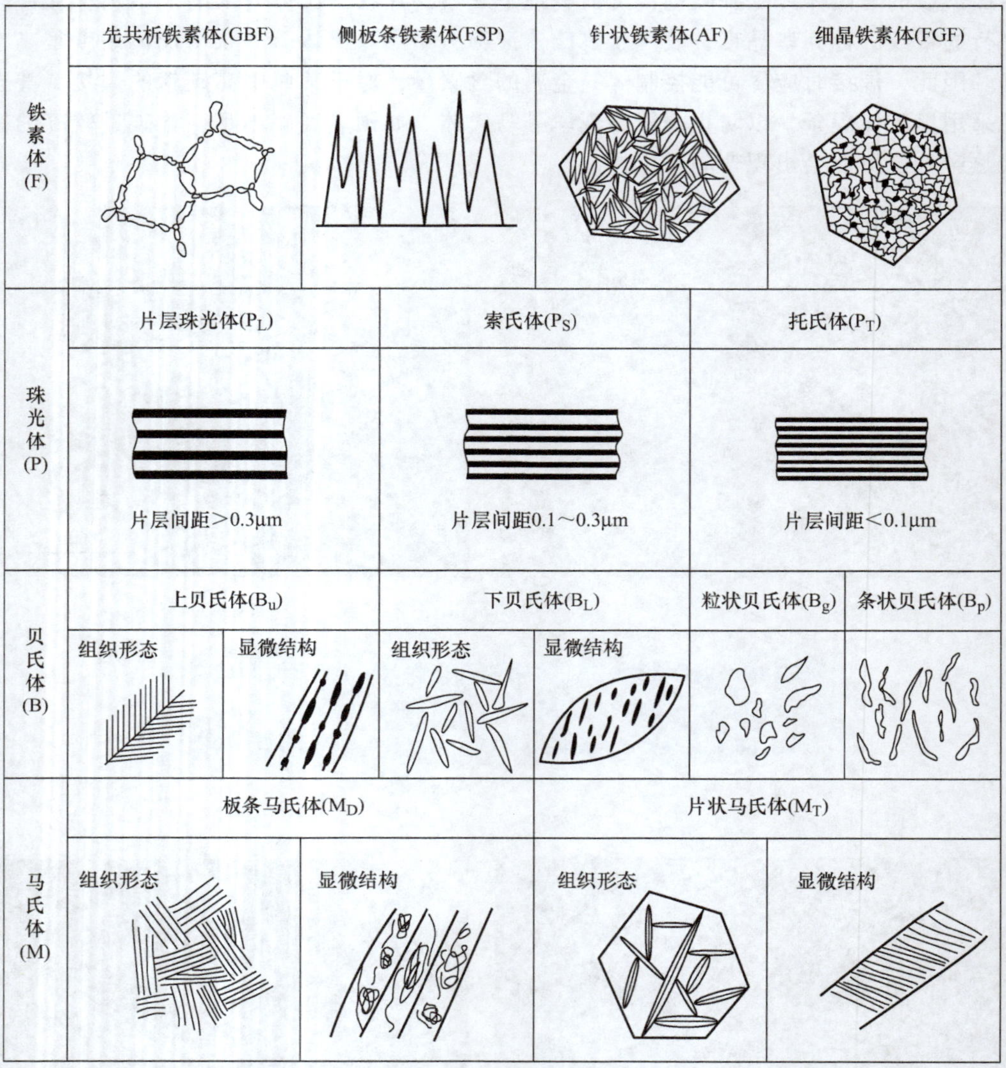

图 4-65　低碳钢和低合金钢焊缝固态转变的分类及其组织形态和显微结构

4.5.2　低碳钢和低合金钢焊缝的固态转变组织

1. 低碳钢焊缝的固态转变组织

低碳钢焊缝含碳量较低，其固态转变组织相对简单，通常都是铁素体加少量珠光体。铁素体与珠光体的相对量与钢的含碳量及冷却速度有关，一般地说，随着冷却速度提高，焊缝珠光体增加，硬度增加，而塑性降低，见表 4-2。

在过热条件下，低碳钢焊接熔合区和热影响区时常出现魏氏组织，但在焊缝中比较少见。焊缝形成魏氏组织时，其塑性和冲击韧度将大大降低。

表 4-2　冷却速度对低碳钢焊缝组织及硬度的影响[52]

焊缝冷却速度/(℃/s)	焊缝组织（%）		焊缝硬度(HV)
	铁素体	珠光体	
1	82	18	165
5	79	21	167
10	65	35	185
35	61	39	195
50	40	60	205
110	38	62	228

2. 低合金钢焊缝的固态转变组织

低合金钢焊缝的固态转变组织比较丰富，随焊接材料化学成分和焊接条件（热循环条件）的不同，4.5.1 节中所述的固态转变类型及其组织在低合金钢焊缝中均有出现的可能，一般情况下是几种组织（相）的混合组织。由于焊缝含碳量普遍低于母材，在多数情况下低合金钢焊缝组织仍以铁素体和珠光体为主，但在高强钢焊缝中，也会有贝氏体甚至马氏体组织。

与钢的连续冷却转变图（CCT 图）原理一样，焊缝金属的固态转变组织可以借助“焊缝金属连续冷却转变图”（简称“WM-CCT 图”）来进行预测。由于焊接热循环远比热处理复杂，严格来说，需要针对焊缝金属建立专门的连续冷却转变图，但在没有专门的焊缝金属连续冷却转变图的条件下，若焊缝金属成分与母材成分相同或相近，也可以利用钢母材的热处理连续冷却转变图对焊缝的组织转变进行大致的预测。

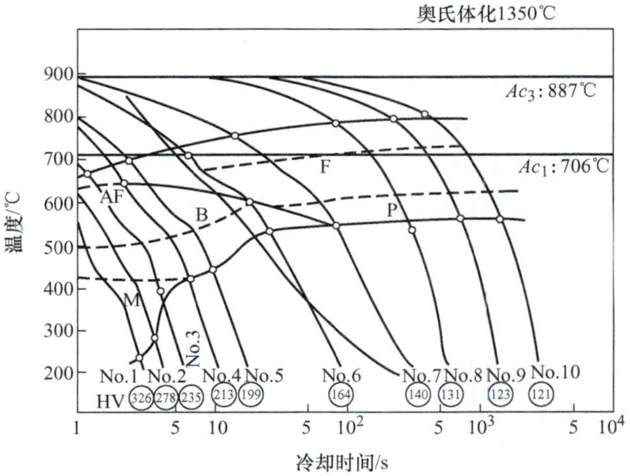

图 4-66　Fe-0.11C-0.31Si-1.44Mn-0.071O 焊缝金属连续冷却转变图[52]

图 4-66 所示为 Fe-0.11C-0.31Si-1.44Mn-0.071O 焊缝金属连续冷却转变图，从图中可以方便地预测焊缝的组织：当焊缝冷却速度较慢（冷却曲线 No.7 ~ No.10）时，焊缝组织主要是铁素体和珠光体；当焊缝冷却速度较快（冷却曲线 No.4 ~ No.6）时，焊缝中将出现针状铁素体和贝氏体；当焊缝冷却速度很快（冷却曲线 No.1 ~ No.3）时，焊缝中将出现马氏体。

3. 低合金钢焊缝固态转变组织的影响因素

钢焊缝的固态转变行为及其组织本质上由焊缝金属的化学成分和焊接热循环决定，可以用连续冷却组织转变图来描述，理论上，对连续冷却组织转变图有影响的因素都对钢焊缝的固态转变行为及其组织有影响，这些因素主要包括合金元素、氧含量、焊接工艺等。

(1) 合金元素　合金元素对低合金钢焊缝固态转变行为及其组织的直接影响是改变连续冷却转变图的位置。一般来说，随着合金元素含量的增加，连续冷却转变图将向较长的时间和较低的温度方向移动，意味着随着合金元素的增加，在相同冷却速度条件下，焊缝更容易得到较低温度的转变组织（如贝氏体、马氏体等），如图 4-67 所示。

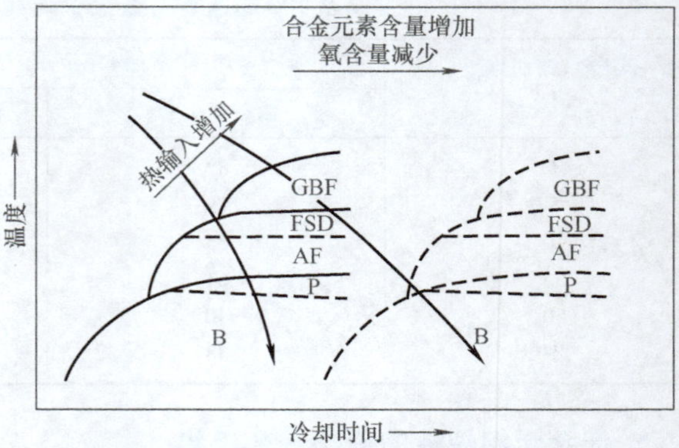

图 4-67　合金元素和氧含量对低合金钢焊缝固态转变行为的影响

某些合金元素，如前述 4.3.3 节中所述的 Ti、B、Zr 等元素，能够与氧、氮等形成高熔点质点，这些细小的质点在熔池凝固过程中具有变质作用（促进非自发形核），能够明显细化焊缝凝固组织；在奥氏体的形成过程中，通过钉扎晶界能够显著抑制奥氏体晶粒的长大；在奥氏体向铁素体的转变过程中，能够作为针状铁素体的形核核心，促进针状铁素体的形成。

需要指出的是，当多种合金元素共同存在时，合金元素对低合金钢焊缝固态转变行为及其组织的效应还可能存在相互影响。如图 4-68 中显示了合金元素 Ti 对 API 5L-X70 管线钢埋弧焊焊缝组织结构的影响。当焊缝 Ti 的质量分数较低时，焊缝组织为先共析铁素体 + 针状铁素体，当 Ti 的质量分数在 0.09% 以下时，随着焊缝 Ti 的质量分数的增加，Ti 夹杂增多，使得针状铁素体形核质点增加，焊缝组织结构中先共析铁素体逐渐减少，针状铁素体增多（图 4-68a、b、c）；但当焊缝 Ti 的质量分数达到或超过 0.09% 时，由于 Ti 与 O 和 S 的亲和力高于 Mn，导致焊缝中 Mn 元素增多，焊缝金属连续冷却转变图右移，焊缝中出现了贝氏体（图中 4-68d）。

(2) 氧含量　焊缝中的氧对连续冷却组织转变图的位置有明显影响，随着氧含量的增加，连续冷却转变图会向较短的时间和较高的温度方向移动，焊缝更容易得到较高温度的转变组织，如图 4-67 所示。

氧含量对低合金钢焊缝固态转变行为及组织的影响机理可以从以下三方面理解：其一，增加焊缝的氧含量会促进熔池中氧化物质点的形成，有利于凝固时的非自发形核，细化焊缝凝固组织；其二，研究表明[2]，增加焊缝的氧含量会使焊缝中的细小夹杂增加，这些细小的第二相颗粒通过钉扎晶界能够显著抑制奥氏体晶粒的生长；其三，氧含量的增加将增加合金元素的氧化，减少焊缝合金元素的含量。因此，在一定范围内增加焊缝中的氧含量，将使连续冷却转变图向较短的时间和较高的温度方向移动，焊缝更容易得到较高温度的转变组织。另外，如前所述，氧化物夹杂还有利于针状铁素体的形核，促进焊缝中针状铁素体的形成。

(3) 焊接工艺　焊接工艺包括焊接参数和焊接时的辅助工艺措施等。对焊缝固态转变来说，焊接热输入是最重要的工艺参数，而焊接辅助工艺则包括焊前预热、焊后缓冷等。焊接工艺对焊缝固态转变行为及其组织的影响集中体现在对焊缝冷却速度（冷却时间 $\Delta t_{8/5}$）的影响上。任何增加焊缝冷却速度的工艺都会促进焊缝获得较低温度的转变组织，

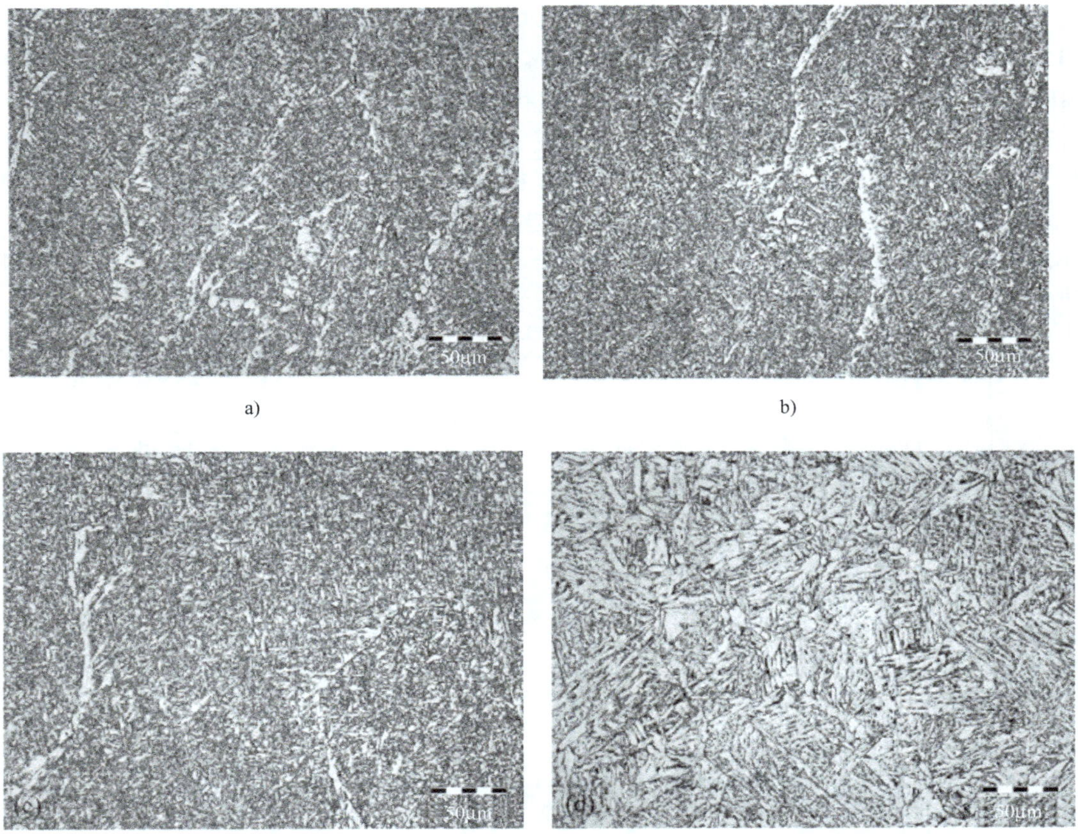

a)　b)　c)　d)

图 4-68　焊缝金属 Ti 的质量分数对 API 5L-X70 管线钢埋弧焊焊缝组织结构的影响[53]
a) 0.004Ti　b) 0.02Ti　c) 0.05Ti　d) 0.09Ti

反之将有利于焊缝获得较高温度的转变组织。焊接热输入的增加或焊前预热/焊后缓冷措施的增强将降低冷却速度（$\Delta t_{8/5}$增加），有利于焊缝获得较高温的转变组织。

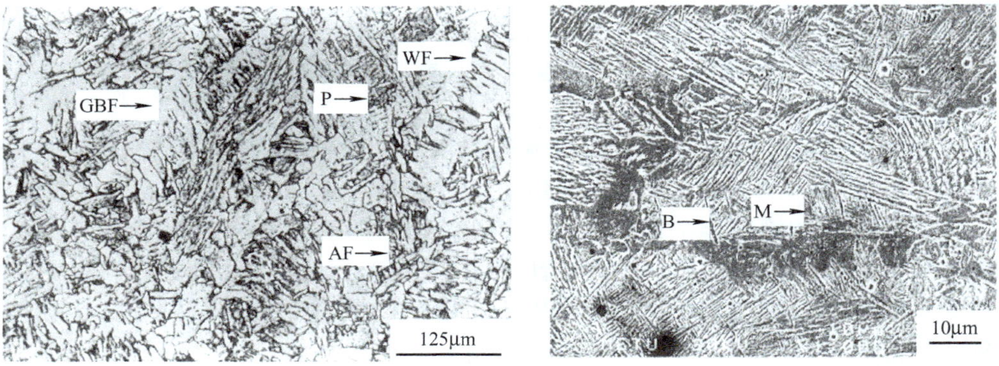

a)　b)

图 4-69　SAE 1020 钢（0.196C-0.6Mn-0.26Si）埋弧焊焊缝组织（焊丝：0.12C-0.5Mn-0.1Si）[54]
a) E = 2kJ/mm　b) E = 0.5kJ/mm

如图 4-69 所示，采用埋弧焊焊接 SAE 1020 钢（母材：0.196C-0.6Mn-0.26Si；焊丝：0.12C-0.5Mn-0.1Si），当热输入为 $E=2\text{kJ/mm}$（图 4-69a）时，焊缝组织为先共析铁素体（GBF/PF）+侧板条铁素体（FSP/WF）+针状铁素体（AF）+珠光体（P）；当热输入为 $E=0.5\text{kJ/mm}$（图 4-69b）时，焊缝中出现了贝氏体（B）和马氏体（M）组织[54]。文献［49］采用焊条电弧焊堆焊 Fe-0.08C-0.4S-1.5Mn-0.4Mo，研究了冷却时间 $\Delta t_{8/5}$ 对焊缝组织的影响，如图 4-70 和图 4-62a、b 所示。当 $\Delta t_{8/5}=12.03\text{s}$ 时，焊缝为上贝氏体（见图 4-62a）；当 $\Delta t_{8/5}=4.06\text{s}$ 时，焊缝为下贝氏体（图 4-62b）；当 $\Delta t_{8/5}=1.89\text{s}$ 时，焊缝为贝氏体+部分马氏体（见图 4-70a）；当 $\Delta t_{8/5}=0.94\text{s}$ 时，焊缝为针状马氏体（见图 4-70b）。

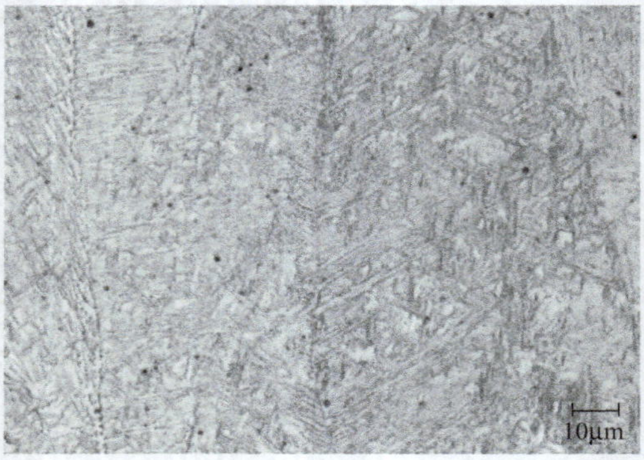

a）

b）

图 4-70　$\Delta t_{8/5}$ 对焊条电弧焊堆焊 0.08C-0.4S-1.5Mn-0.4Mo 焊缝组织的影响[49]

a）$\Delta t_{8/5}=1.89\text{s}$　b）$\Delta t_{8/5}=0.94\text{s}$

4.5.3　焊缝固态转变组织的调控

1. 冶金调控

如上所述，合金元素对焊缝的固态转变行为及组织有重要影响，通过焊接材料向焊缝金属添加适当的合金元素，可以对焊缝的固态转变组织及性能进行调控。一般地说，焊缝固态转变组织的细化可以使焊缝强韧性得到改善，因此，添加一些可以细化焊缝组织的元素（如 Ti、B、Zr、Nb、V 等）是焊缝冶金调控措施中时常采用的方法。

2. 焊接参数的调控

母材和焊接材料确定时，焊缝的组织和性能取决于焊接工艺。针对焊缝固态转变组织，焊接参数的调控实际上主要是控制焊缝的冷却速度（冷却时间），通过控制焊缝冷却速度，获得所希望的组织，同时避免或减少出现有害的组织。一般而言，针状铁素体、细晶铁素体、下贝氏体和板条马氏体是综合性能较好的组织，而先共析铁素体、侧板条铁素体、上贝氏体、针状马氏体和粗大的珠光体等组织往往韧性较差。焊接时可以参考连续冷却组织转变图对焊接参数进行优化。

3. 焊后热处理

焊缝组织比较复杂，而且可控性较差，加之焊接时往往还需要考虑其他因素（如焊接成形等），因此，实际中仅仅通过焊接工艺的调控并不是总能获得满意的效果。通过焊后热处理（如正火、回火或调质等）可以对包括焊缝在内的焊接接头的组织结构和性能进行调控。例如，在低碳钢或低合金钢焊缝中，如果经受一次温度超过 A_3 的热循环，焊缝组织将发生重结晶，即焊缝组织将再一次奥氏体化，原有的凝固柱状晶结构将被破坏，并在随后的冷却过程中转变为细小的铁素体和珠光体，因此，对焊缝进行热处理将使其组织和性能得到改善。根据性能要求和现场条件，可以采用不同的方法进行焊后热处理，最常见的方法有整体或局部热处理、跟踪热处理等。

整体或局部热处理是指在焊接施工结束后对焊接构件整体或局部进行热处理。当焊接构件较小且需要或允许进行整体热处理时可以采用整体热处理的方式，否则只能进行局部热处理。在实际中，一些对设备或系统安全运行有重要影响的焊接结构都应考虑进行焊后热处理，如珠光体耐热钢的电站设备、中碳调质钢的飞机起落架等。

所谓跟踪热处理是指焊完焊缝后立即用火焰加热焊道表面进行热处理的一种方式，温度一般控制在 900～1000℃。对于多层焊接，跟踪热处理可以同时对前面若干层焊道产生效果，但每一层的效果有所差异。例如对于焊条电弧焊多层焊，如果焊道的平均厚度约为 3mm，则跟踪回火对前三层焊缝均有不同的热处理作用。最上层焊缝（0～3mm）相当于正火处理，中层焊缝（3～6mm）相当于 750℃左右的高温回火处理，下层焊缝（6～9mm）则相当于进行了 600℃左右的回火处理。因此，在焊接过程中采用跟踪热处理，将使每道焊缝经受一次正火处理和两次回火处理，可以大大改善焊缝的组织，提高焊缝的性能。

4. 多层焊接

当焊接件较厚时，可以采用多层焊接来改善焊缝的组织提高焊缝金属的性能。在多层焊接中，前一层焊缝的余热对后一层焊缝的焊接相当于预热，而后一层焊缝的焊接对前一层焊缝可以起到热处理的作用，因此，对于厚板焊接，低热输入的多层焊接往往比大热输入的单道焊接具有更好的性能。

如上所述，如果经受一次温度超过 A_3 的热循环，焊缝组织将发生重结晶，因此，在多层焊接的层间焊缝中，熔池凝固遗留下来的柱状晶结构将被消除。图 4-71 所示为 Q235 钢多层埋弧焊焊缝组织结构，其中图 4-71a 是末道焊缝组织，图 4-71b 是末道次焊缝（左侧）与前一道次焊缝（右侧）的层间组织。从图 4-71a 和图 4-71b 左侧先共析铁素体的分布可

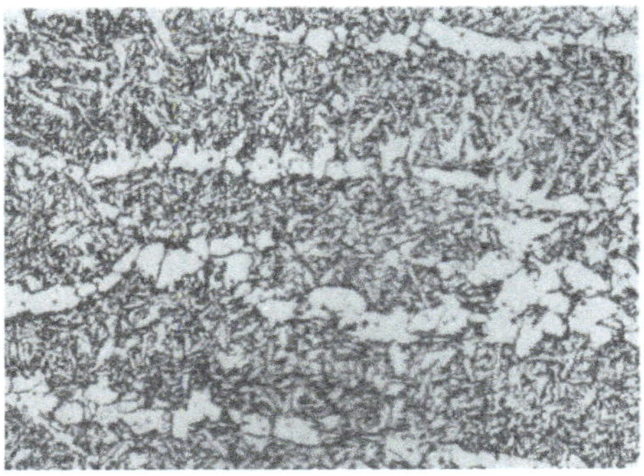

a)

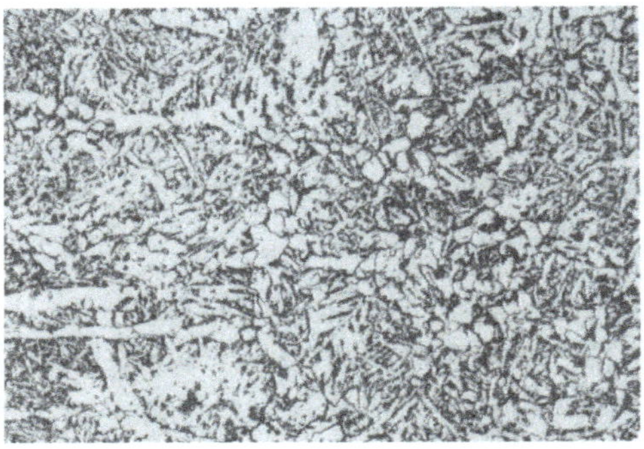

b)

图 4-71　Q235 钢多层埋弧焊焊缝组织结构[20]

a）末道焊缝组织　b）层间焊缝组织

以清楚地看到末道次焊缝中的柱状晶轮廓，但图 4-71b 右侧层间焊缝柱状晶结构已经消失。

5. 锤击焊道

焊后冷却过程中，在恰当的温度范围内通过锤击焊道，使焊缝金属产生塑性变形，可以改变焊缝固态转变的热力学和动力学条件，细化焊缝固态转变组织，也可以降低焊缝的残余应力。多层焊接中，层间对焊缝进行锤击处理，还可以使后道焊缝的凝固组织细化。

本章小结

凝固过程属于形核长大型的相变。形核有两种机制：自发形核和非自发形核。所谓**自发形核（又称作均匀形核），是指固态晶核在液相中直接生成，即晶核由液相中的一些原子团直接形成的一类形核；非自发形核有时又称作异质形核或非均匀形核，是指新相优先依附在液相中的杂质表面或外来表面形核。**非自发形核需要克服的能量为

$$\Delta G = \Delta G^{*}\left(\frac{2-3\cos\theta+\cos^{3}\theta}{4}\right)$$

式中，ΔG^{*} 为临界自发晶核所需克服的能量；θ 为非自发晶核的浸润角。

焊接过程中熔池结晶形核的主导机制是非自发形核，熔合区现有基体金属表面、部分凝固区的破碎枝晶、部分熔化区游离出来的晶粒和高熔点异质颗粒等都可能成为发生非自发形核的条件。当焊缝金属成分和晶体结构与基体（母材）金属相近甚至基本相同时，熔池凝固过程中最常见的形核机制是在熔合区现有基体金属表面直接形核，这种现象实际上是熔化的焊缝金属直接在现有晶粒上长大，称为“**联生结晶**”或“**外延生长**”。

根据成分过冷理论，**金属（合金）凝固过程中界面前沿成分过冷取决于 G/R 值，G/R 值越小，越容易形成成分过冷**。与凝固前沿成分过冷度由小到大相对应，金属凝固结晶（生长）有平面晶、胞状晶、胞状树枝晶、树枝状晶和等轴晶五种形态。**在焊接熔池中，焊缝中心线熔池后端边界 R 最大，而 G 最小，而在焊缝两侧熔池边界 R 最小（≈ 0），而 G 最大，因此，从焊缝两侧熔池边界到焊缝中心线熔池后端边界，G/R 值逐渐减小，过冷度逐渐增大，与此相对应，显微结晶形态依次是平面晶、胞状晶、树枝状晶和等轴晶等，在胞状晶和树枝状晶之间，有时还会出现胞状树枝晶。**

熔池边界不同位置凝固结晶速率、生长方向和结晶形态的变化，实际上反映了焊缝中从焊缝边界向焊缝中心生长的柱状晶在不同位置结晶生长速率、方向和显微形态的变化。焊缝凝固组织一般由柱状晶和等轴晶组成：在焊缝中心区域，由于过冷度大，温度梯度小，时常形成等轴晶；从焊缝边界到中心等轴晶区之间是柱状晶。理论上，从焊缝熔化边界到焊缝中心，柱状晶的显微结晶形态依次是平面晶、胞状晶、树枝晶（在胞状晶和树枝状晶之间，有时还会出现胞状树枝晶），但在实际中，并不一定所有的结晶形态都会出现。由于熔池的边界通常是弯曲的，焊缝柱状晶的主轴方向（生长方向）也必然是弯曲的。**在焊缝边界，柱状晶生长方向（主轴方向）与焊缝垂直（$\alpha=90°$），而在焊缝中心线，如果等轴晶不存在，柱状晶生长（主轴方向）方向与焊接方向一致（$\alpha=0°$）。**

焊接参数对焊缝凝固组织的影响主要表现在两方面：对焊缝柱状晶结晶主轴方向的影响和对显微结晶形态及其结构尺度的影响。焊接热输入不变时，随着焊接速度的增大，焊缝柱状晶结晶主轴方向与焊接方向的夹角增大；在较高的焊接速度条件下，焊缝柱状晶主

轴将变得比较直，而且近乎垂直焊缝。焊缝显微凝固结晶形态及其结构尺度主要受熔池凝固过程中固/液界面前沿的温度梯度（G）和凝固生长速率（R）控制：**G/R 决定微观结晶形态，而 $G \cdot R$ 影响微观组织的尺度**；G/R 越大，越倾向于形成柱状晶；G/R 减小，越倾向于形成等轴晶；随着 $G \cdot R$ 的增大，微观组织尺度减小（细化）。焊缝的凝固组织可以通过变质处理、焊接参数的优化、脉冲焊接、熔池振动结晶、电磁搅拌等冶金和工艺措施进行调控。

焊缝金属的凝固缺陷主要有化学成分的不均匀性、气孔和**夹杂等**。化学成分的不均匀性主要包括显微偏析、区域偏析和层状偏析等，改善焊缝化学成分均匀性的方向是促进焊缝形成等轴晶，并细化焊缝晶粒。按形成机理分类，焊缝中的气孔主要有析出型气孔、反应型气孔和金属蒸气孔三类，预防焊接气孔的措施主要从气体来源、焊接材料和焊接工艺等方面考虑。焊缝金属中常见的夹杂主要有氧化物、氮化物和硫化物等，夹杂的预防主要从材料和工艺两方面考虑。

焊缝的固态转变行为和组织由焊缝金属化学成分和焊接条件（冷却条件）决定。低碳钢和低合金钢焊缝可能出现的固态相变包括铁素体转变（先共析铁素体、侧板条铁素体、针状铁素体、细晶铁素体）、珠光体转变（片层珠光体、索氏体、托氏体）、贝氏体转变（上贝氏体、下贝氏体、粒状贝氏体、条状贝氏体）和马氏体转变（板条马氏体、片状马氏体、岛状 M-A 组元）四种类型。低碳钢焊缝含碳量较低，其固态转变组织通常都是铁素体加少量珠光体，随冷却速度提高，焊缝珠光体增加。低合金钢焊缝的固态转变组织比较丰富，随焊接材料化学成分和焊接条件（热循环条件）的不同，上述固态转变类型及其组织在低合金钢焊缝中均有出现的可能，一般情况下是几种组织（相）的混合组织。**影响低合金钢焊缝固态转变的因素主要包括合金元素、氧含量、焊接工艺等；焊缝固态转变组织的调控措施有冶金调控、焊接参数调控、焊后热处理和多层焊接等。**

思 考 题

1）什么是自发形核？什么是非自发形核？

2）简要说明焊接熔池的形核机制。

3）简述凝固结晶形态及其形成条件，并讨论固液界面前沿温度梯度、凝固速率和合金中溶质浓度等对结晶形态的影响。

4）分析焊接熔池后端边界上温度梯度 G 和凝固速率 R 的分布。

5）结合熔池后端边界上温度梯度、凝固速率的分布和式（4-14），分析讨论焊接熔池不同位置的结晶形态。

6）什么是联生结晶？什么是竞争生长？

7）根据熔池凝固与焊缝组织之间的关系，论述焊缝凝固组织的一般特征。

8）分析焊接速度对焊缝柱状晶主轴方向的影响。

9）讨论焊接参数对焊缝显微结晶形态及其结构尺度的影响。

10）调控焊缝凝固组织的措施主要有哪些？

11）焊缝金属化学成分不均匀性的表现形式主要有哪几种？简要分析其形成机理。

12）按形成机理分类，焊缝中常见的气孔有哪几种类型？

13）简述焊缝中的夹杂类型及形成机理。

14）简述低碳钢和低合金钢焊缝可能出现的固态相变类型。

15）低合金钢焊缝固态转变组织的影响因素主要有哪些？分析讨论焊接工艺对低合金钢焊缝固态转变组织的影响。

16）焊缝固态转变组织的调控措施主要有哪些？分析焊后热处理和多层焊接改善焊缝固态转变组织的机理。

参考文献

[1] 胡赓祥，蔡珣，戎咏华．材料科学基础［M］．上海：上海交通大学出版社，2006.

[2] Kou S. 焊接冶金学［M］．闫久春，杨建国，张广军，译．北京：高等教育出版社，2012.

[3] Kou S, Le Y. Welding parameters and the grain structure of weld metal—A thermodynamic consideration [J]. Metallurgical Transactions A, 1988, 19 (4): 1075-1082.

[4] Bayraktar E, Moiron J, Kaplan D, Effect of welding conditions on the formability characteristics of thin sheet steels: Mechanical and metallurgical effects [J]. Journal of Materials Processing Technology, 2006, 175 (1): 20-26.

[5] Nelson T W, Lippold J C, Mills M J. Nature and evolution of the fusion boundary in ferritic-austenitic dissimilar weld metals, Part 1-Nucleation and growth [J]. Welding Journal-NEW YORK, 1999 (78): 329s-337s.

[6] Easterling K. Introduction to the Physical Metallurgy of Welding [M]. London: Butterworths & Co (Publishers) Ltd, 1983.

[7] Flemings M C. Solidification Processing [M]. New York: McGraw-Hill, 1974.

[8] Rutter J W, Chalmers B. A prismatic substructure formed during solidification of metals [J]. Canadian Journal of Physics, 1953, 31 (1): 15-39.

[9] Tiller W A, Jackson K A, Rutter J W, et al. The redistribution of solute atoms during the solidification of metals [J]. Acta metallurgica, 1953, 1 (4): 428-437.

[10] Jackson K A, Hunt J D. Transparent compounds that freeze like metals [J]. Acta Metallurgica, 1965, 13 (11): 1212-1215.

[11] Walton D, Tiller W A, Rutter J W, et al. Solidification and cellular growth in a binary alloy [J]. Transactions of AIME, 1955 (203): 1023-1031.

[12] Cole G S, Winegard W C. The Transition from Plane to Cellular Interface in Solidification of Tin-Lead-Antimony Alloys [J]. J Inst. Metals, 1963 (92): 322-326.

[13] Hunt M D, Spittle J A, Smith R W. The Solidification of Metals [M]. London: Iron and Steel Institute, 1968.

[14] Plaskett T S, Winegard W C. Cellular growth in tin alloys [J]. Canadian Journal of Physics, 1959, 37 (12): 1555-1557.

[15] Bardsley W, Callan J M, Chedzey H A, et al. Constitutional supercooling during crystal growth from stirred metls—Ⅱ: Experimental: Gallium-doped germanium [J]. Solid-State Electronics, 1961, 3 (2): 142-144.

[16] Coulthard J O, Elliott R. The Solidification of Metals [M]. London: Iron and Stel Institute, 1968.

[17] Nakagawa H, Kato M, Matsuda F, et al. X-ray investigations on solidification structures in weld metal [J]. Transactions of the Japan Welding Society, 1970, 1 (1): 94-103.

[18] Chalmers B. Principles of Solidification [M]. New York: Wiley, 1964.

[19] Sabol J C, Pasang T, Misiolek W Z, et al. Localized tensile strain distribution and metallurgy of electron

beam welded Ti-5Al-5V-5Mo-3Cr titanium alloys [J]. Journal of Materials Processing Technology, 2012, 212 (11): 2380-2385.
[20] 中国机械工程学会焊接学会. 焊接金相图谱 [M]. 北京: 机械工业出版社, 1987.
[21] Madadi F, Shamanian M, Ashrafizadeh F, Cladding of stellite composite on carbon steel by gas tungsten arc welding [J]. International Journal of ISSI, 2009, 6 (2): 34-37.
[22] Maurl'cio David M, Das Neves, Andre' Lotto et al. Microstructure development in Nd: YAG laser welding of AISI 304 and Inconel 600 [J]. Welding International, 2010, 24 (10): 739-748.
[23] Silva C C, Miranda H C, Sant'Ana H B, et al. Microstructure, hardness and petroleum corrosion evaluation of 316L/AWS E309MoL-16 weld metal [J]. Materials Characterization, 2009, 60 (4): 346-352.
[24] Villaret V, Deschaux-Beaume F, Bordreuil C, et al. Influence of filler wire composition on weld microstructures of a 444 ferritic stainless steel grade [J]. Journal of Materials Processing Technology, 2013, 213 (9): 1538-1547.
[25] Прохоров Н Н. Фичеcкие процессы в металах при Сварке [M]. Москва: Металлургия, 1968.
[26] Arata Y, Matsuda F, Mukae S, et al. Effect of weld solidification mode on tensile properties of Aluminum weld metal [J]. Transactions of JWRI, 1973, 2 (2): 184-190.
[27] Kumar S, Shahi A S. Effect of heat input on the microstructure and mechanical properties of gas tungsten arc welded AISI 304 stainless steel joints [J]. Materials and Design, 2011, 32 (6): 3617-3623.
[28] Pearce B P, Kerr H W. Grain Refinement in Magnetically GTA Welds of Aluminum Alloys Stirred [J]. Metallurgical Transactions B, 1981, 12 (3): 479-486.
[29] Janaki Ram G D, Mitra T K, Shankar V, et al. Microstructural refinement through inoculation of type 7020 Al-Zn-Mg alloy welds and its effect on hot cracking and tensile properties [J]. Journal of Materials Processing Technology, 2003 (142): 174-181.
[30] Madhusudhan G R, Mukhopadhyay A K, Sambasiva A R. Influence of scandium on weldability of 7010 aluminium alloy [J]. Science and Technology of Welding and Joining, 2005, 10 (4): 432-441.
[31] Sundaresan S, Ram G D J, Reddy G M. Microstructural refinement of weld fusion zones in a-b titanium alloys using pulsed current welding [J]. Materials Science and Engineering A, 1999, 262 (1): 88-100.
[32] Watanabe T, Shiroki M, Yanagisawa A, et al. Improvement of mechanical properties of ferritic stainless steel weld metal by ultrasonic vibration [J]. Journal of Materials Processing Technology, 2010, 210 (12): 1646-1651.
[33] Matsuda F, Nakagawa H, Nakata K, et al. Effect of Electromagnetic Stirring on Weld Solidification Structure of Aluminum Alloys (ReportI) - Investigationon GTA Weld Metal of Thin Sheet [J]. Transactions of JWRI, 1978, 7 (1): 111-127.
[34] Reddy G M, Gokhale A A, Rao K P. Weld microstructure refinement in a 1441 grade aluminium-lithium alloy [J]. Journal of materials science, 1997, 32 (15): 4117-4126.
[35] ÅStröm H, Loberg B. Bengtsson B, et al. Easterling Hot cracking and micro- segregation in 18-10 stainless steel welds [J]. Metal Science, 1976, 10 (7): 225-234.
[36] 陈伯蠡. 金属焊接性基础 [M]. 北京: 机械工业出版社, 1982.
[37] Дриц М Е. Свидерская З А, Каданер Э С. Авторадиография в металловедении [M]. Москва: Металлугиздат, 1961.
[38] Winterton H Y K. Solidification Mode of Weld Metal in Inconel 718 [J]. Welding Journal, 1972, 51 (3): 132-137.
[39] Dannessa A T. Sources and Effects of Growth Rate Fluctuations During Weld Metal Solidification [J]. Welding Research Supplement, 1970, 49 (2) 41-45.

[40] Weckman D C, Kerr H W, Liu J T. The Effects of Process Variables on Pulsed Nd: YAG Laser Spot Welds: Part Ⅱ. AA 1100 Aluminum and Comparison to AISI 409 Stainless Steel [J]. Metallurgical and Materials Transaction sB, 1997, 28 (4): 687-700.

[41] Tucker J D, Nolan T K, Martin A J, et al. Effect of Travel Speed and Beam Focus on Porosity in Alloy 690 Laser Welds [J]. JOM, 2012, 64 (12): 1409-1417.

[42] Amirthalingam M, Hermans M, Richardson I. Microstructural Development during Welding of Silicon and Aluminum-Based Transformation-Induced Plasticity Steels—Inclusion and Elemental Partitioning Analysis [J]. Metallurgical and Materials Transactions A, 2009, 40 (4): 901-909.

[43] Allen D J, Wolstenholme D A. Sulphur segregation and intergranular microcracking in ferritic steel Weld metal [J]. Metals Technology, 1982, 9 (1): 266-273.

[44] Babu S S, Bhadeshia H. Transition from bainite toacicular ferrite inreheated Fe-Cr-C weld deposits [J]. Materials Science and Technology, 1990, 6 (10: 1005-1020.

[45] Zhang Z, Farrar R A. Role of non-metallic inclusions in formation of acicular ferrite in low alloy weld metals [J]. Materials Science and technology, 1996, 12 (3): 237-260.

[46] Shanmugam S, Misra R D K, Hartmann J, et al. Microstructure of high strength niobium containing pipeline steel [J]. Materials Science and Engineering: A, 2006, 441 (1): 215-229.

[47] 宋维锡. 金属学 [M]. 2 版. 北京: 冶金工业出版社, 1989.

[48] Lu S, Wei S, Liu Z, et al. Effects of Normalizing Process on the Microstructural Evolution and Mechanical Properties of Low Carbon Steel Weld Metal with Niobium Addition [J]. ISIJ international, 2010, 50 (2): 248-254.

[49] Zachrisson J. In situ detection and characterisation of phase transformations in weld metals [D]. Lulea: Lulea university of technology, 2006.

[50] Deb P, Challenger K D, Therrien A E. Structure-property correlation of submerged-arc and gas-metal-arc weldments in HY-100 steel [J]. Metallurgical Transactions A, 1991, 18 (6): 987-999.

[51] Zhao L, Wibowo M K, Hermans M J M, et al. Retention of austenite in the welded microstructure of a 0. 16 C-1. 6 Mn-1. 5 Si (wt. %) TRIP steel [J]. Journal of Materials Processing Technology, 2009, 209 (12): 5286-5292.

[52] 张文钺. 焊接冶金学（基本原理）[M]. 北京: 机械工业出版社, 1996.

[53] Beidokhti B, Koukabi A H, Dolati A. Effect of titanium addition on the microstructure and inclusion formation in submerged arc welded HSLA pipeline steel [J]. Journal of Materials Processing Technology, 2009, 209 (8): 4027-4035.

[54] Eroglu M, Aksoy M, Orhan N. Effect of coarse initial grain size on microstructure and mechanical properties of weld metal and HAZ of a low carbon steel [J]. Materials Science and Engineering: A, 1999, 269 (1): 59-66.

第5章 熔合区的组织与性能

熔合区是焊缝与热影响区之间的过渡区域。在焊接研究的早期阶段，由于显微分析手段的缺乏，人们对于熔合区的认识不够充分，认为熔合区对接头的力学性能影响不大，并没有引起足够的重视。但是，随着研究的深入，人们发现在焊接接头服役的过程中，很多接头的破坏与失效都是从焊缝熔合区开始的。因此，人们才开始对熔合区给予足够的关注，并进行了大量的研究。研究发现，熔合区既是成分、组织与性能等极不均匀区域，又可能是应力集中区域。在很多材料的熔合区常常会出现液化裂纹、氢致裂纹和偏析等缺陷，而且会出现强度与韧性损伤等现象。本章将对熔合区的结构、形成机理以及对接头力学性能的影响等方面进行系统讨论。

5.1 熔合区的特征

5.1.1 熔合区的结构

熔合区的组织结构比较复杂，而且对其组成结构的认识在历史上曾经存在着较大的分歧。随着人们对熔合区认识的不断深入，人们对熔合区的组成结构逐渐形成了统一的认识。一般情况下，熔合区在组成结构上大体上可以划分为非对流混合区、熔合线和部分熔化区三个部分，如图 5-1 所示。

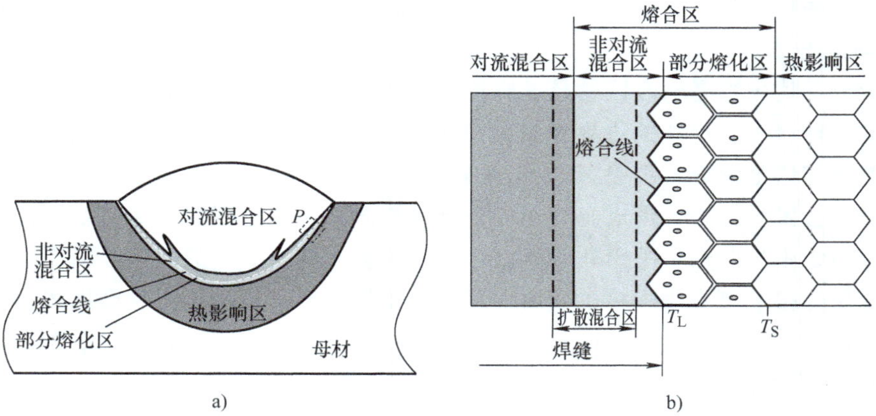

图 5-1 典型的焊接接头结构示意图

a）宏观结构 b）微观结构（在图 a 中 P 区的放大）

非对流混合区是接近熔合线（T_L）处熔化但未充分与填充材料混合的母材金属，基本上未经过对流混合而可能经扩散混合的熔池边界区，凝固后形成的以母材成分为主的化学成分不均匀区域。

部分熔化区是接近熔合线处母材金属晶粒边界（或晶粒内部）发生不同程度熔化的区域，在焊接过程中属固/液混合区。实际上，部分熔化区两个边界的峰值温度分别与母材液相线（T_L）和固相线（T_S）大致对应。应该指出，本章中的“部分熔化区”与第4章中的“部分熔化/凝固区”属同一区域，“部分熔化/凝固区”侧重于描述该区域出现部分熔化后凝固的过程，而“部分熔化区”侧重于描述母材发生部分熔化的状态。

熔合线为焊接接头横截面上焊缝和母材金属的分界线，即熔化焊时，未熔化的母材金属晶粒上的边缘连线。熔合线的峰值温度与母材的液相线大致对应。

焊缝区与熔合区有时会发生部分交叠，即焊缝区由对流混合区和非对流混合区组成。在焊接过程中，如果填充焊接材料与母材成分不同，溶质原子在化学位梯度的作用下，对流混合区与非对流混合区还会出现扩散混合的现象。扩散混合区的宽度取决于原子的扩散系数，若原子扩散系数较大，对流混合区的成分甚至可以沿液化晶界扩散至部分熔化区，相应的扩散混合区右侧边界将进入部分熔化区。然而，虽然非对流混合区的元素成分也会存在向对流混合区液态扩散，在熔池的强对流作用下，其成分也会迅速地均匀化，不会出现大范围单纯的扩散混合现象。在焊缝凝固之后，处于高温状态的非对流混合区可能会向对流混合区发生一定的固态扩散，但其范围较窄，如图5-1b左侧边界所示。

实际上，对于一个具体的焊接接头的熔合区，其三个组成结构有时并不是同时存在的。特别是部分熔化区，主要取决于固相线与液相线的宽度。熔合区具体由哪几种结构组成主要依赖于母材的化学成分、填充材料的成分、焊接工艺条件以及焊缝方法等。

5.1.2 熔合区的特性

焊接接头中的熔合区，既不同于焊缝，也不同于热影响区。其主要特性表现在化学成分、组织、物理与力学的不均匀性，而且其几何尺寸非常小。熔合区的这种特性经常会导致裂纹、应力集中等缺陷，从而造成接头性能的降低，并使熔合区成为接头的薄弱环节。

1. 化学成分不均匀性

化学成分不均匀性是熔合区的最主要特征。在异种材料焊接，或者同种材料焊接但填充材料不同于母材时，熔池的边界经常会出现已经熔化但未与熔池混合的非对流混合区。该区域虽然未与熔池混合，但是其与化学成分不同的熔池会发生强烈的液-液扩散，甚至在一定条件下会发生偏析，形成一个在成分上既不同于母材也不同于焊缝的过渡区，这将进一步导致组织不均匀性。关于非对流混合区的内容，将在下一节中详细讨论。

同种金属焊接甚至自熔焊接也会出现严重的化学成分不均匀。同种金属焊接熔合区的化学成分不均匀与焊接熔池的结晶过程有关。根据结晶过程的固-液界面理论可知，固-液界面处溶质（即合金元素或杂质元素）在固相中的质量分数可表示为

$$w_S = w_0[1 + (k-1)\exp(-kRd/D)] \tag{5-1}$$

式中，w_S 为固-液界面处溶质在固相中的质量分数；w_0 为溶质在合金材料中的初始质量分

数；d 为固-液界面到开始结晶位置的距离；R 为液相的结晶速度（即凝固速度）；k 为溶质在固-液相中的分配系数；D 为溶质的扩散系数。

由式（5-1）可以看出，在结晶开始时，即 $d=0$ 时，溶质在固相中的质量分数为 kw_0，由于 k 一般都小于 1，因而液相开始时所形成的固相溶质质量分数 kw_0，必然小于原始合金材料中的初始质量分数 w_0。这就是说，液相开始结晶时所形成的固相与原始合金材料在化学成分上存在较大的差异。

在焊接条件下，熔合区元素的扩散转移非常激烈，特别是硫、磷、碳、硼、氧和氮等。采用放射性同位素（S^{35}）研究熔合区硫的分布如图 5-2 所示。由图 5-2可见，硫在熔合区的分布是跳跃式变化的。此外，在 α 类钢和 γ 类钢焊接时，经常会出现熔合区碳迁移现象，这种碳迁移的现象将在后面的小节中专门讨论。

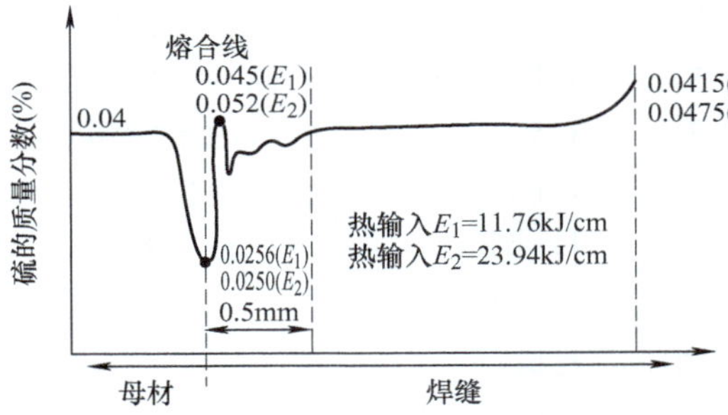

图 5-2　熔合区硫的分布

熔合线处于完全熔化状态的焊接熔池开始结晶的位置，因此熔合线及其附近微小区域的化学成分将与母材和焊缝显著不同，再加上熔合线本身的参差不齐，必然造成其附近微小区域化学成分的剧烈波动，促使化学成分分布严重不均匀，如图 5-2 中硫元素在熔合线附近的分布。熔合区的这种化学成分不均匀性将进一步导致组织的不均匀性。

2. 组织不均匀性

熔合区的成分不均匀性在一定程度上决定了组织不均匀性，而后者对接头的性能产生直接的影响。同时，焊接工艺与焊接方法也会对熔合区的组织不均匀性产生一定的影响。

在非对流混合区，其成分由母材的主体成分和从焊缝扩散而来的焊缝成分组成。非对流混合区这种过渡成分有可能导致其在凝固后形成的组织可能既不同于母材组织也不同于焊缝组织，甚至可能出现一些不希望得到的有害组织。特别是在异种钢焊接过程中，由于钢的相变对母材与焊缝成分的敏感性，在非对流混合区会形成非常复杂的组织。一般认为，非对流混合区由马氏体或类马氏体的组织构成，它是由细小半条马氏体、孪晶马氏体、贝氏体和碳化物等组成的混合组织。它的产生机理为：在焊缝金属到母材热影响区之间，随着 Cr、Ni 含量的减少，马氏体的开始转变温度（Ms）升高，当 Cr、Ni 含量达到某一数量时，特别是镍的质量分数低于 5% ~6% 时，开始发生马氏体转变，形成一个马氏体层。由于钢组织结构对成分的敏感性，在异种钢接头熔合区有时还会形成铁素体带和富奥氏体带等。

在部分熔化区，有时会发生严重的晶界液化。液化的晶界在凝固过程中可能会发生严重的偏析，甚至会在晶界形成近共晶组织，导致晶界发生严重的脆化。例如，在 2219 铝合金焊接过程中，部分熔化区的晶界经常会出现共晶组织，在铸铁焊接过程中，部分熔化区经常会观察到白口铸铁组织。

总之，在熔合区有可能形成一些硬脆组织和一些软化组织，具有严重的组织不均匀性，这将进一步导致熔合区的力学不均匀性。

3. 晶体缺陷不均匀性

近缝区或半熔化区在不平衡加热时，还会出现空位和位错的聚集或重新分布，即所谓晶体缺陷的不均匀性。其中空位的形成及分布对金属断裂强度有重大影响，由于空位的高度可动性，常常可能成为焊接接头形成延迟裂纹的根源。

焊接时的高温加热可促使熔合区形成空位，因为原子的热振动加强，有利于激发原子离开静态平衡位置，而削弱原子的键合力。一般情况下，空位的平衡浓度与温度成比例。接头冷却过程中，空位的平衡浓度显然要下降，在不平衡冷却时，空位必处于过饱和状态，超过平衡浓度的空位则要向高温部位发生运动，而熔合区本身就易于形成较多空位。

此外，在焊接过程中，熔合区的塑性形变也促使形成空位。在温度不太高时，塑性形变量越大，越易于形成空位；而且空位往往趋向于应力集中部位发生扩散运动。因此，熔合区的高温特性与较大的变形量导致其附近成为空位密度最大的部位。这种空位的聚合可能是熔合区延迟断裂的原因之一。

4. 力学不均匀性

在焊接熔合区，其力学不均匀性主要表现在**硬度分布不均匀**并具有**较高的残余应力**。这种力学不均匀性导致了熔合区的力学性能可能要弱于母材或者焊缝，是焊接接头的薄弱环节之一。

在异种钢的焊接过程中，熔合区经常会发生明显的硬化现象。例如，在采用奥氏体焊条107（18-8），307（25-13），407（25-20）和NiCrFe3焊接13CrMo44以及12Ni3CrMoV钢时，在熔合区会出现明显的硬化现象[1]，如图5-3所示。

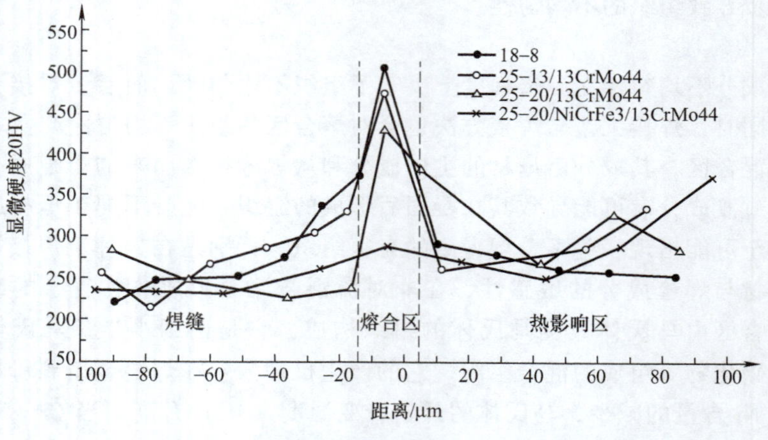

图5-3　奥氏体/铁素体接头熔合区硬度分布[1]

熔合区在焊接接头的位置决定了其具有较大的残余应力。如前所述，在焊接接头中，熔合区两侧分别是焊缝和热影响区，它们之间的分界就是熔合区。一方面，这三个区域的线膨胀系数不同，因而由加热和冷却引起的膨胀收缩程度不同；另一方面，这三个区域的屈服强度和弹性模量不同，因而由膨胀收缩引起的应力也不同。因此，在焊接热循环的作用下，由于热变形而产生热应力时，在熔合区的两个边界上将产生应力集中，再加上熔合区本身较窄，而且成分和组织的分布也不均匀，更加重了应力的集中程度，最终在熔合区内形成了较大的残余应力，从而造成接头性能的降低。

5.2　非对流混合区

5.2.1　非对流混合区的形貌特征

在异种金属熔化焊过程中，常常在熔池的边界出现与母材成分大体相同而与熔池金属成分不同的熔化过渡区，被称为“非对流混合区”。在很多国内外文献中，该区域有时又称为“未混合区（Unmixed Zone）”[2]“不均匀混合区”[3]“部分混合区[4]”和“中间混合区[5]”等。实际上，非对流混合区的形成机理与流体力学中对流边界层的形成有关，是一层基本上未经对流混合的过渡区域。在对流混合区与非对流混合区之间必然存在着成分差异，这将导致对流混合区中的成分向非对流混合区发生扩散，也就是说在非对流混合区内存在着扩散混合的现象。因此，该区域的其他名称，如“未混合区”，不能体现非对流混合区可能存在扩散混合这一精确含义。

非对流混合区最初是在研究填充材料与母材成分不同的条件下发现的，所以人们认为非对流混合区仅存在于填充材料与母材不同或者异种金属焊接的情况。例如，在填充 310 不锈钢焊丝焊接 304L 不锈钢的焊接过程中，会出现一个明显的非对流混合区[6]，如图 5-4a 所示。图 5-4b 所示为在非对流混合区附近的元素成分分布，可以很明显地看出，在非对流混合区域的成分与母材已经基本上没有区别，熔化的母材几乎没有流动，没有与焊缝金属混合。这表明，在熔池的边界区域的确存在着一层与母材成分基本相同的未与熔池金属混合的非对流混合区。

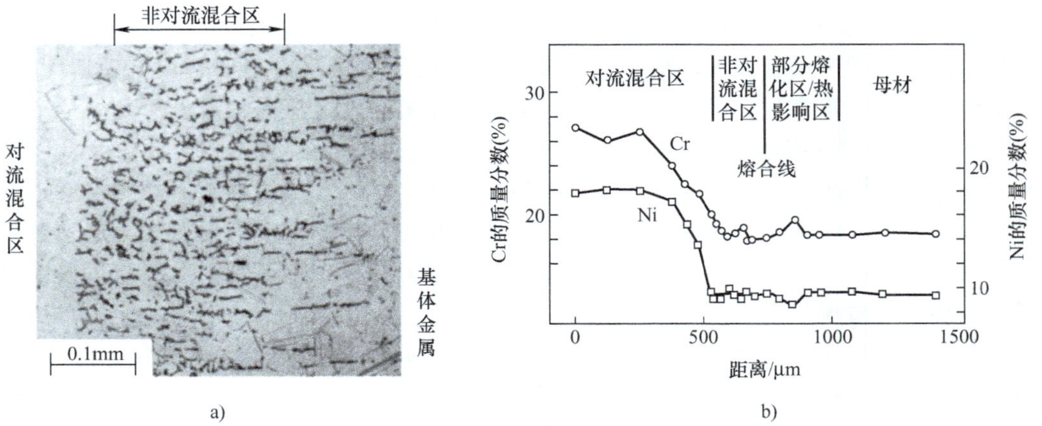

图 5-4　填充 310 不锈钢焊丝焊接 304L 不锈钢的非对流混合区域[6]
a）微观结构　b）成分分布

此外，非对流混合区的边界并不是光滑的曲线，实际上存在着非对流混合区的金属向焊缝内部楔入的现象，呈半岛状，如图 5-5a 所示。通过对图 5-5a 中的 *CC′* 进行成分分布分析，结果如图 5-5b 所示。从图中可以明显看出，楔入焊缝中的半岛成分与母材一致，这就证明了这种半岛仍然是未混入母材的一部分[2]。

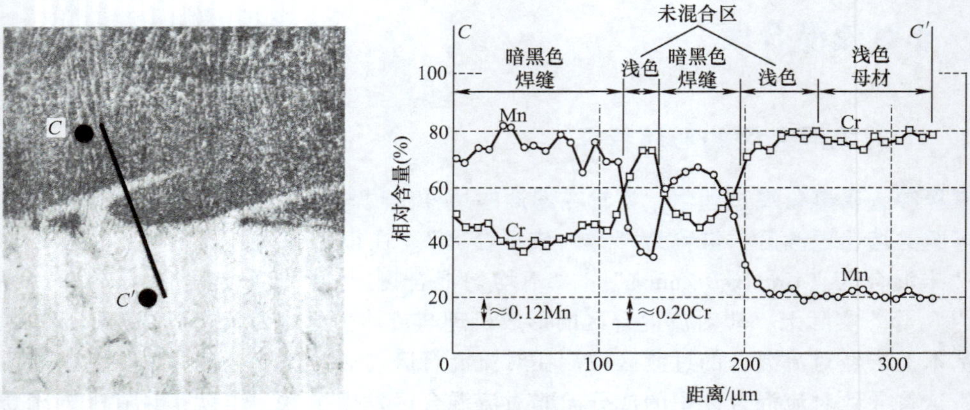

a)　　　　b)

图 5-5　非对流混合区半岛状形貌与成分分布[2]
a）形貌　b）成分分布

5.2.2　非对流混合区的形成机理

在熔化焊过程中，母材金属与填充金属在热源的加热下熔化并混合形成熔池。当熔池进入准稳态后，随着热源的移动，熔池前端的母材金属主要靠热源直接加热而熔化，熔池底部的母材金属主要靠熔池的热传导与热对流而发生后续熔化。随着填充金属的加入，在熔池的内部存在着激烈的对流传质，熔化的填充金属很快与大部分熔融态的母材混合均匀。但是，未熔化的母材显然处于静止状态，当流动的熔池金属在未熔化母材上沿固/液界面流动时，必须满足壁面无滑移条件，那么固/液界面处的液态金属切向流动速度为零。虽然熔池的对流非常激烈，必然会存在一个流动速度由零到熔池本身流动速度的一个过渡区。因此，在固/液界面附近的熔池区域必然存在一个几乎不与填充金属混合，且以母材成分为主导的过渡区。该过渡区虽然不与熔池之间发生对流传质过程，但是元素的扩散是可以持续进行的。在很多的研究过程中，在该区域的元素浓度分布是渐变的，这主要是元素的扩散作用，甚至还有可能在该区域发生偏析的现象[7]。在熔池凝固后，该过渡区将保留下来，形成非对流混合区。

实际上，利用流体力学中流动边界层的理论可以很好地解释非对流混合区的行为[8]。流动边界层，是指贴近固壁附近的一部分流动区域，在这部分区域中，沿着固壁面的切向速度由固壁处的零速度发展到接近来流的速度，一般定义为在边界处的流速达到来流流速的99%。在这部分区域中，由于厚度很小，故速度急剧变化，速度梯度很大，流体的黏性效应也主要体现在这一区域中[9]。应该指出，采用流动边界层的理论理解非对流混合区需要假设熔池边缘的固/液界面是一个平面。根据流体力学理论[10]，流动边界层的厚度 δ 可以用下式来表示，即

$$\frac{\delta}{X}=5.20Re^{-\frac{1}{2}}\qquad 0<Re<5\times10^{5}\tag{5-2}$$

式中，Re 为雷诺数，可用下式计算

$$Re=\frac{\rho Xv}{\mu}=\frac{Xv}{\nu} \tag{5-3}$$

式中，ρ 为流体的密度（kg/m^3）；μ 为流体动态黏度（Pa · s）；ν 为运动黏度（m^2/s）；X 为到固/液界面的距离（m）；v 为到固/液界面一定距离后的均匀流速（m/s）。

根据非对流混合区的形成机理，不难理解非对流混合区的宽度与流动边界层的厚度具有极大的相关性，且非对流混合区的宽度随着流动边界层的厚度 δ 增加而增加。

对于实际的非对流混合区，还存在着一些小岛和半岛的形貌，这主要与熔池的流动行为有关。有研究表明，在熔池的下部及边界的熔池流动更为接近层流状态，而在熔池的内部处于激烈的湍流状态。与层流相比，湍流更能将流体混合均匀。因此，在熔池液态金属的强烈冲刷作用下，熔池下部及边界未混合的熔化母材金属被卷入熔池，并在附近形成半岛以及孤立的小岛。由于在该区域熔池流体处于接近于层流状态，熔池的混合并不激烈。这样，在熔池凝固的过程中冲刷进熔池的熔化母材金属将作为非对流混合区的一部分保留下来，形成半岛和孤立的小岛形貌[3]。

5.2.3　非对流混合区的控制措施

非对流混合区为熔化焊过程中在熔池金属中接近于熔合线附近的一个过渡区域，这一区域以未完全与熔池金属混合为本质特征，其主体成分与母材金属大体一致。

焊接接头中的非对流混合区在一些特殊的服役结构中对接头性能是有害的。现在已经确认，在适当的氧化环境中，当焊缝金属比基体金属惰性大时，非对流混合区是焊接接头中腐蚀速度最快的区域[11,12]。为了使超级不锈钢在腐蚀环境中应用，一般会在其中加入6%（质量分数）的 Mo，以提高其抗点蚀的能力。但是，由于偏析的影响将导致在非对流混合区极端贫钼，非对流混合区的耐蚀性急剧下降[13]。此外，304 不锈钢与 310 不锈钢采用 312 型填充材料焊接时，在非对流混合区还有较强的应力腐蚀敏感性[6]。

考虑到非对流混合区对接头性能的不良影响，需要对非对流混合区的组织及形态进行有效的控制。一般地，影响非对流混合区的主要因素如下：

1. 填充材料与母材匹配

在填充材料与母材成分不同的熔化焊接头，会出现明显的非对流混合区。在焊接工艺条件一定时，非对流混合区的形态、厚度及物相组成依赖于填充材料与母材成分的匹配。填充材料与母材的成分差别越大，非对流混合区越明显，其形态越复杂，甚至会出现非对流混合区楔入母材或孤立的岛状形态。

图 5-6 所示为填充材料与母材匹配对非对流混合区的影响[14, 15]。图 5-6a 与图 5-6b 相比，二者均为不锈钢 316 焊丝，而母材不同。可以明显地看出该焊丝与 316LN 不锈钢母材之间的非对流混合区的宽度更大，同时出现了大量的蠕虫状的铁素体组织；而该焊丝与 800 合金之间的非对流混合区宽度较小。图 5-6a 与图 5-6c 相比，二者的母材均为 316LN 不锈钢，但是当采用镍 182 焊丝时，非对流混合区的组织形态发生明显的变化，为细小密集的枝晶组织。

由此可见，母材与焊丝的匹配不同，其非对流混合区的组织形态也不同。当母材相同

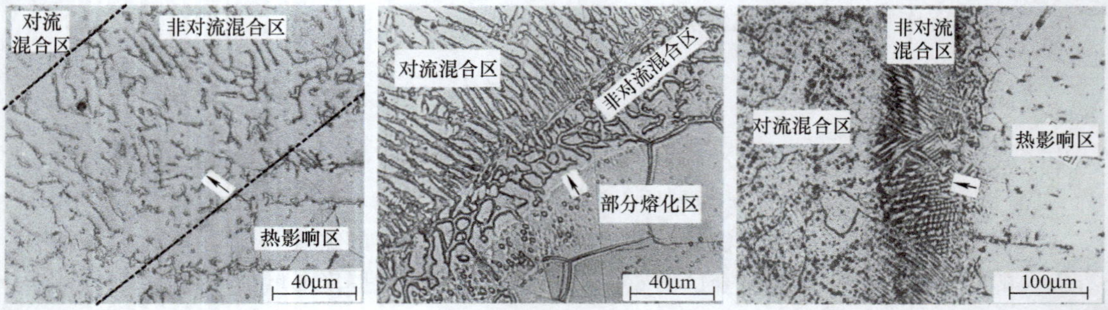

a) b) c)

图 5-6 焊丝与母材的匹配对非对流混合区的影响[14]

a）316 焊丝与 316LN 不锈钢母材 b）316 焊丝与 800 合金母材

c）镍 182 焊丝与 316LN 不锈钢母材

而焊丝不同时，熔池的成分必然不同，虽然非对流混合区的成分接近于母材，但是在液态条件下，焊缝中的成分会剧烈地向非对流混合区扩散。熔池的成分不同，则向非对流混合区扩散后的成分也不同，相同的焊接工艺条件下，必然会导致非对流混合区的组织形态不同。而当焊丝相同母材不同时，熔池成分与接近于母材的非对流混合区成分均不同，因而相同的焊接工艺条件下，非对流混合区组织形态也不相同。此外，不同的焊丝与母材的匹配还对熔池的密度和熔点有较大的影响，进而影响到熔池的流动行为。熔池的流动性也会影响到非对流混合区的组织形态。

焊丝与母材的成分配比对非对流混合区的组织形态影响比较复杂，特别是在焊接这种非平衡凝固的条件下，大大地加大了问题的复杂性。一般情况下，需要根据具体的工艺条件与成分具体分析。

2. 外加振动场

熔池的流动行为对非对流混合区有显著的影响。熔池内部的流动越激烈，非对流混合区的厚度越薄，甚至消失。一般情况下，促进熔池金属流动的方法可以采用外加振动场的方法。图 5-7 所示为外加超声场对非对流混合区的影响[16]。在图中可以明显地发现，在熔

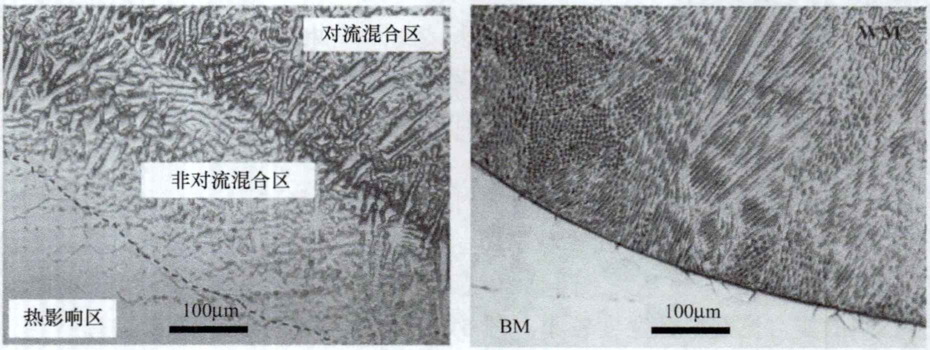

a) b)

图 5-7 外加超声场对非对流混合区的影响[16]

a）未加超声场 b）添加超声场

池施加超声场之后，非对流混合区彻底消失。

外加电磁振荡也可以促进焊接熔池的流动，从而进一步减小非对流混合区的厚度。图 5-8所示为电磁场振荡电压对非对流混合区的影响[17]。可见，随着振荡电压的增加，非对流混合区的厚度逐渐变薄，当振荡电压达到24V 时，非对流混合区几乎消失，如图5-8d所示。

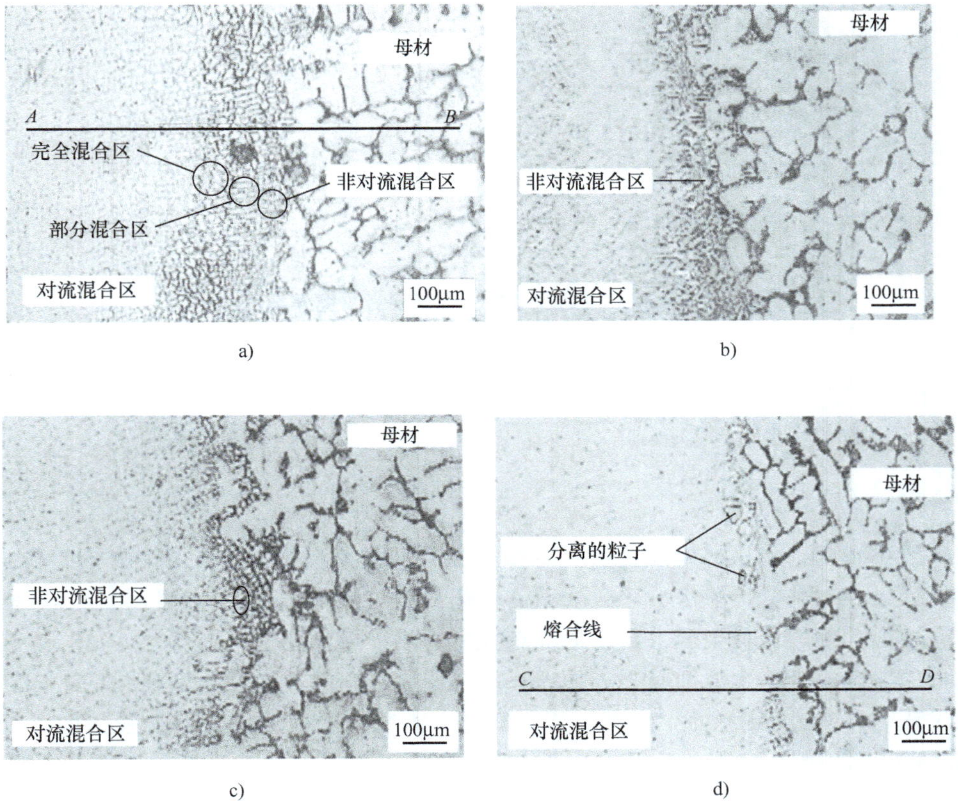

图 5-8　电磁场振荡电压对非对流混合区的影响[17]

a）0V　b）3V　c）12V　d）24V

3. 熔焊方法和焊接参数的影响

不同熔焊方法所用的焊接参数差异很大，即使同一种熔焊方法，其焊接参数也可在一定范围内调节。熔焊方法和所用的焊接参数不同时，必然影响着熔池的形状、尺寸、温度及其分布、存在时间、液态金属的流动状态，也影响着熔池的凝固过程等。因此，熔焊方法和焊接参数将综合影响着非对流混合区的形貌特征和厚度。

图 5-9 所示为采用不同的焊接方法，316 焊丝或焊条作为填充材料焊接 304 不锈钢获得的非对流混合区的平均宽度[18]。在图中可以看出，不同的焊接方法对非对流混合区的平均宽度有着很大的影响，例如在所有的焊接方法中，焊条电弧焊（MMA）非对流混合区的宽度最大。随着电弧功率的增加，非对流混合区的平均宽度也呈上升趋势，如图 5-9 中的 MIG 焊和 TIG 焊所示。

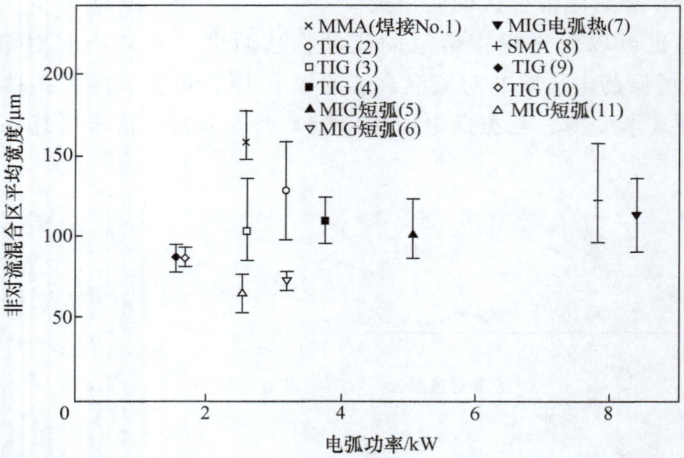

图 5-9 焊接方法对非对流混合区平均宽度的影响[18]

5.3 熔合线

5.3.1 熔合线的本质

在焊接过程中，熔化的熔池金属（冷却后凝固）与固态母材金属之间的分界线被称为熔合线。如果存在部分熔化区，熔合线则为熔化金属与部分熔化区的界线。在实际的焊接过程中，熔池前部的母材金属，在熔池液态金属的热传导作用下不断熔化。这样，在熔池形成过程中，熔池液态金属和其下方的固态母材金属之间的界面是不断变化的。即在熔池的形成过程与移动过程中，固/液界面的位置是不断变化的。这里的熔合线指的是焊接过程中固/液界面的最终形态。

由金属物理可知，固态金属原子的排列是长程有序的，液态金属原子的排列是长程无序的。熔池阶段，与熔池液态金属相连的未熔化的母材金属晶粒边缘的温度，接近或等于母材金属的熔点，这样，未熔化的母材金属晶粒边缘处，总有几排原子的排列近乎固态长程有序和液态长程无序之间。由于该处的冷却速度最快，这几排原子处于不断的固-液-固的变化之中。从这个意义上讲，熔合线在熔池阶段为数排原子组成的狭窄区域，并非一条纯粹的几何线。熔池液态金属凝固后形成了焊缝，所以，在焊接接头中，熔合线为焊缝和母材金属的分界线。

应该指出熔合线不等同于熔合区或半熔化区，不是一个特征区。熔合线是熔池液态金属凝固时非均匀形核的现成表面，熔池底部总能找到这个表面。所以，在熔池阶段，它不是一个区。从原子排列来看，**熔合线由熔池底部几排原子排列不规则的原子层构成，但本质上不等同于熔合区或半熔化区**。

5.3.2 熔合线的特征

无论同种金属接头还是异种金属接头，由于焊缝和母材金属的耐蚀性不同，在相同的浸蚀条件下，焊接接头横截面经抛光浸蚀后，从宏观上，一般用肉眼或低倍显微镜就能清晰地看到熔合线，如图 5-10a 所示[19]。由于熔池液态金属以未熔化的母材金属晶粒边缘为现成表面，以联生方式长大，所以，在高倍显微镜下，熔合线的观察难易程度受接头种类影响。对于同种金属接头，由于焊缝和母材金属侧组织相同或相近，尤其是发生固态相变后，或多或少地打乱了凝固组织的方向性，熔合线难以判断，如图 5-10b 所示[19]。当焊缝金属成分与母材差别较大，特别是异种金属接头中，由于焊缝和母材金属的组织差别明显，使得熔合线在高倍显微镜下很容易观察到。

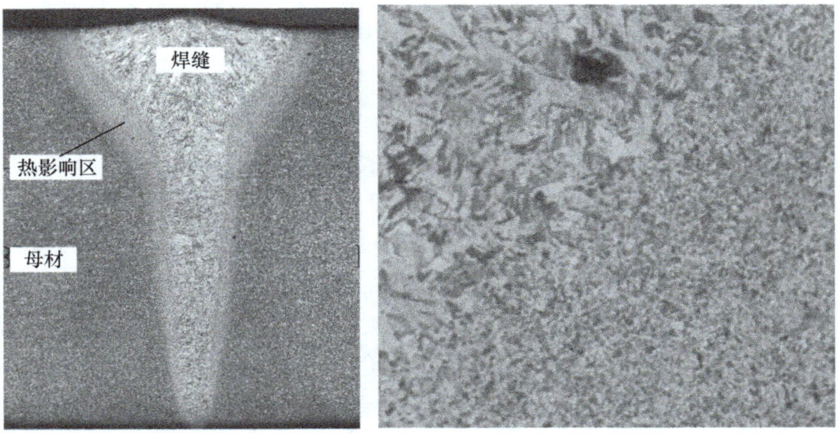

a)　　　b)

图 5-10　低活化马氏体钢电子束焊宏观界面和熔合线处微观组织

a）宏观界面　b）熔合线处微观组织

实际上，**熔合线在微观上并不是一条光滑的曲线，而是呈不规则的类似锯齿形，甚至有“曲折”现象。**显然，这种参差不齐的焊缝轮廓线，可表明这是一个熔化不均匀的部位。

在焊接条件下，不仅由于电弧熔滴的过渡特性或电弧吹力的作用，可能带来熔化的不均匀性，而且由于母材晶粒取向与导热方向有差异，也会产生不均匀的熔化现象。母材晶粒的取向是不同的，如果晶粒的取向有利于导热，则熔化较多；如果某个晶粒的取向不利于导热，则熔化较少。如图 5-11 所示，不利于导热的晶粒 1 和 3 熔化较少，而利于导热的晶粒 2 和 4 熔化较多，因此形成了在微观上曲折的熔合线形貌。

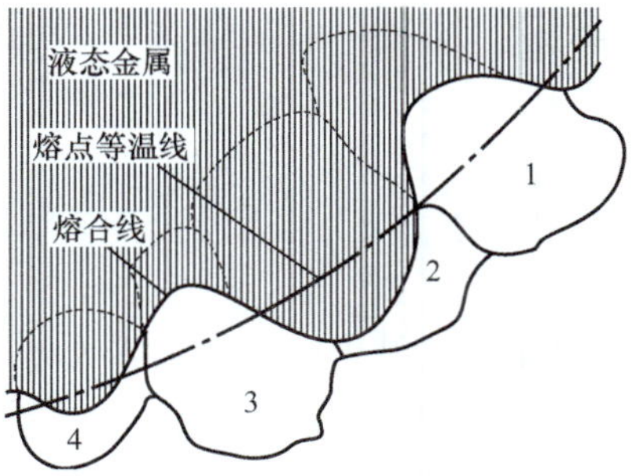

图 5-11　熔合线附近晶粒熔化情况示意图

此外，母材各点的溶质分布并不均匀，其有效熔化温度也就各不相同，与理论上的熔化温度有一定偏差，其结果必然是同时存在局部熔化部位和局部不熔化部位。比如，如果在晶界处存在低熔点物质，液态金属既可以沿着晶界向母材渗透，也可以导致熔合线的微观不光滑特征。

应该指出，当在熔合区出现明显的部分熔化区，特别是出现明显的晶界液化现象时，晶界液化的边界不能称为熔合线，此时的熔合线应为熔化金属与部分熔化区的界线。

5.4 部分熔化区

在某些材料的焊接过程中，接近熔合线附近的母材可能发生部分熔化，形成部分熔化区（或半熔化区）。部分熔化区作为熔合区的一部分，对焊接接头质量有着很大的影响。

5.4.1 部分熔化区的基本特征

熔化焊是一个不均匀的局部加热过程，这种加热特点的一个重要表现就是温度在空间上不均匀的连续分布。因此，依赖于焊接材料的成分，在接近熔合线处母材的峰值温度很有可能进入到固/液两相区。这种条件下，就有可能导致母材的部分熔化，形成部分熔化区。比如使用 4145 焊丝，采用熔化极气体保护焊焊接 6061 铝合金形成的部分熔化区如图 5-12 所示[20]。图中沿熔化区边界出现了黑色晶界，表明了晶界液化的存在。图 5-12b 为图 5-12a 中黑色方框内的局部放大。进一步观察发现，沿着晶界分布的液化并重新凝固的组织主要是由灰色的共晶晶界和沿晶界分布的白亮色的富铝 α 带组成的。此外，在图 5-12b 中还可以发现，在紧邻熔化区的母材也存在着一层非常薄的非对流混合区，该区也主要是由富铝 α 带组成的。

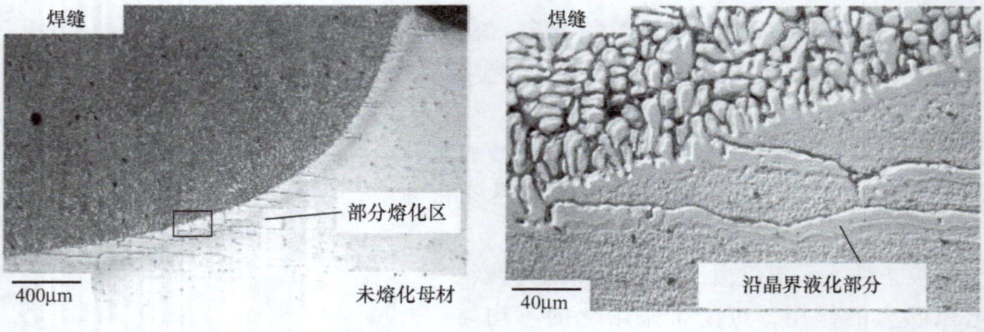

图 5-12 填充 4145 焊丝的熔化极气体保护焊焊接 6061 铝合金形成的部分熔化区[20]

部分熔化区峰值温度的边界大致与母材的液相线温度 T_L 和固相线温度 T_S 相对应。因此部分熔化区的大小取决于材料的固/液温度范围、被焊材料本身的物理性质和组织状态。一般情况下，部分熔化区的宽度可以由下式估计：

$$A = \frac{T_L - T_S}{\dfrac{\Delta T}{\Delta Y}} \tag{5-4}$$

式中，A 为部分熔化区的宽度（mm）；$\Delta T/\Delta Y$ 为温度梯度（℃/mm）。

例如，对于碳钢、低合金钢附近的温度梯度约为 300 ~ 80℃/mm，固/液相线的温度差

约为 40℃。因此，一般电弧焊条件下，部分熔化区的宽度为

$$A = \frac{40}{300 \sim 80}\text{mm} = 0.133 \sim 0.50\text{mm}$$

5.4.2　部分熔化区液化机理及组织转变

一般情况下，熔合区中部分熔化区的出现往往伴随着低熔共晶转变的发生。因此，这里选择具有代表性的共晶型合金进行分析，如图 5-13 所示。其中，A 为基体元素（或合金元素），B 为合金元素（或杂质元素），α 为 B 溶解于 A 形成的固溶体，A_xB_y为 A 与 B 之间形成的中间相，α 与 A_xB_y可形成共晶的 $\alpha + A_xB_y$组织，S_{SM}为 B 在 α 相中的最大溶解度，w_1和 w_2为两种不同的合金成分（或杂质成分）且 $w_1 < w_{SM} < w_2$，w_E为共晶成分，T_E为共晶温度。这些共晶型合金概括来说一共有三种液化方式，即 $\alpha + A_xB_y$共晶组织直接熔化，A_xB_y与基体发生共晶反应熔化和基体直接熔化。此外，对于某些合金，在焊接过程中可能发生低熔点杂质在晶界发生偏析，形成晶界偏析液化。

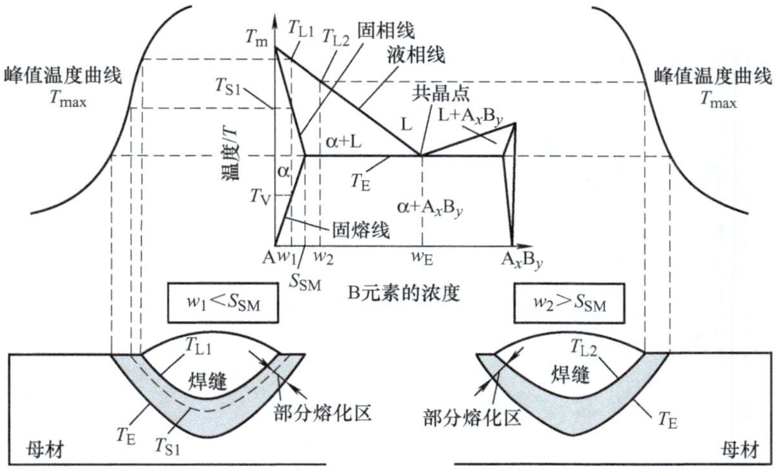

图 5-13　部分熔化区的液化机理

1. 共晶组织直接熔化机制

对于含有共晶成分组织的铸态合金，在焊接过程中接近熔合线的母材区域非常容易发生共晶组织的熔化。一般情况下，成分为 w_2和 w_1的铸态合金均可能含有共晶组织。

成分为 w_2的合金（例如铸态 2219 铝合金）为典型的亚共晶合金，其合金的铸态组织为 α +（$\alpha + A_xB_y$）共晶，即由基体的 α 相和位于晶界和枝晶间的 $\alpha + A_xB_y$共晶组织组成。在焊接过程中，如果接近熔合线母材区域的温度在 $T_E < T < T_{L2}$范围时，这些共晶组织开始熔化，形成部分熔化区，并且温度越高，液相的含量也越高。

成分为 w_1的合金在离异共晶的条件下可能存在着残余的 $\alpha + A_xB_y$ 共晶组织，例如 AZ91D 铸造镁合金和 Al-4.5Cu 铸造铝合金等。如果这种合金采用缓慢加热的方式加热到固相线 T_V以上时，共晶组织会通过固相扩散的方式完全溶解到基体 α 相中，一般不会发生残余共晶组织的熔化。然而，由于焊接过程的加热速度是比较快的，当温度加热到固相

线 T_V 以上时，由于固相扩散需要一定的时间，很快的加热速度使得共晶组织来不及完全溶解到基体 α 相中。当合金进一步被加热到共晶温度 T_E 时，残余共晶组织熔化，形成共晶液相。当温度高于 T_E 时，周围的 α 相将溶解到液相中，液相变成亚共晶液相。

图 5-14 所示为 AZ91D 铸造镁合金在电弧焊接时形成的部分熔化区微观组织[21]。AZ91D 镁合金为镁-铝系合金，铝的质量分数为 8.5% ~9.5%，低于铝在镁中的极限溶解度（12.7%）。然而，在铸造过程中的冷却速度较快，会产生离异共晶，其母材内部含有大量的离异共晶组织。在焊接快速加热的条件下，当温度超过 Mg-Al 共晶点时，残余的共晶组织将发生液化，如图 5-14 中 B 区所示。该区域的峰值温度高于固相线温度并不多，仅仅在 α-Mg 晶粒周围的残余共晶组织发生液化，液相成分上接近 Mg-Al 共晶成分。由于冷却速度相对较低，这些液相成分更容易形成规则共晶组织。在部分熔化区中，越接近焊缝区域，其峰值温度越高，α-Mg 晶粒将向液相中剧烈溶解，液化越严重，如图 5-14 中 A 区所示。在该区域，由于 α-Mg 晶粒向液相中剧烈溶解，导致其液相成分偏离共晶成分。因而，在冷却的过程中，α-Mg 将首先将依附于未熔化的 α-Mg 晶粒重新凝固，如图 5-14 中 A 区的放大图中箭头标出的浅白色的相。在 α-Mg 重新凝固过程中，溶质被排出，液相成分逐渐接近共晶成分，最后形成共晶组织。

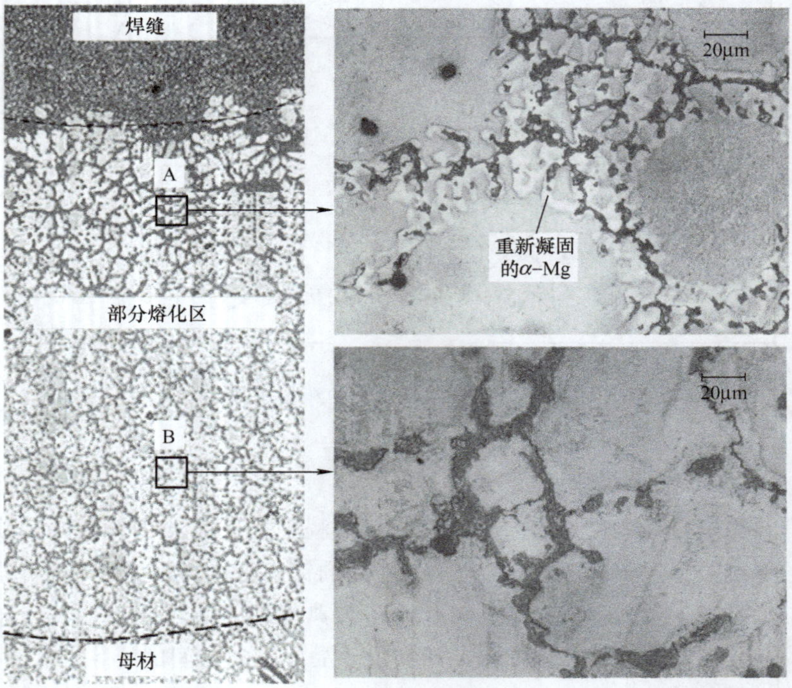

图 5-14　AZ91D 铸造镁合金在电弧焊接时形成的部分熔化区微观组织[21]

2. A_xB_y 与基体的共晶反应机制

除了共晶组织直接熔化之外，**在合金中孤立的 A_xB_y 粒子也可以与基体发生共晶反应出现液化**。一般情况下，w_2 与 w_1 形式的合金均可以在基体内部形成孤立的 A_xB_y 粒子。

成分为 w_2 的合金（如 2219 铝合金），内部孤立的 A_xB_y 粒子被 α 相包围，如图 5-15 所示。随着温度的升高，A_xB_y 粒子与 α 相的扩散加剧，在接近界面 A_xB_y 粒子内部的溶质 B 的质量分数下降，而在界面另一侧 α 相溶质 B 的质量分数上升，如图 5-15 中温度 T_S 对应的示意图所示。在焊接过程中达到共晶温度 T_E 时，界面处溶质 B 的质量分数将达到共晶成分 w_E，将开始发生共晶反应：$\alpha + A_xB_y \rightarrow L$，如图 5-15 中温度 T_E 对应的示意图所示。在温度在共晶温度 T_E 以上时，A_xB_y 粒子与 α 相均会持续向液相内部发生溶解，部分熔化区内液化程度更大，如图 5-15 中温度 T_e 对应的示意图所示。

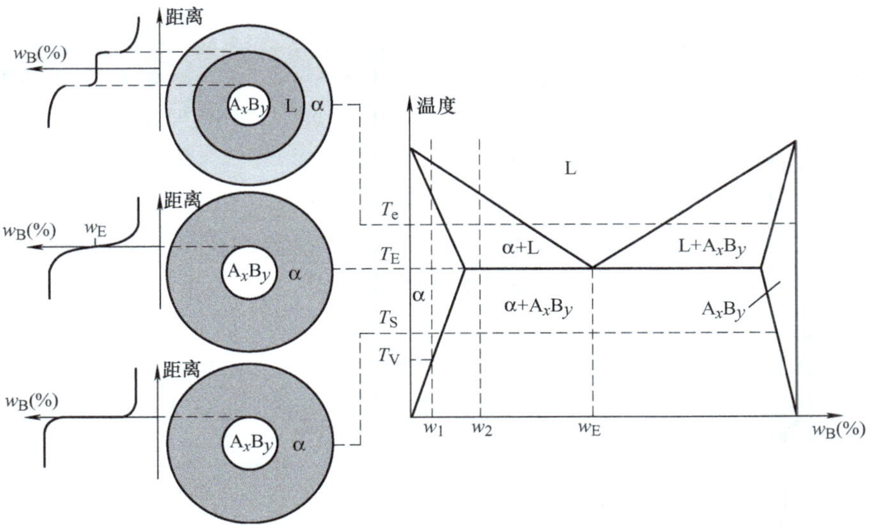

图 5-15　A_xB_y 与基体的共晶反应机制示意图

成分为 w_1 的合金，通过时效处理的方法可以获得 $\alpha + A_xB_y$ 组织，如果被非常缓慢地加热到 w_V 以上时，A_xB_y 会通过固相扩散的方式完全溶解到基体 α 相中，这样合金变成成分为 w_1 的均匀固溶体。但是，在焊接过程中快速地加热到固相线 T_V 以上时，由于固相扩散缓慢而使得 A_xB_y 没有充足的时间完全溶解到基体 α 相中，也就是说，在温度达到固相线 T_V 以上时，仍有可能存在着残余的 A_xB_y 相。结果，当合金进一步被加热到共晶温度 T_E 时，残余的 A_xB_y 相将与周围的基体 α 相在界面处发生反应形成成分为 w_E 的共晶液相。当加热温度超过 T_E 时，将会有充足的时间使 A_xB_y 相发生分解，从而进一步形成更多的液相。很明显，**在升温速度很快的条件下，即使在远低于该成分的平衡固相线温度 T_{S1} 时，也可能出现局部液化现象，这种液化现象通常又称为组分液化。**

在组分液化条件下，基体与 A_xB_y 粒子界面产生的液相量与加热速度、组分粒子的溶解动力学和基体溶质原子的扩散系数有关。如果加热速率非常快，比如说电子束焊和激光焊，粒子向液相中的溶解可以忽略，组分液化被严格地限制。相反，如果加热速度非常慢，比如说电渣焊，这样粒子的溶解接近于平衡状态。固相粒子将溶解到固态的母材中，组分液化基本上不会发生。在实际的过程中，在使用传统的焊接方法（比如焊条电弧焊、熔化极气体保护焊和非熔化极气体保护焊）焊接热敏感材料时，组分液化现象比较显著。

图5-16所示为738镍基高温合金焊接熔合区组分液化组织形貌[22]。在图中可以明显地看出，在镍基合金内部弥散分布的强化相γ′周围存在着明显的液化现象。

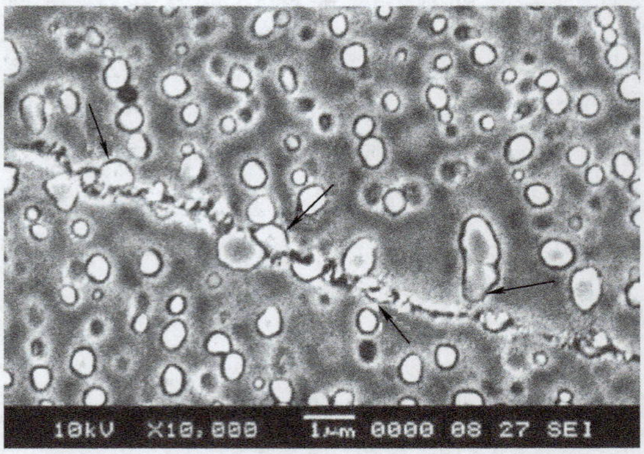

图5-16 738镍基高温合金焊接熔合区组分液化组织形貌[22]

有时，共晶组织直接液化机制与A_xB_y与基体的共晶反应机制会出现在同一个接头的部分熔化区。图5-17所示为2219铝合金（属w_2合金）电弧焊部分熔化区微观组织[23]。母材组织为由α-Al、在α-Al内部的增强相颗粒θ相和α-Al晶界少量晶界共晶组织组成。在部分熔化区，α-Al晶粒内部的θ相与α-Al晶粒发生了共晶反应，凝固后形成了共晶体。在α-Al晶界的少量共晶组织发生了明显的液化，形成了明显的晶界共晶体，如图5-17b所示。

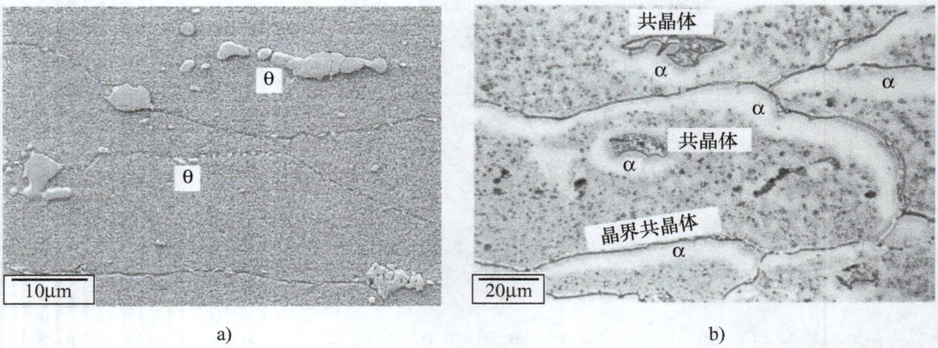

图5-17 2219铝合金电弧焊部分熔化区微观组织[23]

a）母材组织 b）部分熔化区组织

3. 基体直接熔化机制

在焊接过程中，如果接近于熔合线的母材区域的峰值温度直接加热到固/液两相区，也可以发生基体的直接熔化。对于成分为w_1的合金组织，可以既不包含A_xB_y颗粒也不包含$\alpha+A_xB_y$共晶。当温度达到固相线T_{S1}时，α基体将开始发生部分熔化。此时，部分熔化区的温度范围是从固相线T_{S1}到液相线T_{L1}，而不是前面例子中提到的从共晶温度到液相温度。

图5-18所示为焊前经固溶处理+淬火处理的Al-4.5Cu铝合金部分熔化区微观组织。对于Al-4.5Cu铝合金，焊前固溶处理+淬火处理确保了基体内部既不存在Al_2Cu颗粒也不存在$\alpha\text{-Al}+Al_2Cu$共晶组织，铝合金基体为纯的过饱和α相组织。在这种条件下，焊接时在部分熔化区只能出现α相直接熔化，在快速冷却条件下可以得到新的α相和少量的$\alpha+A_xB_y$共晶组织，如图5-18所示[24]。

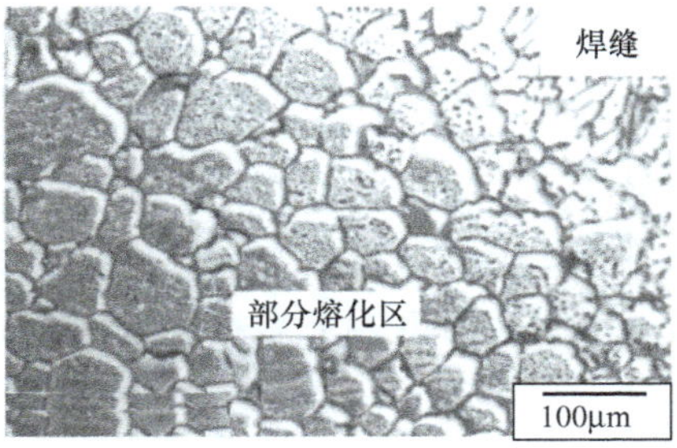

a)

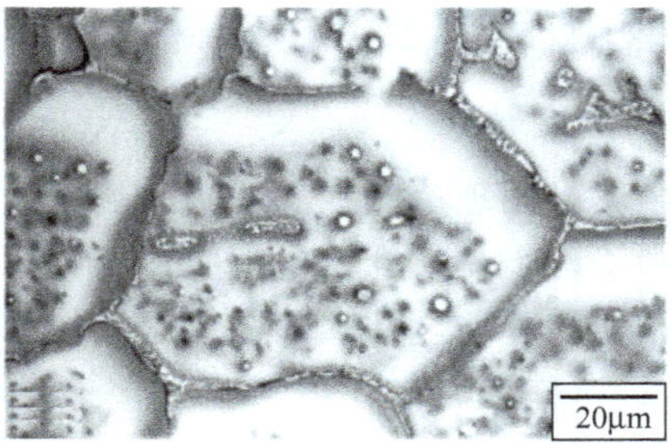

b)

图 5-18　焊前经固溶处理 + 淬火处理的 Al-4.5Cu 铝合金部分熔化区微观组织（图 b 为在 a 中的局部放大）[24]

4. 晶界偏析液化

对于奥氏体不锈钢和双相不锈钢等金属，某些能够降低熔点的合金元素或杂质元素在晶界处偏析，降低了熔点从而导致晶界液化。也就是说，晶界偏析在先，而晶界液化在后。这种机制与本节中提到的其他所有机制相反，其他机制均为先发生晶界液化，然后在液相凝固过程中出现偏析。

晶界偏析的原因比较复杂。根据平衡扩散理论，这种晶界偏析是由于溶质或杂质原子在晶界和晶粒内部的自由能差异引起的。由于在晶界处存在着大量的晶体缺陷（原子失配和位错等），这些缺陷可能会导致某些原子在晶界处的自由能降低，从而引起这些原子从晶粒内部向晶界处扩散。当这些原子具有较高活性或者在基体材料中有更低的溶解度时，这种偏析效应就越明显。然而，通过平衡扩散理论获得的晶界偏析尺度非常小，还不能充分地揭示晶界液化现象。所以，人们进一步发现了晶界扫荡机制（Grain Boundary Sweeping Mechanism）和熔化区管道扩散理论（Pipeline Diffusion From the Fusion Zone）。[25,26]

人们在实际的研究过程中发现并且证实，在晶界运动过程中，运动晶界对晶界偏析的贡献要比平衡扩散理论的贡献大几个数量级；而且原子在运动晶界内的扩散系数比在静态晶界内的扩散系数也要大几个数量级，这为晶界扫荡机制奠定了可靠的理论与试验基础。在实际的基体材料中，可能存在着大量的第二相或金属间化合物粒子。在焊接过程中，接近熔合线热影响区处的第二相或金属间化合物粒子将溶解进入母材。而在晶粒长大的过程中，快速运动的晶界将第二相或金属间化合物粒子溶解后残余的溶质或杂质原子扫荡进入晶界。这些进入晶界中的残余杂质原子在运动晶界中的快速扩散，确保了晶界浓度的平衡。随着晶界溶质或杂质原子浓度的不断提高，其熔点不断降低。当其熔点降低到该区域的温度时，结晶开始发生液化。

管道扩散机制与熔池中的溶质或杂质原子有关。由于焊缝金属外延凝固的特性决定了热影响区的晶界与凝固金属的晶界是连续的。根据凝固理论，在焊缝金属凝固过程中溶质原子会被排出到固/液界面。因此，这些溶质原子会沿着晶界迅速地扩散到热影响区的晶界。这些扩散到热影响区的杂质或者溶质原子将降低晶界的熔点，导致晶界液化的产生。实际上，晶界扫荡机制与管道扩散机制在晶界偏析过程中是可以相容的，也就是说这两种机制可能同时存在。

5.4.3 部分熔化区微观组织特征

1. 液化金属凝固的方向性

根据金属凝固理论，在温度分布比较均匀的条件下，认为处在两个晶粒之间的晶界液相总是分别从两个晶粒开始向中间进行凝固。然而，在焊接条件下，部分熔化区液化金属的凝固是在朝向焊缝表面和焊缝中心的方向上从一个晶粒向另一个晶粒进行的，如图 5-19 所示。

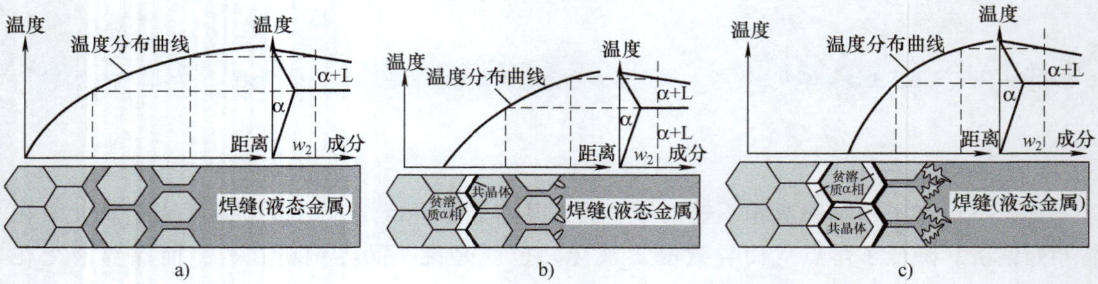

图 5-19 液化金属定向凝固示意图，时间顺序依次为 a，b，c

液化金属的凝固出现明显的方向性的原因与焊接过程中热流传输的方向性有关。在焊接局部热源的作用下，热量总是从热源位置通过热传导的方式向工件的远端传输，也就是说距离热源越远，温度越低。在冷却过程中，液化金属的凝固总是从远离焊缝的一侧向接近焊缝一侧凝固，从而形成了液化金属的凝固方向总是指向焊缝金属[23,24]。

当成分为 w_2 的合金在焊接过程中，近缝区的温度分布在固/液两相区时，母材的晶界开始发生液化，形成部分熔化区，如图 5-19a 所示。由于近缝区的温度分布是接近焊缝区到远离焊缝区的温度逐渐降低，在焊缝冷却过程中，其峰值温度分布曲线可以认为是向焊缝一侧移动。因此液化区域凝固是从远离焊缝一侧的未熔化晶粒向接近焊缝一侧推移，重新凝固的 α 相为贫溶质的 α 相，溶质将不断地排入到液相中。当温度冷却到共晶温度并且液相成分达到共晶成分时，将在重新凝固的 α 相与接近焊缝一侧的未熔化晶粒之间形成共晶组织，如图 5-19b 所示。随着冷却过程的进行，温度分布曲线继续向焊缝一侧推移，α 相继续在未熔化的 α 相向接近焊缝方向凝固，并重复上述偏析过程，如图 5-19c 所示。由此可见，焊接温度场的不均匀分布，导致了液化金属总是从远离焊缝一侧向接近焊缝一侧凝固。也就是说，液化金属的凝固具有明显的方向性。

然而，如果部分熔化区的晶粒非常薄或非常长，就不会有太多朝向焊缝的晶界，此时晶界液相仍然是定向凝固的，只不过此时是朝向焊缝表面的[27]。

2. 晶界偏析

在图 5-19 所示的液化金属定向凝固的过程中，如果平衡分配系数 $k<1$，则溶质原子被固相排斥到液相中。这样，晶界液相首先凝固为贫溶质的 α 相，最终当液相成分达到 w_E时，凝固为富溶质的共晶相。因此，在液化金属凝固后，一般会在晶界形成明显的偏析组织，如图 5-20 所示。

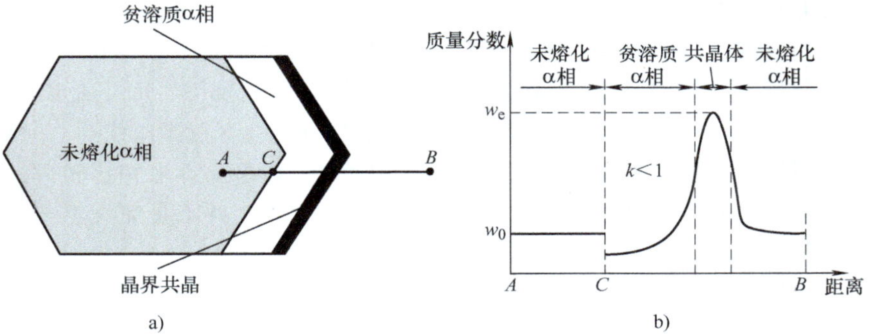

图 5-20　晶界偏析示意图

a）组织示意图　b）在图 a 中沿线段 *AB* 的溶质质量分数分布

如果不考虑后续扩散，在贫溶质的 α 相凝固初期边界元素质量分数应为 kw_0，这里 k 是元素平衡分配系数。但是，液化金属凝固后，焊缝金属仍处于高温状态。因此，在共晶组织中的溶质会向贫 α 相中发生一定程度的扩散，则在贫溶质 α 相初期边界的元素质量分数要大于 kw_0。

熔化极气体保护焊焊接 2219、2024、6061 及 7075 铝合金时，焊缝中能够观察到合金元素的严重晶界偏析[25,26]。如图 5-21 所示，2219 铝合金中 Cu 元素质量分数从在条状 α 相凝固初期边界的 2% 变化到晶界共晶的 30%[26]。这里条状的 α 相中 Cu 元素的质量分数（2% ~3%）明显低于母材（6.7%），表明条状 α 相是贫铜的；但是在条状 α 相凝固初期边界 Cu 的质量分数（2%）又高于 kw_0的结果［1.07% =(0.17 ×6.3)%］，这表明在晶界凝固过程中 Cu 通过后续扩散进入条状 α 相。晶界处 Cu 元素质量分数 30% 与正常共晶中 Cu 的质量分数 33% 比较接近。

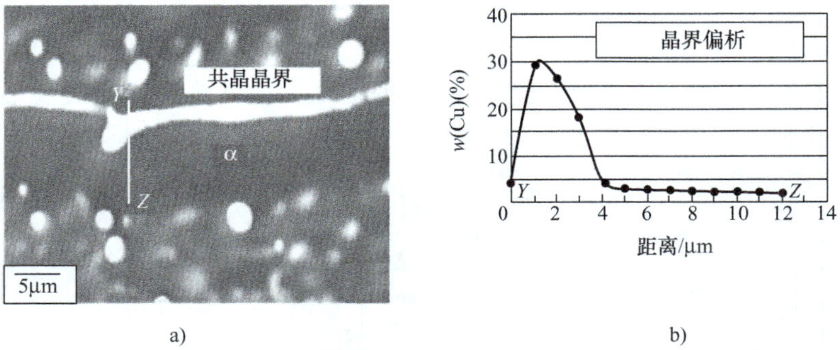

图 5-21　2219 铝合金焊缝部分熔化区的晶界偏析

a）显微照片　b）质量分数分布[26]

3. 晶界凝固模式

一般情况下，沿着共晶晶界生长的带状 α 相主要是平面凝固模式生长，而非树枝凝固或者胞状晶凝固模式。但是在某些条件下，胞状晶凝固也时有发生[27,28]。这些胞状 α 带具有两个共同特点：一是通常位于接近熔池的底部；二是它们明显比邻近的平面状 α 带更厚。这些特点可能是由于在熔池底部较低的温度梯度 G 或者熔池中液相回填导致的[27,28]。晶界液相越厚，凝固就需要越快，垂直向上的凝固速率 R 也就越高。该区域的 G/R 越低，则可能形成成分过冷的概率越大，因而更容易以胞状晶模式凝固，而不是以平面模式凝固。图 5-22 所示为 2219 铝合金熔化极气体保护焊的部分熔化区显微组织[28]。然而这里应该指出，从平面凝固到胞状晶凝固是逐渐变化的，同时，如果晶界液相比较薄，就没有足够的空间让这一转变进行。因此，晶界液相以平面模式凝固，并不是完全意味着由于 G/R 足够高，而避免了胞状晶凝固模式。

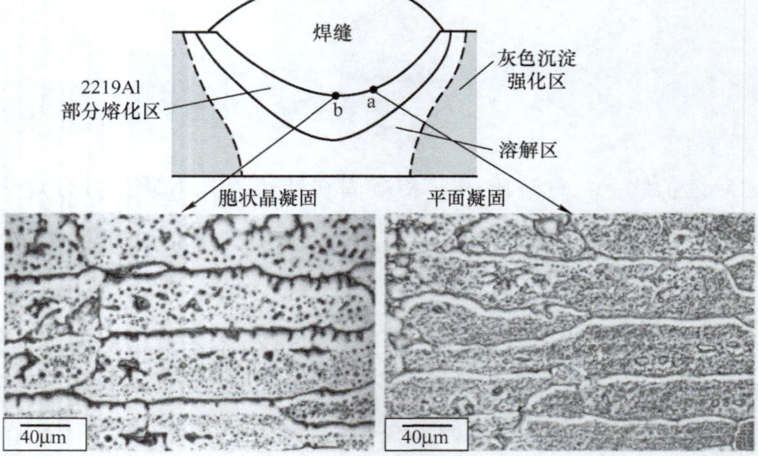

图 5-22　2219 铝合金熔化极气体保护焊的部分熔化区显微组织[28]

焊接冶金原理

5.4.4　部分熔化区对接头性能的影响

部分熔化区是焊接接头比较脆弱的区域，经常会出现液化裂纹和强度与韧性损失等问题。

1. 液化裂纹

液化裂纹是部分熔化区最容易出现的焊接缺陷之一，其典型液化裂纹形貌如图 5-23 所示。关于液化裂纹产生的机理及其抑制措施，将在第 7 章中进行详细讨论。

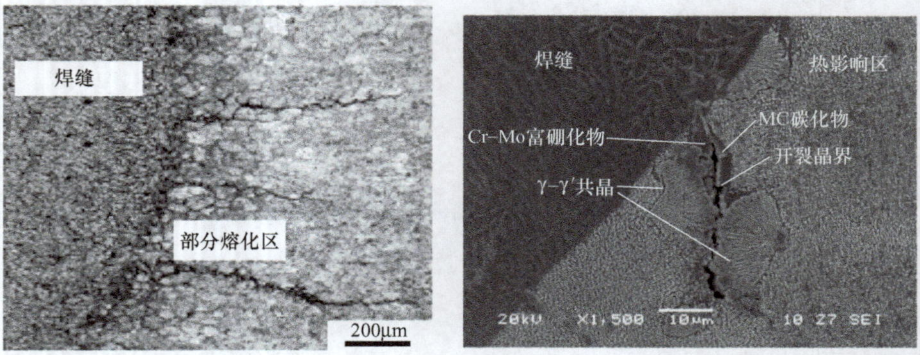

a)　　b)

图 5-23　部分熔化区中的液化裂纹

a）电弧 AA4043 铝合金[29]　b）激光焊接 IN738LC 镍基高温合金[30]

2. 强度与韧性损伤

一般地，部分熔化区的液化成分在凝固过程中会发生严重的偏析，导致弱化的部分熔化区组织是由软的贫溶质相与脆而硬的共晶相相互毗邻而组成的混合组织。在拉伸载荷的作用下，贫溶质相由于固溶强化水平的降低，在很小的变形抗力下发生屈服，而共晶相则发生了严重的脆性断裂。例如，在 2219 铝合金熔化极气体保护焊焊缝部分熔化区的液化现象中，在紧邻富铜晶界共晶一侧存在一层贫铜的 α 相带，而且在晶粒内部的每个富铜共晶颗粒周围还存在一个贫铜的 α 相环。显微硬度研究结果表明，贫铜 α 相明显比富铜的低熔点相软[23, 28, 31]。

图 5-24 所示为在垂直于轧制方向上进行焊接的结构拉伸试验结果[31]。从图中可以看出，焊接接头无论在最大载荷还是在伸长率等指标上均低于其相应的母材。从图中还可以看出，共晶断裂或者发生共晶的晶界，或者发生在晶内的大尺寸共晶颗粒内部。图中所发生的焊接接头载荷的起伏可能与共晶的断裂有关。

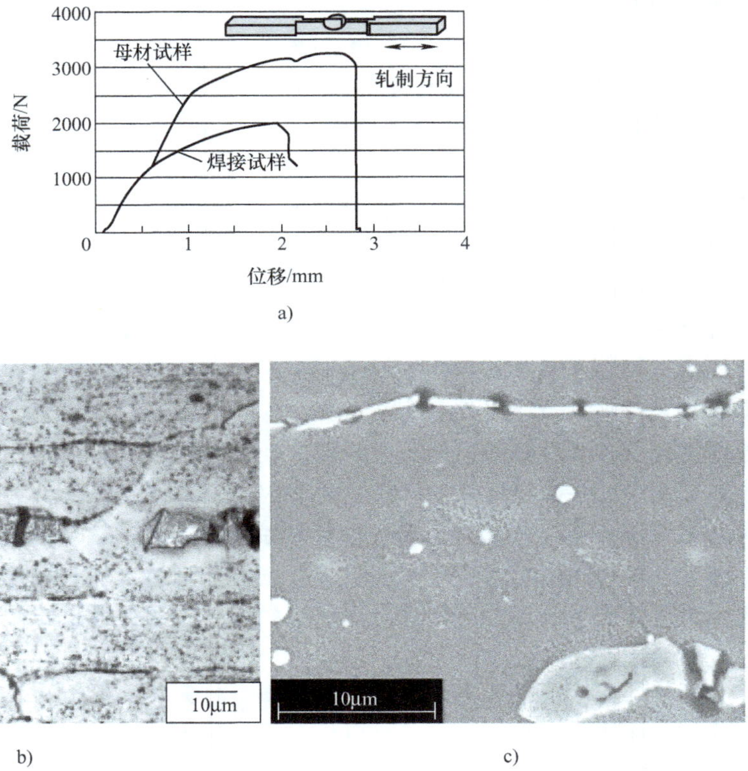

图 5-24　在垂直于轧制方向上进行焊接的结构拉伸试验结果[31]

5.5　异种钢焊接熔合区的碳迁移

异种钢的焊接广泛应用于发电、锅炉及工程机械等现代工业领域。然而，在异种钢材焊接过程中，在接头的熔合区常常会出现碳的迁移现象。异种钢的焊接接头，由于发生碳迁移，形成脱碳层和增碳层，给接头的物理和化学性能带来很大的影响，使接头的质量大大下降，因此，对异种钢焊接接头碳迁移现象引起了广泛的重视。考虑到钢材的焊接在现代工业中的重要地位，本节将对异种钢焊接的熔合区碳迁移问题进行专门讨论。

5.5.1 碳迁移的特征

熔化焊接头中，特别是奥氏体/珠光体（铁素体）异种钢接头中，在珠光体（铁素体）钢一侧的熔合线附近形成一个脱碳层，而在不锈钢或镍基填充金属一侧形成一个增碳层。在碳迁移的接头界面处，具有显著的硬度梯度，如图 5-25 所示[32]。碳在熔合区的迁移对焊接接头性能带来严重的危害。对接头的危害主要是增碳层的韧性下降而易脆性断裂，脱碳层强度下降而导致的断裂。此外，碳的迁移还将导致蠕变强度、热疲劳性能和耐蚀性下降等一系列问题。

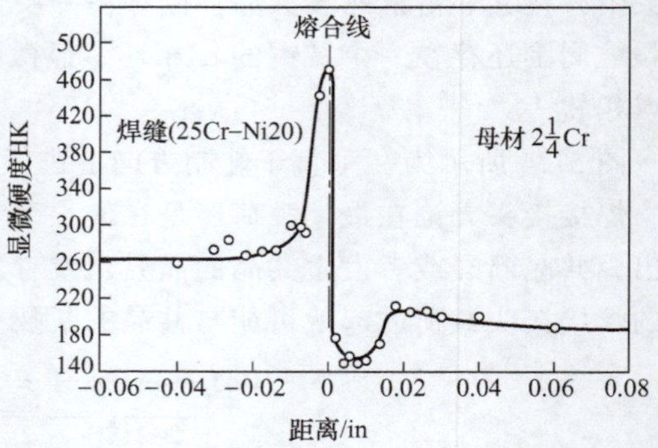

图 5-25 熔合区碳迁移过渡层硬度分布（48h，705℃）[32]

从根本上讲，体系中某物质的扩散迁移，是受其体系中该物质的化学势所支配，而非该物质的浓度。在不同条件下（例如相的结构和状态不同以及其他成分的存在），化学势可有很大变化，以致常常会出现浓度增大但化学势反而变小的情况，也就是说浓度梯度与化学势梯度并不一定一致，其结果常常会看到“上坡”扩散的现象。异种钢或合金化程度不同的金属焊接时，在熔合区的碳迁移现象，就常常具有这种“上坡”扩散的特征。

通常情况下，异种钢焊接接头出现碳的迁移可划分为两种类型：一种是**在含铝、硅的低合金钢接头中，在焊接过程中极短的时间内发生强烈的迁移**；另一种是**碳钢、铬钢、铬钼钢等 α 系钢和铬镍 γ 系钢接头中，在焊接过程中一般不发生强烈的碳迁移，必须进行焊后热处理（500～700℃）并保持较长时间，或在上述温度下长期使用，才发生强烈的碳迁移现象**。为方便起见，称前者为**焊态碳迁移**，后者为**热处理碳迁移**。

1. 焊态碳迁移

在含铝、硅较高的低合金钢的焊接过程中，经常会发生碳迁移的现象。当焊缝填充金属中提高铝、硅等元素的含量时，可以抑制碳的迁移；而母材金属中降低硅含量，提高锰含量也能显著抑制碳迁移。当其他合金元素含量相近时，随着母材金属中含铝量的增加，脱碳层宽度也增加。一般情况下，采用正火热处理的方法不能够将脱碳层组织消除。此外，当焊缝金属中铝的质量分数超过一定量（例如 1.8%），会使原来在母材金属（例如 1%）一侧产生的脱碳层，改变为在焊缝填充金属一侧出现[33]。

2. 热处理碳迁移

热处理碳迁移经常发生在含铬钢的接头中，经焊接后一般不出现明显的脱碳层和增碳层。这类接头在热处理或高温服役过程中，随着温度和时间的增加，脱碳层和增碳层加宽。碳迁移的方向一般是由低碳钢到高铬钢，由低铬钢到高铬钢，由低合金钢到高合金钢。在低铬钢或低合金钢侧增加铬含量，或添加铌、钛、钒等强烈形成碳化物的元素可以抑制碳向高铬钢或高合金钢迁移。此外，在 α 系钢和 γ 钢组成的接头中，当温度超过 A_1 点，使 α 系钢转变为奥氏体，则碳迁移速度有很大的降低[32-37]。

5.5.2　碳迁移的影响因素

1. 固/液相碳分配特性

对于钢铁材料，在大多数情况下，溶质元素在液相中的溶解度都比在固相中的要大，而碳的分布系数 $k_0=0.13$ 是很小的。k_0值小，表示碳在固相中的化学位高于在液相中的化学位，因而趋向于从固相向液相中扩散。熔合区正是存在固液相共存的有利条件，碳易于自母材半熔化区向熔池中扩散。但因固/液共存时间有限，很快地开始了联生结晶，由母材中扩散来的碳只能集结在熔合线附近，而不能扩散到较远的地方去。这样，当焊缝凝固后，在熔合线两侧即可见到增碳和脱碳的焊态碳迁移现象。

计算碳迁移的结果指出，在熔合线两侧，母材碳的质量分数由原始的 0.12% 降低到 0.019%，焊缝碳的质量分数则由焊条初始的 0.1% 增至 0.14%，如图 5-26[38] 所示。并且固液相接触作用时间增长，增碳层和脱碳层也增大。由此可见，由于埋弧焊和电渣焊的熔池存在时间较长，即熔合区固/液相共存时间较长，所以，比焊条电弧焊时更易见到碳迁移现象。

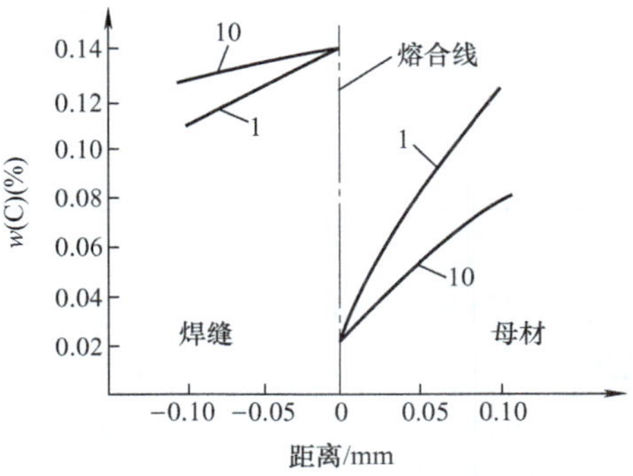

图 5-26　碳在熔合区的分布（母材—低碳钢，$w(C)=0.12\%$；焊条—低碳钢，$w(C)=0.1\%$）

1—固液相互作用时间 1s　10—固液相互作用时间 10s[38]

2. 化学成分

根据材料热力学理论，元素的扩散方向由化学势决定，而非浓度。元素总是从化学势高的位置向化学势低的位置扩散。而活度系数是决定化学势大小的本质因素，也就是说元素总是从活度系数高的位置向活度系数低的位置扩散。

在异种钢接头中，脱碳层由粗大的铁素体所组成，而增碳层中一般都有碳化物析出，也有的是因增碳而形成的组织。所以，常常把异种钢接头上的碳迁移现象和碳化物的溶解和沉淀联系起来，而这就必然和碳化物形成元素的种类和数量有联系。实际上，碳化物的形成实质就是降低了碳的活度。一般认为从母材到焊缝所发生的碳迁移过程，不仅出现于加热熔化时期，也会出现于接头冷却过程，如二次加热（焊后回火或多层焊）将更会促使碳迁移进行。这时的碳迁移过程如图 5-27 所示。即该过程为：母材碳化物分解→固溶碳向熔合线扩散→碳化物熔合线扩散移开→合金碳化物沉淀。

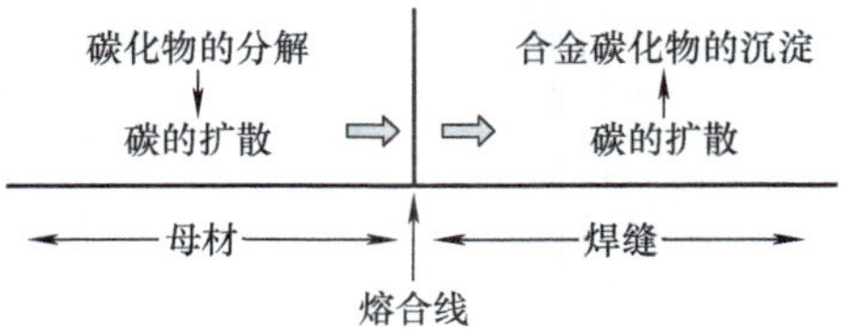

图 5-27　碳迁移过程

表 5-1 中列出了铁碳合金中不同溶质元素与碳的相互影响系数 e_{C}^{x}，它表示该溶质元素对碳的活度系数的影响。e_{C}^{x} 为正值时，增大碳的活度系数；e_{C}^{x} 为负值时，降低碳的活度系数。其绝对值越大，影响也越大。表中给出的数据因来源不同而有一定的差异。但总的看来，碳化物形成元素（如 Cr、Mo、V、Nb、Mn）都会降低碳的活度系数；而非碳化物形成元素（如 Si、Al、Ni）都会增大碳的活度系数，并且在液态和固态中的影响趋势是一致的[39]。

表 5-1 碳的相互影响系数 e_{C}^{x}（在铁碳合金中）[39]

溶质元素 x	e_{C}^{x}		
	液相	γ 相	α 相
C	—（+1.19）	—	—
Al	+2.3	—	—
Si	+3.6（+0.106）	+4.2	+5.0
Ni	+1.4	+1.7	—
Cr	-2.0（-0.024）	-4.3	-28.6
Mn	-0.2（-0.002）	-1.7	-40
Mo	-1.5（-0.009）	-3.5	—
V	-3.5（-0.038）	-13.0	—
Nb	-10.0（-0.06）	—	—

注：括号内为别的数据来源。

在熔合线两侧有碳的迁移，就是说明存在碳的活度差。显然，若母材中存在较多碳化物形成元素，即碳化物为稳定的合金碳化物时，则碳的活度系数势必低下，从而减弱碳的迁移。而当焊缝中碳化物形成元素越多时，必然降低焊缝一侧碳的活度系数，使碳易于自母材一侧向焊缝一侧迁移。图 5-28 所示为碳化物形成元素 Cr 对异种钢接头低合金钢一侧脱碳层宽度的影响[36]。几种成分的组合有 A、B、C、D、E、F，其中 A、B、C、D 为同一低碳钢与不同含 Cr 量的 Cr-Mo 钢组合的接头，E、F 则为同一高 Cr 钢 $\left(14Cr\text{-}1\frac{1}{2}Mo\right)$ 与不同含 Cr 量的低合金 Cr-Mo 钢组合的接头。A 与 B 为熔化焊条件下用不同含 Cr 量的 Cr-Mo 钢焊条焊接低碳钢的异种钢接头；C、D、E、F 则为用闪光焊方法将两种不同的钢焊成的接头。

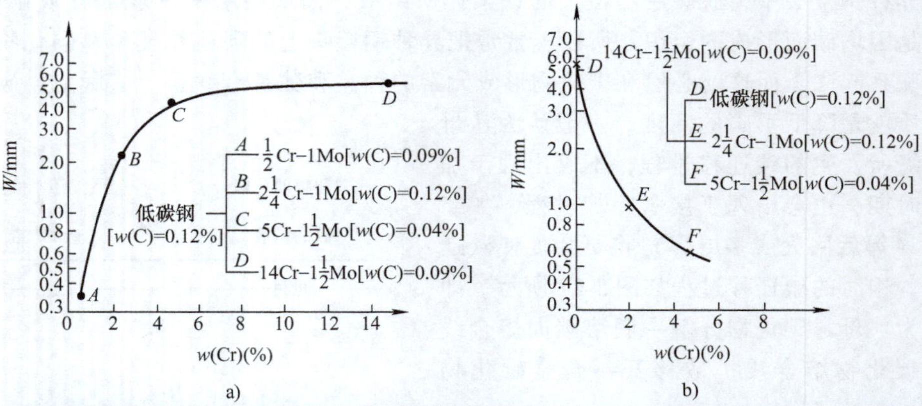

图 5-28 碳化物形成元素 Cr 对异种钢接头低合金钢一侧脱碳层宽度的影响（538℃，10^5h 加热后）[36]

由图 5-28 可见，低碳钢一侧脱碳层宽度随熔合线另一侧合金钢含 Cr 量增加而增大；由图 5-28b 可见，即使高合金钢一侧含 Cr 的质量分数高达 14%，低合金钢一侧含 Cr 量增加时，其脱碳层宽度也显著减小。

总而言之，焊缝中存在碳化物形成元素 Me 时，非奥氏体钢母材一侧的脱碳层宽度将增大，且如图 5-29 所示，不同元素的影响不同，按弱到强排列顺序为：Mn、Cr、Mo、W、V、Nb，且含量越多影响越大[39]。

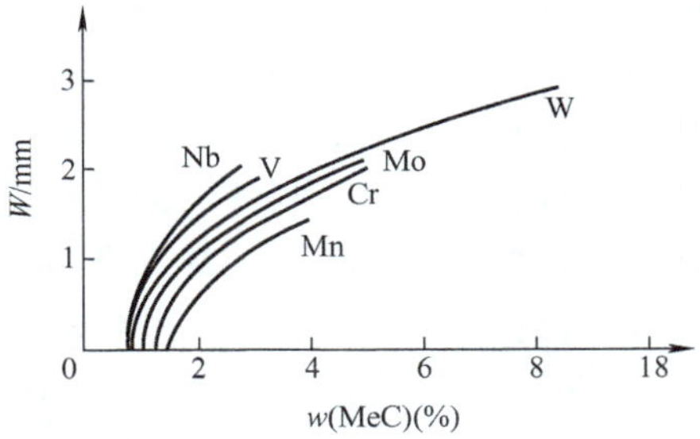

图 5-29　焊缝中碳化物形成元素对母材（低碳钢）脱碳层宽度的影响（700℃，100h，回火）[39]

焊缝中存在较多非碳化物形成元素时，如 Ni 就可以比较显著地减小脱碳层和增碳层的宽度，如图 5-30[39] 所示。由此可以得出结论，为减小熔合区碳的迁移，焊条金属不应含碳化物形成元素或少含碳化物形成元素，特别是应避免含有强碳化物形成元素；相反，应尽可能含有足够的非碳化物形成元素，特别要重视 Ni 的作用。从根本上说母材最好应含有强碳化物形成元素，但这并非总有可能。对于焊接工作者来说，母材成分不可改变。在这种情况下，可选用含有强碳化物形成元素的焊条，在母材（非奥氏体钢）一侧的坡口面上堆焊隔离层，造成“伪母材”坡口。正式焊缝则选用适合的奥氏体合金焊条。例如，普通 18-8 型奥氏体钢与 $2\frac{1}{4}$Cr-1Mo 珠光体钢的接头，为防止产生严重的碳迁移，最好采用含 Nb 的 $2\frac{1}{4}$Cr-1MoNb 焊条在 $2\frac{1}{4}$Cr-1Mo 钢坡口面上堆焊隔离层，然后采用 25-13 型奥氏体钢焊条焊接正式焊缝，或再焊一个隔离层，如图 5-31 所示，然后用 18－8 型焊条完成焊接[39]。

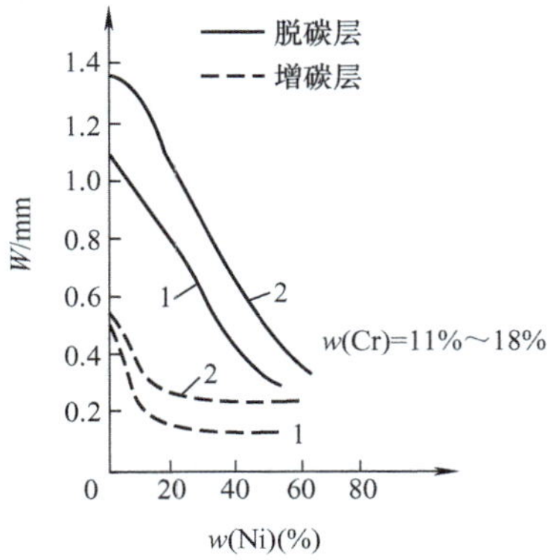

图 5-30　焊缝中 Ni 含量对增碳层和脱碳层宽度的影响[39]

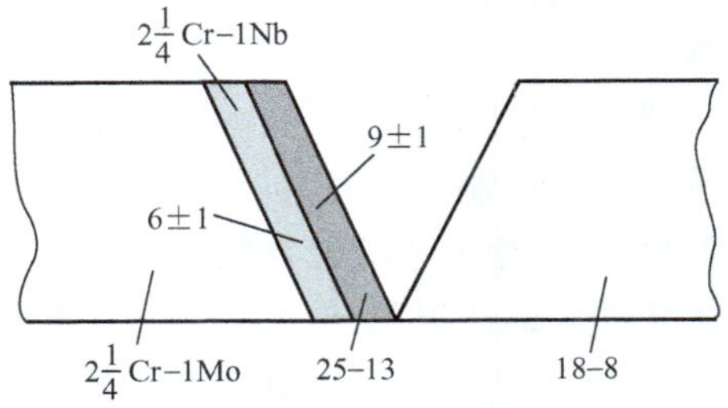

图 5-31　异种钢接头的隔离层堆焊示意图[39]

3. 晶体结构的影响

由表 5-1 可见，碳在 α-Fe 中的活度系数大于在 γ-Fe 中，而在固态时碳的活度系数又比在液态时大一些。因此，当母材是α结构而焊缝是γ结构时，就非常有利于碳自母材向焊缝扩散。用奥氏体钢或合金焊条焊接非奥氏体钢的接头正是这一典型情况。

而当母材与焊缝具有相同的晶体结构时，碳的迁移只取决于其他溶质对活度的影响。在焊缝冷却过程中，在同类的α钢焊接时，母材与焊缝晶体结构的差别主要是两者的临界点 A_3 的差别所造成；在α类钢用γ类合金焊条焊接时，母材与焊缝晶体结构的差别则取决于母材 A_3 点的高低（因γ不发生相变）。由于 A_3 的不同，焊缝与母材处在不同晶体结构状态的时间越长，越易于促使碳的迁移。

在含 Al 的 12AlMoV 钢用 08MoV 焊条焊接时，可以看到晶体结构的影响效果[33,40]。因为 Al 可以大大提高钢的 A_3 点，12AlMoV 钢的 A_3 在 1200～1250℃之间，焊缝金属的 A_3 大体上在 920℃左右，两者的 A_3 相差约 300℃。焊接时，温度在 1250℃以上母材与焊缝都处于在奥氏体（γ）状态，这时熔合线两侧的碳活度差仅仅由溶质成分不同所造成，只能发生由母材向焊缝的少量碳迁移，一般不会见到明显的碳迁移。接头继续冷却时，因为母材 A_3 点很高，并且由于熔合线的母材侧已经有少量脱碳，使该处的实际 A_3 点比母材原始 A_3 还要高一些。当温度降低到母材 A_3 以下时，在熔合线的母材侧首先发生 $\gamma \rightarrow \gamma' + \alpha$ 转变而析出α相，γ′相中碳含量也就升高。因而靠近熔合线的母材侧碳的活度就要增大，熔合线两侧碳的活度差也就随之增大。在这样大的碳活度差推动下，碳原子可以不断地由母材侧的α相迁移至焊缝侧的γ相中，直至焊缝也开始由 $\gamma \rightarrow \alpha$ 转变，从而在熔合线两侧形成脱碳层与增碳层。

4. 焊后回火的影响

在焊态下，碳迁移现象一般并不十分明显。如果再次受热，如多层焊，可促使碳加强迁移，多层焊以后在焊态下即可见到较明显的碳迁移现象。如果焊后进行回火处理或长期在高温下运行，会见到清楚的碳迁移现象。

加热温度与加热时间对碳迁移的影响，可用回火参数 P 来概括，表达式如下[41]：

$$P = T(\lg t + 10) \times 10^{-3} \tag{5-5}$$

式中，T 为加热温度（K）；t 为加热时间（h）。

可见，加热温度的影响最大。在不超过 Ac_3 之前，加热温度越高，碳迁移现象越严重。图 5-32 表明，回火参数越大，脱碳层和增碳层的宽度越大。

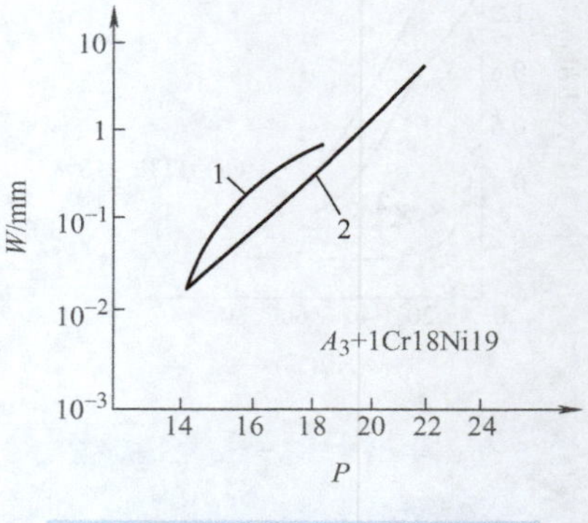

图 5-32 回火参数对脱碳层和增碳层宽度的影响
1—增碳层 2—脱碳层

同样，高温运行的工作温度越高，碳的迁移也越显著。为了控制碳的迁移，除了尽可能限定焊后加热温度（适当选定回火参数 P），通常尽可能限制焊缝中的强碳化物形成元素，而尽可能增多非碳化物形成元素，其中 Ni 的作用最为明显。

对于异种钢接头，随着工作温度（或再加热温度）的提高，一般要求焊缝含 Ni 量也相应提高。例如，低于 350℃时，w（Ni）≤10%；350～450℃时，w（Ni）为 10%～19%；450～550℃时，w（Ni）为 19%～31%；550～600℃时，w（Ni）

为 31% ~47%。

如果是高温工作的异种钢接头，不但不能消除焊接残余应力，还会形成“高温应力”，这是由于焊缝金属与母材的膨胀系数不同所致。图 5-33 所示为 18-8 型奥氏体钢与碳钢的接头，若采用奥氏体钢焊条形成的焊缝金属，线膨胀系数与 18-8 钢相同时，高温应力将集中于碳钢一侧的熔合区内（见图 5-33a）；若采用高 Ni 奥氏体合金焊条时，则形成的焊缝金属具有的线膨胀系数就与碳钢大体相同，这时，高温应力将集中于 18-8 钢一侧的熔合区（见图 5-33b）。由于碳钢通过塑性形变松弛应力的能力较弱，所以，高温应力集中于奥氏体一侧比较有利。在这种情况下，采用镍基合金焊条是适宜的。

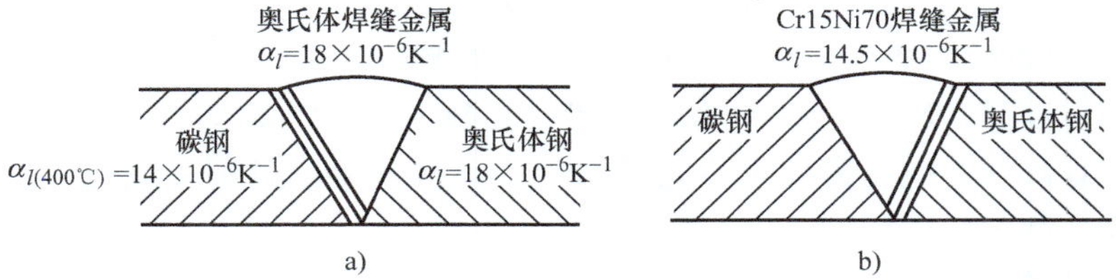

图 5-33　18-8 型奥氏体钢与碳钢的接头

本章小结

熔合区既是成分、组织与性能等极不均匀区域，又可能是应力集中区域。在很多材料的熔合区常常会出现**液化裂纹**、**氢致裂纹**和**偏析**等缺陷，而且会出现强度与韧性损伤等现象。焊接熔合区由**非对流混合区**、**熔合线**和**部分熔化区**三部分组成，具有化学成分不均匀、组织不均匀、物理不均匀和力学不均匀的特征。

非对流混合区是接近熔合线（T_L）处熔化但未充分与填充材料混合的母材金属，基本上未经过对流混合而经扩散混合的熔池边界，凝固后形成的以母材成分为主的化学成分不均匀区域。非对流混合区的形成机理与流体力学中流动边界层的形成机理相同。非对流混合区可以通过填充材料与母材的匹配、外加振动场、焊接方法与焊接参数进行控制。

在焊接过程中，熔化的熔池金属（冷却后凝固）与固态母材金属之间的分界线称为熔合线。如果存在部分熔化区时，熔合线则为熔化金属与部分熔化区的界线。熔合线在微观上并不是一条光滑的曲线，而是呈不规则的类似锯齿形，甚至有“曲折”现象。

部分熔化区是接近熔合线处母材金属晶粒边界（或晶粒内部）发生不同程度熔化的区域，在焊接过程中属固/液混合区。实际上部分熔化区边界的峰值温度与母材液相线（T_L）和固相线（T_s）大致对应。部分熔化区的形成机理主要有共晶组织直接液化、析出相与基体共晶反应、基体直接液化和晶界偏析液化四种机制。液化金属在凝固过程中具有一定的方向性，并可能出现晶界偏析现象。液化金属的凝固模式以平面结晶为主，有时也会出现胞状结晶。部分熔化区是焊接接头比较脆弱的区域，经常会出现液化裂纹、氢致裂纹以及强度与韧性损伤等问题，通常可以通过调控焊接材料、焊接热源、拘束度和母材的成分与组织等进行控制。

异种钢焊接接头的熔合区有时会出现**碳迁移的现象**。在含铝、硅的低合金钢接头中，在焊接过程中的极短时间内发生强烈的迁移，称为焊态碳迁移；在碳钢、铬钢、铬钼钢等

α 系钢和铬镍 γ 系钢接头中，在焊接过程中一般不发生强烈的碳迁移，必须进行焊后热处理（500 ~ 700℃）并保持较长时间，或在上述温度下长期使用，才发生强烈的碳迁移现象，称为热处理碳迁移。影响碳迁移的主要因素有固/液相碳的分配特性、化学成分、晶体结构和焊后回火参数等。

思 考 题

1）简述熔合区的特性。

2）简述非对流混合区的特征、形成机理及控制措施。

3）简述部分熔化区的特征、形成机理及控制措施。

4）简述异种钢焊接熔合区碳迁移的类型及其影响因素。

5）采用 TIG 焊焊接 1.6mm 厚的 2219 铝合金板，工艺参数如下：$I = 60A$，$E = 10V$，$v = 3mm/s$。假设电弧热效率为 70%，请结合第 2 章的内容估计部分熔化区的宽度。假设 $T_L = 645℃$，$T_E = 548℃$。

6）电阻焊加热速度远大于 TIG 焊，那么在对 18Ni（250）马氏体时效钢分别采用电阻焊和 TIG 焊时，哪种焊接方法能够使组分液化更加剧烈？请解释原因。

7）与其他碳化物相比，Fe_3C 在加热过程中更容易发生分解。另外间隙固溶元素 C 的扩散速度远大于置换固溶元素（如 TiS 中的 S）的速度。那么对于包含细小 Fe_3C 的普通共析钢而言，如果在正常焊接加热速率下（$< 500℃/s$），你能否预测其组分液化的倾向？请解释原因。

参考文献

[1] 王智慧，徐碧宇，叶赐麟，等．奥氏体/铁素体异种钢焊接接头熔合区组织的研究［J］．北京工业大学学报，1988，14（4）：9-18.

[2] Savage W F, Nippes E F, Szekeres E S. A study of weld interface phenomena in a low alloy steel [J]. Welding Joining, 1976, 55 (9): 260s-268s.

[3] 张汉谦．钢熔焊接头金属学［M］．北京：机械工业出版社，2000.

[4] Kadalainen L P. Weld Fusion Boundary structures in Aluminium and Al-Zn-Mg Alloy [J]. Zeitschrift für Metallkunde, 1979 (70): 686-689.

[5] Doody T. Intermediate Mixed Zones in Dissimilar Metal Welds for Sour Service [J]. Welding Journal, 1992, 61 (3): 55-60.

[6] Ⅲ Baeslack W A, Lippold J C, Savage W F. Unmixed Zone Formation in Austenitic Stainless Steel Weldments [J]. Welding Journal, 1979, 58 (6): 168s-176s.

[7] Minkoff I, Ornath F, Soudry J, et al. Weld Pool Segregation During Welding of Low Alloy Steels with Austenitic Electrodes [J]. Welding Journal, 1981, 60 (11): 227s-230s.

[8] Qiao C Y P. Unmixed Zone Phenomenon During welded Fabrications [J]. Joining and Repair of Gas Turbine Components, 1997: 15-18.

[9] 朱克勤，许春晓．粘性流体力学［M］．北京：高等教育出版社，2009.

[10] Murdock J W. Fluid Mechanics and Its Applications [M]. Boston: Houghton Mifflin Company, 1976.

[11] Takalo T, Moisio T. Fusion Line Attack at Low Corrosion Potentials in Austenitic Stainless Steel Welds [C]. Israel Tel-Aviv: IIW Annual Assembly Public Session, 1975.

[12] Takalo T. Moisio T. Fusion Line Corrosion in Welds of Austenitic Stainless Steels [C]. Prague, Czecho-

slovakia, CHISA, 1975.

[13] Liu W. Unmixed Zone in Arc Welds-Significance on Corrosion Resistance and Mechanical Properties [M]. Knoxville: University of Tennessee, 1996.

[14] Sireesha M, Shankar V, Albert S K, et al. Microstructural features of dissimilar welds between 316LN austenitic stainless steel and alloy 800 [J]. Materials Science and Engineering A, 2000 (292): 74-82.

[15] Sireesha M, Albert S K, Shankar V, et al. A comparative evaluation of welding consumables for dissimilar welds between 316LN austenitic stainless steel and Alloy 800 [J]. Journal of Nuclear Materials, 2000, 279 (1): 65-76.

[16] Cui Y, Xu C L, Han Q Han. Effect of ultrasonic vibration on unmixed zone formation [J]. Scripta Materialia, 2006, 55 (11): 975-978.

[17] Dehmolaei R, Shamanian M, Kermanpur A. Effect of electromagnetic vibration on the unmixed zone formation in 25Cr-35Ni heat resistant steel/Alloy 800 dissimilar welds [J]. Materials Characterization, 2008, 59 (12): 1814-1817.

[18] Lukkari J, Moisio T. The Effect of the Welding Method on the Unmixed Zone of the Weld [J]. Microstructural Science, 1979 (7): 333-344.

[19] 胡杰．聚变堆用 CLAM 钢真空电子束焊受焊行为研究 [D]. 北京：北京科技大学，2011.

[20] Kou S. Welding Metallurgy [M]. 2th ed. New Jersey: John Wiley & Sons Inc. , 2002.

[21] Zhu T, Chen Z W, Gao W. Microstructure formation in partially melted zone during gas tungsten arc welding of AZ91 Mg cast alloy [J]. Materials Characterization, 2008, 59 (11): 1550-1558.

[22] Ojo O A, Richards N L, Chaturvedi M C. Contribution of constitutional liquation of gamma prime precipitate to weld HAZ cracking of cast Inconel 738 superalloy [J]. Scripta Materialia, 2004, 50 (5): 641-646.

[23] Huang C, Kou S. Partially Melted Zone in Aluminum Welds-Liquation Mechanism and Directional Soldification [J]. Welding Journal, 2000, 79 (5): 113s-127s.

[24] Huang C, Kou S, Purins J R, in Proceedings of Merton Flemings Symposium on Solidification and Materials Processing [M]. Warrendale, PA: Minerals, Metals and Materials Society, 2001.

[25] Lippold J C, Baselack W, Varol I. Heat-Affected Zone Liquation Cracking in Austenitic and Duplex Stainless Steels [J]. Welding Journal, 1992, 71 (1): 1s-14s.

[26] Lippold J C. in Technology and Advancements and New Industrial Applications in Welding [C]. Taipei: Proceedings of the Taiwan International Welding Conference '98, 1998.

[27] Huang C, Kou S. Liquation Cracking in full-Penetration Al-Cu Welds [J]. Welding Journal, 2004, 83 (2): 50s-58s.

[28] Huang C, Kou S. Partially Melted Zone in Aluminum Welds-Planar and Cellular Solidification [J]. Welding Jounal, 2001, 80 (2): 46s-54s.

[29] Rao K P, Ramanaiah N, Viswanathan N. Partially melted zone cracking in AA6061 welds [J]. Materials and Design, 2008, 29 (1): 179-186.

[30] Montazeri M, Ghaini F M. The liquation cracking behavior of IN738LC superalloy during low power Nd: YAG pulsed laser welding [J]. Materials Characterization, 2012 (67): 65-73.

[31] Huang C, Kou S. Partially Melted Zone in Aluminum Welds: Solute Segregation and Mechanical Behavior [J]. Welding Journal, 2001, 80 (1): 9-17.

[32] Thielsch H. Stainless-Steel Weld Deposits on Mild and Alloy Steels [J]. Welding Journal, 1952, 31 (1): 37s-64s.

[33] 倪瑞澄，朱逢吾．关于异种钢焊接接头的碳迁移问题 [J]. 金属学报，1978, 14 (1): 96-106.

[34] Züzn H, Morach E. Der Einfluβ der Kohlenstoff-Diffusion auf die mechanisch-technologischen Eigenschaften

von ferritisch-austenitischen Schweiβverbindungen im Chemie-Betrieb [J]. Schweiβverbindungen im Chemie-Betrieb Z Werkstofftech, 1974, 5 (3): 146-155.

[35] 根本正, 佐々木良一, 幡谷文男. 異種金属溶接部の炭素の移動 [J]. 溶接学会誌, 1963, 32 (3): 205-212.

[36] Christoffel R J, Curran R M. Carbon Migration in Welded Joints at Elevated Temperatures [J]. Welding Journal, 1956, 35 (9): 457s-468s.

[37] Eckel J F. Diffusion Across Dissimilar Metal Joints [J]. Welding Journal, 1964, 43 (4): 170s-178s.

[38] 肖纪美. 金属的韧性与韧化 [M]. 上海: 上海科学技术出版社, 1982.

[39] 陈伯蠡. 焊接冶金原理 [M]. 北京: 清华大学出版社, 1991.

[40] 张鼎勋. 含铝低合金钢熔合区 "铁素体带" 问题 [J]. 焊接学报, 1980 (3): 138-151.

[41] Larson F R, Miller J. A time-temperature relationship for rupture and creep stress [J]. Trans ASME, 1952 (74): 765-775.

第6章 热影响区的组织与性能

在焊接集中热源的作用下，焊缝两侧不同位置经历着不同的焊接热循环，离焊缝边界越近，其加热峰值温度越高，且加热速度和冷却速度也越大，接近焊缝区的固态母材将发生不同程度的组织与性能的变化，这种变化对焊接接头的性能会产生较大的影响。

一般地，**接近焊缝区的固态母材发生明显的组织或性能变化的区域，称为焊接热影响区**。焊接热影响区与熔合区相邻，二者界线的峰值温度一般认为与材料的固相线大致吻合。在焊接过程中，热影响区的显微组织发生了明显的变化，其性能有可能发生严重的损伤。根据不同的材料特性，**热影响区可能发生软化、硬化、脆化和耐蚀性下降等问题**。焊接热影响区的组织和性能不像焊缝那样可以通过调控焊丝成分进行控制，仅能通过焊后热处理或控制焊接工艺条件来解决。因此，掌握焊接热影响的组织转变特点与机理，理解热影响区组织对接头力学性能的影响，对调控接头力学性能和评价焊接接头服役能力具有重要的意义。

6.1 焊接热影响区组织转变特点

焊接过程中，焊接热源在形成焊缝的同时不可避免地使焊缝附近的母材经受了一次加热与冷却的热作用，会发生明显的组织与性能转变。同传统的热处理过程相比，**焊接热循环具有加热速度快、峰值温度高、高温停留时间短和冷却速度快等特征**，如图6-1所示，这使得热影响区的组织转变具有一些新的特点。

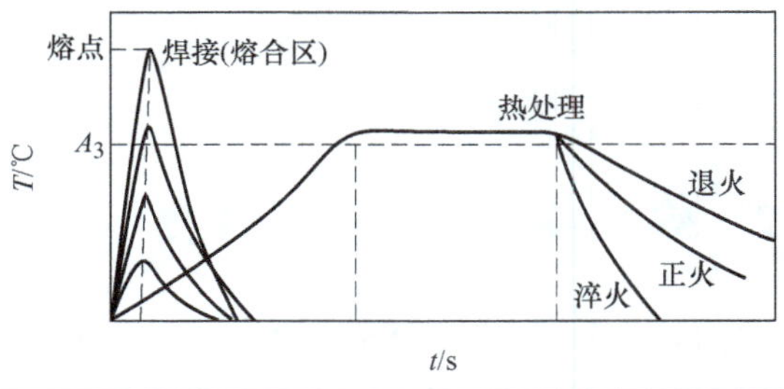

图6-1 焊接热循环与普通热处理工艺曲线对比

1. 组织转变的非平衡性

焊接过程具有极高的加热/冷却速度，导致焊接热影响区的组织转变出现了严重的非平衡性。一般情况下，材料的相变一般需要一定的孕育期，如铁素体或珠光体向奥氏体的转变过程。在快速加热的条件下，来不及完成相变过程所需的孕育期，势必造成相变温度的提高。所以，在快速加热过程中材料相变温度将向高温推移。例如，钢在加热过程中，加热速度越快，Ac_1和Ac_3越高，二者之差也越大。

在冷却过程中，材料相变温度向低温推移，可形成非平衡组织。例如，钢在奥氏体均质化程度相同的情况下，随着焊接冷却速度的加快，钢铁材料的相变温度 Ac_1、Ac_3 以及 A_{cm} 均降低。这就是说，焊接冷却过程中的组织转变也不同于平衡状态下的组织转变，转变过程向低温推移。同时，快冷条件下，共析成分也发生变化，甚至得到非平衡状态的伪共析组织。

2. 组织转变的不均匀性

焊接是一种局部加热过程，焊接温度场的分布极不均匀，接近焊缝一侧峰值温度高且冷却速度快，远离焊缝时峰值温度低且冷却速度较慢。由于峰值温度的不同，有可能导致不同程度的组织转变，例如在低碳钢的焊接热影响区，从熔合区一侧起依次可能得到粗晶区、细晶区和部分细晶区。冷却速度的不同，使得在易淬火钢的焊接热影响区产生不同程度的淬硬区，如完全淬火区、不完全淬火区和回火区。

3. 成分分布的不均匀性

由于焊接加热速度快，高温停留时间短，不利于扩散过程的充分进行，热影响区的成分分布有可能出现较大程度的不均匀性。例如，在钢加热到 Ac_3 以上将发生奥氏体过程，一些在奥氏体晶粒内部的碳化物将发生溶解过程，成分将逐渐发生均匀化扩散。但是在焊接条件下，一方面有可能导致碳化物的不完全溶解，另一方面也可能导致成分均匀化不够充分。

4. 组织转变的复杂性

焊接热影响区组织转变的非平衡性导致材料的相变温度发生推移，而且在冷却过程中会形成非平衡组织。非平衡组织的转变依赖于冷却速度，而焊接过程中的冷却速度并不完全可控，且在热影响区范围内并不完全一致。成分分布均匀化程度受到焊接加热过程的影响，因而加热过程必然也会对冷却过程的组织转变产生影响。因此，热影响区组织转变的非平衡性与不均匀性特点决定了热影响区组织转变过程非常复杂，甚至难以判断。例如，在焊接热循环的作用下，熔合线附近的晶粒因过热而粗化，增加了奥氏体稳定性，使淬硬倾向增大；另一方面，钢中的碳化物由于加热速度快、高温停留时间短而不能充分溶解在奥氏体中，降低了奥氏体的稳定性，使淬硬倾向有所降低。正是由于这两方面的共同作用，使冷却过程中马氏体转变临界冷却速度发生变化，焊接连续冷却组织转变图上 Ms 点附近的曲线右移或左移。

6.2 焊接热影响区组织转变

焊接热影响区在热循环的作用下，将发生明显的组织转变过程，进一步引起其力学性能的变化。因此，研究热影响区的组织转变对焊接热影响区的组织与力学性能的控制具有极其重要的意义。

在实际应用的结构材料当中，基本上都是经过强化的金属材料。金属材料强化的方法主要有固溶强化、细晶强化、形变强化、沉淀强化和相变强化五种形式。焊接热影响区的峰值温度虽然达不到熔化温度，但仍然很高，足以引起材料的微观组织与性能发生明显的变化。对于单纯的固溶强化和细晶强化材料，在近缝区一般仅存在晶粒长大的问题，相比后三种强化材料，其热影响区的组织转变相对简单，本节主要对后三种材料焊接热影响区的组织转变机理进行着重讨论。

应该指出，在接近焊缝熔合区的位置峰值温度很高，处于严重的过热状态，因此几乎所有强化类型材料的焊接热影响区均存在着晶粒长大现象。一般情况下，晶粒的长大程度随着峰值温度的升高与高温停留时间的增加而增加。晶粒长大的驱动力是表面能，因此几乎所有类型的纯金属与合金，在接近焊缝的母材中均会发生晶粒长大现象。图 6-2 所示为钼电子束焊接接头的晶粒形态分布[1]。可以发现，在热影响区的晶粒发生了明显的长大。

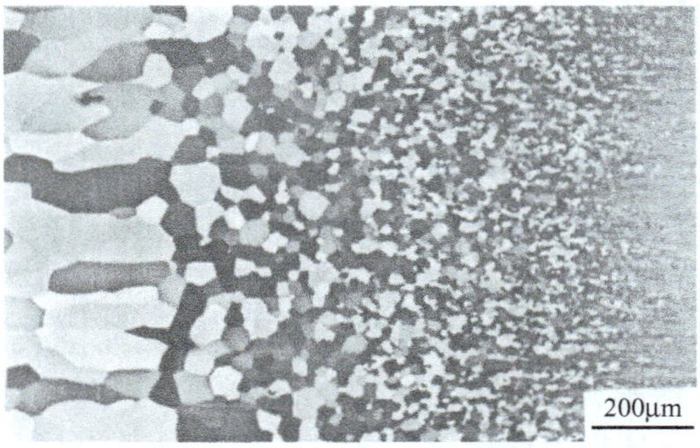

图 6-2　钼电子束焊接接头的晶粒形态分布[1]

6.2.1　形变强化材料热影响区组织转变

1. 形变强化材料概述

金属在塑性变形的过程中，位错密度不断增加，而位错在运动时的相互交割加剧，结果产生固定的割阶、位错缠结等障碍，使位错运动的阻力增大，引起变形抗力增加，给继续塑性变形造成困难，从而提高金属的强度。这种**随变形程度的增加，材料的强度、硬度升高，塑性、韧性下降的现象叫形变强化或加工硬化**。形变强化几乎是纯金属强化的唯一方式，当然合金在必要时也可以进行形变强化。

在金属形变强化的过程中，所消耗的绝大部分能量以热的形式显现，另一部分能量作为应变能存储在材料里。在材料加热的过程中，存储在材料内部的应变能将成为回复和再结晶的驱动力。因此，回复与再结晶是形变强化材料焊接热影响区组织转变的主要问题之一。

在回复过程中，主要是空位、间隙原子等点缺陷的运动，位错的重新组合、滑动、相互抵消和攀移过程以及亚晶粒的长大、合并和多边化过程。由于不发生大角度晶界的迁移，晶粒的形状和大小与变形态相同，强度与塑性变化很小，但是内应力与电阻明显下降。因此，回复阶段一般不对焊接热影响区的力学性能产生显著的影响。

和回复不同，再结晶是一个显微组织彻底重新改组的过程，因而在性能方面，相对于变形态来说，发生了根本性变化。再结晶是指出现无畸变的等轴晶粒逐步取代变形晶粒的过程。再结晶过程中畸变程度大的区域产生新的无畸变晶粒的核心，然后逐渐消耗周围的变形基体而长大，直到变形组织完全改组为新的、无畸变的细的等轴晶粒为止。再结晶组织强度和硬度明显下降，塑性提高，消除了加工硬化，使性能恢复到变形前的程度。因此，再结晶对焊接热影响区的组织与性能产生极大的影响。在很多的焊接结构中的金属材料都是轧制状态或者是形变强化状态，在这种条件下的焊接接头中的热影响区可能会出现再结晶组织。

2. 热影响区组织转变机理

单纯的形变强化材料热影响区的组织转变一般仅存在再结晶与晶粒长大两个过程。所不同的是二者的驱动力不同，再结晶驱动力是金属材料内部的变形能，而晶粒长大的驱动力是表面能。在很多情况下经受冷变形的金属在光学显微镜下即可清晰地看到滑移线。形变强化材料热影响区的结构从母材到焊缝大体上可依次划分为**部分再结晶区**、**完全再结晶区**和**过热区**三个部分，其各区域组织转变机理如图 6-3 所示。

1）**部分再结晶区。部分再结晶区粗略地对应于热循环峰值温度在开始再结晶温度与完全再结晶温度之间的区域**，即图 6-3 中 T_b ~ T_c之间。由于母材经受了形变强化，在母材的晶粒内部存在着大量的晶体缺陷，如空位和位错等，如图 6-3 中组织示意图 A 所示。当该区域峰值温度刚刚超过开始再结晶温度，该区域的原始晶界和晶粒的内部会出现一些很小的无畸变的再结晶晶核，如图 6-3 中组织示意图 B 所示。距离焊缝越近，再结晶的形核率越高，再结晶现象越明显。若峰值温度未超过完全再结晶温度，仅有小部分组织发生再结晶过程。若母材无固态相变，则部分再结晶组织将保留至室温，其组织转变过程可表示为图 6-3 中的 A→B。

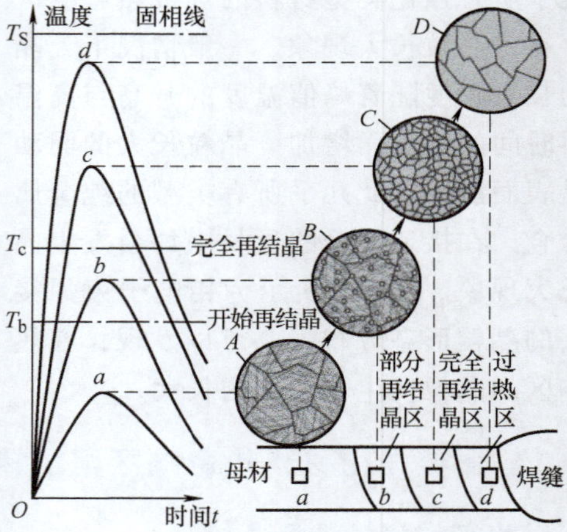

图 6-3 形变强化材料焊接热影响区示意图

2）**完全再结晶区。完全再结晶区域大体上对应于热循环温度在完全再结晶温度与晶粒剧烈长大温度之间的区域**。由于完全再结晶区与过热区无明显界线，晶粒剧烈长大温度仅是一个粗略的概念，其大小可认为与材料本身的特性有关。当热影响区的峰值温度超过完全再结晶温度时，再结晶过程彻底完成，形成大量细小的无畸变晶粒，如图 6-3 中组织示意图 C 所示。若母材无固态相变，则再结晶组织将保留至室温，其组织转变过程可表示为图 6-3 中的 A→B→C。

3）**过热区。过热区大体上对应于热循环峰值温度在晶粒剧烈长大温度与材料固相线温度之间的区域**。当继续接近焊缝时，峰值温度继续升高，再结晶晶粒将出现明显的长大现象，如图 6-3 中组织示意图 D 所示。若母材无固态相变，则再结晶组织将保留至室温，其组织转变过程可表示为图 6-3 中的 A→B→C→D。

应该指出，上述形变强化材料热影响区的三个典型结构仅为一个大致的划分，各区域之间无明显界线，其中部分再结晶区有时并不明显。此外，在整个焊接过程中组织转变一直处于非平衡状态，因此开始再结晶温度和完全再结晶温度与恒温条件下存在一定的偏差。

3. 典型显微型组织

图 6-4 所示为形变强化的 304 不锈钢的接头显微组织[2]。图 6-4a 所示为形变强化母材的显微组织，在图中可以明显地看出在晶粒内部存在着大量的滑移线，这些滑移线在近缝区很可能成为再结晶的形核核心。图 6-4b 所示为不锈钢焊接热循环峰值温度范围大约在 450 ~ 800℃之间的微观组织，在图中可以发现母材的滑移线密度大大降低，并且沿晶界析出大量的碳化物。碳化物沿晶界析出将导致不锈钢显著的晶间腐蚀倾向，该区一般称为“敏化区”，为奥氏体不锈钢焊接热影响区特有的组织结构，该部分内容将在后面的小节中详细讨论。图 6-4c 所示为热影响区中再结晶显微组织，在图中可以明显地看出，再结晶

组织非常细小。图 6-4d 所示为接近焊缝熔合线的微观组织，与母材相比，接近熔合线处的热影响区的晶粒发生明显的长大。

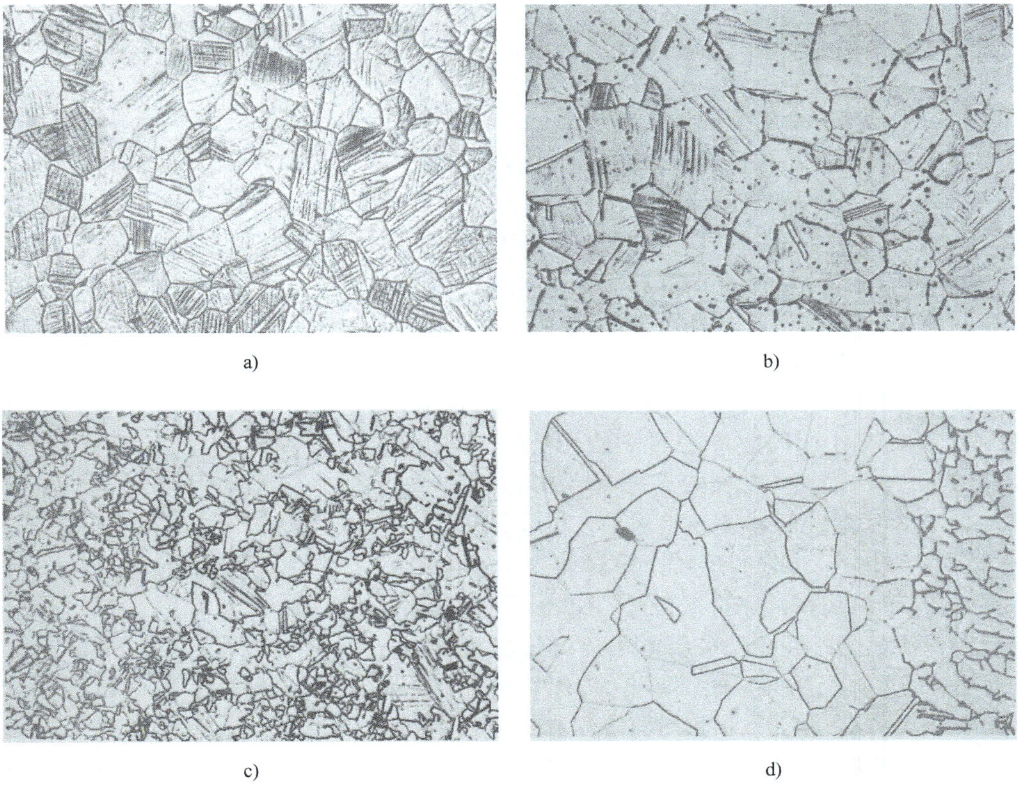

图 6-4　形变强化的 304 不锈钢的接头显微组织[2]

a）形变强化母材的显微组织　b）敏化区组织　c）再结晶组织　d）接近焊缝熔合线的微观组织

对于形变强化金属，由于焊缝金属材料的熔化，加工硬化效果完全消失；在热影响区，由于材料的再结晶和晶粒长大，加工硬化效果部分消失。在焊接结构设计时，应该考虑这些强度的损失。

6.2.2　沉淀强化材料热影响区组织转变

1. 沉淀强化材料概述

金属在过饱和固溶体中溶质原子偏聚区和（或）由之脱溶出微粒弥散分布于基体中而导致强化的现象称为沉淀强化，又称析出强化、时效强化。为实现沉淀强化，通常采用的方法是先固溶处理再进行时效处理，即将金属或合金部件在高温条件下保温一段时间，使溶质固溶到基体之后进行淬火，使基体形成过饱和固溶体，之后在较高的温度或室温下放置进行时效处理，使过饱和固溶体中的沉淀相析出而实现强化。不同的金属材料，其沉淀相的形态可能有所不同，例如 Al-Cu 合金中的沉淀相为圆盘状，镍基超合金的沉淀相为正方体形态等。一般地，室温下进行的时效叫自然时效，在一定温度下进行的时效叫人工时效。

铝合金、镍基合金和钢等都可以采用沉淀方法强化。如 Al-Cu、Al-Cu-Mg 和 Al-Mg-Si 等铝合金均可以采用人工时效和自然时效的方法实现沉淀强化。又如，奥氏体沉淀不锈钢在固溶处理后或经冷加工后，在 400～500℃ 或 700～800℃ 进行沉淀强化处理，可获得很高的强度。

时效强化是铝合金主要的强化方法之一，而 Al-Cu 合金又是铝合金中能够进行时效强化的典型材料之一，并且强化机理也较为复杂，这里仅对铝合金的时效强化机理进行简要介绍。在 Al-Cu 合金人工时效过程中，按顺序产生五种结构：

$$过饱和固溶体 \rightarrow GP \rightarrow \theta'' \rightarrow \theta' \rightarrow \theta(Al_2Cu)$$

这里，$\theta(Al_2Cu)$ 是体心正方晶格的平衡相。GP 区（Guinier-Preston，有时也称为 GP1），θ″（有时称为 GP2）和 θ′相都是亚稳相。图 6-5 所示为给出了这些亚稳相的溶解度曲线，代表着这些相能存在的最高温度[3,4]。GP 区与 α 固溶体的晶格是共格的，是由在固溶体 {100} 晶面上形成的直径 80～100Å、几个原子（4～6 Å）厚的一些圆盘组成的。Cu 原子直径比 Al 原子小 11%，加之 GP 区比固溶体含 Cu 量更高，因此在 GP 区周围的晶格被拉紧。GP 区这种应变场的存在，使得 GP 区可以采用电子显微镜检测到。θ″相也是与固溶体晶格共格的，厚度为 10～40 Å，直径为 100～1000 Å。但是，θ′相与固溶体晶格半共格，与 GP 区或 θ″相无关，非均匀形核，特别是在位错上形成。θ′的大小取决于时效时间和温度，大致厚度为 100～150 Å，直径 100～6000 Å。最后一个是 θ 相，它可能来源于 θ′相，也可能直接由固溶体形成，与固溶体的晶格是不共格的。

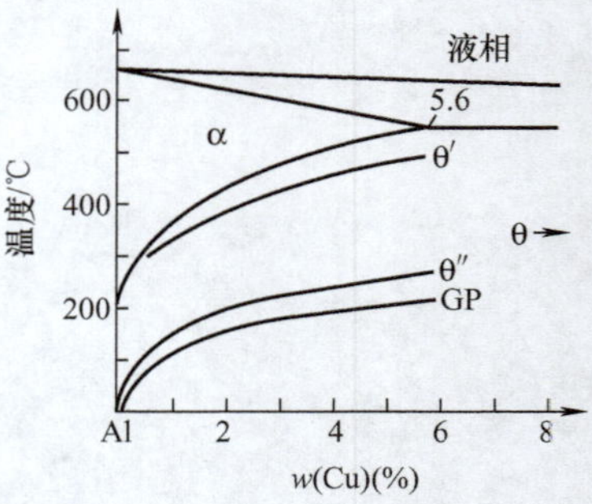

图 6-5　Al-Cu 相图中亚稳相 GP、θ″、θ′的溶解度曲线[3,4]

虽然，θ′相也可能对硬度有贡献，但是 θ″相数量最多时硬度最大。随着 θ′相的长大、数量增加，共格应变减少，会导致合金过时效。如果时效老化进一步进行，开始形成不共格的 θ 相，合金就远远低于最大强度状态，而发生软化。时效强化硬铝合金焊接接头的强度只有母材强度的 60%～70%，造成热影响区强度下降的原因是焊接热循环导致热影响区发生了过时效，即所谓“过时效软化”。

2. 热影响区组织转变机理

单纯沉淀强化金属热影响区的组织转变主要有沉淀相溶解与长大、过热区晶粒长大和淬火三个主要问题。在结构上，其热影响区可大体上划分为**过时效区**和**淬火区**，其组织转变机理如图 6-6 所示。

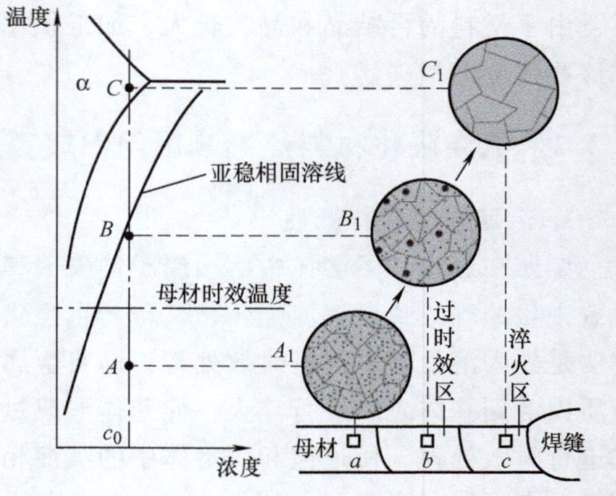

图 6-6　淬火区的组织转变机理示意图

1）**过时效区**。沉淀强化金属在母材中存在着大量的弥散分布的细颗粒状的沉淀相，如图 6-6 中的组织示意图 A_1 所示。当热影响区温度超过母材时效温度时，一些较大的沉淀相可能开始发生长大，同时可能伴随着细小的沉淀相的溶解，从自由能观点来看该过程的进行主要能够使体系的自由能降低。随着焊后的快速冷却，这种沉淀相长大与溶解的组织形态将保留至室温，其组织转变过程如图 6-6 中 $A_1 \rightarrow B_1$ 所示。

沉淀相的溶解与长大导致沉淀相间距变大，细小弥散分布的沉淀相颗粒减少，使母材强度与硬度损失严重，该现象被称为过时效。焊接导致热影响区发生过时效时，由于沉淀相的长大消耗了大量的溶质原子，即使焊后重新进行时效处理，其强度也不能完全恢复，除非重新进行固溶 + 时效处理。

2）淬火区。随着温度进一步升高到亚稳相溶解温度，无论是大颗粒的沉淀相还是细小弥散的沉淀相颗粒均进入溶解阶段。由于焊接的快速加热与冷却过程，以及沉淀相颗粒的溶解也需要一定的时间，峰值温度超过亚稳相溶解温度时，大颗粒沉淀相也不会立刻完全溶解掉，需要一个过程。但是距离焊缝越近，溶解越剧烈，沉淀相颗粒越少。因此，过时效区与淬火区没有一个非常严格的界线。此外，由于该区域处于严重过热状态，晶粒将发生明显的长大。在冷却过程中，由于焊接过程冷却速度很快，该区与沉淀相不会析出，呈过饱和状态，因此成为淬火区。淬火区的组织转变机理如图 6-6 中 $A_1 \rightarrow B_1 \rightarrow C_1$ 所示。

在淬火区，金属的晶格处于过饱和状态，因此焊后重新进行时效处理，其强度可部分恢复。距离焊缝越近，未溶解的沉淀相颗粒越少，过饱和程度越大，焊后重新进行时效处理恢复的强度越多。当接近焊缝处沉淀相颗粒完全溶解时，焊后时效处理可使其强度完全恢复。

应该再次指出，受焊接快速加热冷却的影响，过时效区和淬火区并没有严格的界线，这种结构实际上是一种定性的划分，主要是为了分析时方便讨论。通常情况下，沉淀相的溶解取决于其溶解速度和热影响区峰值温度以及高温停留时间，因此在热输入较低或者金属中溶质浓度过大时，在过热区沉淀相可能不会发生完全溶解。此外，热影响区的组织转变机理与材料和时效处理工艺有关，有时可能存在两个分立的完全回复区，如 2219 铝合金在人工时效和自然时效时热影响区组织结构就存在明显差异[5]。

3. 典型组织

图 6-7 所示为轧制 7020 铝合金 MIG 焊接接头微观组织，上部是金相照片，下部是透

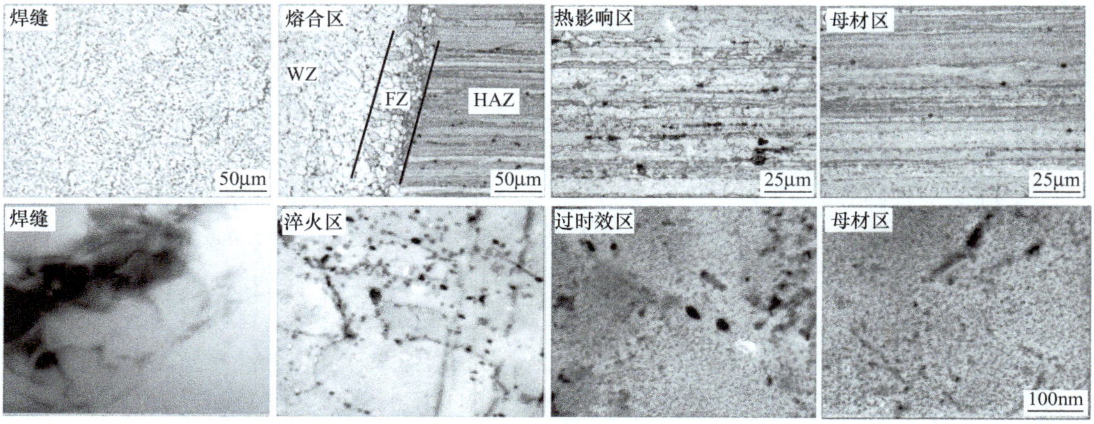

图 6-7　轧制 7020 铝合金 MIG 焊接接头微观组织[6]

射电镜照片[6]。与母材中平直的轧制流线相比，在热影响区的轧制流线变得弯曲，这表明在热影响区发生了一定程度的再结晶现象。由于沉淀相非常细小，在光学显微镜下很难看出沉淀相溶解与析出的迹象，只能借助于透射电镜观察。在图 6-7 中可以发现在母材区分布着弥散的非常细小的沉淀相。在过时效区，出现了一些长大的较大沉淀相颗粒，但是仍然存在着一些细小的弥散分布的沉淀相颗粒。在紧靠熔合区的淬火区，细小弥散分布的沉淀相颗粒完全消失，出现了一些略大的未完全溶解沉淀相颗粒。

镍基超合金也是一种比较典型的沉淀强化材料[7]。图 6-8 所示为 713C 镍基超合金电子束焊热影响区微观组织。在图中可以发现距离焊缝越近，沉淀相溶解程度越高，当接近熔合线时，只剩下极少数的沉淀相。与铝合金不同，镍基超合金热影响区未发现沉淀相颗粒的长大现象，这可能是由于电子束焊速度较快，热影响区高温停留时间较短，沉淀相颗粒来不及长大所致，仅发生了溶解现象。

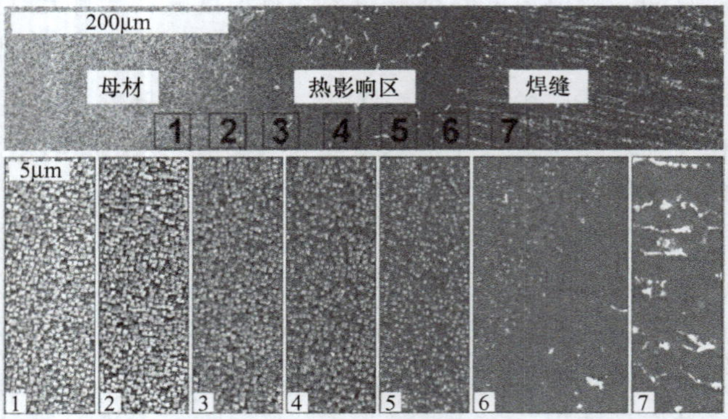

图 6-8　713C 镍基超合金电子束焊热影响区微观组织[7]

6.2.3　相变强化材料热影响区组织转变

1. 相变强化材料概述

合金化的金属材料，通过热处理等手段发生固态相变，获得需要的组织结构，使金属材料得到强化，称为相变强化。例如，在轧制后随冷却条件的变化，有铁素体 + 珠光体、铁素体 + 贝氏体、马氏体等几种结构，钢的力学性能也随之有很大的变化，从而可以生产出不同强度等级的钢材品种，用于不同的工业领域，这种情况就归属于相变强化。应该指出，沉淀强化也是相变强化的一种简单形式。

相变强化材料热影响区的组织转变过程比较复杂，包括重结晶、马氏体转变和回火等过程。金属从一种晶体状态过渡到另一种晶体状态的过程称为二次结晶或者再结晶。重结晶与再结晶不同，再结晶过程无相变产生，而重结晶本质上是一种固态相变过程。很多存在固态相变的金属材料在焊接过程中都可能会发生重结晶过程。例如，钢的焊接过程中，峰值温度超过 Ac_3 以上的部位，将发生重结晶过程（即铁素体和珠光体全部转变为奥氏体），然后在空气中冷却就会得到均匀细小的珠光体和铁素体，相当于热处理时的正火组织。

马氏体转变是非平衡条件下金属和合金中发生的非扩散的晶型转变，是固态相变的一种基本类型，产物称为马氏体，通常具有板、片状的外形。马氏体转变是钢材强化的一种重要的相变强化方式，一般采用淬火处理的方式获得。淬火是金属加工热处理工艺的一种，是将金属工件加热到某一适当温度并保持一段时间，随即浸入淬冷介质中快速冷却，常用的淬冷介质有盐水、水、矿物油、空气等。由于焊接过程具有很高的冷却速度，对于易淬火钢，焊接过程中的热影响区将会得到硬脆的马氏体组织；对于一些不易淬火钢而言，在高能束焊接时的热影响区也有可能获得马氏体组织。

回火是指将经过淬火硬化的钢材在低于临界温度下（Ac_1）放置一段时间后，以一定的速率冷却下来，以增加材料韧性的一种处理方法。将经过淬火后的工件放在中温环境下(时效）一段时间，可促使一部分碳化物析出，同时可消除一部分因急速冷却所造成的残余应力，因此可提高材料的韧性。一般地，将钢材在淬火之后再进行回火处理的过程称为调质处理。在某些调质的焊接热影响区，其峰值温度高于焊前回火温度的区域有可能存在过回火的问题。

2. 相变强化材料热影响区的结构特征

相变强化材料的焊接热影响区组织转变机理依赖于在焊接过程中的固态相变，而固态相变的类型又依赖于材料本身的成分。因此，很难采用一个统一的模型将所有相变强化材料的热影响区组织转变机理包含在内。由于钢铁材料是当今人类应用最广泛、组织转变最为复杂，同时也是人们认识最透彻的一种相变强化材料，因此这里以钢铁材料为例，对其热影响区的组织转变进行讨论。钢的焊接热影响区涉及的物理冶金问题比较复杂，包括奥氏体化转变、亚共析转变、晶粒长大、马氏体转变以及贝氏体转变和魏氏体转变等。

根据钢铁材料的淬火倾向可大体上分为不易淬火钢和易淬火钢两类，其焊接热影响区结构如图 6-9 所示。两种钢按晶粒度划分均可以划分为粗晶区、细晶区和部分细晶区。按

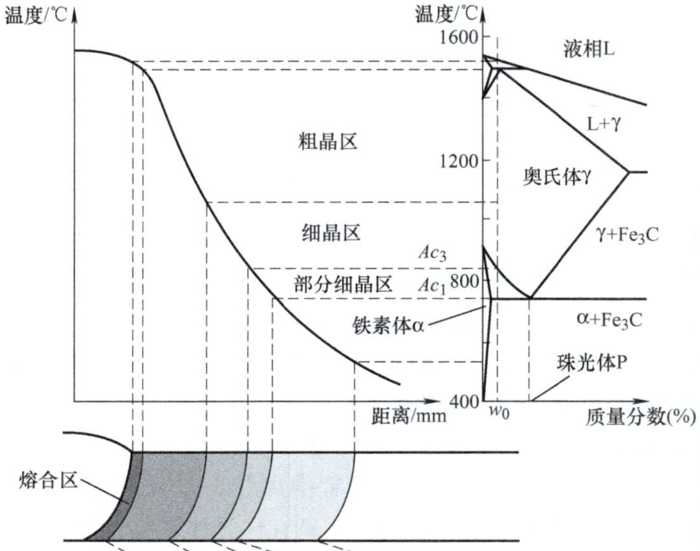

<table>
<tr><td>不易淬火热轧钢</td><td rowspan="2">过热区</td><td rowspan="2">完全重结晶区</td><td rowspan="2">部分重结晶区</td><td colspan="2">母材区</td></tr>
<tr><td>不易淬火冷轧钢</td><td>再结晶区</td><td>母材区</td></tr>
<tr><td>易淬火钢(退火)</td><td colspan="2" rowspan="2">淬火区</td><td rowspan="2">部分淬火区</td><td colspan="2">母材区</td></tr>
<tr><td>易淬火钢(淬火)</td><td>回火区</td><td>母材区</td></tr>
</table>

图 6-9　焊接热影响区结构

热处理状态划分，不易淬火钢的焊接热影响区可分为过热区（粗晶区）、相变重结晶区（细晶区）和部分重结晶区（部分细晶区），若母材处于冷轧状态，又存在再结晶区；易淬火钢的焊接热影响区可大体分为淬火区（粗晶淬火区+细晶淬火区）和部分淬火区（部分细晶区），若母材处于淬火状态，又存在回火区。在这里，对于两种钢焊接热影响区的组织转变机理将进行分别讨论。

3. 不易淬火钢焊接热影响区组织转变

（1）转变机理 不易淬火钢主要包括低碳钢和一些低合金钢，如Q345、Q390等。下面以低碳钢为例，对不易淬火钢的热影响区组织转变进行讨论，其三种典型组织及其转变机理如图6-10所示。应该指出，若不易淬火钢处于冷轧状态，在部分重结晶区外还存在一个再结晶区，关于再结晶区的组织转变在形变强化金属一节中已经讨论，这里不赘述。

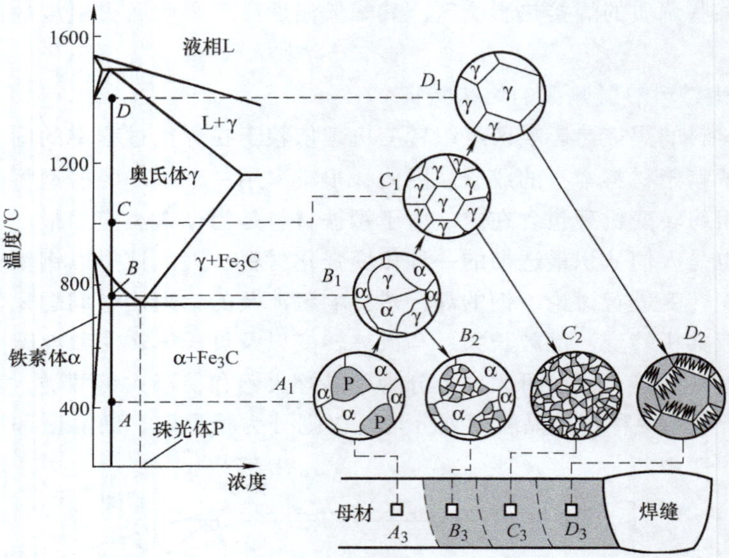

图6-10 不易淬火钢热影响区组织转变机理示意图

1）不完全重结晶区（又称不完全正火区、部分相变区和部分细晶区）。在焊接过程中，该区对应于焊接热循环峰值温度在Ac_1到Ac_3之间的区域，普通低碳钢约为750～900℃。该区特点为，只有部分金属经受了重结晶相变，剩余部分为未经重结晶的原始铁素体晶粒。因此，它是一个粗晶粒和细晶粒的混合区。该区的组织为在未经重结晶的粗大铁素体之间分布着经重结晶后形成的细小铁素体和粒状珠光体的混合组织。

不完全重结晶区的组织转变机理如图6-10中A_1→B_1→B_2所示。母材主要由铁素体和珠光体组成，如图6-10中A_1所示；在焊接过程中焊缝的升温速率非常快，当加热到Ac_1～Ac_3之间时（见图6-10相图中的B点），实际上只有珠光体转变为奥氏体，如图6-10中B_1所示，铁素体基本上还没有能够来得及发生转变，热影响区便进入冷却阶段，奥氏体将转变为细小的铁素体和珠光体的混合组织，未转变为奥氏体的铁素体形态保持不变，如图6-10中B_2所示，最终形成不完全重结晶区。

2）重结晶区（又称正火区或细晶区）。对普通的低碳钢来说，该区加热到的峰值温

度范围在 Ac_3 到晶粒开始急剧长大以前的温度区间，大约在 900～1100℃之间，该区的组织特征是由于在加热和冷却过程中经受了两次重结晶相变的作用，使晶粒得到显著的细化。对于不易淬火钢来说，该区冷却下来后的组织为均匀而细小的铁素体和珠光体，相当于低碳钢正火处理后的细晶粒组织。因此，该区具有较高的综合力学性能，甚至还优于母材的性能。

重结晶区的组织转变机理示意图如图 6-10 中 $A_1 \to B_1 \to C_1 \to C_2$ 所示。在焊接过程中，热影响区被加热到高于 Ac_1 时，珠光体开始转变为奥氏体，如图 6-10B_1 所示；随着温度的进一步升高，当温度超过 Ac_3 时，铁素体也将向奥氏体发生转变，形成晶粒比较细小的全奥氏体组织，如图 6-10C_1 所示；但是在奥氏体晶粒未充分长大时，该区域便进入冷却阶段，奥氏体将转变为细小的铁素体与珠光体组织，如图 6-10C_2 所示。

3）过热区（粗晶区）。该区紧邻熔合区，它的温度范围是从晶粒急剧长大的温度开始一直到固相线温度，对普通的低碳钢来说，大约在 1100～1490℃之间，由于加热温度很高，特别是在固相线附近处，一些难熔质点（如碳化物和氮化物等）也都溶入奥氏体，因此奥氏体晶粒长得非常粗大。这种粗大的奥氏体在较快的冷却速度下形成一种特殊的过热组织——魏氏组织。魏氏组织是由结晶位向相近的铁素体片形成的粗大组织单元，严重地降低了热影响区的韧性。

过热区的组织转变机理如图 6-10 中 $A_1 \to B_1 \to C_1 \to D_1 \to D_2$ 所示。在焊接过程中随着温度的升高，该区域发生珠光体转变为奥氏体（见图 6-10B_1），进一步转变为晶粒细小的全奥氏体组织之后（见图 6-10C_1），随着温度的进一步升高，形成了粗大的奥氏体组织，如图 6-10D_1 所示。在随后的冷却过程中，由于在过热区具有很高的冷却速度，粗大的奥氏体晶粒转变为魏氏组织，如图 6-10D_2 所示。

（2）典型材料显微组织　低碳钢 TIG 焊 1018 钢热影响区如图 6-11 所示[8]。图 6-11a 所示为母材组织，由白色的铁素体和黑色的珠光体组成；图 6-11b 所示为部分重结晶区组织，可以发现在原珠光体区域已经转变为更为细小的铁素体与珠光体的混合组织；图 6-11c 所示为完全重结晶区组织，与原始母材相比，完全重结晶区组织晶粒非常细小；图 6-11d 所示为过热区组织，晶粒非常粗大，形成了魏氏组织。

通常情况下，低碳钢的热影响区很难观察到马氏体组织，但是，当加热和冷却速率都非常高时，如激光焊和电子束焊，高碳马氏体是可以形成的。图 6-12 所示为低碳钢激光焊 1018 钢热影响区组织[9]。热影响区靠近母材的区域（部分细晶区），在加热的过程中，原始组织中的先共析铁素体团中首先发生奥氏体转变，由于激光焊高温停留时间比较短，所形成的奥氏体中的碳来不及扩散出去，在随后的快速冷却中，转变为硬而脆的高碳马氏体，如图 6-12b 所示。进一步接近焊缝的区域（重结晶区和过热区），峰值温度和扩散时间都增加了，因此先共析铁素体团扩展并转变为奥氏体后还有一定的时间进行碳元素的扩散过程，在随后的冷却过程中，形成低碳马氏体团，如图 6-12c 和图 6-12d 所示。

4. 易淬火钢焊接热影响区组织转变

（1）转变机理　具有较强淬火倾向的钢种，如中碳钢，低、中碳调质合金钢等，称为易淬火钢。这类钢的焊接热影响区组织分布与母材焊前的热处理状态有关。如果母材焊前是调质状态，可将易淬火钢的焊接热影响区分为三个典型区域，即完全淬火区、不完全淬火区和回火区等；若母材焊前为退火或正火状态时，热影响区只由完全淬火区和不完全淬

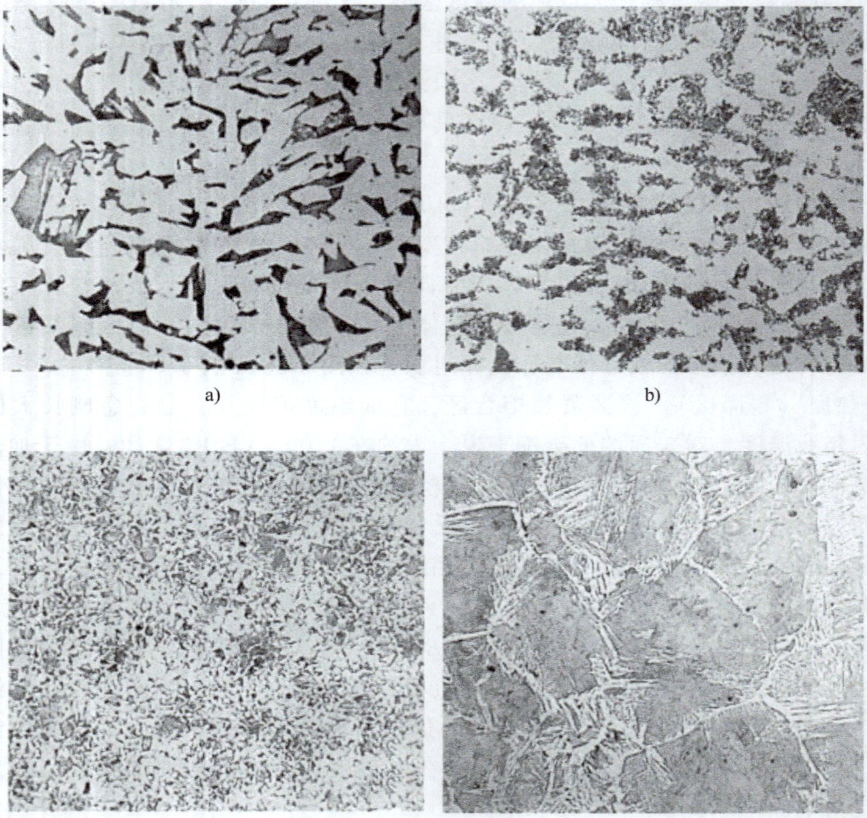

a) b) c) d)

图 6-11 低碳钢 TIG 焊 1018 钢热影响区[8]

a）母材 b）部分重结晶区 c）完全重结晶区 d）过热区

火区组成。

1）回火区。焊前处于调质态或淬火态的母材，焊接热循环峰值温度低于 Ac_1，但高于原来调质处理的回火温度的区域被称为回火区。焊前是完全淬火态时，距焊缝越近的点，经历的峰值越高，回火作用越大，硬度越低。焊前是调质状态时，组织和性能发生的变化程度取决于焊前调质状态的回火温度，峰值温度低于回火温度的区域，其组织性能不发生变化；峰值温度高于回火温度的区域将会出现软化现象。

2）不完全淬火区。在焊接过程中，近缝区的峰值温度被加热到 $Ac_1 \sim Ac_3$ 之间时，铁素体基本上不发生变化，只有珠光体及贝氏体等转变为含碳量较高的奥氏体，若焊接冷却速度较快时，奥氏体转变为马氏体，若焊接冷却速度较慢时，也可能形成铁素体与碳化物构成的中间体，这种发生不完全淬火的区域称为不完全淬火区。不完全淬火区相当于不易淬火钢中的不完全重结晶区。

不完全淬火区组织转变机理在加热阶段与不易淬火钢的不完全重结晶区域类似，其组织转变主要取决于冷却速度，但是该区域的冷却速度较过热区略低。在不完全淬火区的各类组织中，由于马氏体是由含碳量较高的奥氏体转变而来，因而它属于高碳马氏体，具有

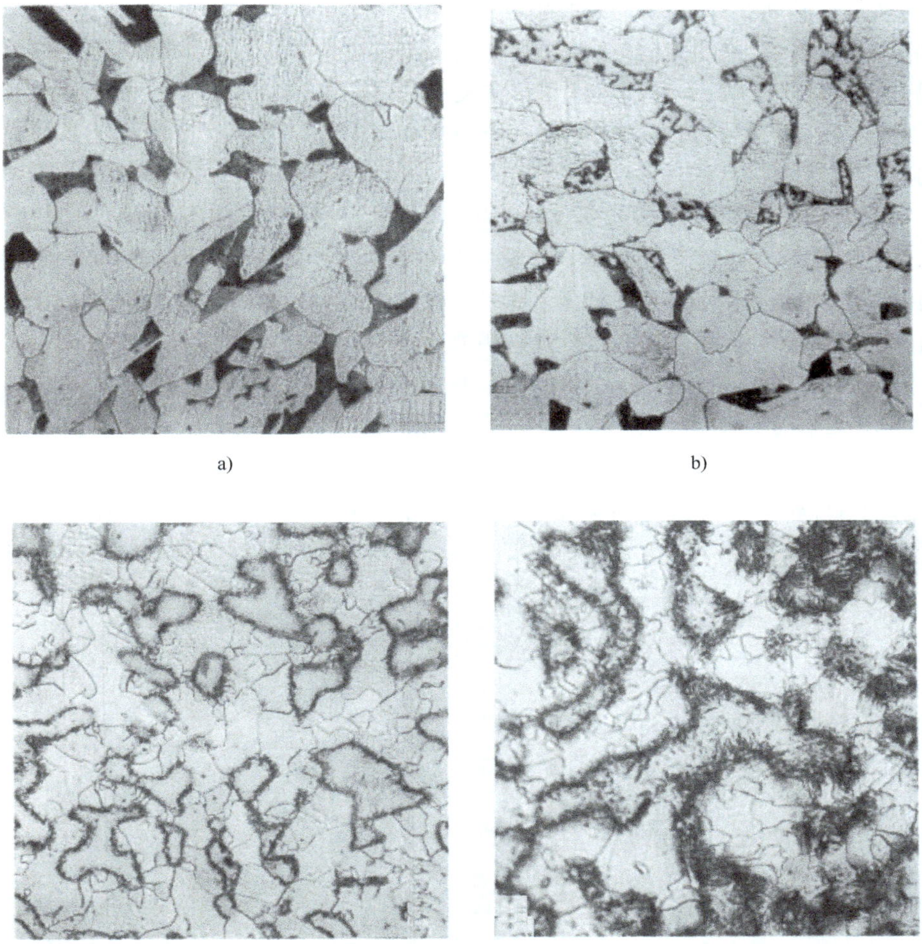

a)　　b)　　c)　　d)

图 6-12　低碳钢激光焊 1018 钢热影响区组织[9]

a）母材　b）不完全重结晶区中的高碳马氏体　c）完全重结晶区中的低碳马氏体　d）过热区中的低碳马氏体

又脆又硬的性质。因此，不完全淬火区的脆性较大，韧性较低，仅次于完全淬火区中的过热区。

3）完全淬火区。易淬火钢在焊接过程中近缝区的峰值温度被加热到 Ac_3 以上时，将彻底地进行奥氏体转变，在焊接快冷后形成的淬火组织的区域，被称为完全淬火区。该区域包括相当于不易淬火钢焊接热影响区的过热区和正火区（重结晶区）两部分，分别称为粗晶淬火区和细晶淬火区。其中，在粗晶淬火区，由于晶粒严重长大以及奥氏体均质化程度高而增大了淬火倾向，易于形成粗大的马氏体组织；在细晶淬火区，由于淬火倾向较低而能够形成细小的马氏体组织。

实际上，易淬火钢完全淬火区的转变机理在加热阶段与不易淬火钢的重结晶区和过热区几乎相同，所不同的只是在冷却阶段完全淬火区的组织转变依赖于冷却速度。由于焊接热输入和冷却速度的不同，完全淬火区还有可能得到少量的贝氏体。因此，完全淬火区的组织特征是粗细不同的马氏体与少量的贝氏体的混合组织，它们同属马氏体类型。

在完全淬火区内，过热区部分的粗大马氏体组织决定了该区具有较高的硬度、较低的塑性与韧性，并使该区成为易淬火钢焊接接头中性能较差、易于出现焊接缺陷的一个薄弱环节。因此，在分析焊接热影响区淬硬倾向和脆化倾向时，通常都以过热区部分为具体的研究对象。

（2）典型组织　图 6-13 所示为 1040 中碳钢 TIG 焊热影响区组织[8]。与以前讨论的 1018 低碳钢焊接接头类似，1040 钢焊接接头的母材由浅色的铁素体和深色的珠光体组成。但是，1040 钢中珠光体的体积分数（富碳约 0.77%）明显大一些，这是因为 1040 钢含碳量高。1040 钢焊接接头热影响区的微观组织基本上分为三个区，即粗晶完全淬火区、细晶完全淬火区和不完全淬火区。1040 钢的 TIG 热影响区的组织转变机理可用 1040 钢的热处理连续冷却转变图定性地解释，如图 6-14 所示[10]。在粗晶完全淬火区，较快的冷却速率（图 6-14 中虚线 1）和较大的晶粒尺寸促进了马氏体的形成，组织基本上是马氏体，还有一些深色的贝氏体（半条状）和珠光体（块状），如图 6-13d 所示。在细晶完全淬火区，较低的冷却速度（图 6-14 中虚线 2）和较小的晶粒尺寸促使了珠光体和铁素体的形成，微

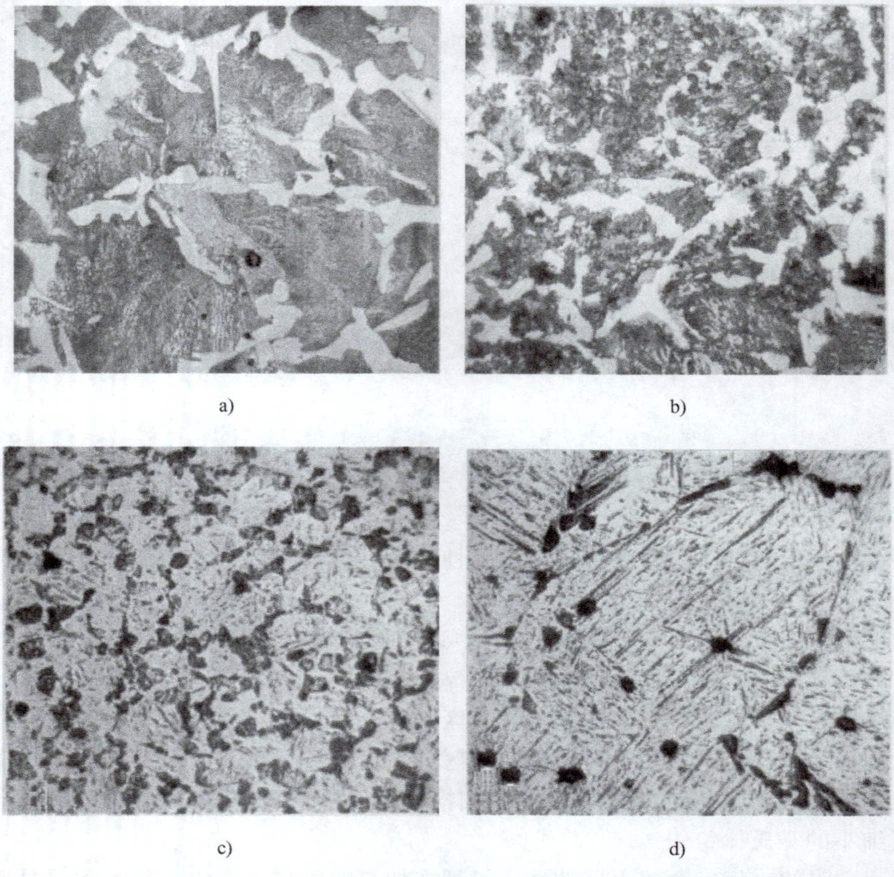

a)　　b)

c)　　d)

图 6-13　1040 中碳钢 TIG 焊热影响区组织[8]

a）母材　b）不完全淬火区　c）细晶完全淬火区　d）粗晶完全淬火区

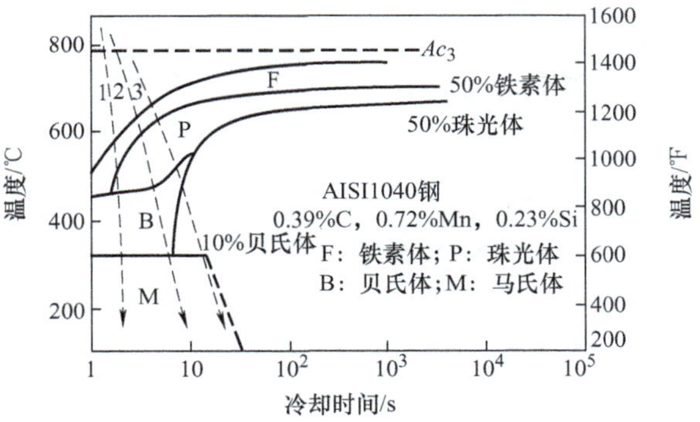

图 6-14　1040 钢的连续冷却转变图[10]

1—粗晶完全淬火区冷却曲线　2—细晶完全淬火区冷却曲线　3—不完全淬火区冷却曲线

观组织以马氏体为主，但是马氏体的晶粒要细小得多，并且珠光体含量提高，在晶粒边界也会出现一些珠光体和贝氏体，如图 6-13c 所示。在不完全淬火区，由于仅珠光体发生了奥氏体化，并且焊接冷却速度相对较慢（图 6-14 中虚线 3），形成的组织主要为铁素体 + 珠光体，加上少量的马氏体和贝氏体，如图 6-13b 所示。

6.3　焊接热影响区的性能

焊接热影响区的性能损伤主要包括软化、硬化、脆化、耐蚀性和疲劳性能下降等。由于焊接热影响区范围小，各处性能又极不均匀，为了方便起见，常常用硬度的变化来判定热影响区的性能变化，硬度高的区域，强度也高，塑性与韧性下降。测定热影响区的硬度分布可以间接估计热影响区的强度、塑性和裂纹倾向等问题。

6.3.1　热影响区的硬度

1. 再结晶软化

1）硬度分布。对于形变强化状态材料的焊接热影响区，焊接热循环将产生退火热处理效果，使得一定范围的热影响区组织发生回复与再结晶过程，使该区的硬度与强度低于母材。在开始再结晶温度以上，形变强化材料的硬度或强度随退火温度和时间的增加而降低。因此，越靠近熔化区边界，峰值温度越高，材料停留在有效再结晶温度以上的时间越长，因此热影响区的软化程度也就越大，如图 6-15 所示。一般情况下，由于焊接过程的快速加热，开始再结晶温度和完全再结晶温度应该比恒温条件下的略高一些。此外，形变强化金属强化程度越高，母材金属越硬，其软化程度越高。

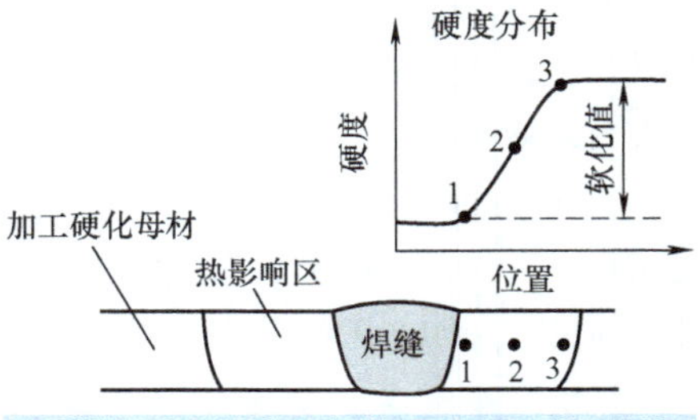

图 6-15　热影响区的再结晶软化示意图

2）防止措施。焊接参数和方法对形变强化金属的热影响区有着非常明显的影响。一般地，随着单位长度焊缝热输入的增加，热影响区大小和再结晶温度以上停留时间都会增加，结果导致热影响区的强度降低随着单位长度焊缝热输入的增加变得更为严重。图 6-16 所示为单位长度焊缝热输入对加工硬化 5356-H321 铝合金的热影响[11]。

图 6-17 所示为加工硬化 2219-T37 铝合金熔化区边界附近的显微组织[4]。从图中可以看出，由于电子束焊的热输入很低，而冷却速度很高，加工硬化材料热影响区的再结晶组织很少。相反，钨极气体保护焊的热输入较高，而冷却速度较低，可以观察到一些等轴的再结晶组织，甚至一些长大的晶粒。

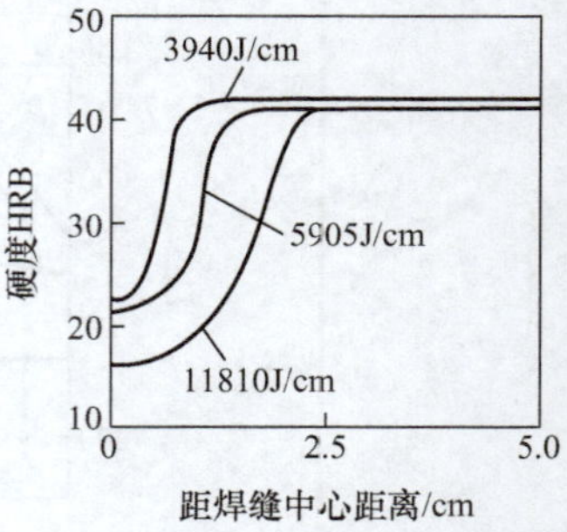

图 6-16　单位长度焊缝热输入对加工硬化 5356-H321 铝合金的热影响[11]

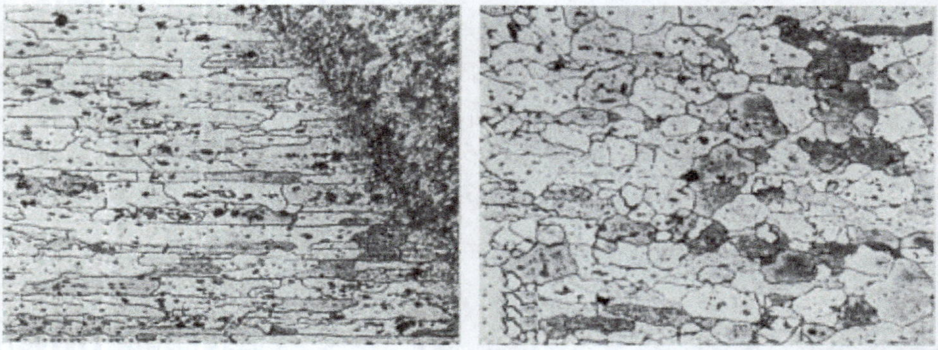

a)　　b)

图 6-17　加工硬化 2219-T37 铝合金熔化区边界附近的显微组织[4]

a）电子束焊　b）钨极气体保护焊

2. 过时效软化

（1）硬度分布　时效强化是铝合金最常用的强化方法，而铝铜合金是最为常见的时效强化铝合金。当对处于时效状态的铝铜合金进行焊接时，焊接热循环将对其沉淀相产生影响，从而影响其硬度分布。例如对于 2219 铝合金焊接过程中，峰值温度高于母材时效温度时，细小的 θ′相将开始发生分解，而粗大 θ′相同时开始长大，强化效果开始减弱，表现为硬度开始降低。距离焊缝越近，θ′相溶解越多，甚至完全溶解，硬度达到最低。Al-Cu 合金人工时效状态下焊接接头的组织与性能分布如图 6-18 所示。焊缝以及非常接近焊缝的热影响区部分 θ′完全溶解，同时由于较高的焊接冷却速度，使该区域晶格处于过饱和状态。焊后自然时效（PWNA）可以使焊缝

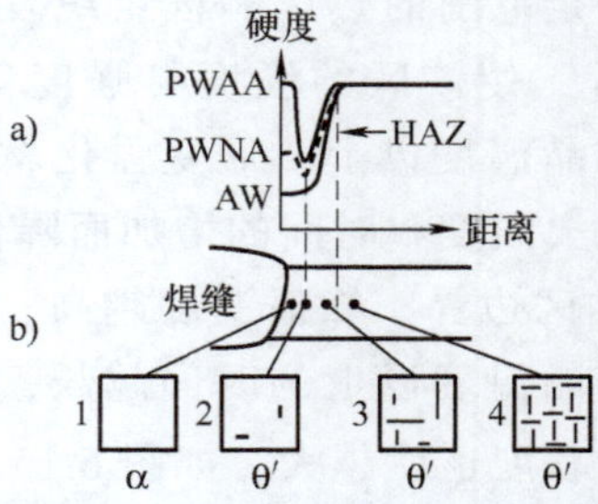

图 6-18　Al-Cu 合金人工时效状态下焊接接头的组织与性能分布

AW—焊态　PWNA—焊后自然时效　PWAA—焊后人工时效

及热影响区的硬度略有上升，但效果不够明显。焊后人工时效（PWAA）可以使焊缝及非常接近焊缝的热影响区中的 θ′相重新沉淀，使其强化效果得到恢复。但是对距离焊缝稍远的热影响区，由于 θ′相的长大消耗了大量的 Cu 原子，使该区域的过饱和程度不足，处于过时效状态，即使焊后人工时效，也没有办法使其强度得到恢复。

自然时效状态下的铝铜合金的软化特点与人工时效略有不同，如图 6-19 所示。位置 1 ~ 3 被加热到 GP 区固溶温度之上，这样就发生了 GP 区的回复。位置 2 加热的最高温度处于 θ′沉淀析出温度范围内，θ′沉淀相析出，引起焊后硬度的小幅上升。但是 θ″相沉淀可能不会发生，因为焊接过程中冷却速度很快，焊接热循环时间对 θ″相的沉淀来说是不够的。因此，在焊态下由于 θ′沉淀相析出，在热影响区中部的硬度有一个极大值，如图 6-19所示。在焊后自然时效过程中，由于 GP 区的形成，位置 1 固溶区的硬度轻微地增加，但硬度未完全恢复。在焊后人工时效过程中，由于 θ′和 θ″沉淀析出，位置 1 固溶区和母材的硬度都大幅度地增加。但是，位置 2 附近硬度恢复得不是同样好，因为在焊态下此处 θ′出现了一定程度的析出，而引起过时效。

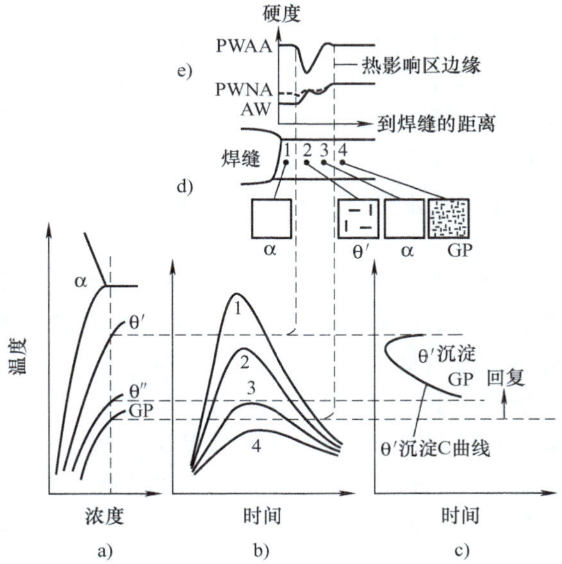

图 6-19 焊前热处理含有 GP 区的 Al-Cu 合金
a）相图 b）热循环曲线 c）沉淀 C 曲线
d）微观组织结构 e）硬度分布

（2）防止措施 焊接方法和热输入、焊接速度可以显著影响热影响区的强度损失。图 6-20 所示为变极性等离子弧焊和激光焊 2195-T8 铝合金（Al-Cu-Li）热影响区强度分布对比[12]。与变极性等离子弧焊相比，激光焊焊接 2195-T8 铝合金热影响区损失非常小。T8 代表固溶热处理、冷加工强化和接下来的人工时效。由此可见，采用低热输入的高能束焊可有效地降低焊接热影响区的过时效软化现象。

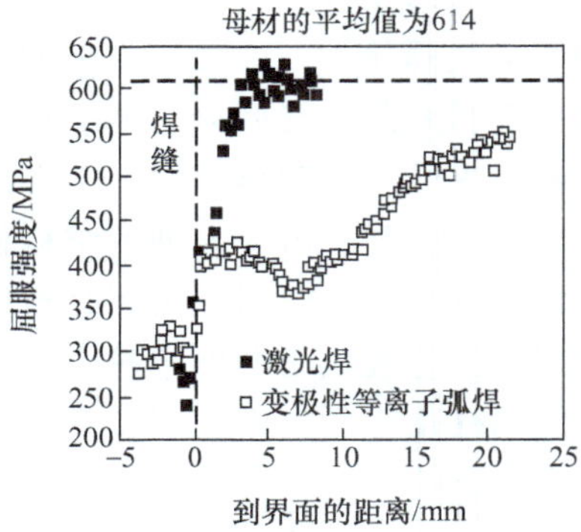

图 6-20 变极性等离子弧焊和激光焊 2195-T8 铝合金热影响区强度分布对比[12]

图 6-21 所示为焊接热输入对 6061-T4 铝合金硬度分布的影响[13]。在图中可以明显地看出，单位长度焊缝热输入越高，热影响区越宽，强度损失越严重。因此。当焊接可热处理铝合金时应限制热输入。当然，如果焊后整个工件经历固溶、淬火和人工时效处理，全部强度都可以恢复。焊前状态可以是固溶热

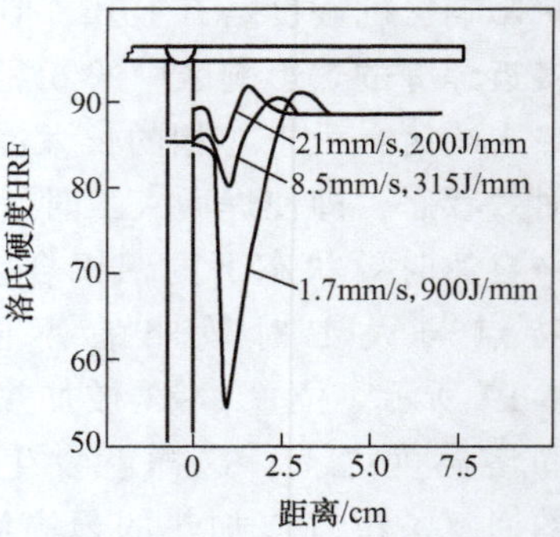

图 6-21　焊接热输入对 6061-T4 铝合金硬度分布的影响[13]

处理的或者完全退火的，后者切削加工性差。然而，对于大型焊接结构，热处理炉是个问题。另外，焊后固溶热处理和淬火期间焊接结构发生的变形也是不可接受的。

3. 钢的高温回火软化

（1）硬度分布　钢的焊接热影响区的硬度与钢本身的材质和焊前热处理工艺有关。对于易淬火调质钢而言，为获得良好的综合力学性能，通常采用调质处理，即淬火＋回火的热处理工艺。因此，这类钢在焊接过程中，在近缝区的峰值温度高于焊前回火温度的局部区域有可能会出现软化现象。图 6-22 所示为低合金钢不同处理状态下焊接接头的硬度分布。在图中可以明显地看出在接近焊缝区域，由于其峰值温度高且冷却速度快，发生了较强的淬硬倾向。但是热影响区的峰值温度在 Ac_1 附近时，根据不同的热处理状态，将出现不同程度的软化倾向。当焊前为退火状态时，热影响区不出现软化区域；若焊前为淬火＋回火处理状态，则焊接热影响区的硬度降低程度和范围随回火温度降低而增大。因此，低合金调质钢的焊接热影响区具有一定的软化倾向，造成了接头强度的损失，而且软化程度随着母材焊前强化程度的增加而增大。

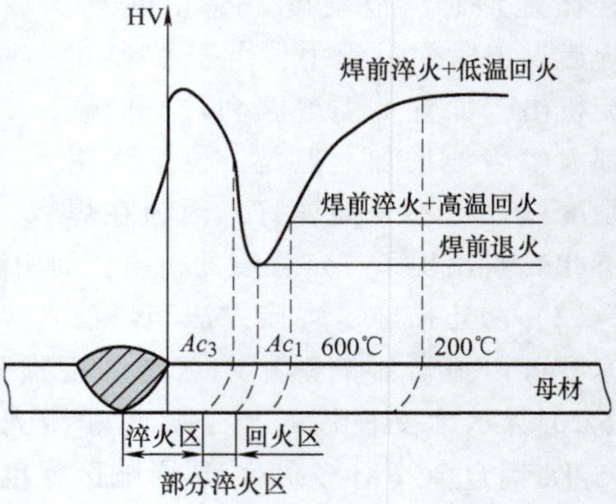

图 6-22　低合金钢不同处理状态下焊接接头的硬度分布

大量试验证明，在不同的焊接方法和不同热输入的条件下，HAZ 中软化最明显的部位大都在 $A_1 \sim A_3$ 之间，这与此温度内部不完全淬火过程有密切关系。因为处于不完全淬火的奥氏体远未达到平衡，铁素体和碳化物也未充分溶解，故冷却后造成了这个区的强度和硬度均比较低。

（2）防止措施　一般地，钢的回火软化程度取决于回火温度与回火时间。焊后重新进行调质处理可以将钢热影响区的性能回复到焊前水平。但是，由于大型的结构件往往无法进行焊后热处理，因此采用合适的焊接方法和焊接工艺就成为必然选择。钢的回火软化程度和软化区的宽度与焊接热输入、焊接方法有很大关系。一般地，热输入越小，加热冷却速度越快，受热时间越短，软化程度越小，软化区的宽度越窄。

图 6-23 所示为焊接方法及热输入对软化区宽度 b 和接头强度 σ_J 的影响[14]。从图中可以明显地看出，随着热输入的增加，接头的软化区宽度随着热输入的增加而增加，而接头强度随热输入的增加而减小。由于电子束焊的能量密度高，焊接速度及冷却速度比较快，因此接头强度比 TIG 焊要高，而软化区的宽度要小。图 6-24 所示为调质状态下分别采用电弧焊和气焊两种方法焊接 30CrMnSi 钢的接头强度分布[15]。从图中可以看出，30CrMnSi

钢经气焊后，其软化区的 R_m 降为 590～685MPa，而电弧焊时，软化区的 R_m 则为 880～1030MPa，并且气焊时的软化区比电弧焊时宽得多。因此，焊接热影响区热源越集中，对减小软化越有利。

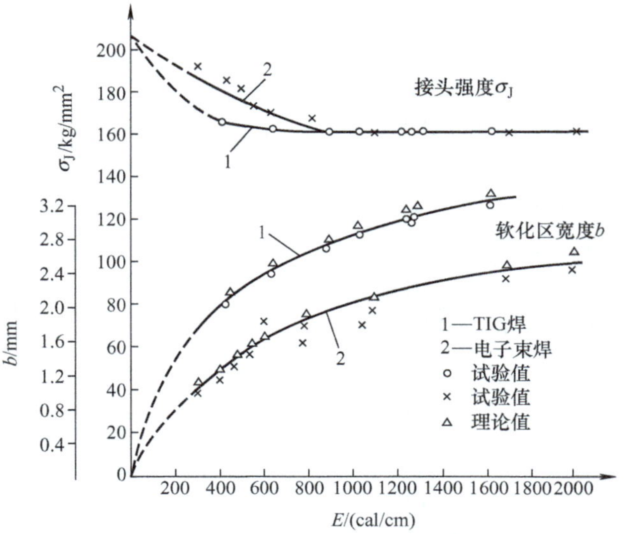

图 6-23　焊接方法及其热输入对软化区宽度 b 和接头强度 σ_J 的影响（42Cr2MnSiNiMo）[14]

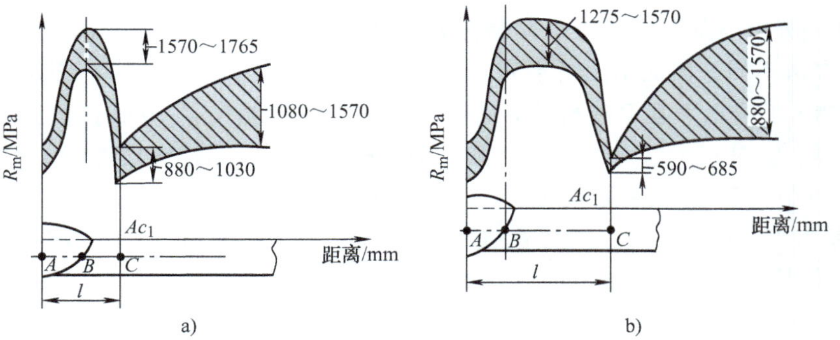

图 6-24　调质状态下 30CrMnSi 钢焊接接头的强度分布[15]
a）电弧焊　b）气焊

应该指出，由于软化区只是接头很窄的一部分，并处在相邻的强体之间，承载变形时会受到相邻强体的约束而产生应变强化效果，从而在一定程度上补偿了接头强度部分损失。

4. 钢的硬化

（1）硬度分布　硬化是钢焊接热影响区的一个比较普遍的现象。热影响区硬化可以明显地提高热影响区冷裂倾向，脆性增大。图 6-25 所示为低合金不易淬火钢焊接接头的硬度分布[16]，在图中可以明显地看出，在热影响区发生了硬化现象。对于易淬火钢，在正火或退火条件下焊接，其热影响区的淬火区必然会发生较大的淬硬倾向，这种淬硬倾向与回火软化恰恰相反，焊前强化程度越低，淬硬倾向也就越明显。

钢的热影响区的淬硬倾向，必然会造成热影响区脆性及冷裂敏感性的增大，因此常用热影响区的最高硬度 H_{max} 来间接判断热影响区的性能。焊接热影响区的最高硬度主要取决于被焊钢材的化学成分和冷却条件。因此，可将 H_{max} 写成碳当量 C_{eq} 和冷却时间 $t_{8/5}$ 的函数，即

$$H_{max} = f(C_{eq}, t_{8/5}) \tag{6-1}$$

碳当量 C_{eq} 是将钢中包含碳在内的所有合金元素按其对淬硬倾向的影响程度，折算成相当于碳的影响而得到的一个量值，即

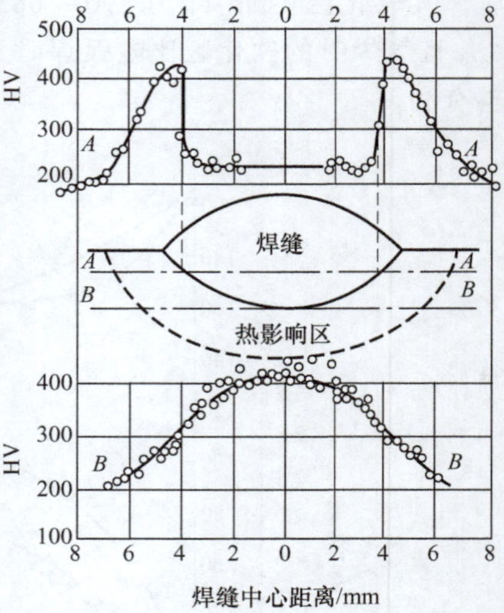

图 6-25 低合金钢不易淬火焊接接头的硬度分布[16]
（20mm 厚金属板；0.20% C，1.38% Mn，0.2% Si；170A，25V，15 cm/min）

$$C_{eq} = \sum_{i=1}^{n} c_i w_i \tag{6-2}$$

式中，w_i 和 c_i 分别为某合金元素的质量分数和碳当量系数。由于各个国家采用的合金体系以及试验方法不同，因此给出了不同系列的碳当量系数 c_i，使用时应根据具体情况加以合理选择。表 6-1 给出了常见碳当量的计算公式[17]。应该指出，不同的碳当量公式具有不同的适用范围，详见相关参考文献。例如，国际焊接学会（IIW）推荐的 CE 主要适用于中、高强度的非调质合金高强钢 R_m = 500 ~ 900MPa。当 $CE_{(IIW)}$ < 0.40%，且板厚小于 20mm 时，钢材淬硬倾向不大，焊接性良好；而当 $CE_{(IIW)}$ = 0.40% ~ 0.60%，特别当大于 0.5% 时，钢材易于淬硬，焊接性能较差。

表 6-1 常见碳当量的计算公式[17]

c_i	C	Si	Mn	Cu	Ni	Cr	Mo	V	B
$CE_{(IIW)}$	1	—	1/6	1/15	1/15	1/5	1/5	1/5	—
P_{cm}	1	1/30	1/20	1/20	1/60	1/20	1/15	1/10	5
$C_{eq(WES)}$	1	1/24	1/6	—	1/40	1/5	1/4	1/14	—
$D_{2.6}$（Düeren）	1	1/25	1/16	1/16	1/60	1/20	1/40	1/15	—
CES（Stout）	1	—	1/6	1/40	1/20	1/10	1/10	—	—

一般地，低合金钢焊接 HAZ 的最高硬度 H_{max} 与碳当量的关系如图 6-26 所示[18]，可以看出，随着钢种［P_{cm}、$CE_{(IIW)}$］的增加，硬度也随之增加，即淬硬性增加。最高硬度和碳当量大致呈线性关系。

冷却时间 $t_{8/5}$ 与 HAZ 最高硬度的关系如图 6-27 所示[19]，在图中可以发现，随着冷却时间的增加，HAZ 的最高硬度明显降低。

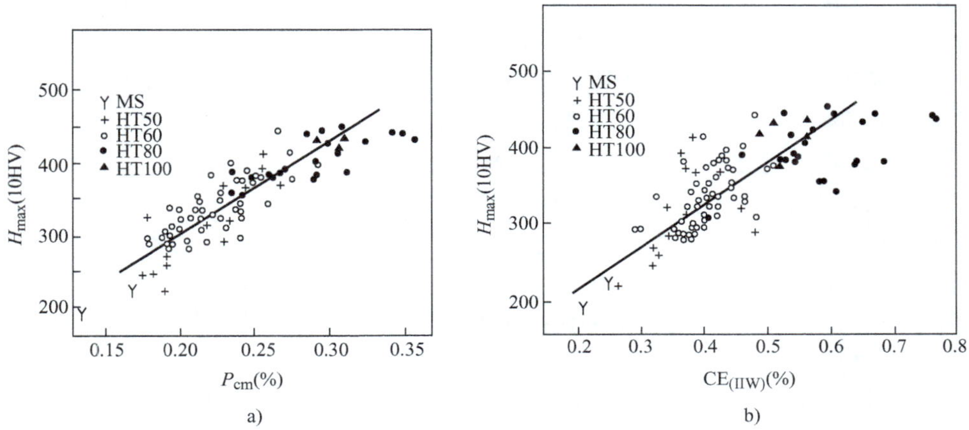

图 6-26　低合金钢焊接 HAZ 的最高硬度与碳当量的关系[18]

a) H_{max} 与 P_{cm} 的关系，钢种 HT50～HT100，板厚 25～50mm，E = 17kJ/cm，$t_{8/5}$ = 6.5s

b) H_{max} 与 $CE_{(IIW)}$ 的关系，钢种 HT50～HT100，板厚 25～50mm，E = 17kJ/cm，$t_{8/5}$ = 6.5s

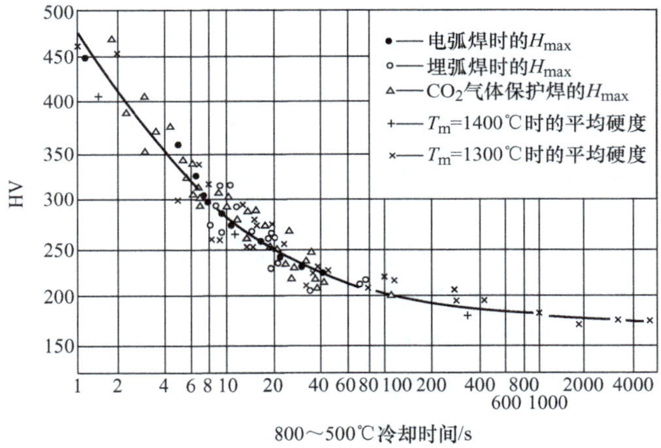

图 6-27　冷却时间 $t_{8/5}$ 与 HAZ 最高硬度的关系[19]

板厚 20mm，成分：w(C) = 0.12%，w(Mn) = 1.4%，w(Si) = 0.48%，w(Cu) = 0.15%

(2) 防止措施　除了进行焊后回火处理之外，对于不能进行热处理的工件可以采用预热的办法或采用较大的热输入方法来降低母材的淬硬倾向。但是对于某些调质钢来说，在焊接的热影响区可能又同时存在着软化问题，因此在选择焊接工艺过程中要同时考虑硬化和软化两方面的因素。

6.3.2　焊接热影响区的韧性

韧性是材料在塑性应变和断裂全过程中吸收能量的能力，它是强度和塑性的综合表现。材料的韧性越高，意味着材料的脆性越小，抵抗冲击破坏的能力也就越强。材料的韧性可以用冲击韧度或韧脆转变温度来表征。冲击韧度是反映金属材料对外来冲击负荷的抵抗能力，一般由冲击韧度（a_K）和冲击吸收能量（A_K）表示，其单位分别为 J/cm^2 和 J（焦耳）。一般地，冲击韧度或冲击吸收能量越大，材料的韧性也越高。韧脆转变温度为温度降低时金属材料由韧性状态变化为脆性状态的临界温度。韧脆转变温度越低，材料在韧性条件下服役的温度越宽，材料的韧性也越高。

焊接热影响区的脆化是焊接接头力学性能损伤的最重要表现之一。焊接热影响区是组织分布极其不均匀的区域，这种组织的不均匀性必然会导致韧性的不均匀。图 6-28 所示为 Q345 钢焊接热影响区脆性转变温度分布[19]。可以看出，在整个焊接接头，细晶区（峰值温度 900℃ 左右）的韧性最好，过热粗晶区的韧性最差，同时存在峰值温度较低的时效脆化区。根据被焊钢种的不同和焊接时的冷却条件不同，在焊接热影响区可能出现不同的脆性组织。这些脆性组织需要根据具体的焊接条件与材料成分进行具体判断。大体上来说，焊接热影响区的脆化有多种类型，如粗晶脆化、组织脆化、析出脆化、热应变时效脆化等。

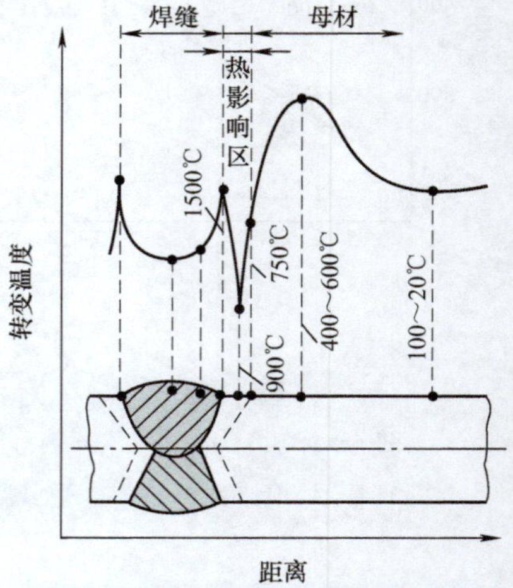

图 6-28　Q345 钢焊接热影响区脆性转变温度分布[19]

1. 粗晶脆化

粗晶脆化是指焊接热影响区因晶粒粗大而发生韧性降低的现象。焊接过程中由于受热的影响程度不同，在焊接热影响区靠近熔合线附近的过热区将发生严重的晶粒粗化。晶粒直径 d 与脆性转变温度 VT_{rs} 的关系如图 6-29 所示[20]。从图中可以明显地看出，晶粒越粗大，则脆性转变温度越高，也就是脆性增加。

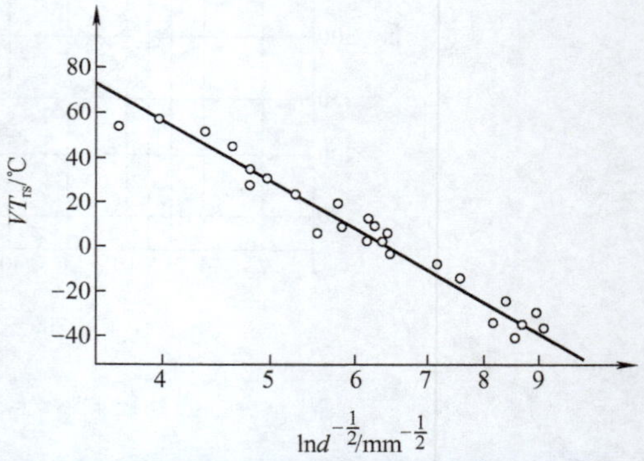

图 6-29　晶粒直径 d 对 VT_{rs} 的影响[20]

母材的化学成分是影响晶粒长大的本质因素。由于晶粒长大是相互吞并、晶界迁移的过程，如果钢中含有 Nb、Ti、Mo、V、W、Cr 等氮化物或强碳化物形成元素，就会阻碍晶界迁移，防止晶粒长大。例如，18Cr2WV 钢，含 Cr、W、V 等合金元素，晶粒长大受到抑制；而 23Mn 和 45 钢，不含碳化物元素，加热超过 1000℃ 时晶粒显著长大。晶粒越粗，脆性转变温度越高，脆性增加。

焊接热输入对 HAZ 的晶粒粗化也有较大的影响，热输入越大，晶粒越容易长大。埋弧焊时晶粒尺寸与峰值温度 T_m、焊接热输入 E 和 $t_{8/5}$ 的关系如图 6-30 所示[19]。

应该指出，HAZ 的粗晶脆化与一般单纯晶粒长大所造成的脆化不同，它是在化学成分、组织状态不均匀的非平衡态条件下形成的，故而脆化的程度更为严重。它常常与组织脆化交混在一起，是两种脆化的叠加。但对不同的钢种，粗晶脆化的机制各有侧重，对于淬硬倾向较小的钢，粗晶脆化主要是晶粒长大所致；而对于易淬火钢，则主要是由于产生脆性组织所造成的（如孪晶马氏体、非平衡态的粒状贝氏体以及遗传组织等）。

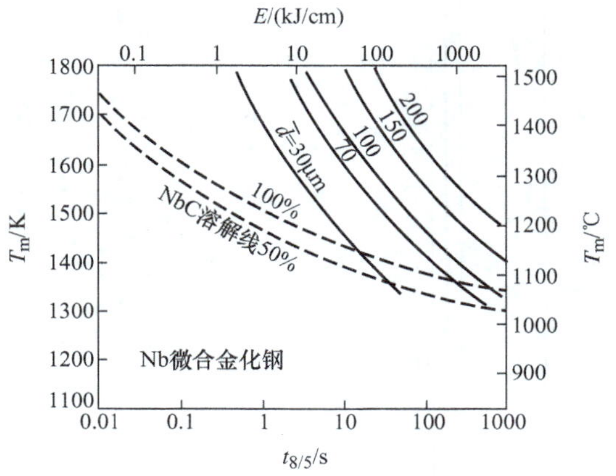

图 6-30　含 Nb 钢 HAZ 晶粒尺寸与 T_m、E 与 $t_{8/5}$ 的关系（埋弧焊，T_0 =20℃）[19]

2. 组织脆化

组织脆化是指焊接热影响区因形成脆硬组织而引起韧性降低的现象，具有包括片状马氏体脆化、M-A 组元脆化、遗传脆化等。

（1）片状马氏体脆化　对于不易淬火的低碳钢和某些低合金钢来讲，焊接热影响区即使出现马氏体，一般也是韧性较好的板条马氏体，不会使脆性增加；而对于易淬火的低碳调质钢、中碳钢和中碳调质钢来讲，焊接热影响区很容易出现又脆又硬的片状马氏体，从而引起脆化。

片状马氏体的出现与采用的焊接冷却速度密切相关。一般来讲，冷却速度越大，越容易形成片状马氏体，脆化倾向越大。因此，单纯从减小这种脆化倾向出发，应采用较高的焊接热输入，以降低冷却速度过高带来的不利影响；但焊接热输入较高时，会增大粗晶脆化倾向，故应采用适中的热输入，最好是配合预热及缓冷措施。

（2）M-A 组元脆化　某些低合金钢的焊接热影响区处于中温上贝氏体的转变区间，先析出含碳量很低的铁素体，并且逐渐扩大，而使碳大部分富集到被铁素体包围的岛状残余奥氏体中去。当连续冷却到 400 ~ 350℃时，残余奥氏体的碳的质量分数可达 0.5% ~ 0.8%，随后这些高碳奥氏体可转变为高碳马氏体与残余奥氏体的混合物，这种组织即 M-A 组元。M-A 组元是焊接低合金高强钢时在中等冷却速度条件下形成的，出现在焊缝和焊接热影响区的基体上，具有粒状或块状的高碳奥氏体小岛，可转变为 M-A 组元。残余奥氏体增碳后易于形成高碳马氏体，裂纹沿 M-A 组元的边界扩展。M-A 组元存在时，成为潜在的裂源。焊后回火热处理有助于 M-A 分解，改善焊接热影响区的韧性。

图 6-31a 所示为低碳贝氏体钢埋弧焊热影响区的 M-A 组元形态[21]。M-A 组元内部存在着大量的孪晶结构和高密度的位错，如图 6-31b 所示；并且在 M-A 组元内部的碳含量要明显地高于其他区域，如图 6-31c 和图 6-31d 所示。

M-A 组元的形成及数量与钢的合金成分、合金化程度以及冷却速度有关。在合金成分简单、合金化程度较低的钢中，奥氏体的稳定性较小，不会形成 M-A 组元，而是分解为铁素体和碳化物。在含碳量和合金成分高的钢中，易于形成片状马氏体；只有在低碳低合金钢中，并且冷却速度在中等范围内，才能形成 M-A 组元。图 6-32 所示为 M-A 组元含量与 $t_{8/5}$ 的关系，当冷却速度较高或冷却时间较短时，主要形成片状马氏体；随着冷却速度的降低或冷却时间的增加，M-A 组元的数量不断增加；当冷却速度较小或冷却时间较长时，奥氏体会分解为铁素体和碳化物，因而 M-A 组元反而会减少[22]。相应地 M-A 组元的

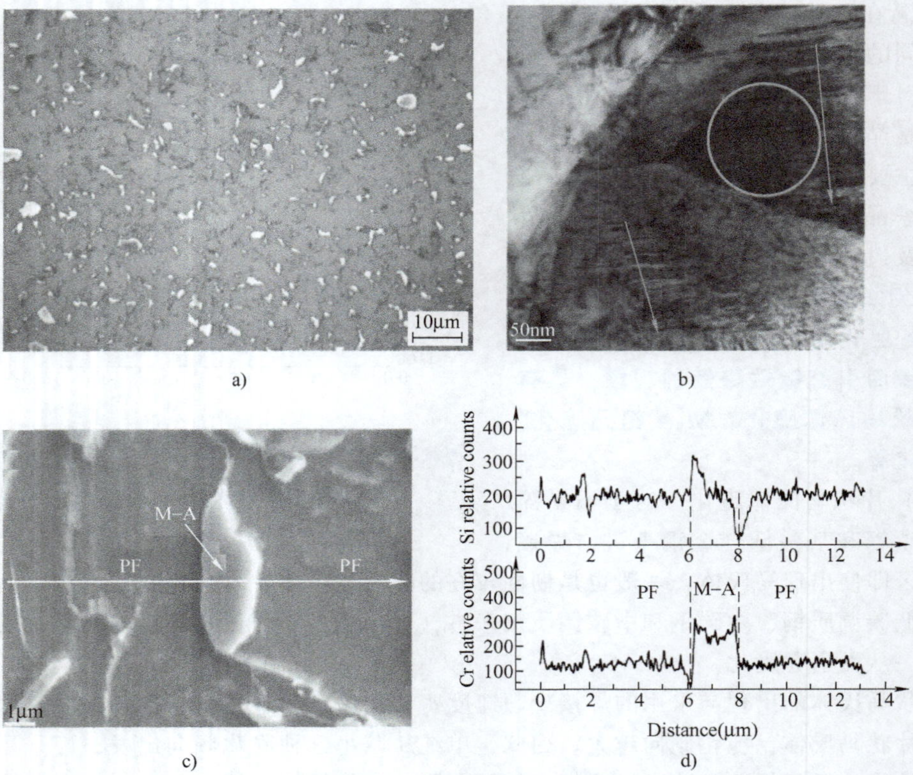

图 6-31 低碳贝氏体钢埋弧焊热影响区的 M-A 组元形态[21]

a）M-A 组元扫描电镜照片 b）M-A 组元透射电镜照片 c）M-A 组元微观形貌 d）成分分布

数量对脆性转变温度的影响如图 6-32b 所示。可以发现，随着 M-A 组元的增多，脆性转变温度迅速升高，即 HAZ 发生脆化。应该指出，在长冷却时间时，虽然 M-A 组元发生分解，但是由于此时晶粒过度长大，热影响区的脆性仍然很高（由于粗晶脆化所致）。

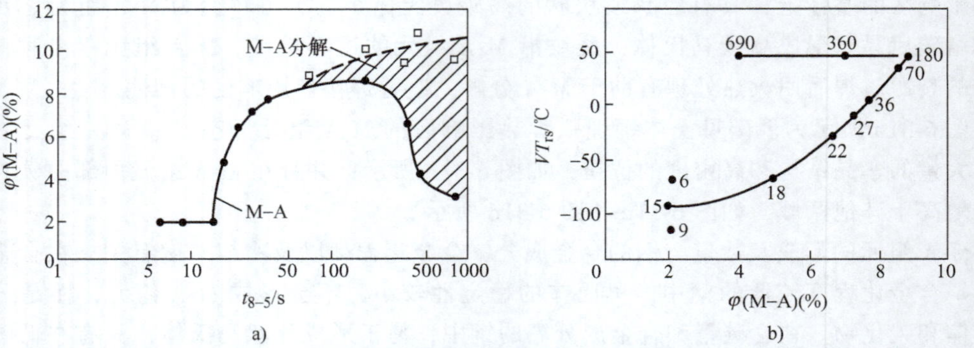

图 6-32 M-A 组元含量与 $t_{8/5}$ 的关系[22]

a）M-A 组元的数量随冷却时间的变化 b）M-A 组元的数量对脆性转变温度的影响

应该指出，采用控制焊接热输入并配合预热和缓冷的方法才是提高焊接热影响区韧性的最好方法。如图 6-33 所示[19]，当焊接热输入过大时，会使焊接热影响区晶粒粗化，形成粗大的铁素体，甚至出现魏氏组织，造成粗晶脆化；对某些低碳低合金钢，还可能形成上贝氏体和 M-A 组元，造成 M-A 组元脆化；而当焊接热输入过小时，会在焊接热影响区产生大量的片状马氏体，从而引起片状马氏体脆化。因此，只有采用中等偏下的焊接热输入，才能获得大量的板条马氏体和下贝氏体，从而改善焊接热影响区的韧性。如果再适当降低焊接热输入，并配合预热和缓冷措施，效果会更好。

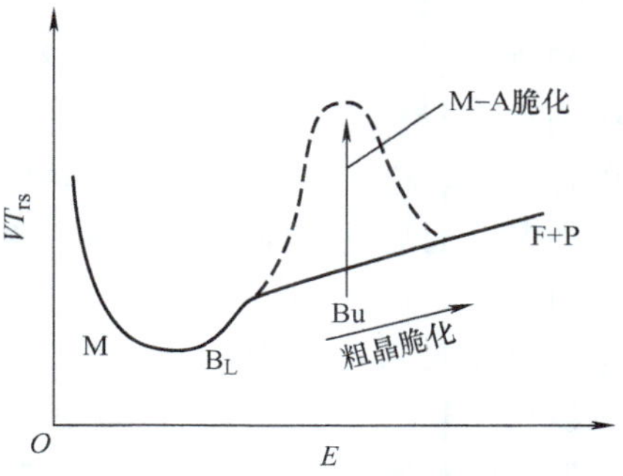

图 6-33　焊接热输入对过热区组织及脆性转变温度 VT_{rs} 的影响[19]

（3）组织遗传脆化　厚板结构多层焊时，若第一焊道的 HAZ 粗晶区位于第二道的正火区（相变重结晶区），按一般的规律，粗晶区的组织将得到细化，从而改善了第一粗晶区的性能。但对某些钢种实际上并未得到改善，仍保留粗晶组织和结晶学取向，这种现象称为“组织遗传”（包括粗晶和组织），由这种遗传而引起的脆化称为遗传脆化，又称局部脆化。

由于焊接 HAZ 的加热速度很快，所以高强钢多层焊时，处于第二焊道正火区的第一道粗晶区，具备了这种组织遗传的基本条件——有序的粗晶组织（如马氏体或贝氏体）和快速加热。多层焊时的遗传组织如图 6-34 所示[19]。

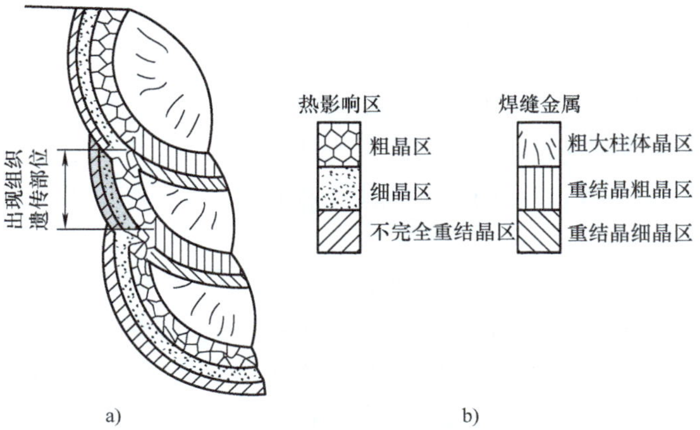

图 6-34　钢在多层焊时的遗传组织示意图[19]

一般情况下，在加热调质钢时，奥氏体的形成可有两种不同的机制，即有序转变和无序转变。由于非平衡组织从奥氏体中是按有序转变生成马氏体或贝氏体，因此，在快速加热情况下，它们又很容易按有序转变成奥氏体。新形成的奥氏体与原始非平衡组织有一定的位相关系，因而就使得新形成的奥氏体继承了原奥氏体晶粒的大小、形状和取向，这便是组织遗传现象。

非平衡组织（如马氏体或贝氏体）加热到 Ac_3 以上 T_r 以下时，过热粗晶组织除了基本上保留了加热前的大小和形貌外，在原始晶粒周界或亚晶界上还会出现不连续的等轴细晶，这种现象被称为“晶界边界效应”。图 6-35 所示为 40CrNi2Mo 钢粗晶区经 915℃二次热循环后的显微组织（热模拟方法），可以看出粗晶粒并未细化，仅在晶粒边界出现了许多等轴细晶，即出现了组织遗传。粗晶区 HAZ 的冲击吸收能量为 5.5J，其组织为位错型板条马氏体和少量的孪晶马氏体，而在经热循环（915℃）后，冲击吸收能量反而下降为 4.7J，其组织仍为位错型半条马氏体和少量孪晶马氏体，但孪晶马氏体增多，并有少量的 M-A 组元出现，因而韧性进一步下降[23]。

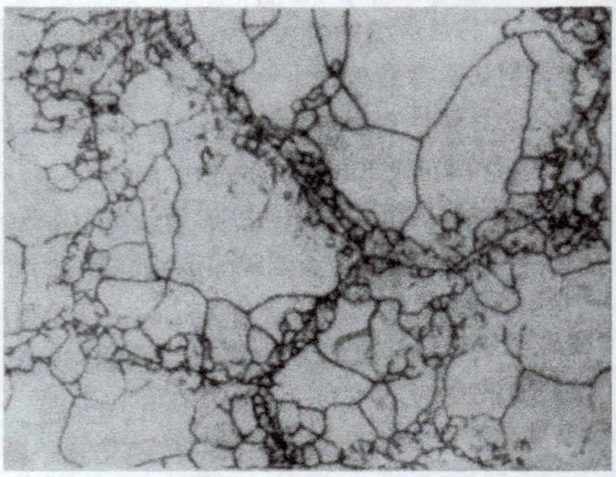

图 6-35　40CrNi2Mo 钢粗晶区经 915℃二次热循环后的显微组织[23]

关于组织遗传对韧性恶化的原因，普遍认为是由于保留了原粗晶区的晶粒，但从近期的研究表明，一些调质钢焊接 HAZ 粗晶区非平衡组织，在经二次热循环之后出现的“晶界边界效应”，即在奥氏体边界出现细小等轴晶，同时还可能出现 M-A 组元[24, 25]，这说明 HAZ 的韧性恶化不单纯是粗晶的再现，组织上的变化也可能是韧性恶化的重要原因。

3. 时效脆化

时效脆化是指焊接热影响区在 Ac_1 以下的一定温度范围内经一定时间的时效后，因出现碳、氮原子的聚集或析出碳、氮的化合物沉淀相而发生的脆化现象，其具体包括热应变时效脆化和相析出脆化。

（1）热应变时效脆化　在钢材的焊接过程中，在热影响区处于 200～400℃温度范围内的区域，由于承受热应变而引起碳、氮原子向位错移动，经一定时间的聚集，在位错周围形成对位错产生钉扎作用的“柯氏”气团，从而造成该区域的脆化，即所谓的热应变时效脆化。

热应变时效脆化一般发生在峰值温度 Ac_1 以下的亚热影响区中，该区域有时会被称为蓝脆区。由于低碳钢或碳锰系低合金钢中含有较多的自由氮原子，因而它们的热应变时效脆化倾向较大；当钢种含有较多的 Ti、Al 及 V 等强碳化物和氮化物强形成合金元素时，可明显减小这种时效脆化倾向。因此，当焊接没有 Ti、Al 及 V 等合金元素的低碳钢和碳锰系低合金钢时，要特别重视 Ac_1 以下亚热影响区中的蓝脆问题，在工艺上要设法降低蓝脆区的宽度以及这个温区的停留时间。

（2）相析出时效脆化　在钢材的焊接过程中，在热影响区温度处于一定范围内（一般为 400～600℃）的区域，由于快速冷却造成了碳和氮的过饱和而处于不稳定状态，经一定时间的时效后，在晶界析出对位错运动产生阻碍作用的碳化物和氮化物沉淀相，从而造成热影响区的脆化，即所谓的析出相时效脆化。

一般来讲，热影响区中的碳和氮的过饱和程度越大，析出相时效脆化越明显。但应指出，当沉淀相以弥散而细小的质点分布于晶内时，它们并不会增加脆性，反而对韧性有利；只有当沉淀相分布于晶界并发生聚集或以膜状分布时，才会成为脆化的源头。

6.3.3　焊接热影响区的耐蚀性

在很多工业领域，特别是在电力、石化和船舶等工业，都对金属材料的耐蚀性有着严苛的要求。不锈钢材料由于其优良的耐蚀性得到了广泛的应用。然而，在不锈钢的焊接过程中，热影响区组织将发生某种程度的变化，导致其耐蚀性显著降低。

1. 不锈钢简介

不锈钢的种类繁多，其主要的合金成分为 Cr 和 Ni。一般来讲，只有 Cr 的质量分数超过 12% 时才能在大气环境下不发生锈蚀，增加 Ni 或 Cr 含量，耐蚀性均可提高。按不锈钢供应状态的组织可以分为以下五种类型：

(1) 奥氏体不锈钢　奥氏体不锈钢是应用最为广泛的一类不锈钢，以 Cr-Ni 系钢为典型，多以固溶处理状态供货。其中，以 Cr18Ni8 为代表的系列简称 18-8 钢，如 0Cr19Ni9、1Cr18Ni9Ti 等；以 Cr25Ni20 为代表的简称 25-20 钢，如 00Cr25Ni22Mo2、0Cr25Ni20 等。

(2) 铁素体不锈钢　铁素体钢是 Cr 的质量分数处于 17% ~30% 的高 Cr 钢。这类钢主要用作抗氧化钢，也可用作耐蚀钢。铁素体钢以退火状态供货，它又可细分为普通铁素体钢和高纯铁素体钢。

(3) 马氏体钢　马氏体钢以 Cr13 系列钢为主，如 1Cr13、2Cr13、3Cr13 等。热处理对马氏体钢力学性能影响很大，需根据要求规定供货状态，或者是退火态，或者是淬火回火态。

(4) 沉淀强化钢　沉淀强化钢为经过时效强化处理以形成析出硬化相的高强钢，主要用作高强度不锈钢。最典型的有马氏体沉淀硬化钢，如 0Cr17Ni4Cu4Nb，简称 17-4PH；半奥氏体（奥氏体 + 马氏体）沉淀硬化钢，如 0Cr17Ni7Al，简称 17-7PH。

(5) 铁素体-奥氏体双相钢　钢中铁素体 F 占 60% ~40%，奥氏体 A 占 40% ~60%，故常称为双相不锈钢。这类钢具有极其优异的耐蚀性，是其他不锈钢所无法比拟的一种不锈钢，通常以固溶处理状态供货。典型的如 00Cr18Ni5Mo3Si2、00Cr22Ni5Mo3N、0Cr25Ni5Mo3N 等。与 18 -8 钢相比，主要特点是提高 Cr 而降低 Ni，同时常添加 Mo 和 N。

2. 不锈钢热影响区的耐蚀性

不锈钢焊接接头在服役的过程中最为常见的腐蚀问题主要有晶间腐蚀和应力腐蚀开裂等，尤其是以奥氏体不锈钢的问题最为突出。这里仅介绍不锈钢焊接热影响区晶间腐蚀问题，应力腐蚀开裂问题将在第 7 章进行介绍。

(1) 不锈钢晶间腐蚀机理　奥氏体不锈钢晶间腐蚀产生的主要原因是晶界的铬与碳元素反应形成碳化物沉淀析出，从而导致该位置铬元素含量降低，这种现象称为敏化。典型的铬的碳化物分子式是富含铬元素的 $M_{23}C_6$，其中 M 代表 Cr 和一小部分 Fe。在敏感温度范围内，碳原子迅速扩散到晶界，与 Cr 结合以形成铬的碳化物。图 6-36 所示为 316 不锈钢在 750℃ 敏化 1h 后，铬的碳化物颗粒沿晶界析出的透射电子显微镜照片[26]。成分分析表明，这些颗粒包含质量分数为 63% ~71% 的 Cr 元素。沿着图中直线所测得的 Cr 元素的分布（见图 6-36b）可以看出，Cr 元素含量在晶界位置出现了明显的下降。由于碳化物在晶界析出，靠近晶界材料中的 Cr 元素被消耗，形成贫铬区，其机理模型如图 6-37 所示。这些贫铬部位相对于晶粒其余部分在腐蚀过程中成为阳极，并因此在腐蚀介质中被择优腐蚀，导致晶间腐蚀。

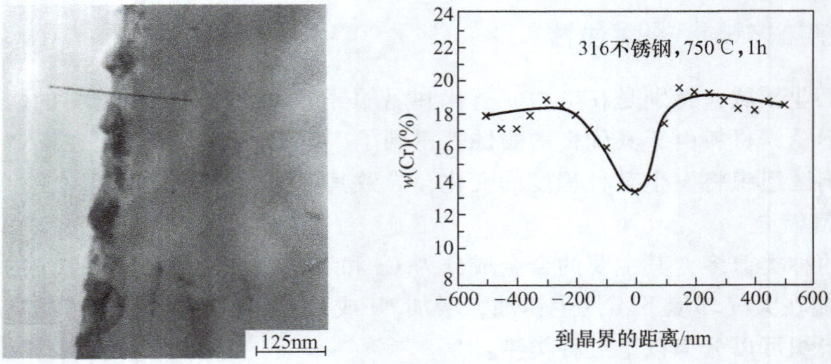

a)　　b)

图 6-36　316 不锈钢晶间铬的碳化物析出[26]
a）透射电子显微镜照片　b）沿晶界铬元素的分布

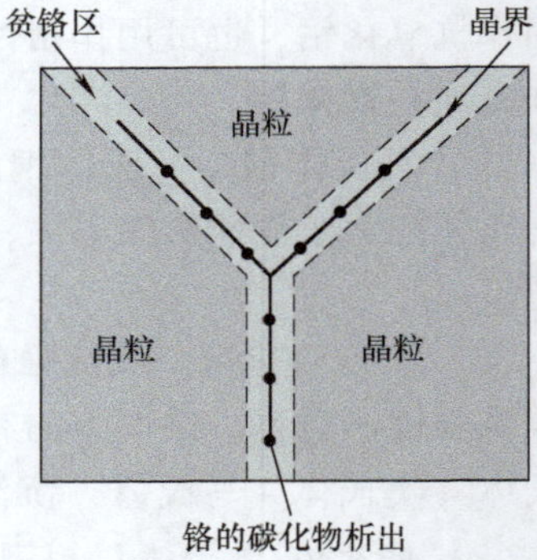

图 6-37　敏化奥氏体不锈钢中晶界微观组织模型

图 6-38 所示为碳质量分数为 0.05% 的 304 不锈钢碳化物等温析出曲线（温度-时间-敏化曲线，TTS 曲线）[27]。从图中可以看出铬的碳化物析出敏感温度范围大致在 600～850℃之间。图 6-39 所示为在 18Cr-8Ni 不锈钢中，$Cr_{23}C_6$和 TiC（和 NbC）的溶解度曲线[28]。被标记的区域表示碳化物的析出范围，$Cr_{23}C_6$析出的温度范围大致在 600～850℃，TiC 析出的温度范围大致在 850～1100℃。当温度高于溶解度曲线，铬的碳化物溶解。当高于溶解度温度缓慢冷却，铬的碳化物可重新析出。但是，如果冷却速度很高，铬的碳化物没有足够的时间析出，材料中将含有过饱和的自由碳元素。可见，采用高温稳定化处理，即加热到 850℃以上保温处理，使 $Cr_{23}C_6$分解或形成稳定性更好的 TiC，确保 Cr 元素在材料内部均匀分布后急速冷却可消除 304 不锈钢的敏化腐蚀现象。

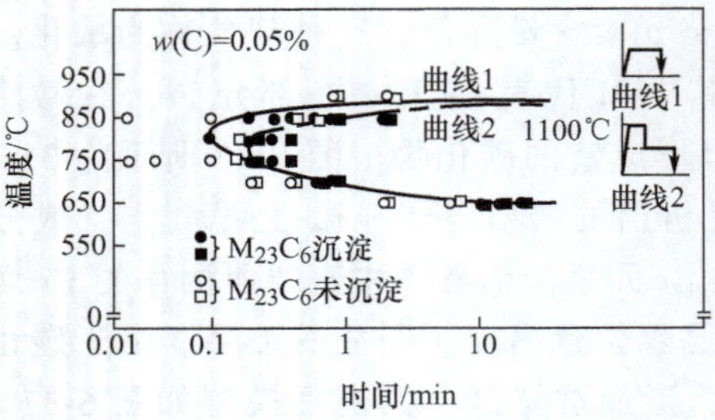

图 6-38　304 不锈钢中 $Cr_{23}C_6$ 的等温析出曲线[27]

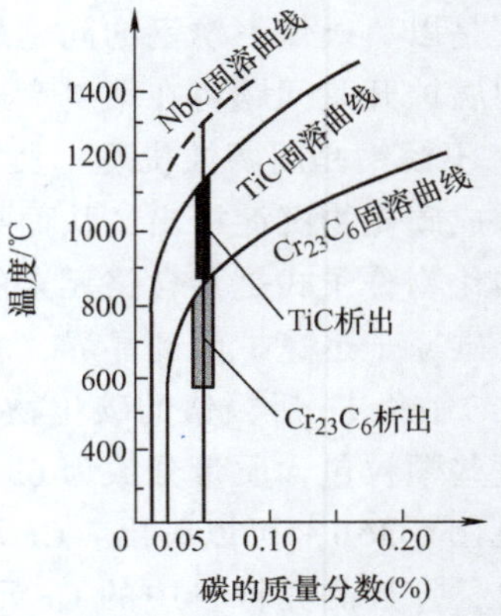

图 6-39　18Cr-8Ni 不锈钢中 $Cr_{23}C_6$ 和 TiC 的溶解度曲线[28]

(2) 不锈钢接头晶间腐蚀问题　某些常用的不锈钢焊接接头均存在着一定的腐蚀倾向，其腐蚀类型主要包括晶间腐蚀、点蚀和应力腐蚀三种。其中，点蚀问题主要发生在焊缝的未混合区，焊缝中心也有一定的点蚀倾向，一般可以采用超合金化的方法解决；而应力腐蚀问题将在第 7 章中阐述。因此，这里仅介绍焊接接头的晶间腐蚀问题。

在各类不锈钢中，以奥氏体不锈钢（18-8 钢）焊接接头的腐蚀问题最为典型，如图 6-40 所示。一般情况下，在焊接接头中可能出现的晶间腐蚀区域分别为焊缝区、HA2 敏化区和熔合区。不锈钢焊缝的晶间腐蚀倾向一般可以通过调控焊接材料成分来解决，详见相关参考文献。

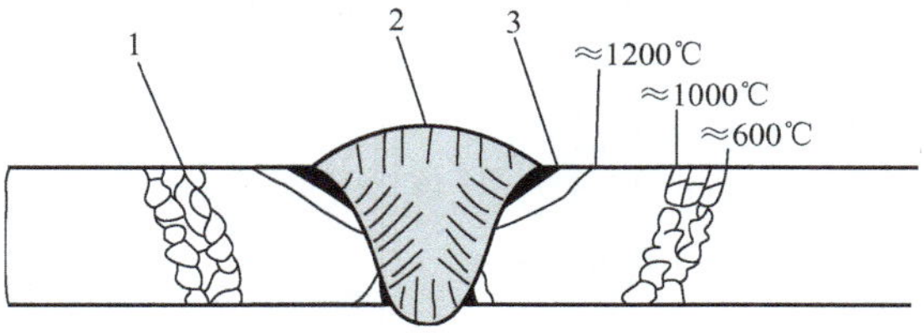

图 6-40　18-8 不锈钢焊接接头可能出现晶间腐蚀的部位

1—HAZ 敏化区　2—焊缝区　3—熔合区

热影响区敏化腐蚀有可能出现在奥氏体不锈钢和铁素体不锈钢两类钢种的焊接接头中，但是这两类不锈钢热影响区的敏化腐蚀倾向具有不同的特点；而熔合区出现的晶间腐蚀主要出现在稳定化处理的奥氏体不锈钢，一般称为刀口腐蚀。因此，这里将对奥氏体不锈钢热影响区的敏化腐蚀、铁素体不锈钢热影响区的敏化腐蚀和熔合区的刀口腐蚀三类问题进行讨论。

1）奥氏体不锈钢热影响区敏化腐蚀。所谓 **HAZ 敏化区晶间腐蚀，指的是焊接热影响区中加热峰值温度处于敏化加热区间的部位（故称敏化区）所发生的晶间腐蚀**。不过对于碳的质量分数为 0.1% 的 18－8 钢热影响区，在焊接过程中发生敏化的温度区间并非是平衡加热时的 450～850℃，而是有一个过热度，可达 600～1000℃。因为焊接是快速加热和冷却的过程，而铬碳化物沉淀是一个扩散过程，为足够扩散，需要一定的过热度。

敏化区腐蚀不是在紧邻熔化边界处发生，即不是发生于焊接峰值温度最高的熔化边界上，而是发生在距离其一定距离处，此处峰值温度较低。可以通过对图 6-41 中的焊接热循环的分析，对这种现象进行解释。在靠近熔化边界的位置 1 处，材料经历最高的峰值温度和冷却速度。因此，在冷却曲线通过敏化温度区间时，冷却速度最快，以至于铬的碳化物没有足够的时间析出，从而对

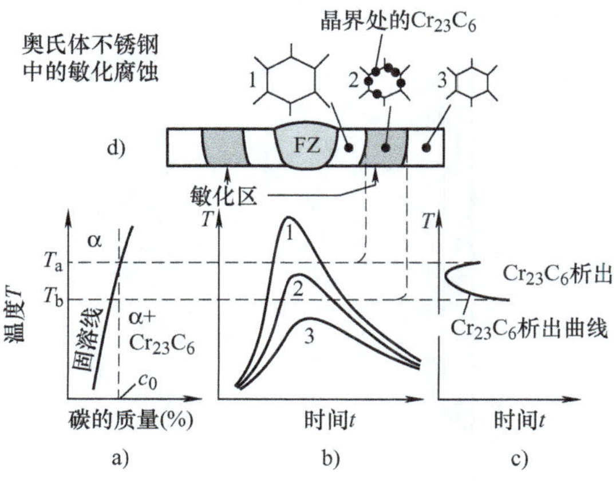

图 6-41　不锈钢焊接热影响区敏化示意图

a）相图　b）热循环　c）析出曲线　d）微观组织特征

腐蚀性能没有不良的影响，表现为该区域耐蚀性良好。而位置2处，距离熔化边界稍远，材料在敏化温度区滞留时间足够长，从而保证有足够的时间使碳化物析出。图6-41b所示为经过焊接后在奥氏体晶界析出的碳化物组织。位置3处于热影响区之外，峰值温度太低，没有达到相应的敏化温度，从而没有碳化物析出。

通常可采用如下几种方式，避免在奥氏体不锈钢焊接中的敏化腐蚀问题。

第一，焊后热处理。在焊接之后对不锈钢焊件进行1000～1100℃之间的后热处理，并通过随后的淬火工艺，实现不锈钢焊接敏化区腐蚀问题的控制。在焊后热处理的高温作用下，焊接过程中形成的碳化物被溶解在金属基体中，而后续的淬火工艺的快速冷却作用又可以避免碳化物的再次形成。然而，由于焊件尺寸限制或淬火导致的变形问题的单独或共同作用，这种方法有时是不可行的。

第二，降低含碳量。使用低碳不锈钢（如304L和316L不锈钢等）可以实现不锈钢焊接敏化区腐蚀问题的控制。为降低敏化区腐蚀的敏感性，这些不锈钢中碳的质量分数应低于0.0035%。316L不锈钢对焊接敏化区的腐蚀不如316不锈钢敏感，因为前者的TTS曲线较后者更向右，碳化物析出时间更长，如图6-42所示[26]。

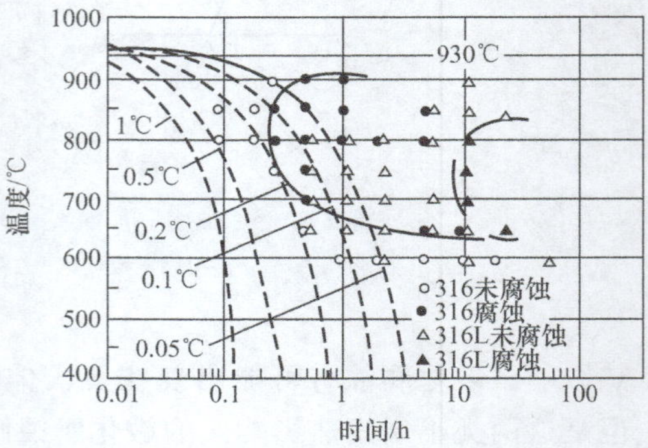

图6-42 在腐蚀介质草酸作用下316和316L不锈钢晶间腐蚀行为[26]

第三，添加强碳化物形成元素。添加与C的结合力比Cr更强的元素，如Ti和Nb等，通过形成这些元素的碳化物，而实现不锈钢焊接敏化区腐蚀问题的控制。抗敏化区腐蚀更强的321和347不锈钢本质上与304不锈钢相同，其差别仅仅是这两种不锈钢中分别添加了Ti和Nb。图6-43所示为304不锈钢与321不锈钢的焊接接头腐蚀后的图片[29]。从中可以看出，对于添加了强碳化物形成元素的不锈钢321而言，由于铬的碳化物析出被抑制，从而避免了敏化区腐蚀问题，即稳定化奥氏体不锈钢具有更好的抗敏化区腐蚀性能。

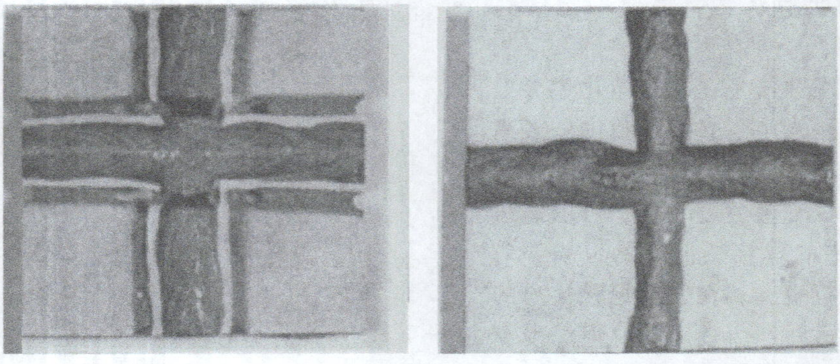

a)　　　　b)

图6-43 304不锈钢与321不锈钢的焊接接头腐蚀后的图片[29]

a）304不锈钢中有敏化腐蚀　b）在321不锈钢中无敏化腐蚀

第四，采用高速焊接减小敏化区停留时间。由于铬的碳化物向晶界偏聚需要一定的时间，因此采用高焊接速度的焊接方法，如激光束焊和电子束焊等高能束焊方法，可有效地降低热循环通过敏化腐蚀温度区间的时间，降低敏化腐蚀倾向。如图 2-31 所示，通过比较不锈钢的电弧焊与激光焊热影响区附近热循环可以发现，激光焊通过敏化腐蚀温度区间的时间可大大降低，可降低甚至消除焊接热影响区敏化腐蚀倾向。

2）铁素体不锈钢热影响区敏化腐蚀。铁素体不锈钢（如 430、446）的敏化与奥氏体不锈钢（如 304 等非稳定级的不锈钢）的敏化存在着很大的差异。对于铁素体不锈钢，其敏化温度在 925℃以上，且对于敏化处理后的铁素体不锈钢可以在 650～815℃温度范围进行 10～60min 的退火处理，就可以避免晶间腐蚀的发生。与奥氏体不锈钢相比，以上的温度范围对铁素体不锈钢敏化行为的影响刚好相反。由于高的敏化温度范围，铁素体的敏化区腐蚀发生在靠近焊缝金属的热影响区处，而不像在奥氏体不锈钢焊接接头中腐蚀发生在距离熔化边界外的一段距离处。

比较奥氏体不锈钢与铁素体不锈钢 TTS 曲线，可以较为直观地解释两类不锈钢的敏化腐蚀特点，如图 6-44 所示（示意图）[30]。在图中可以明显地发现，铁素体不锈钢的 TTS 曲线的“鼻尖”时间很短，约在秒或小于秒的数量级。这说明，无论热影响区的冷却速度有多快，其热循环曲线必然在某一温度穿越 TTS 曲线，这意味着在晶界会出现贫铬现象，从而导致铁素体不锈钢发生敏化。而奥氏体不锈钢只要保证冷却速度足够快即可保证冷却曲线不穿越其 TTS 曲线，从而避免敏化。

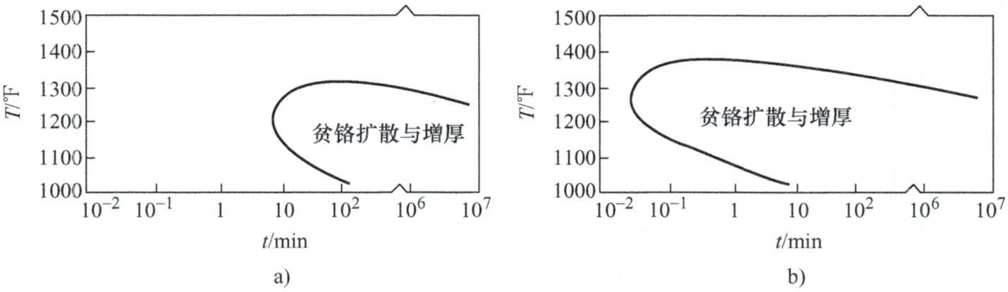

图 6-44 奥氏体不锈钢和铁素体不锈钢于 1065℃固溶处理后 TTS 曲线示意图[30]
a）奥氏体不锈钢 b）铁素体不锈钢

虽然关于铁素体不锈钢的晶间腐蚀机理存在不同的解释，但是越来越多的证据支持贫铬理论[31]。贫铬理论认为铁素体不锈钢的晶间腐蚀是由于晶界析出 Cr_7C_3 引起贫铬区，并且氮化物（如 Cr_2N）也会起一定的作用。这些沉淀物的出现温度范围大约为 427～927℃，加热高于此温度范围，碳化物和氮化物溶解，冷却时 C 和 N 的溶解度大大降低，碳化物和氮化物很快沉淀出来。由于这些沉淀物在晶界的析出速度极快，而 Cr 在低温下的扩散速度比较慢，沉淀物消耗的铬元素不能得到很好的补充，在晶界形成贫铬区。无论冷却速度有多快，并不能真正抑制铁素体不锈钢晶界处 Cr 的碳化物析出，从而引起晶界贫铬。若对焊件进行 650～815℃温度范围的焊后退火，有助于晶粒内的 Cr 原子向紧邻 Cr 的碳化物析出的贫铬区扩散，因此有助于在该区域重建均匀的 Cr 成分分布以抵抗晶间腐蚀。此外，与奥氏体不锈钢的情况类似，在铁素体不锈钢中添加 Ti 或 Nb 可以明显地改善敏化区腐蚀。

3）熔合区刀口腐蚀。为避免碳与铬形成高铬碳化物，在奥氏体钢中加入稳定化元素（如 Ti 和 Nb），在加热到 875℃以上温度时，能形成稳定的碳化物（由于 Ti 和 Nb 能优先与碳结合，形成 TiC 或 NbC），大大降低了奥氏体中固溶碳的浓度（含量），从而起到了牺牲 Ti 和 Nb 保 Cr 的目的，该过程被称为奥氏体不锈钢的稳定化处理。尽管这些稳定化等级的奥氏体不锈钢（如 321 和 347）不易发生敏化区腐蚀，但易于发生另一种类型的晶间腐蚀，被称为刀口腐蚀，有时又称刀状腐蚀。对于一般的电弧焊，刀口腐蚀区宽度初期不超过 3～5 个晶粒，逐步扩展到 1.0～1.5mm。

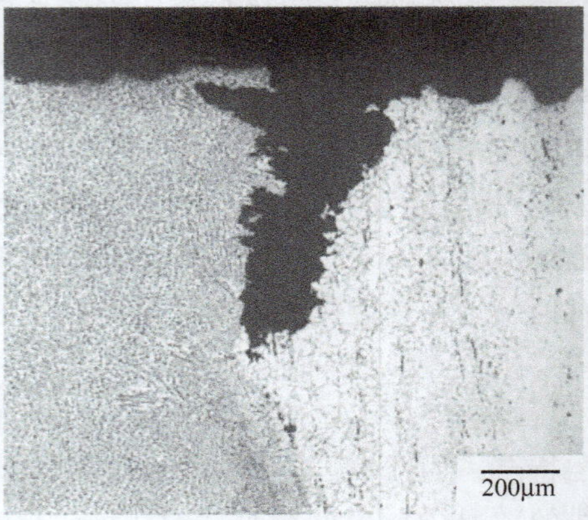

图 6-45　321 不锈钢焊接接头发生刀口腐蚀的微观形貌

与敏化区腐蚀相同，刀口腐蚀也是由铬的碳化物在晶界析出所引起的。但刀口腐蚀与敏化区腐蚀还是有区别的，主要表现在以下两个方面：第一，刀口腐蚀发生在紧邻敏化区腐蚀的狭窄区域；第二，刀口腐蚀发生在稳定化（奥氏体）不锈钢中。图 6-45 所示为 321 不锈钢焊接接头发生刀口腐蚀的微观形貌，从中可以看出刀口腐蚀紧邻敏化区腐蚀。

在稳定的奥氏体不锈钢中的刀口腐蚀主要与稳定化元素的碳化物与铬的碳化物溶解和析出温度不一致有关。例如，$Cr_{23}C_6$ 的析出温度大约为 600～850℃，而 TiC 的析出温度大约为 850～1000℃。稳定化不锈钢刀口腐蚀机理如图 6-46 所示。位置 1 为非常靠近熔化边界的位置，因此在焊接时它将经历非常高的峰值温度和高的冷却速率。相应的峰值温度高于 TiC 溶解温度，TiC 在该区域发生溶解。又由于相应的冷却速度很快，所以在降温过程中，TiC 不能再次形成，因此在这个区域里留下了充足的自由碳原子，只是稳定化元素的作用消失。当该位置再次加热到 $Cr_{23}C_6$ 的析出范围时，因为温度不够高，TiC 不能够形成，仅能在晶界析出 $Cr_{23}C_6$，从而导致晶界贫铬而发生敏化，使得这个区域变为易于发生晶间腐蚀的区域。对于位置 2，由于峰值温度比较低，TiC 不会分解，也就是稳定化元素的作用没有受到热循环的影响，没有更多的碳原子与 Cr 发生反应，也就不宜发生晶间腐蚀。由于熔化边界高的温度梯度（奥氏体不锈钢的热导率低）和 Ti 的碳化物高的溶解温度，TiC 在焊接时溶解的区域很窄。结果，随后的晶间腐蚀也发生在紧

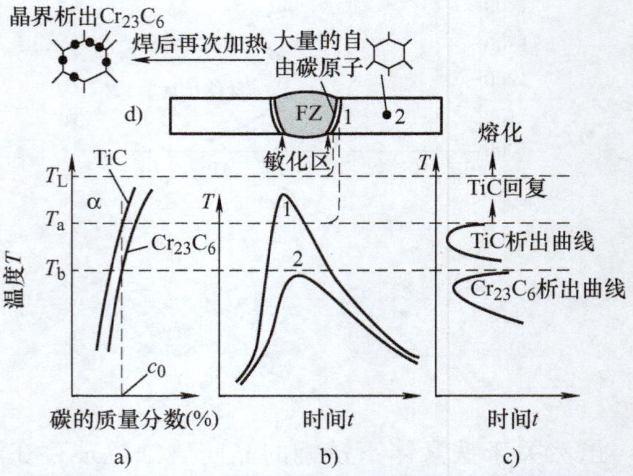

图 6-46　稳定化不锈钢刀口腐蚀机理

a）相图　b）热循环　c）沉积曲线　d）微观组织

邻熔化边界的非常窄的狭长带上，因此这种腐蚀称为刀口腐蚀。

通常可采用如下方式，避免稳定化奥氏体不锈钢的刀口腐蚀问题：

第一，焊后热处理。在 1000～1100℃温度范围内进行焊后退火有助于 Cr 的碳化物溶解。由于 TiC 和 NbC 可以在这个温度范围形成，消耗了碳元素，相当于对该区域重新进行了稳定化处理，从而可以避免刀口腐蚀现象。

第二，使用低碳不锈钢。与控制敏化区腐蚀的措施相同，低碳不锈钢的使用降低了 Cr 的碳化物析出的机会，从而避免刀口腐蚀的产生。

第三，调整焊接工艺。在一定条件下，调整焊接工艺也可以避免刀口腐蚀问题。图 6-47 所示为通过焊接工艺的调整改善稳定化奥氏体不锈钢钢管双道焊缝刀口腐蚀的例子[28]。焊接顺序为第一焊道在钢管内，而第二焊道在钢管外。在第一焊道熔敷时，Ti 或 Nb 的碳化物在焊缝熔化边界邻近的区域溶解，导致稳定化元素作用消失。在第二焊道的敏化温度范围（600～850℃）与在钢管内壁处第一焊道的熔化边界邻近的区域重叠，导致 Cr 的碳化物析出，因此使得内壁易于被钢管内腐蚀液浸蚀，如图 6-47a 所示。为解决该问题，可以增加第一焊道的尺寸，并相应地减小第二焊道的尺寸，以使第二焊道的敏化温度范围避开第一焊道易于刀口腐蚀的熔化边缘区，从而避免 Cr 的碳化物在晶界处析出，如图 6-47b 所示。如果工艺可行，这个问题也可以通过在钢管外侧进行第一道焊接，再从钢管内侧进行第二道焊接加以解决。

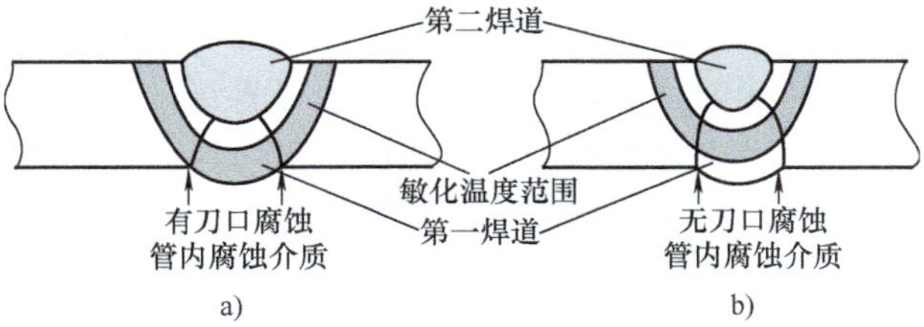

图 6-47　稳定化奥氏体不锈钢双道焊接[28]
a）刀口腐蚀裂纹　b）无裂纹

第四，添加稀土金属元素。研究表明，在稳定极不锈钢中添加镧和铈等稀土金属元素能够减小其刀口腐蚀倾向。高分辨电镜分析表明，在添加了稀土金属元素的不锈钢中期晶粒内部碳化物加速析出，因此，相应晶界上的自由碳原子数目减少，从而抑制了在此处碳化物析出。从图 6-48 中可以看出，通过添加少量稀土金属元素，降低了 347 不锈钢中的晶间腐蚀速率[32]。同样通过对比图 6-49a 和图 6-49b 可以看出，用稀土金属处理后，晶界处 Cr 的碳化物析出明显减少[33]。这一点在稀土金属处理的 321 不锈钢中也可观察到相似结果。另外，在

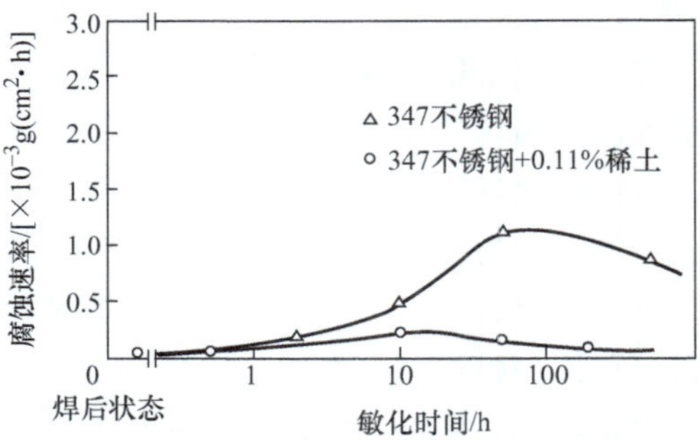

图 6-48　添加稀土金属对 347 不锈钢刀状裂纹敏感性的影响[30]

不锈钢中添加少量的稀土金属并没有对不锈钢的力学性能产生有害的影响。

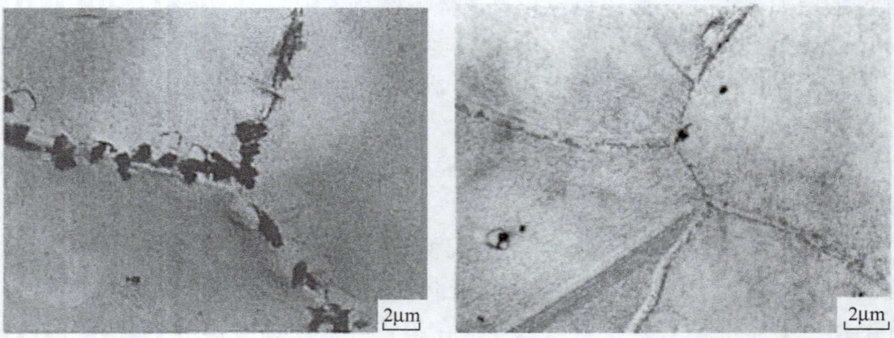

a)　　　　b)

图 6-49　添加稀土元素对不锈钢熔化边界产生影响的透射电子显微镜照片[31]

a）未添加稀土元素　b）添加稀土元素

6.4　焊接热/力物理模拟技术

焊接热影响区是一个组织性能极不均匀的区域，其力学性能一般会发生某种程度的损伤而影响使用性能。焊接热影响区的范围取决于焊接工艺及母材状态，通常很窄，一般在几个毫米以内，并且在此区域内材料的组织和性能很不均匀。因此，难以采用常规试验方法测定和评价实际焊接接头中某些特定区域的力学行为。为了研究热影响区中各个小区的组织性能变化规律，人们提出了热/力物理模拟技术。**焊接热/力物理模拟技术的实质是采用试验的方法研究焊接热影响区的某一特征组织区域方法，以方便评估该区域的力学性能**。并且，同焊接试验相比，该方法具有极佳的可控性，方便研究热影响区的组织转变规律。

6.4.1　焊接热模拟试验的原理与设备

焊接热模拟试验技术是利用特定的装置在试样的大部分区域上产生与实际焊接时相同或相近的热循环，使得试样的金相组织与所需研究的热影响区特定部位的组织相同或相近，但这一组织区域大小比实际焊接接头热影响区要放大很多倍。也就是说在模拟试样上有一个相当大的范围获得这一特定部位的均匀组织，从而可以制备足够尺寸的试样，对其进行各种性能的定量测试。另外，热物理模拟设备通常还配备力学装置，可以实现在加热过程中对工件施加力的作用，这种特点有助于研究焊接过程的各类裂纹。

为实现对焊接热过程的物理模拟，关键是采用何种加热方式模拟一条符合焊接实际过程的焊接热循环曲线。按照加热方式的不同，焊接热模拟试验机可以分为两种类型：**电阻加热式热模拟试验机和高频感应加热式热模拟试验机**，前者的代表是美国的“Gleeble”系列，后者的代表是日本的“Thermorestor-W”。两种热模拟试验机的原理分别如图 6-50a 和图 6-50b 所示。在当前国内外的研究中，Gleeble 系列的热物理模拟试验机应用最为广泛，下面以 Gleeble3500 型热模拟试验机为例介绍焊接热模拟试验机的技术性能。

Gleeble3500 型热模拟试验机包括加热系统、机械系统和控制系统，如图 6-51 所示。

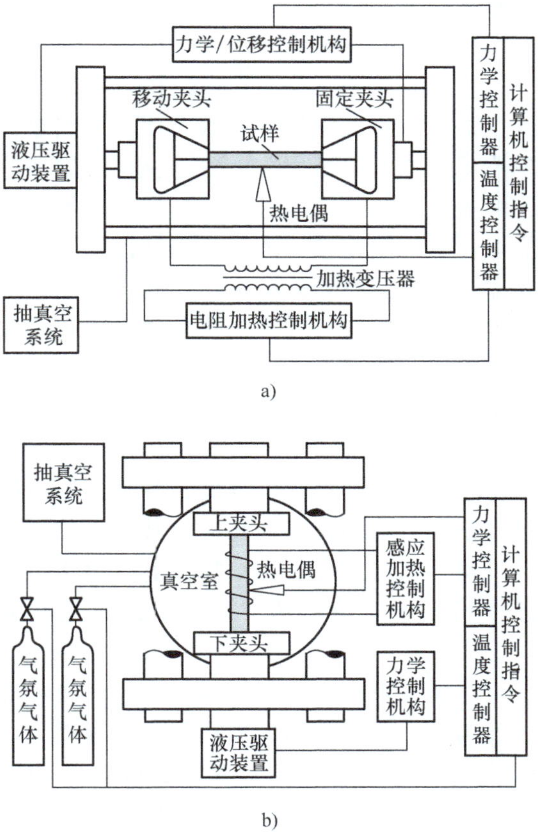

图 6-50　焊接热模拟试验机的原理框图

a）电阻加热式　b）高频感应加热式

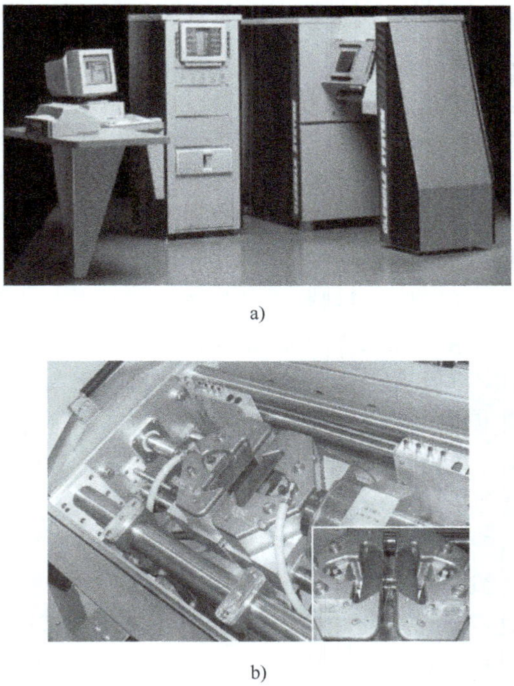

图 6-51　Gleeble3500 型焊接热模拟试验机

a）整体设备系统构成　b）试验室与夹具

1）加热系统。Gleeble3500 的电阻加热系统能以 10 000℃/s 的速度加热试样，或保持不变的稳态温度。高导热率的夹具使 Gleeble3500 具有高速冷却能力。另外选配的淬火系统可以在试样表面达到 10 000℃/s 的冷却速度。

2）机械系统。Gleeble3500 的机械系统是一个具有 10t 静态拉伸/压缩力的全集成液压伺服控制系统。最快可以达到 1000mm/s 的移动速度。LVDT 传感器、测力单元或非接触激光膨胀仪提供反馈数据确保机械测试程序的精确性和可重复性。控制模式包括液压缸活塞位移、力、各种膨胀仪、真应力、真应变、工程应力和工程应变。

3）控制系统。Gleeble3500 系统的核心是Ⅲ型数字控制系统。设备通过它来实现热-力伺服系统的闭环数字控制，同时提供了所有控制热和机械测试所必需的信号。Gleeble3500 可以完全计算机操作，完全手动操作，或二者的任意组合，为材料测试提供最大的灵活性。

在实际的热物理模拟过程中，必须给出焊接热循环的三个基本参数：**不同温度的加热速度、峰值温度及某一温度区间的冷却时间或冷却速度**。然而，焊接热循环参数受多种因素影响，如焊接方法、焊接工艺、焊件材质、焊件形状尺寸，以及相对于焊缝的位置等。因此，在热物理模拟之前需要对实际研究对象的热循环进行评估。通常，根据不同的目的可以采用实践经验、实际测量和理论计算三种方法获取。

6.4.2 焊接热模拟技术的应用

由于焊接热影响区的组织及性能对焊接接头的质量有很大的影响，因此深入研究热影响区中的各区段组织性能是非常必要的。然而热影响区中的各区段非常狭窄，很难单独取出进行相应的试验研究。采用热模拟技术，就可以在一定尺寸的试件上，模拟焊接热循环及焊接应力应变对焊接热影响区中某个区段的影响，从而研究该区段的组织及性能的变化规律。利用该项技术可以研究金属的焊接性，例如，焊接热影响区的力学性能、焊接接头的高温强度、焊接接头的脆化及软化等。也可以研究材料焊接过程中的热裂纹、冷裂纹和再热裂纹等。此外，还可测定钢材的模拟焊接热影响区的连续冷却转变图。目前焊接热模拟技术的应用主要包括以下几个方面：

1. 研究焊接热影响区不同区段的组织及力学性能

由于焊接过程中焊接热影响区的各个部位经历了不同的热循环，因此，各个部位的组织不同，强度及塑性指标也不相同。只要测出所要研究点的热循环曲线，将其输入到焊接热模拟试验机内，对相同材质的试样进行加热及冷却，然后从该试样中加工出力学性能试件，就可测得所要研究点的力学性能数据。这项研究对了解过热区的组织及性能非常重要。

例如，为了研究热影响区的粗晶脆化问题，可将实际焊接接头的粗晶区热循环曲线输入到焊接热模拟试验机内，对相同材质的试件进行与该粗晶区相同的加热及冷却过程，在这些试件上制取冲击试样，进行冲击试验，从而得到粗晶区的冲击韧度。也可制成 COD 试样，进行断裂韧度试验。通过以上试验工作，可研究粗晶区组织、性能与焊接参数之间的关系，为获得优质的接头提供最佳工艺参数。又如，为研究热应变脆化问题，可将试件加热到通常产生热应变脆化的温度，可利用热模拟机的拉力/压力系统施加一定的塑性应变值（如 1% ~5%）。试件冷却后，制成冲击试样或 COD 试样进行试验。

2. 研究各类焊接裂纹的形成条件及产生机理

采用焊接热物理模拟技术，可以研究冷裂纹、热裂纹、再热裂纹及层状撕裂等焊接裂纹的形成条件及产生机理。在试验机上对试件进行与实际焊接过程相同的热过程模拟、应力及应变过程的模拟及其他条件的模拟，从而研究该材质在模拟焊接的情况下产生焊接裂纹的倾向，这对深入研究裂纹的产生机理及防止措施有重要的实际意义。例如，为了模拟焊接冷裂纹的淬硬组织、氢的聚集、拘束应力这三个因素，利用焊接热模拟试验机对试样进行按照给定程序的加热及加载，试样加热到峰值温度后，冷却到 900℃ 左右时，对试件进行恒温充氢，然后按规定的冷却速度冷却。在冷却过程中控制其应变和应力，保持一定时间后，检查是否产生裂纹。通过上述试验，即可研究冷却速度、吸氢时间、应力值、延迟时间等因素对裂纹产生的影响，从而可以获得临界冷却速度、临界氢含量、临界拘束应力等指标，进而可以深入研究冷裂纹的敏感性，提出最佳焊接参数等。

3. 绘制模拟焊接热影响区连续冷却转变图（SHCCT 图）

热处理用的连续冷却转变图可以用来定性分析焊接热影响区的组织转变机理。但是连续冷却转变图与真实的焊接热影响区热循环过程相比，仍然存在着较大的不同。通常连续冷却转变图的最高加热温度为 800～900℃，而焊接热影响区，特别是接近熔合线的过热区的温度可达 1300～1350℃，奥氏体晶粒急剧长大。粗大的奥氏体晶粒必然会提高母材的脆硬倾向，导致采用连续冷却转变图来分析热影响区组织转变过程，必然会带来较大误差。峰值温度对低碳钢的连续冷却转变图的影响如图 6-52 所示。可以看出随峰值温度升高，转变曲线明显左移，同时转变温度范围也移向低温，这意味着峰值温度升高，奥氏体的稳定性增大，冷却时不容易转变成珠光体或贝氏体，从而增加了形成马氏体的机会。因此，为研究焊接热影响区特别是粗晶区的组织转变，焊接工作者又提出了模拟焊接热影响区连续冷却转变图，其最高温度可达 1300～1350℃，比较符合实际的焊接过程。

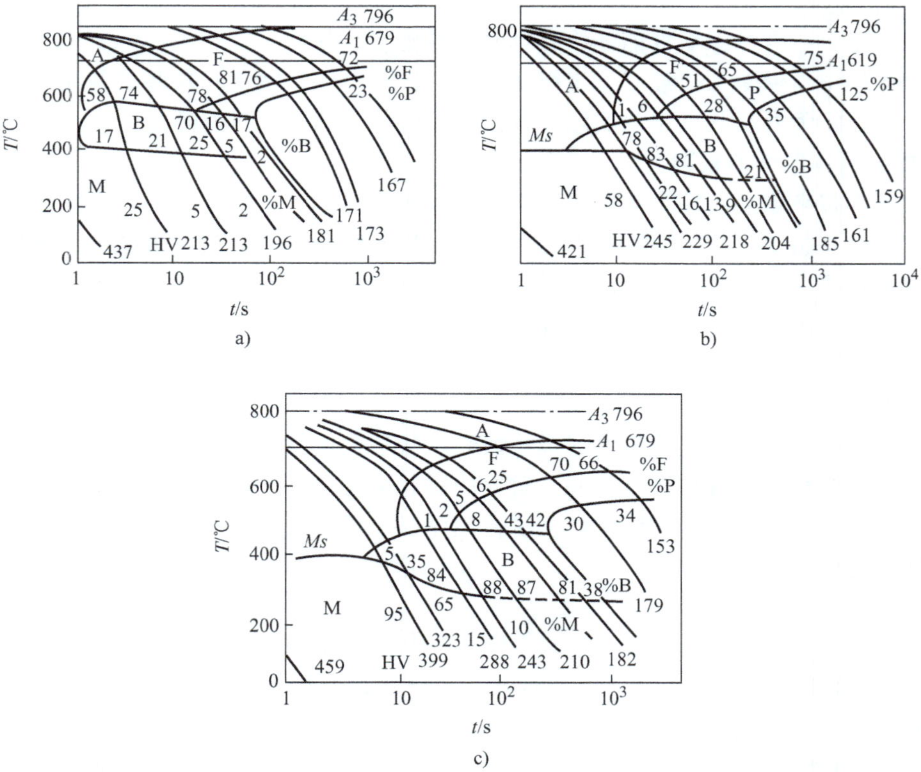

图 6-52　峰值温度对低碳钢的连续冷却转变图的影响

a）峰值温度 900℃　b）峰值温度 1100℃　c）峰值温度 1300℃

利用焊接热模拟技术，对金属材料测定并绘制热影响区连续冷却转变图，对于制定合理的焊接工艺方案、判断工艺参数的可行性，以及获得优质的焊接接头具有重要的应用价值。这不仅可以节约大量的人力、物力、试验量，而且在工艺参数制定后，不必进行实际焊接即可进行焊接热影响区组织性能的判断。

此外，焊接热模拟技术还可以应用于金属材料的热强性、热塑性、热疲劳、高温蠕变、动态再结晶等方面的研究工作。冶金工业中的铸钢高温流变行为、连铸钢的高温力学性能以及变形速度对不同温度下材料强度的影响，模拟轧制、模拟锻造工艺等方面也成功地应用了焊接热模拟技术。

总之，焊接热模拟技术不仅用于热影响区各区段组织性能的研究，也可应用于材料科学的许多领域；不仅应用于各类钢材，还可以应用于有色金属、铸铁、陶瓷与金属等异种材料等项研究中，它是材料科学研究中的重要手段之一。

6.4.3 焊接热模拟技术的局限性

最后应当指出，焊接热模拟技术还处在不断完善的过程中，不能完全反映实际焊接过程中各种错综复杂因素的影响。焊接热模拟与实际焊接相比，存在如下差异：

1. 约束条件的差异

实际的焊接接头中，热影响区是一个很狭窄的区域。在这个小区域中，焊接时的温度梯度变化急剧，各点的组织性能连续变化而又彼此相互制约。

焊接热模拟试件是加热温度、组织变化均匀的隔离体，因此，这些试件在加热和冷却过程中的动态行为及变化必然与实际焊接接头中的相应部位存在差异。

2. 热力循环条件的差异

在模拟焊接热循环的测定与控制方面也会有些误差。

在实际的焊接接头中，热影响区的应力应变动态过程相当复杂。而焊接热模拟试验中应力应变的模拟为一条特别设定的曲线，这与实际的应力应变规律存在差异。如实际热影响区中某点的奥氏体晶粒的长大受到温度梯度及组织梯度的障碍，而模拟试样中的奥氏体不存在这些障碍，造成在相同的热循环条件下，模拟试样的奥氏体晶粒比实际焊接热影响区中相应部位的晶粒要大。

焊接热模拟试验还不能代替实际焊接热影响区所存在的问题。尽管如此，目前焊接热模拟试验已成为焊接物理冶金方面非常重要的测试手段之一，特别是对于研制新的钢种和新型合金，研究各种焊接冷裂纹倾向、脆化倾向以及焊接强度力学方面，都是用其他试验方法无法代替的。

本章小结

1）焊接热影响区的组织转变与传统热处理过程组织转变有很大的不同，其**组织转变具有非平衡性、不均匀性、复杂性和成分分布不均匀性四种特点**。

2）形变强化材料热影响区组织转变主要存在**再结晶**和**晶粒长大**两个典型过程，其热影响区大体上可划分为部分再结晶区、完全再结晶区和晶粒长大区三个部分；沉淀强化材料热影响区组织转变主要存在沉淀相的长大与溶解、过热区晶粒长大和淬火三个过程，其热影响区大体上可划分为过时效区和淬火区两个部分；钢的焊接热影响区组织转变过程比较复杂，主要包括奥氏体化、亚共析转变、晶粒长大、马氏体转变以及贝氏体转变和魏氏组织转变等过程。不易淬火钢的热影响区可划分为过热区（粗晶区）、完全重结晶区（细晶区）和不完全重结晶区（部分细晶区）三个典型区域，若母材处于冷轧态，还存在着再结晶区；易淬火钢热影响区可划分为完全淬火区（包括细晶淬火区和粗晶淬火区）和不完全淬火区（部分细晶区）两个典型区域，若母材处于淬火或调质状态，还可能存在回火区。

3）热影响区的软化原因主要包括**再结晶软化**、**过时效软化**和**高温回火软化**三种；硬化是钢焊接热影响区的一个比较普遍的现象，其硬化倾向与碳当量和焊接工艺条件有关；热影响区的脆化原因主要有粗晶脆化、组织脆化（包括片状马氏体脆化、M-A组元脆化和遗传脆化）和时效脆化（包括热应变时效脆化和相析出时效脆化）三种；奥氏体不锈钢和铁素体不锈钢影响区均存在着一定的晶间腐蚀倾向，但二者的腐蚀机理略有不同。

4）**焊接热/力物理模拟技术是研究焊接热影响区组织与性能的一种有效手段**。可研究热影响区组织转变机理及其力学性能、各类焊接热裂纹问题和绘制模拟焊接热影响区连续冷却转变图等。

思考题

1）同传统热处理过程相比，焊接热影响区组织转变有何特点？

2）简述形变强化材料热影响区组织转变机理。

3）简述沉淀强化材料热影响区组织转变机理。

4）简述不易淬火钢热影响区组织转变机理及典型区域划分。

5）简述易淬火钢热影响区组织转变机理及典型区域划分。

6）引起热影响区的软化都有哪些？如何防止？

7）引起钢热影响区硬化的因素都有哪些？如何防止？

8）引起热影响区脆化的因素有哪些？如何防止？

9）奥氏体不锈钢存在哪几种典型的晶间腐蚀形式？如何防止？

10）比较奥氏体不锈钢与铁素体不锈钢热影响区敏化腐蚀的异同。如何防止敏化腐蚀？

11）中碳调质钢焊接HAZ软化的机制是什么？应如何改善和控制？

12）加工硬化的301不锈钢板，其努氏硬度可达480，焊后热影响区的硬度下降到最小值可达240左右。请解释热影响区强度降低的原因。机械加工掉焊缝余高后，对包括焊缝在内的整张钢板进行冷轧。请问冷轧的目的是什么？

13）采用2319、2090、4047和4145等焊丝焊接Al-Li-Cu合金2090。焊后接头的强度系数达到母材的65%。经焊后固溶热处理和人工时效，接头的强度系数可达98%。请解释为什么？

14）对于304不锈钢而言，埋弧焊和钨极气体保护焊两种焊接方法哪种更容易产生敏化区腐蚀问题？为什么？

15）焊接热/力物理模拟技术都有哪些应用？

参考文献

[1] Wadsworth J, Morse G R, Chewey P M. The microstructure and mechanical properties of a welded molybdenum alloy [J]. Mater Sci Eng, 1983, 59 (2): 257-273.

[2] ASM. Metals Handbook: Vol. 7 [M]. 8th ed., Cleveland Ohio: Metals Park OH, 1972.

[3] Hornbogen E. Die elektronenmikroskopische Untersuchung der Ausscheidung in Al-Cu-Mischkristallen, Teil Ⅱ: Die Bildung der Phasen θ", θ' und θ in AlCu-Mischkristallen [J]. Aluminium, 1967 (43): 115-121.

[4] Beton R H, Rollason E C. Hardness Reversion on Dilute Aluminium-Copper and Aluminium-Copper-Magnesi-

um Alloys [J]. Journal of the Institute of Metal, 1957, 86 (2): 77-85.

[5] Dumolt S D, Laughlin D E, Williams J C. Proceedings of the First International Aluminium Welding Conference [C]. New York: Welding Research Council, 1981.

[6] 彭小燕，曹晓武，段雨露，等. 7020 铝合金 MIG 焊焊接接头的组织与性能 [J]. 中国有色金属学报，2014，24 (4)：912-918.

[7] Lachowicz M, Dudziński W, Haimann K, et al. Microstructure transformations and cracking in the matrix of γ-γ′superalloy Inconel 713C melted with electron beam [J]. Materials Science and Engineering A, 2008, 479 (1): 269-276.

[8] Kou S. Welding Metallurgy [M]. 2th ed. Hoboken New Jersey: John Wiley & Sons Inc, 2002.

[9] Kou S, Sun D K, Le Y P. A Fundamental Study of Laser Transformation Hardening [J]. Metall Trans, 1983, 14A (3): 643-653.

[10] ASM. Atlas of Isothermal Transformation and Cooling Transformation Diagrams [M]. Cleveland Ohio: Metals Park OH, 1977.

[11] White S S, Manchester R E, Moffat W G, et al. Plastic Properties of Aluminium-Magnesium Weldments [J]. Weld J, 1960 (39): 10s-12s.

[12] Martukanitz R P, Howell P R. in Trends in Welding Research [M]. Cleveland Ohio: Materials Park OH, 1996.

[13] Burch W L. Efect of Welding Speed on Strength of 6061-T4 Aluminum Joints [J]. Weld J, 1958 (37): 361s-367s.

[14] Макара А М, Саржевский В А, Протосей Н Е Г, et al. О разупрочнении высокопрочных сталей при сварке [J]. Автоматическая сварка, 1968 (8): 1-5.

[15] 周振丰. 焊接冶金学（金属焊接性）[M]. 北京：机械工业出版社，1996.

[16] 张文钺. 金属熔焊原理及工艺：上册 [M]. 北京：机械工业出版社，1980.

[17] Suzuki H. Weldability of Modern Structural Steel in Japan [J]. Transactions of the Iron and Steel Institute of Japan, 1983, 23 (3): 189-204.

[18] Suzuki H. Carbon Equivalent and Maximum Hardness [J]. Transactions of the JapanWelding Society, 1984, 15 (1): 25-33.

[19] 张文钺. 焊接冶金学（基本原理）[M]. 北京：机械工业出版社，1999.

[20] 日本钢铁协会. 厚钢铁材质上的诸问题 [C]. 西山：第 36、37 回西山纪念讲座，1976.

[21] Lan L, Qiu C, Zhao D, et al. Analysis of martensite-austenite constituent and its effection toughness in submerged arc welded joint of low carbon bainitic steel [J]. Journal of Materials Science, 2012, 47 (11): 4732-4742.

[22] Ikawa H, Oshige H, Tanoue T. Effect of martensite-austenite consituent on HAZ toughness of a high strength steel [J]. Transactions of the JWS, 1980, 11 (2): 2-12.

[23] 钱鸣. Cr-Ni-Mo 中碳调质钢模拟焊接 HAZ 组织与韧性的研究 [D]. 天津：天津大学，1992.

[24] 于少飞，钱百年. X70 管线钢的局部脆化 [J]. 材料研究学报，2004，18 (4)：405-409.

[25] 李立英. ASTM4130 钢焊接热影响区组织与性能研究 [D]. 北京：中国石油大学，2011.

[26] Magula V, Liao J, Ikeuchi K, et al. New Aspects of Sensitization Behavior in Recent 316 Type Austenitic Stainless SteelsAustenitic Stainless Steels [J]. Trans JWRI, 1996 (25): 49-58.

[27] Ikawa H, Nakao Y, Nishimoto K. Study of Weld Decay in SUS 304 Precipitation Phenomena of M23C6 During Thermal Cycles Technol [R]. Osaka: Technical Reports of Osaka University, 1978.

[28] 周振丰. 金属熔焊原理及工艺 [M]. 北京：机械工业出版社，1981.

[29] Linnert G E. in Source Book on Stainless Steels [M]. Cleveland Ohio: Metals Park OH, 1976.

[30] Henthorne M. in Localized Corrosion—Cause of Metal Failure [M]. West Conshohocken PA: American Society for Testing and Materials publication, 1972.
[31] 张德康. 不锈钢局部腐蚀 [M]. 北京: 科学出版社, 1982.
[32] Ikawa H, Nakao Y, Nishimoto I K. Study on the Knife Line Attack Phenomenon in Stabilized Austenitic Stainless Steels: Mechanism and Improvement by Addition of REM [J]. Trans JWS, 1977, 8 (1): 9-18.
[33] Ikawa H, Nakao Y, Nishimoto K. Study on the Knife Line Attack Phenomenon in Stabilized Austenitic Stainless Steels: Mechanism and Improvement by Addition of REM [J]. Transactions of the Japan Welding Society, 1977, 8 (1): 9-18.

第7章 焊接裂纹

焊接裂纹是焊接加工中的主要缺陷，也是引起焊接结构发生破坏事故的主要原因。更重要的是，有的焊接裂纹（如延迟裂纹）并不出现在焊接过程中，而是出现在运行过程中，由于生产中无法检测，因此危害更大。据统计，世界上焊接结构所出现的各种事故中，少数是由于设计不当、选材不合理或运行操作失误而引起的，绝大多数是由裂纹而引起的脆性破坏。研究和掌握焊接裂纹的形成规律和预防措施，对焊接材料的研制和焊接工艺的设计、获得优质的焊接接头、保障焊接结构的安全运行等均具有重要的意义。

由于焊接材料、结构和工艺不同，焊接接头可能出现各种裂纹。按裂纹的走向分类，有横向裂纹、纵向裂纹和星形裂纹等；按裂纹的位置分类，有焊缝裂纹、熔合区裂纹和热影响区裂纹等；按裂纹形成的本质特征分类，有热裂纹、冷裂纹、再热裂纹、层状撕裂和应力腐蚀裂纹五大类，见表 7-1。

表 7-1 焊接裂纹的分类

- 焊接裂纹
  - 热裂纹
    - 结晶裂纹
    - 高温液化裂纹
    - 多边化裂纹
  - 冷裂纹
    - 延迟裂纹
    - 淬硬脆化裂纹
    - 低塑性脆化裂纹
  - 再热裂纹
  - 层状撕裂
  - 应力腐蚀裂纹

本章按照裂纹形成的本质特征分类（表 7-1），分别以结晶裂纹（凝固裂纹）和延迟裂纹（氢致裂纹）为重点，讨论和介绍焊接热裂纹和冷裂纹，并简要介绍再热裂纹、层状撕裂和应力腐蚀裂纹等其他焊接裂纹。

7.1 焊接热裂纹

7.1.1 焊接热裂纹的一般特征

热裂纹形成于焊接冷却过程的高温阶段（固相线附近），故称为热裂纹。宏观上，焊接热裂纹的位置主要在焊缝区，但少量也出现在热影响区（近缝区）。由于形成温度较高，断口上一般可见明显的氧化色彩；微观上，焊接热裂纹一般沿晶界分布，属于沿晶开裂性质。

根据被焊金属材料和焊接工艺条件不同，产生热裂纹的形态、温度区间和主要原因也有所不同，焊接热裂纹可细分为结晶裂纹（凝固裂纹）、高温液化裂纹和多边化裂纹三种。

1. 结晶裂纹

焊接结晶裂纹也称凝固裂纹，是焊缝凝固结晶最后阶段，在固相线附近，由于残余液体金属不能及时填充因金属凝固收缩所形成的间隙，在拉应力作用下发生的一种沿晶开裂。由于形成温度较高（稍高于固相线），多数情况下，有结晶裂纹的焊缝断面上可以看到氧化色彩。结晶裂纹主要发生在含杂质较多的碳钢、低合金钢（含硫、磷、碳、硅偏高）、单相奥氏体钢、镍基合金及某些高强铝合金焊缝中，多沿焊缝两侧柱状晶交汇的中心线或柱状晶晶间分布，如图7-1所示。图7-2所示为2024铝合金脉冲激光焊焊缝结晶裂纹照片，图中可以清楚地看到，结晶裂纹沿焊缝中心线和焊缝凝固结晶主轴方向分布。

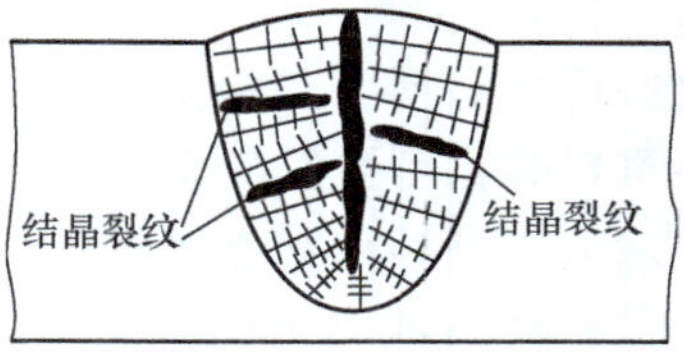

图7-1 结晶裂纹分布示意图

图7-3所示为Inconel 690合金（Ni-Cr-Fe合金）钨极氩弧焊（GTAW）焊缝结晶裂纹，图7-4所示为添加稀土元素钪（Sc）的7010铝合金钨极氩弧焊（GTAW）焊缝结晶裂纹，母材成分为Al-6.30 Zn-2.30Mg-1.55Cu-0.14Zr-0.25Sc-0.06 Fe-0.02Si（均指质量分数）。

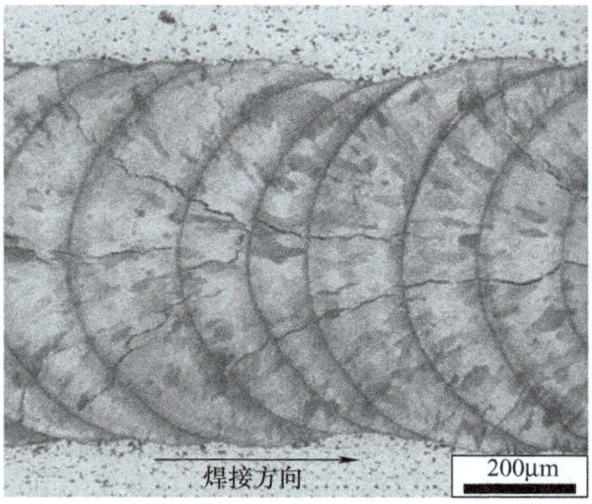

图7-2 2024铝合金脉冲激光焊焊缝结晶裂纹[1]

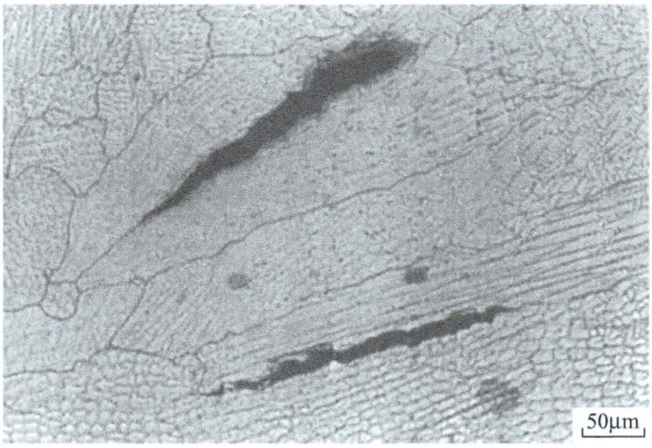

图7-3 Inconel 690合金钨极氩弧焊焊缝结晶裂纹[2]

关于结晶裂纹的形成机理、影响因素和控制措施将在本节7.1.2～7.1.4中详细讨论。

2. 高温液化裂纹

焊接过程中，焊接热影响区或近缝区也会因晶界存在液膜而产生热裂纹。所谓高温液化裂纹就是近缝区或多层焊的层间部位在焊接热循环峰值温度的作用下，由于被焊金属晶界含有较多的低熔共晶而被重新熔化，在拉应力作用下沿晶界发生开裂而形成的一种裂纹。液化裂纹在被焊金属固相线稍低的温度形成，主要发生在含有铬镍的高强钢、奥氏体钢、以及某些镍基合金的近缝区或多层焊层间部位。

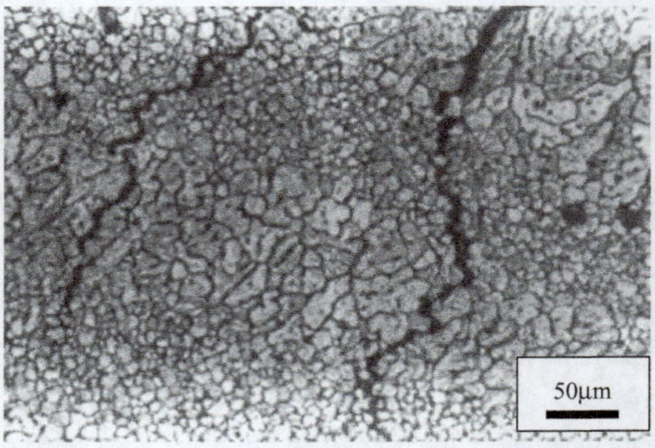

图 7-4　7010 铝合金钨极氩弧焊焊缝结晶裂纹[3]

如第 4 章中所述，焊接熔池凝固往往存在不同程度的偏析现象，当被焊母材杂质含量较高时，晶界容易形成较多的低熔杂质，如 FeS（熔点 1190℃）、Ni_3S（熔点 645℃）、Fe_3P（熔点 1160℃）、Ni_3Si_2（熔点 1150℃）等，近缝区晶界的这些低熔杂质在焊接热循环作用下往往会重新熔化而引发液化裂纹。

除上述晶界低熔杂质导致晶界熔化外，另一种晶界熔化也可能发生在集中热源快速加热（如激光焊接和激光重熔）时的高温热影响区内，由于第二相来不及溶入而引起的共晶反应。如图 7-5 所示，对于成分为 x_0 的合金，平衡加热条件下其开始熔化温度应该是 T_3，但由于快速加热，β 相来不及溶入 α 相而一直保持到高于共晶温度的 T_2，此时在 α-β 相界面上将发生共晶反应，引起晶界熔化。当冷却过程中收缩应力很大时，就能引起这种液化裂纹，如焊接高强铝合金时的热影响区液化裂纹。

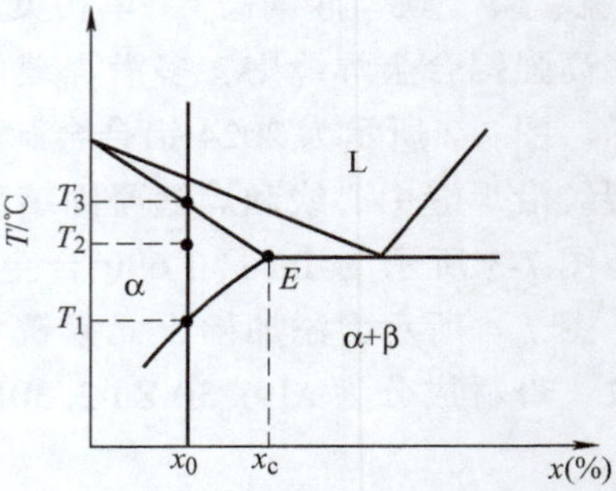

图 7-5　相界先熔现象图解[4]

由液化裂纹的形成机理可以推知，液化裂纹的产生主要与合金成分及其纯度有关。当母材或焊丝中的硫、磷、硅、碳偏高时，液化裂纹的倾向将显著增大；合金元素含量较高的高强钢、奥氏体钢、镍基合金及铝合金等通常具有较大的液化裂纹倾向。

图 7-6 所示为涡轮发动机 Inconel 718 合金部件修复近缝区液化裂纹，图 7-7 所示为 GH909 高温合金激光焊近缝区液化裂纹。研究表明，大多数液化裂纹出现在 HAZ 区，且

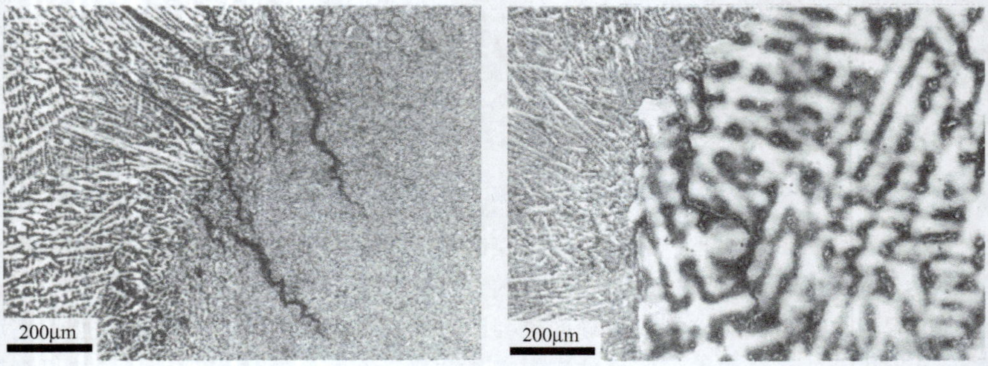

a)　　b)

图 7-6　涡轮发动机 Inconel 718 合金部件修复近缝区液化裂纹[5]

a）锻件　b）铸件

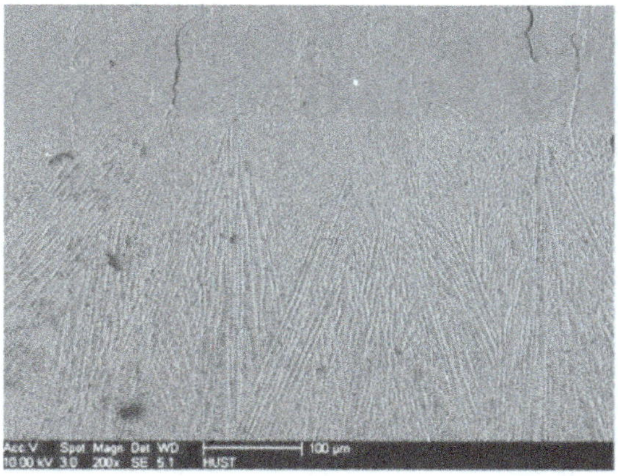

a)

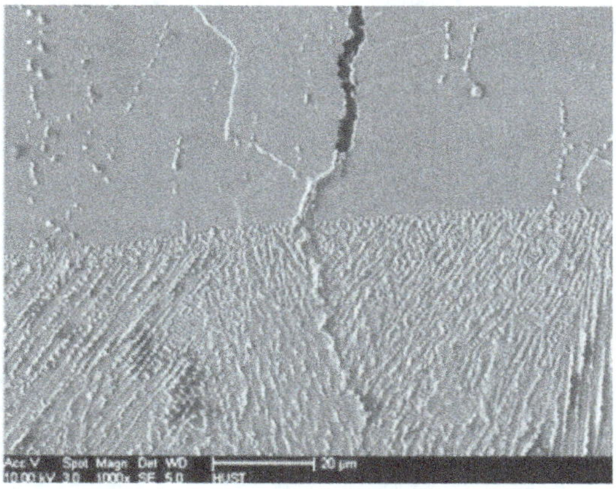

b)

图 7-7　GH909 高温合金激光焊近缝区液化裂纹[6]
a）低倍　b）高倍

所有的裂纹都沿着晶界扩展，其主要原因为焊接过程中晶界出现的低熔点共晶物。

值得指出的是，液化裂纹与结晶裂纹既有差别也有联系，差别之处在于结晶裂纹的液膜产生于焊缝金属的凝固过程，而液化裂纹的液膜是在焊接热循环作用下近缝区母材晶界局部熔化形成的，因此，前者形成于焊缝，后者位于近缝区或多层焊的层间部位；相同之处是都与晶界液膜有关，且都是在拉应力作用下的液膜开裂而形成的——两种裂纹形成的本质机制实际上是相同的。由于焊接熔池凝固时往往与熔合区金属呈联生结晶（详见第 4 章），熔合线附近焊缝金属与近缝区母材常常具有相同的晶界，因此，实际中液化裂纹和结晶裂纹常常同时发生。图 7-8 所示为 2024 铝合金脉冲激光焊接头熔合线附近的裂纹，可以看到焊缝结晶裂纹与部分熔化区的液化裂纹贯穿熔合线同时形成。

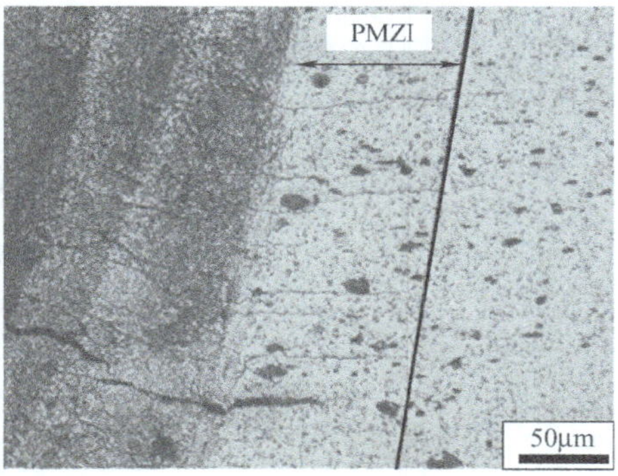

图 7-8　2024 铝合金脉冲激光焊接头熔合线附近的裂纹[1]

3. 多边化裂纹

在固相线以下形成的热裂纹，还有另一种与液膜无关的“多边化”边界开裂模式，即多边化裂纹。所谓**多边化裂纹，是指焊接时焊缝或近缝区在固相线稍下的高温区，在应力作用下沿二次“多边化边界”所形成的裂纹**。多边化裂纹多发生在纯金属或单相奥氏体合金的焊缝中或近缝区。

多边化裂纹的形成机制与焊缝金属或近缝区的多边化现象密切相关。由于刚凝固的焊缝金属中存在高密度的晶格缺陷（如位错、空位等），为了降低能量，在高温和应力场作用下这些晶格缺陷发生迁移和聚集，形成二次边界，这就是多边化现象。可见多边化边界上聚集了大量的晶格缺陷，高温下强度和塑性都很差，某些多边化边界可能形成显微裂纹。在拉伸应力作用下，这种显微裂纹可以发展为微裂纹，并延伸到结晶前缘，如图 7-9a 所示；在毛细现象作用下，可以从尚未凝固的熔池金属中向微裂纹中渗入表面活性物质，使微裂纹进一步扩展，从而形成多边化裂纹，如图 7-9b 所示。图 7-10 所示为耐蚀耐热镍基合金（Hastelloy）焊缝多边化裂纹。

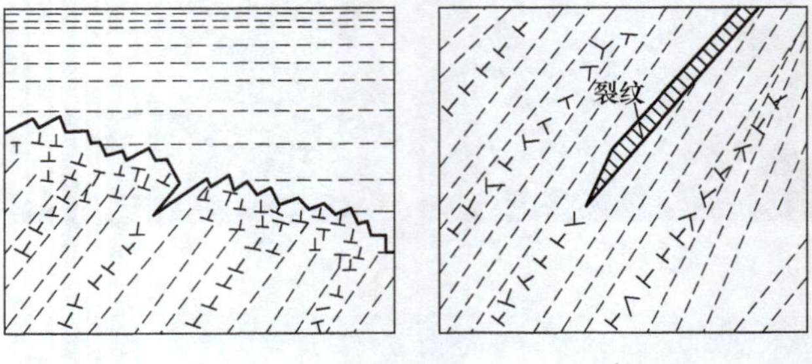

图 7-9　多边化裂纹形成示意图[7]
a）结晶过程　b）多边化及裂纹形成

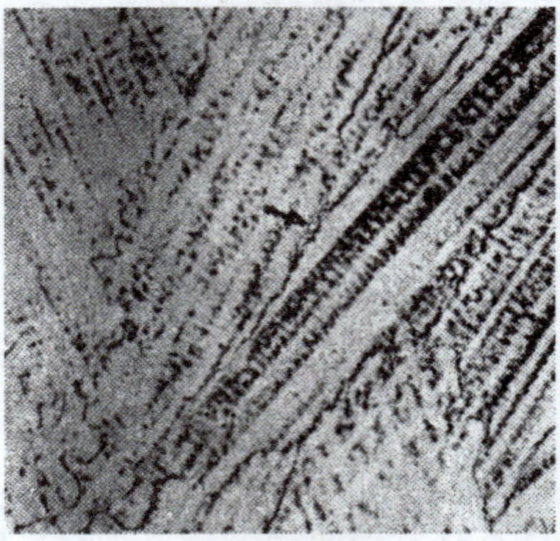

图 7-10　耐蚀耐热镍基合金（Hastelloy）焊缝多边化裂纹[4]

7.1.2　焊接结晶裂纹的形成机理

裂纹产生的基本条件是材料的拉伸变形量超过它的塑性变形能力（$\varepsilon > p$），结晶裂纹也是金属的低塑性（内因）和拉伸应力（外因，也是必要条件）共同作用下的结果。

如图 7-11a 所示，随着温度的降低，熔池结晶过程中大体要经历**液态**、**液/固态**（液相占主要部分）、**固/液态**（固相占主要部分）和**固态**四个阶段。在液态阶段，变形完全可以自由地进行；在液/固阶段，变形也可依靠液相的自由流动来完成，固相晶体之间由于变形产生的间隙可以及时被流动的液态金属所填充，因而在该阶段焊缝金属不容易形成裂纹，宏观上表现出极高的塑性；在固/液阶段，焊缝金属以凝固的固相晶体为主，其塑性将随固相比例的增加而逐渐降低，当晶粒生长到相互接触，甚至形成封闭的液膜，使少量的液态金属（主要是低熔点合金）的自由流动受到限制时，凝固收缩引起晶间液膜拉开便无法弥补，从而形成裂纹（结晶裂纹），宏观上将表现出极低的塑性；当焊缝金属全部凝固后，其变形能力（塑性）又将得到迅速恢复，也不容易形成裂纹。由此可见，焊缝金属在由液/固态经固/液态到固态的凝固过程中，存在一个低塑性区，如图 7-11b 所示，在该区域内焊缝金属塑性随温度的变化曲线将出现最低值。通常将该区所对应的温度区间称为“脆性温度区间”，其上限温度应当在液/固态向固/液态转变的温度附近，下限温度应在固相线稍下（考虑显微偏析和多边化脆性等）。

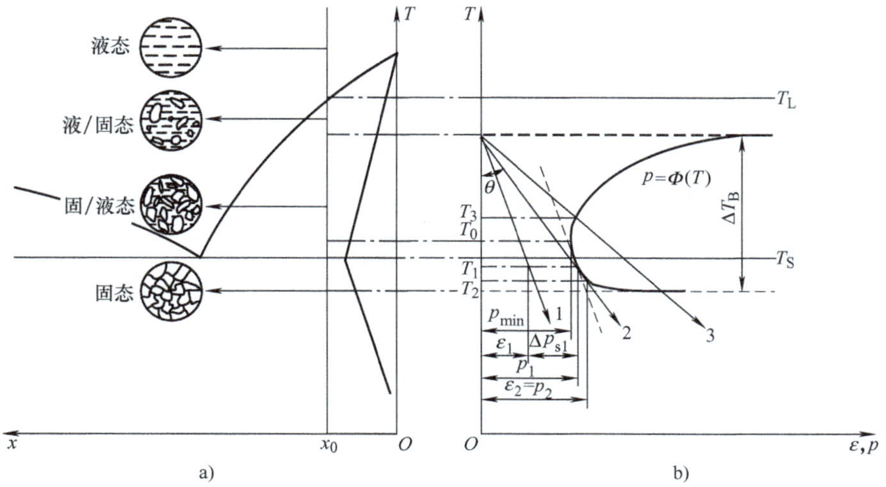

图 7-11 熔池结晶过程与结晶裂纹形成条件示意图

a）熔池结晶过程示意图 b）结晶裂纹形成条件示意图

在脆性温度区间焊缝金属的低塑性或脆化只是形成结晶裂纹的条件之一，如无拉伸应力引起应变并达到一定应变量，则不会产生裂纹。如图 7-11b 所示，是否产生结晶裂纹取决于在脆性温度区间 ΔT_B 范围内同一温度下焊缝金属的塑性（p）与凝固收缩引起的拉伸应变 ε 的对比关系。当某温度下 $\varepsilon<p$ 时，焊缝金属不形成裂纹；当 $\varepsilon>p$ 时，焊缝金属将形成裂纹；当 $\varepsilon=p$ 时，为临界状态。显然，某温度下焊缝金属的塑性（p）与凝固收缩引起的拉伸应变（ε）之差，即

$$\Delta p_s = p - \varepsilon \tag{7-1}$$

为同温度下焊缝金属的“塑性储备”，塑性储备越大，越不容易产生结晶裂纹。

焊缝金属在温度 T 的拉伸应变由应变增长率$\frac{\partial\varepsilon}{\partial T}$决定。当焊缝金属在脆性温度区间内的应变以直线“1”的斜率增长时，其在温度 T_1达到的拉伸应变量 ε_1与同温度下焊缝金属的塑性 p_1最接近（塑性储备最小），但仍有较大差距，焊缝金属仍有塑性储备 Δp_{s1}，因此不会产生结晶裂纹；当焊缝金属在脆性温度区间内的应变以直线“3”的斜率增长时，在温度 T_3以下，焊缝金属内拉伸应变将大于其塑性，焊缝金属内将产生结晶裂纹；当焊缝金属在脆性温度区间内的应变以直线“2”的斜率增长时，在 T_2温度其塑性储备全部耗尽，即

$\varepsilon_2=p_2$，正好达到产生结晶裂纹的临界条件。此时的应变增长率称为临界应变增长率，以CST（Critical Strain rate for Temperaturedrop）表示[8]，即

$$\mathrm{CST}=\tan\theta \tag{7-2}$$

CST（$\tan\theta$）与焊缝金属特性（ΔT_B，p_{min}）有关，它综合反映了焊缝金属结晶裂纹的敏感性，CST（$\tan\theta$）越大，表明材料的热裂敏感性越小。当p_{min}一定时，ΔT_B越大，则CST（$\tan\theta$）越小，焊缝金属结晶裂纹敏感性越大，如图7-12a所示；当ΔT_B一定时，p_{min}越小，则$\tan\theta$（CST）越小，结晶裂纹敏感性越大，如图7-12b所示。

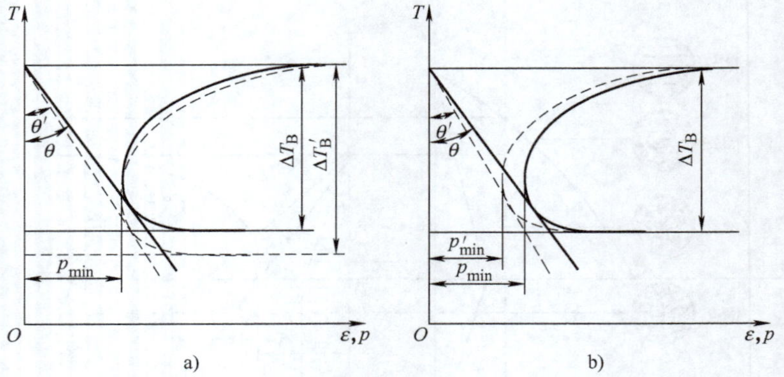

图7-12　ΔT_B和p_{min}对结晶裂纹敏感性的影响

a）ΔT_B　b）p_{min}

7.1.3　焊接结晶裂纹的影响因素

1. 冶金因素

从结晶裂纹的形成机理可以推知，凡对凝固结晶过程中杂质的偏析和固/液阶段晶间层的行为和性质有影响的冶金因素都会影响焊缝金属结晶裂纹的倾向，这些冶金因素主要包括**结晶温度区间**、**凝固结晶组织**和**化学成分**等。

（1）结晶温度区间　如上所述，**结晶裂纹倾向随结晶过程中脆性温度区间增大而增大，而结晶脆性温度区间随合金相图结晶温度区间的增大而增加**。如图7-13所示，随合金元素的增加，结晶温度区间和脆性温度区（图中阴影部分，将固相线温度近似视为脆性温度区间的下限温度）增大，结晶裂纹倾向也增加。成分位于S点时，结晶温度区间和脆性温度区达到最大，此时裂纹敏感性也最大。当合金元素进一步增加时，结晶区间和脆性温度区反而减小，所以裂纹倾向也随之降低。

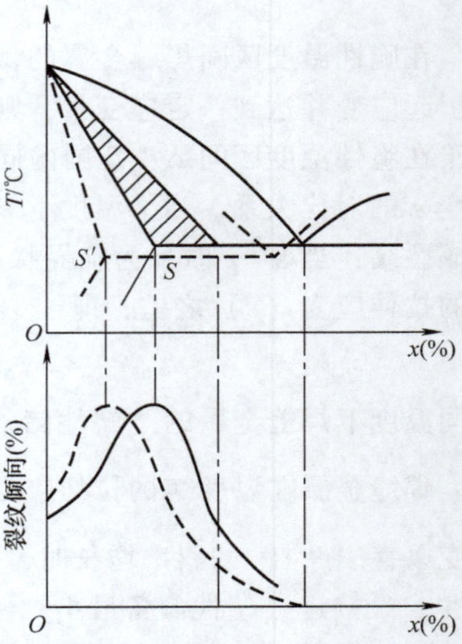

图7-13　结晶温度区间与裂纹敏感性的关系

由于实际焊接条件下焊缝的凝固均属于非平衡结晶，因此，实际固相线要比平衡条件下的固相线向左下方移动（图中的虚线），最大固溶度由 S 点移至 S'。与此同时，裂纹倾向的变化曲线也随之左移，意味着在实际焊接条件下，更容易产生结晶裂纹。

（2）凝固结晶组织　凝固结晶组织包括凝固结晶的晶粒大小、形态和相组成等。**一般来说，凝固结晶的晶粒越粗大、方向性越强（如粗大的柱状晶），越容易在晶界形成大面积的液态薄膜，形成结晶裂纹的倾向越大**。另外，凝固时的相组成也对结晶裂纹倾向有重要影响。例如焊接 18-8 型不锈钢时，希望得到 γ+δ 两相组织，一方面，少量的 δ 相细化凝固组织，并干扰奥氏体柱状晶的方向性；另一方面，δ 相能比 γ 相时溶解更多的 S 和 P（S、P 的最大溶解度在 δ 相中为 0.18% S、2.8% P，而在 γ 相中为 0.05% S、0.25% P），从而降低结晶裂纹倾向，如图 7-14 所示。

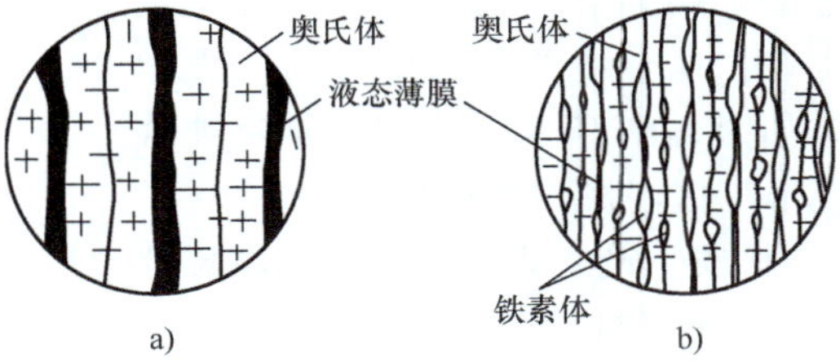

图 7-14　δ 相在奥氏体基体上的分布
a）单相奥氏体　b）δ+γ

（3）化学成分　合金元素的化学成分对焊缝金属的凝固结晶行为如结晶温度区间（脆性温度区间）、凝固偏析、低熔共晶形态及凝固结晶组织等均有显著影响，是影响结晶裂纹倾向最重要的因素。表 7-2 中列出了钢中常见的铁和镍的二元共晶成分和共晶温度。图 7-15 显示了常见合金元素对铁的结晶温度区间的影响。

表 7-2　铁二元和镍二元共晶成分和共晶温度[7]

	合金系	共晶成分（质量分数，%）	共晶温度/℃
铁二元共晶	Fe-S	Fe，FeS（S31）	988
	Fe-P	Fe，Fe_3P（P10.5） Fe_3P，FeP（P27）	1050 1260
	Fe-Si	Fe_3Si，FeSi（Si20.5）	1200
	Fe-Sn	Fe，FeSn（Fe_2Sn_2，FeSn）（Sn48.9）	1120
	Fe-Ti	Fe，$TiFe_2$（Ti16）	1340
镍二元共晶	Ni-S	Ni，Ni_3S_2（S21.5）	645
	Ni-P	Ni，Ni_3P（P11） Ni_3P，Ni_2P（P20）	880 1106
	Ni-B	Ni，Ni_2B（B4） Ni_3B_2，NiB（B12）	1140 990
	Ni-Al	γNi，Ni_3Al（Ni89）	1385
	Ni-Zr	Zr，Zr_2Ni（Ni17）	961
	Ni-Mg	Ni，Ni_2Mg（Ni11）	1095

需要指出的是，一个合金元素的影响往往并不是孤立的，而与其所处的合金系统有关；多种合金元素的相互影响比单一元素复杂得多，在某些情况下，结果甚至是矛盾的。这里仅就碳钢和低合金钢中合金元素对结晶裂纹的影响做一概述。

1）硫和磷。硫和磷在钢中能形成多种低熔共晶（表 7-2），使结晶过程中极易形成液态薄膜，而且，硫和磷在钢中还非常容易偏析，因而显著增大裂纹倾向。硫、磷几乎在各类钢中都会增加结晶裂纹的倾向，即使是微量存在，也会使结晶温度区间大大增加。如图 7-15 所示，硫和磷是对纯铁结晶温度区间影响最显著的元素。

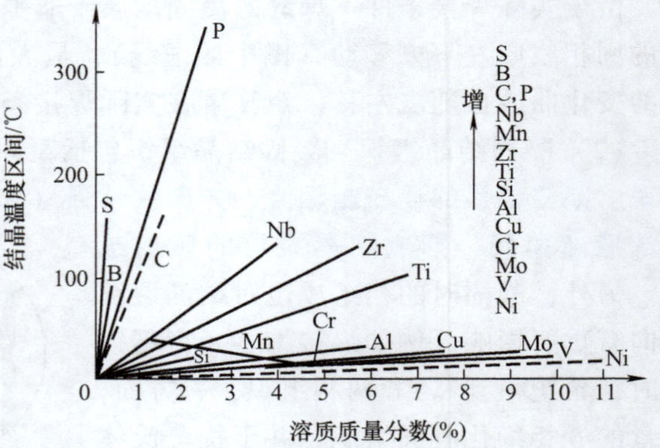

图 7-15　合金元素对铁的结晶温度区间的影响[9]

2）碳。碳也是影响钢的结晶裂纹倾向的主要元素，而且碳还会加剧其他元素（如硫、磷等）的有害作用。所以通常用碳当量来评价钢种的焊接性。

3）锰。由第 3 章可知，锰具有脱硫作用，能置换 FeS 中的铁形成 MnS，而且锰还能改善硫化物的分布形态，使薄膜状 FeS 改变为球状分布，从而降低钢的结晶裂纹倾向。研究表明，在碳钢或低合金钢中，为防止硫引起的结晶裂纹，随钢中含碳量增加，要求锰与硫的比值 Mn/S 也随之增加，如图 7-16 所示。当碳的质量分数超过包晶点时［即 $w(C)=0.16\%$］，磷对产生结晶裂纹的作用就超过了硫，此时再增加锰与硫的比值意义不大，因此，焊接实践中必须严格控制焊缝中磷的含量。

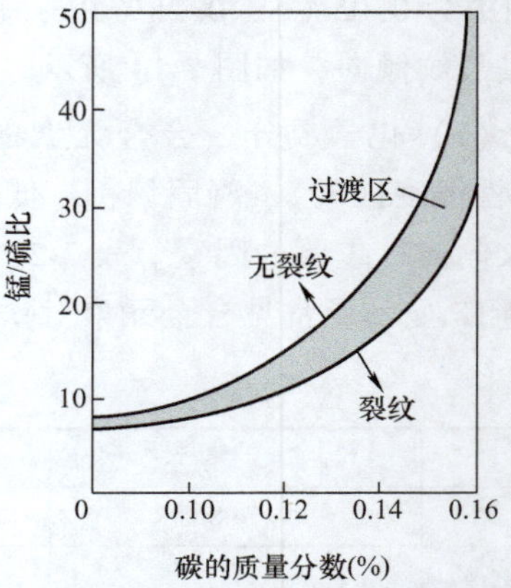

图 7-16　锰/硫比和碳含量对碳钢及低合金钢结晶裂纹的影响[10]

4）硅。硅是 δ 相形成元素，有利于消除结晶裂纹，但硅的质量分数超过 0.4% 时，容易形成硅酸盐夹杂，降低焊缝力学性能，并增加裂纹倾向。

5）镍。镍在低合金钢中易与硫形成低熔共晶，见表 7-2，Ni 与 Ni_3S_2 形成的低熔共晶温度仅为 645℃，因此镍增加钢的结晶裂纹倾向。

6）氧。氧对焊缝产生结晶裂纹的影响尚没有定论。有实验表明，焊缝中有一定的含氧量，能降低硫的有害作用，研究认为是形成了 Fe-FeS-FeO 三元共晶，使 FeS 由薄膜状变为球状所致。

关于合金元素的影响，建立合金元素与结晶裂纹倾向之间的定量关系无疑具有重要的意义。如上所述，焊缝金属结晶裂纹倾向可以用 CST（$\tan\theta$）表征，与焊缝金属的特性参量 ΔT_B 和 p_{min} 有关，而焊缝金属的特性参量（ΔT_B 和 p_{min}）又由其成分决定，因此，有研究者尝试建立了 CST（$\tan\theta$）与合金元素含量的关系。例如，日本焊接学会通过研究 HT100 低合金钢的结晶裂纹敏感性得到[11]：

$$CST=(-19.2C-97.2S-1.0Ni-0.8Cu-618.5B+3.9Mn+65.7Nb+7.0)\times10^{-4} \tag{7-3}$$

当 CST≥6.5×10^{-4}时可以避免结晶裂纹。需要指出的是，式（7-3）用于表征 HT100 低合金钢焊缝金属结晶裂纹倾向是可以的，但作为结晶裂纹是否形成的判据尚存在比较大的局限性，因为这种判据并没有考虑实际焊接过程中的工艺和结构因素。

2. 工艺因素

影响结晶裂纹的工艺因素主要有冷却速度和拘束度等，其中后者与裂纹形成的力学条件有关。

（1）冷却速度　一般说来，接头冷却速度越大，焊接变形和应力越大，越易于促进产生热裂纹。如冬季在室外进行不预热焊接时，就难免产生热裂纹。

尽管提高焊接热输入也能降低冷却速度，但效果不一定明显。因为热输入的影响是复杂的，从降低冷却速度考虑，提高热输入应当有效，但提高热输入却对凝固组织形态不利。实际上，一般认为适当降低热输入对降低热裂倾向比较有利，但不宜采取提高焊接速度的方法来限制焊接热输入，而应适当降低焊接电流。

另外，冷却速度对杂质元素的偏析也有明显影响，从而也会影响结晶裂纹的形成。一般来说，杂质元素的偏析存在一个敏感的温度区间，过高或过低都反而会使偏析减小（详见第 4 章）。

（2）拘束度的影响　为防止接头产生热裂纹，应尽可能减少应变量及应变增长率。从结构设计开始就应考虑接头的刚度或拘束度，例如尽可能减小板厚和合理布置焊缝，注意避免焊缝交叉，尽可能减小焊脚尺寸和焊道截面积，还应控制合理的焊接顺序等。施焊顺序不合理时，最后几条焊缝可能处于被拘束状态，不能自由收缩，从而增大应变量，促进裂纹产生。

7.1.4　焊接结晶裂纹的控制措施

一般来说，要预防或消除一种焊接裂纹，主要应从该裂纹的影响因素方面考虑——增强有利因素的作用、消除或削弱有害因素的作用，结晶裂纹也是如此。与结晶裂纹的影响因素相对应，预防和控制结晶裂纹的措施也大体有冶金措施和工艺措施两大类。

1. 冶金措施

控制结晶裂纹的冶金措施主要有控制焊缝金属杂质含量、改善焊缝的凝固组织等，考虑的方向主要是降低焊缝金属结晶裂纹的倾向。

（1）控制焊缝金属杂质含量　如上所述，硫、磷等杂质元素不仅能与钢中的合金元素形成低熔共晶，而且在焊接条件下还容易形成偏析，是强烈促进结晶裂纹形成的杂质元素。因此，为了预防结晶裂纹，焊接过程中必须严格控制焊缝金属硫、磷等杂质元素的含量。

理论上，可以利用焊接过程中的冶金反应来对焊缝金属进行脱硫、脱磷，因此，通过合理选择焊接材料可以在一定程度上控制焊缝金属的硫、磷含量，如对于一些重要的结构采用碱性焊条或焊剂等。但事实证明，由于各方面因素的制约，冶金方法脱硫、脱磷的效果是有限的。因此，在实际焊接实践中，控制硫、磷最有效的方法还是控制母材和焊接材料中硫、磷的含量（详见第 3 章）。另外，碳促进硫、磷的偏析，因此，为预防结晶裂纹，对焊缝金属中碳的含量也需要控制。焊接低碳钢和低合金钢时，焊接材料中的硫、磷质量分数均应小于 0.03%～0.04%，碳的质量分数不超过 0.12%；焊接高合金钢时，硫、磷质量分数必须控制在0.03%以下，对要求高的场合甚至考虑采用超低碳焊丝（碳的质量分数为0.03%～0.06%）。

（2）改善焊缝的凝固组织 晶粒粗大尤其是粗大而方向性强的柱状晶是促进结晶裂纹形成的重要因素，因此，**改善焊缝凝固组织主要是指细化晶粒，减少或消除柱状晶**。通过细化焊缝凝固组织可以减少杂质元素（如硫、磷等）的偏析，改变凝固过程中液态薄膜的形态（避免连续大面积低熔液态薄膜的形成）。

细化焊缝凝固组织的方法主要有合金化（变质处理）和物理振动/搅拌等（详见第4章）。前者是向焊缝金属添加促进熔池凝固过程中非自发形核、细化凝固组织的合金元素，如钛（Ti）、锆（Zr）、铌（Nb）、钒（V）、钼（Mo）、稀土等，后者措施包括脉冲电流焊接、振动（机械振动、超声振动等）结晶、电磁搅拌等。如在钢中加入少量Ti以及在Al-4.5Mg合金中加入少量变质剂Zr（0.10%～0.15%）或Ti+B时可细化晶粒，降低裂纹倾向。如图7-17中是稀土元素钪对Al-Zn-Mg合金钨极氩弧焊（GTAW）焊缝结晶裂纹的影响，其中，母材成分为Al-3.90 Zn-1.86Mg-0.25Mn-0.18Zr－0.28Fe（指质量分数,%），图7-17a焊缝焊丝成分为Al-5.51Zn-0.34Mg-0.51 Mn-0.13Fe（指质量分数,%），图7-17b焊缝焊丝添加了稀土元素钪（Sc），成分为（Al-5.51Zn-0.34Mg-0.51Mn-0.13Fe）+0.25Sc（指质量分数,%）。从图7-17中可以明显看到，添加稀土元素钪（Sc）的焊缝组织得到明显细化，结晶裂纹形成情况也得到了改善。

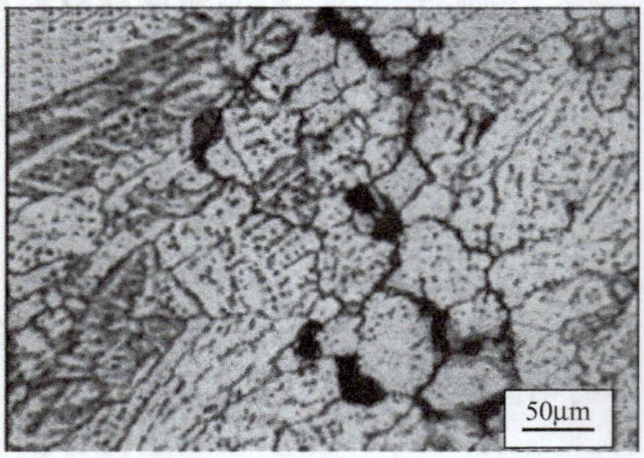

a)

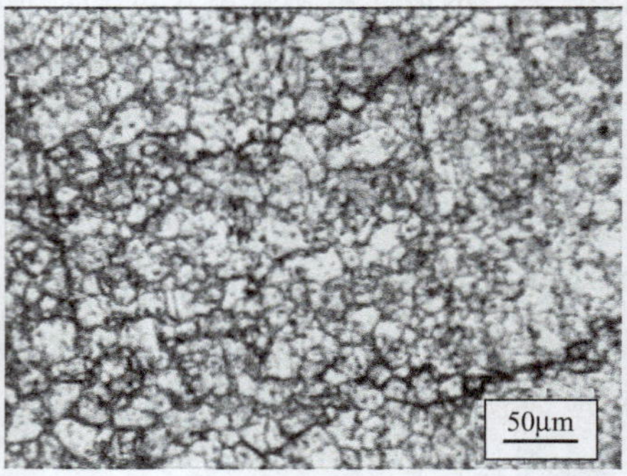

b)

图7-17 稀土元素钪对Al-Zn-Mg合金钨极氩弧焊焊缝结晶裂纹的影响[12]

a）Al-5.51Zn-0.34Mg-0.51Mn-0.13Fe焊丝 b）（Al-5.51Zn-0.34Mg-0.51Mn-0.13Fe）+0.25Sc焊丝

（3）增加低熔共晶液相的量 如前所述，结晶裂纹是焊缝凝固结晶过程中，由于残余液体金属不能及时填充因金属凝固收缩所形成的间隙，在应力作用下发生的一种沿晶开裂现象。按照结晶裂纹的形成机理，为预防结晶裂纹的形成，通常的想法是减少低熔共晶液相的量，但反过来仔细考虑，如果能够增加低熔共晶液相的量，使得金属凝固收缩所形成的间隙能够及时被液相填充，即焊缝金属凝固过程中有“自愈合”功能，则同样有希望减少结晶裂纹的形成。事实证明，这一思路对某些结晶裂纹倾向较大的材料（如高强铝合金）的确有效。图7-18中显示了Cu含量对铝合金熔化极气体保护电弧焊焊缝中结晶裂纹的影响，其中，图7-18a所示为1100焊丝焊接1100铝合金焊缝，焊缝仅含有0.1% Cu，基本不形成结晶裂纹；图7-18b所示为1100焊丝焊接2219铝合金焊缝，焊缝含4% Cu，形成了严重的结晶裂纹；图 7-18c 所示为 2239 焊丝焊接 2219 铝合金焊缝，焊缝含 8.4% Cu，结晶裂纹被共晶液相愈合。

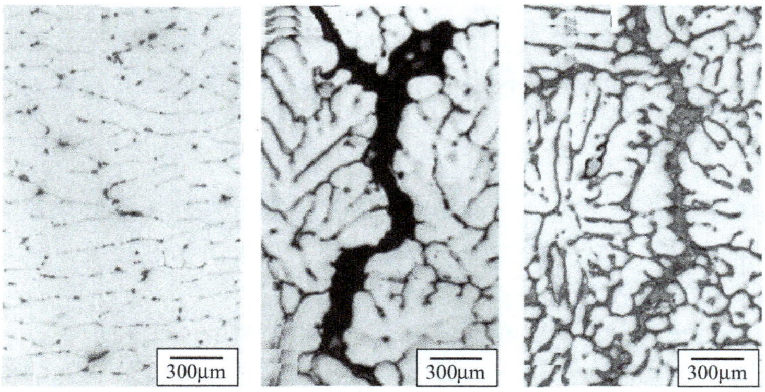

a)　　　　b)　　　　c)

图 7-18　Cu 含量对 Al-Cu 合金熔化极气体保护电弧焊焊缝结晶裂纹的影响[13]
a) Al-0.1Cu　b) Al-4.0Cu　c) Al-8.4Cu

但需要指出的是，这种方法的运用往往会受到其他因素（如材料性能）的制约，因此，并不是一种普遍使用的方法。

2. 工艺措施

控制结晶裂纹的工艺措施主要有控制焊接熔合比、合理设计接头结构和接头形式、优化焊接工艺等，其中前者实质上针对的仍然是焊缝金属的杂质问题，后两者考虑的方向主要是削弱或消除结晶裂纹形成的力学因素。

（1）控制熔合比　熔合比对焊缝金属化学成分有影响，因而对结晶裂纹倾向有影响。对于一些易于向焊缝转移有害杂质的母材，焊接时必须尽量减小熔合比，或者开大坡口，或者减小熔深，甚至堆焊隔离层。焊接中碳钢、高碳钢以及异种金属时，限制熔合比具有重要的意义。

（2）合理设计焊接结构和接头形式　焊接裂纹的形成需要力学条件——应力（应变）达到临界值。焊接母材和材料确定的条件下，焊接接头的应力（应变）与拘束度和焊接工艺有关，而其中的拘束度又主要取决于焊接结构和接头形式。因此，为防止和减少形成焊接裂纹，焊接结构和接头形式设计的主要目标是尽可能减小焊接拘束度。

（3）优化焊接工艺　优化焊接工艺包括采用合适的焊接热输入、焊前预热/焊后缓冷、采用合理的焊接次序等。焊接热输入和焊前预热/焊后缓冷主要是调控冷却速度，焊接次序则主要调控的是焊接拘束度。

7.2　焊接冷裂纹

7.2.1　焊接冷裂纹的一般特征

焊接冷裂纹是相对热裂纹而言，通常是指焊后冷至较低温度下产生的一类裂纹，对于低合金高强钢，其形成温度大约在马氏体转变温度（*Ms*）附近。焊接冷裂纹主要发生在低合金钢、中合金钢、中碳钢和高碳钢的焊接热影响区，个别情况下，如焊接超高强钢或某些钛合金时，冷裂纹也出现在焊缝金属上。冷裂纹的断口宏观上呈具有金属光泽的脆性断裂特征，微观上既有晶间（沿晶）断裂，也有穿晶（晶内）断裂，常常是晶间和穿晶的混合断裂。根据被焊材料和形成行为的不同，**冷裂纹可分为延迟裂纹、淬硬脆化裂纹和低塑性脆化裂纹三种。**

1. 延迟裂纹

延迟裂纹是冷裂纹中最常见的一种裂纹，其形成温度在马氏体转变温度（*Ms*）以下，主要特点是不在焊后立即出现，而是有一段孕育期，从数小时到数天，甚至更长，即具有明显的延迟特征，故称延迟裂纹。

焊接延迟裂纹的敏感材料主要有中碳钢、高碳钢、低合金钢和中合金钢等，裂纹多分布在焊接热影响区，但有时也出现在焊缝中。图 7-19a 和 b 中分别显示了位于焊接热影响区和焊缝金属中的延迟裂纹，可以看到，图 7-19a 的裂纹既有沿晶扩展，也有穿晶扩展。

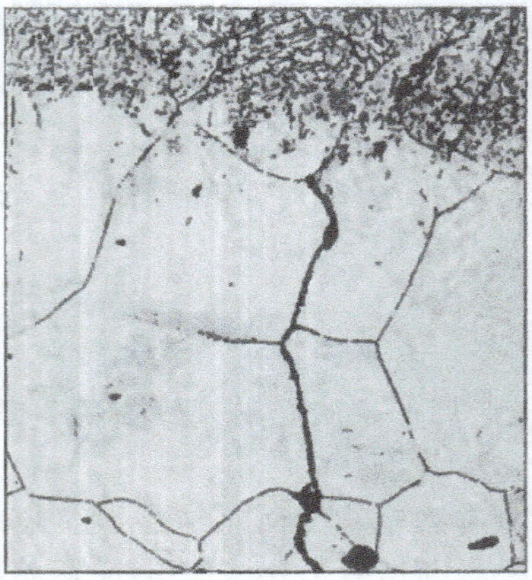

a)

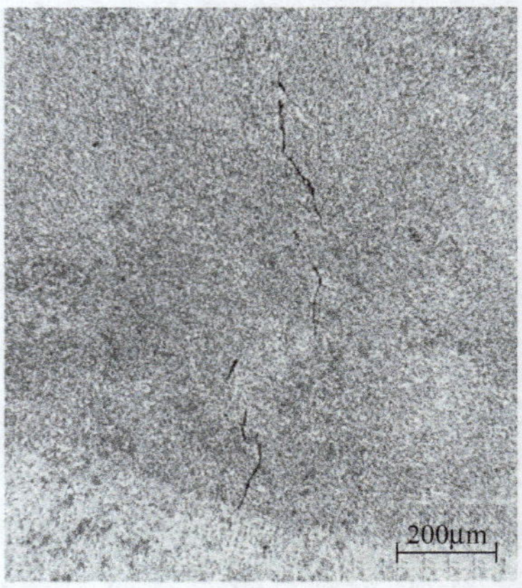

b)

图 7-19　焊接延迟裂纹

a）药芯焊丝电弧焊（FCAW）焊接 HY-80 钢[14]　b）埋弧焊（SAW）焊接 API 5L-X70 钢[15]

从分布的具体位置来看，焊趾附近、焊道下和焊缝根部是延迟裂纹常见的形成区域，分别称为焊趾裂纹、焊道下裂纹和根部裂纹，如图 7-20 所示。焊趾裂纹一般起源于焊趾（焊缝与母材交界）应力集中的部位，由焊趾表面向母材内部扩展，裂纹走向多与焊缝平行，如图 7-21a 所示。焊道下裂纹位于焊缝底部焊接热影响区，其走向多与熔合线平行，如图 7-21b 所示；该类裂纹主要发生在淬硬倾向较大、含氢量较高的焊接热影响区。根部裂纹是高强钢焊接时最常见的一种裂纹，尤其当焊缝金属含氢量较高且预热温度不足时更容易形成；该类裂纹常起源

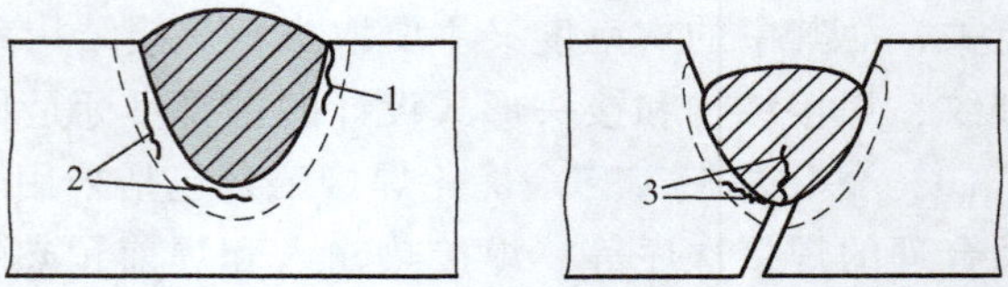

图 7-20　焊接延迟裂纹分布示意图

1—焊趾裂纹　2—焊道下裂纹　3—根部裂纹

于焊缝根部应力集中最大的部位，焊缝及热影响区均有可能出现。图 7-21c 所示为 y 型坡口裂纹试验中 16% Cr-7% Ni 焊丝钨极氩弧焊（GTA）焊接 980MPa 级中合金高强钢焊缝根部裂纹，结果表明当扩散氢含量在 1.5mL/100g 时，焊缝中没有出现裂纹，当焊缝中扩散氢含量达到 4mL/100g 时，焊缝中发现冷裂纹。

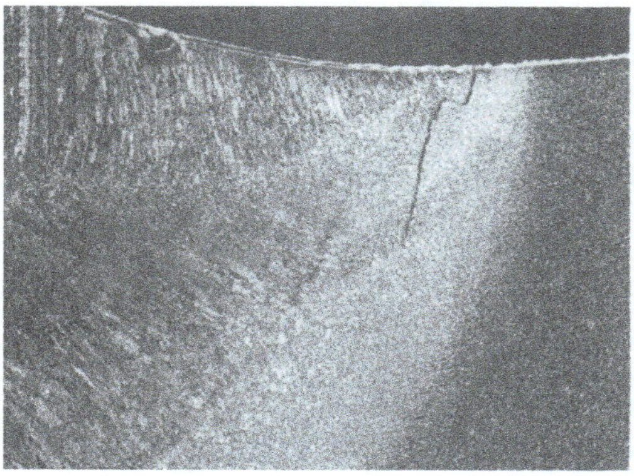

a)

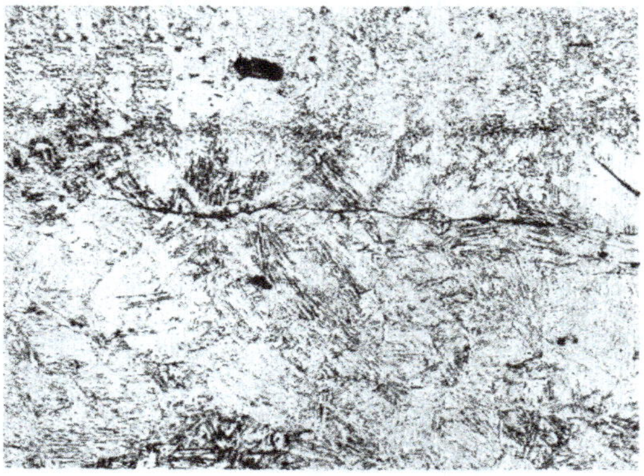

b)

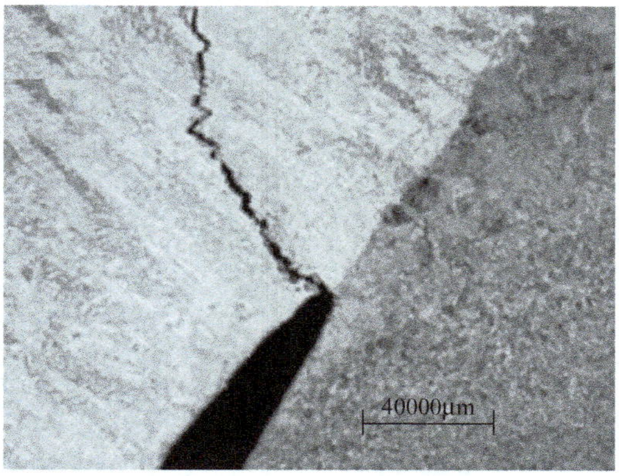

c)

图 7-21　典型的焊接延迟裂纹

a）焊趾裂纹（15MnV 钢焊条电弧焊）[16]　b）焊道下裂纹（HT80 钢焊条电弧焊）[17]

c）根部裂纹（980MPa 级中合金高强钢钨极氩弧焊）[18]

2. 淬硬脆化裂纹

淬硬脆化裂纹也称淬火裂纹，指一些淬硬倾向很大的钢在拘束应力作用下形成的裂纹。焊接含碳量较高的 Ni-Cr-Mo 钢、马氏体不锈钢、工具钢及异种钢等有可能出现这种裂纹。一般认为，这种裂纹是由冷却时马氏体相变而产生的脆性造成的，与氢的关系不大。其基本特点是没有延迟现象，焊后可以立即发现，在焊缝和热影响区上均有可能出现。图 7-22a 所示为采用低碳钢焊条 J506 在不预热条件下焊接灰铸铁焊缝中的马氏体组织及淬硬脆化裂纹；图 7-22b 是采用 ERNiCr-3 焊丝钨极氩弧焊（GTA）焊接 T91/HR3C 异种钢接头 T91 侧热影响区的淬硬脆化裂纹。

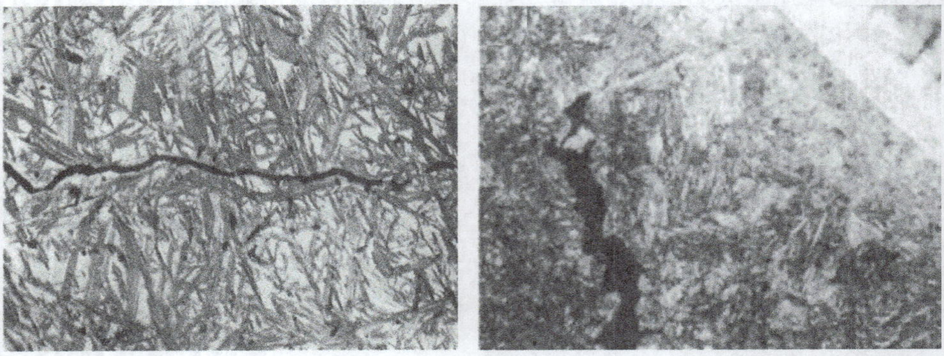

a)　　　　b)

图 7-22　淬硬脆化裂纹

a）低碳钢焊条 J506 冷焊灰铸铁马氏体焊缝[16]

b）ERNiCr-3 焊丝钨极氩弧焊（GTA）焊接 T91/HR3C 异种钢焊接接头 T91 侧热影响区[19]

3. 低塑性脆化裂纹

某些塑性较低的材料冷至低温时，由于收缩力而引起的应变超过了材质本身所具有的塑性储备或材质变脆而产生的裂纹，称为低塑性脆化裂纹。铸铁补焊、堆焊硬质合金和焊接高铬合金时常出现这种裂纹。图 7-23 所示为在不预热的条件下，采用高钒钢焊条 Z116 焊接灰铸铁形成的低塑性脆化裂纹，裂纹在焊趾处启裂，属焊趾裂纹。

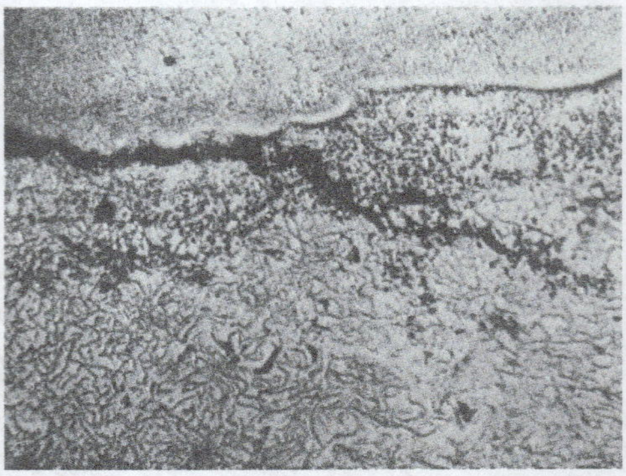

图 7-23　Z116 焊条冷焊灰铸铁接头低塑性脆化裂纹[16]

焊接冷裂纹中最常见的裂纹是延迟裂纹，实际中常常将二者等同起来。本节中主要以延迟裂纹为例对焊接冷裂纹的形成机理和控制措施进行讨论。

7.2.2　焊接延迟裂纹的形成机理

研究表明，焊接延迟裂纹的形成与接头中的含氢量、淬硬组织以及接头所处的拘束应力状态具有密切的关系，而且，这三方面因素是相互联系和作用的，因此，**“氢”“组织”和“应力”也被称为延迟裂纹的三大要素**。

1. 氢的作用

如第 3 章中所述，氢在金属中有两种形式，**一是可以运动的“扩散氢”；二是不可运动的“残余氢”**。扩散氢在冷裂纹的形成中起着重要的作用。它决定了裂纹形成过程中的延迟特点及其断口上的氢脆开裂特征。因此许多文献也把氢引起的延迟裂纹特别地称为“氢致裂纹”（Hydrogen-induced Crack）或“氢助裂纹”（Hydrogen-assisted Crack）。

关于氢与裂纹形成与扩展的关系，国内外有大量的研究。采用特殊的实验装置观察氢致裂纹的开裂过程，可以发现：

1）裂纹尖端有氢气泡形成，且氢气泡最容易集中在应力集中部位，如显微裂纹和显微夹杂物与基体的界面，应力越大，氢气泡逸出也越激烈；降低应力，氢气泡逸出减弱，甚至可以停止逸出，说明氢的扩散与应力有关。

2）氢致裂纹多在熔合区出现，如不完全混合区与半熔化区的固液晶界上、MnS与基体的界面上，或发生在有马氏体针片的晶界上。硫化物球化后，冷裂倾向即减小，说明硫促进冷裂纹的形成。

3）在定载试验时，微裂纹发生的潜伏期随应力或扩散氢含量的增加而缩短。

4）微裂纹附近的塑性变形区（屈服区）随时间的延长逐步扩大，成为宏观裂纹。特别要说明的是，裂纹尖端附近的塑性变形量，随氢含量的增多而增大。这充分说明氢加速了开裂过程。

上述现象表明冷裂纹与氢的作用密切相关。事实上，在较高温度下（如100℃以上）由于氢的扩散速度很快，能迅速扩散到金属表面而逸出，不形成氢致裂纹；而在很低的温度（如-100℃）下，氢的扩散受到抑制，即使经历很长时间后也不导致延迟开裂。因此，扩散氢在金属中的扩散行为对金属的脆化和延迟开裂起着决定性的作用。

关于延迟裂纹的形成和扩展机理，从20世纪40年代开始就有研究者进行研究，并提出了多种假说和模型[20-23]。研究表明，焊接延迟裂纹的形成和扩展与氢的“**应力诱导扩散**”引起的偏聚有关。图7-24所示为应力诱导扩散模型。实际焊接接头中总存在一些微观缺陷（如微孔、微夹杂和晶格缺陷等），在应力作用下，会在微观缺陷构成的裂纹敏感区域附近形成局部三维应力场。氢具有向该区域扩散的倾向，应力随着氢的扩散而增大，缺口尖端局部塑性应变量也随氢量增多而增大，同时，微观局部塑性应变量最大的部位也是扩散氢最易于偏聚的部位，即存在一个扩散氢向应力集中场聚集扩散（也称“浓化扩散”）的过程，这就是应力诱导扩散。在氢浓化区域，当氢的浓度达到临界值时，裂纹就会形核（启裂）并扩展。当裂纹向前延伸时，又会形成新的三维应力场。如果氢的浓化扩散尚未达到临界浓度，裂纹会暂停向前延伸，一旦氢量达到临界浓度时，裂纹又通过富氢区继续向前扩展。这种过程可周而复始反复不断进行，直至形成宏观裂纹。“应力诱导扩散”理论很好地解释了焊接冷裂纹的“延迟”特征及其与氢的关系。

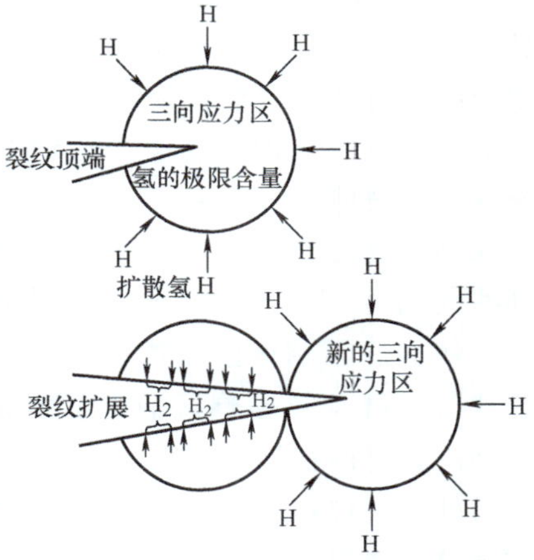

图7-24 应力诱导扩散模型[7]

实际焊接接头中，延迟裂纹容易在近缝区（熔合区）形成，这是由焊接过程中氢的“**相变诱导扩散**”行为决定的。

氢在金属中的溶解和扩散行为与金属组织类型关系密切，在不同类型的相结构中，氢的溶解度和扩散速度（扩散系数）通常存在明显的差异。如图7-25所示，氢在奥氏体中的溶解度要比在铁素体中的溶解度大得多。因此，在焊接后的冷却过程中，当金属发生从奥氏体向铁素体转变时，氢的溶解度要发生突然下降。但氢的扩散速度（扩散系数）却恰好相反，由奥氏体向铁素体转变后突然增大。

由钢的热处理理论可知，钢的固态转变组织取决于化学成分和冷却速度，根据其成分和冷却速度的不同，可以由奥氏体分解为铁素体、珠光体、贝氏体和马氏体，这些组织中都含有铁素体或类似铁素体的体心结构相。由于焊缝金属的含碳量一般低于母材，焊缝和母材热影响区的固态转变并不相同（通常前者为 γ→F+P，后者为 γ→M），因此，焊缝与近缝区的固态相变不同步（冷却不均匀也会导致相变不同步）：焊缝先发生从奥氏体向铁素体和珠光体的转变（γ→F+P），而近缝区奥氏体向马氏体的转变（γ→M）要滞后于焊缝，即焊缝固态转变等温界面 T_{AF} 在近缝区转变等温界面 T_{AM} 之前，如图 7-26 所示。这就意味着当焊缝中发生 γ→F+P 转变时，近缝区仍为 γ 组织。由于氢在铁素体中的溶解度小而扩散系数大，因此，氢很快越过熔合线 *ab* 向尚未发生转变的近缝区扩散，且在近缝区转变前氢来不及从熔合区扩散进入较远的母材中，从而在熔合线附近形成富氢区域。当滞后相变的富氢热影响区发生奥氏体向马氏体 γ→M 转变时，氢便以过饱和状态残留在马氏体中，促使该区域进一步脆化而形成延迟裂纹，这就是冷裂纹易于在熔合区产生的原因。若该部位还有缺口效应，则更加剧裂纹敏感性。

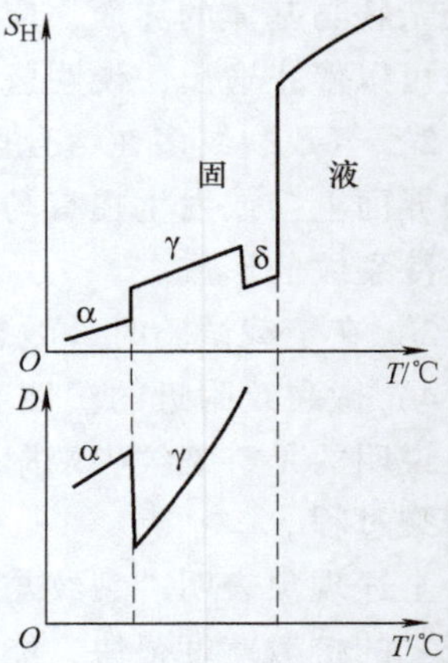

图 7-25　氢的溶解度 S_H 及扩散系数 *D* 与晶体结构的关系[24]

根据上述分析还可以进一步推测，当焊接某些超高强钢时，如果焊缝金属合金成分复杂，使得热影响区的组织转变先于焊缝进行，这时氢就从热影响区向焊缝扩散，氢致延迟裂纹就可能在焊缝出现。

另外，在焊接过程中存在着各种促使氢扩散集聚的条件。无论是何种原因引起氢在接头中的扩散集聚，只要某个局部区域含氢量超过一定的临界值后就会产生裂纹。但引起裂纹的扩散氢含量的临界值与其他两个因素，即组织状态和应力状态有着密切的关系。

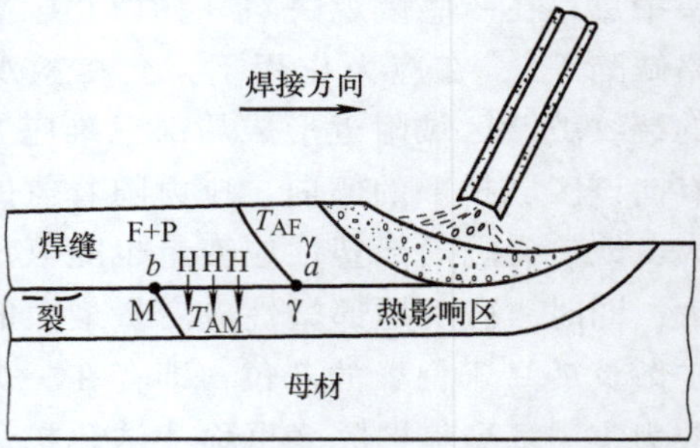

图 7-26　高强钢热影响区（HAZ）氢的扩散行为与延迟裂纹的形成过程示意图[7]

2. 组织硬化作用

组织硬化是焊接延迟裂纹形成的另一个关键因素。通常，**焊缝或热影响区的淬硬程度越高或脆硬马氏体数量越多，越易形成冷裂纹，如图 7-27 所示**。如上所述，实际焊接中焊接延迟裂纹最容易在焊接热影响区的近缝区发生，而热影响区的淬硬倾向主要取决于钢材的化学成分、板厚、焊接工艺和冷却速度等。对于低合金钢（如 HT60），随着冷却速度增加，焊接热影响区的马氏体组织含量增加，硬度提高，焊接表面、断面和根部的焊接延迟裂纹的敏感性（裂纹率 C_R）增加，如图 7-28 所示。由于钢的合金化程度越高淬硬倾向越大，因此，微合金化高强钢越来越得到重视，已广泛地用于焊接结构的生产。

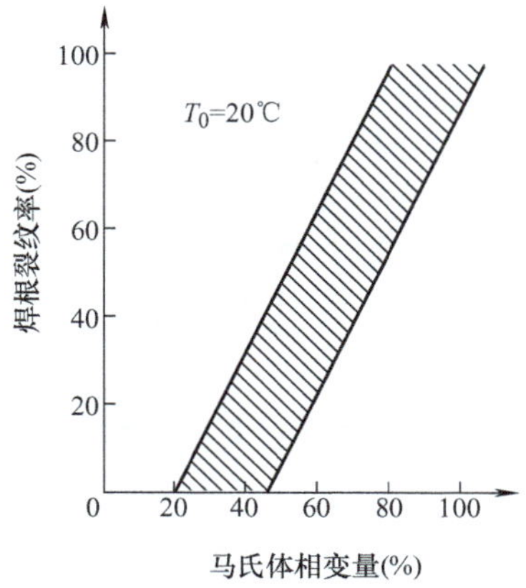

图 7-27 马氏体相变量对冷裂纹的影响[4]

(Cr13Nb，斜 Y 坡口)

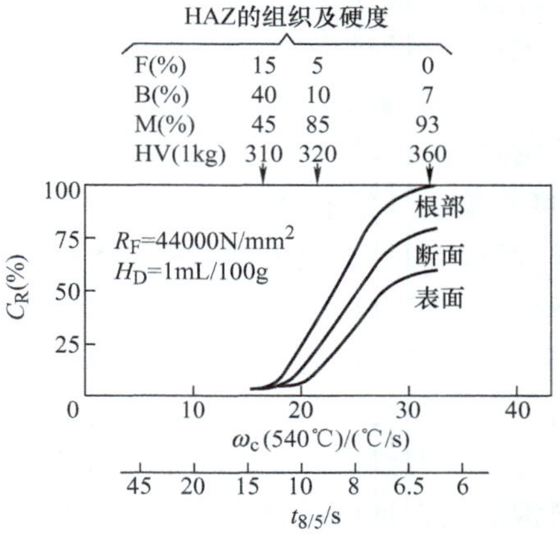

图 7-28 马氏体数量与冷却速度的关系及其对热影响区冷裂倾向的影响[25]

(HT60：0.15% C，0.45% Si，1.27% Mn)

热影响区淬硬易于引发冷裂纹是由于马氏体的脆硬性：马氏体相变时，会发生较大的晶格畸变，致使组织处于硬化状态。焊接时，近缝区的加热温度很高，使奥氏体晶粒发生严重长大，焊后快速冷却时，粗大的奥氏体就转变为粗大的马氏体，这种脆硬的马氏体组织的断裂多为低能量的脆性断裂，裂纹易于形成和扩展。这正是近缝区较焊缝区易于形成冷裂纹的组织因素。

关于组织对焊接冷裂纹的影响，根据大量的研究，发现组织对裂纹敏感性大致按下列顺序增大：铁素体（F）或珠光体（P）→下贝氏体（B_L）→低碳马氏体（M_L）→上贝氏体（B_U）→粒状贝氏体（B_g）→高碳孪晶马氏体（M_T）。

由于近缝区淬硬倾向直接与其化学成分相关，其中尤以碳当量的影响最大，因此可以用碳当量来反映淬硬倾向和冷裂纹敏感性：

$$CE_{(IIW)} = w(C) + \frac{w(Mn)}{6} + \frac{w(Cu + Ni)}{15} + \frac{w(Cr + Mo + V)}{5} \tag{7-4}$$

当钢种的焊接淬硬倾向较大时，可能会由于马氏体的脆硬直接引发裂纹，这种裂纹与淬火裂纹类似。此外，淬硬会形成更多的晶格缺陷。马氏体是在快速冷却时形成的非平衡组织，其中含有大量的晶格缺陷，主要是空位和位错。例如，条状马氏体内部的亚结构位错密度高达（3～9）$\times 10^{11}/cm^2$。在应力作用下，空位和位错会发生移动和聚集，当它们的含量达到一定的临界值后，就会形成裂纹源。在应力作用下，微裂纹不断扩展，直至形成宏观裂纹。

3. 应力的作用

氢和淬硬组织是形成冷裂纹的内在因素，而应力则是外在条件。延迟裂纹的形成与扩展与所受应力之间有直接的关系。如图 7-29 所示，对于延迟裂纹的形成，存在一个临界应力，当应力高于上临界应力 σ_{UC}时，立即断裂，无延迟现象，但此时的强度低于无氢试样的缺口拉伸强度 σ_n。当低于下临界应力 σ_{LC}时，不发生断裂。当应力在 σ_{UC} 和 σ_{LC}之间时，断裂具有延迟特征，且应力越小，延迟时间（潜伏期）越长。

焊接过程中接头内部主要存在三种应力：①焊接不均匀加热与冷却过程中所形成的热应力，主要与焊接母材和填充材料的热物理性质、焊接加热条件和焊接结构（刚度）有关；②相变过程中比体积和各向异性引起的组织应力，与相变类型、冷却条件和拘束条件等因素有关；③焊接结构自身拘束条件所造成的结构应力，与结构的刚度、结构的自重与负载、焊接顺序和焊缝位置等因素有关。由于这些应力都是结构受到各种拘束而产生的，因此，将它们统称为拘束应力。

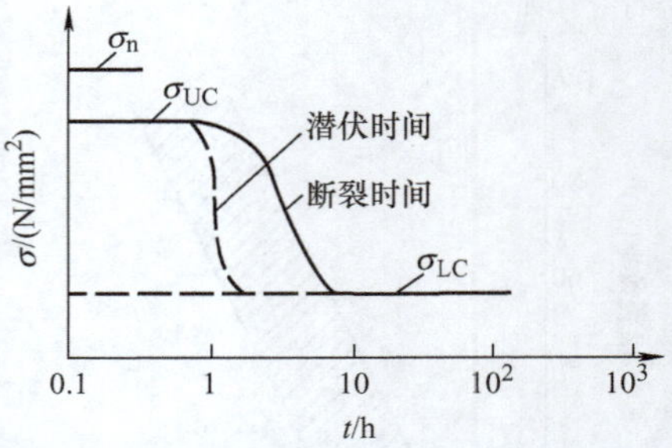

图 7-29　高强钢的延迟开裂与应力的关系[20]

材料和焊接工艺确定的条件下，焊接过程中接头拘束应力的大小由拘束条件（程度）决定。为了表征焊接过程中接头的拘束程度，提出了“**拘束度**”的概念，其定义是：**使接头根部间隙发生单位长度的弹性位移时，单位长度焊缝所承受的力。**

如图 7-30 所示，对于两端被刚性固定的对接接头，其拘束度可以表示为

$$R=\frac{F}{lS} \tag{7-5}$$

式中，F 为拘束载荷（N）；l 为焊缝长度（mm）；S 为撤除一端拘束后焊缝间隙的弹性位移（mm）。S 包含了母材的弹性收缩 λ_b 和焊缝的弹性收缩 λ_w，即

$$S=\lambda_b+\lambda_w$$

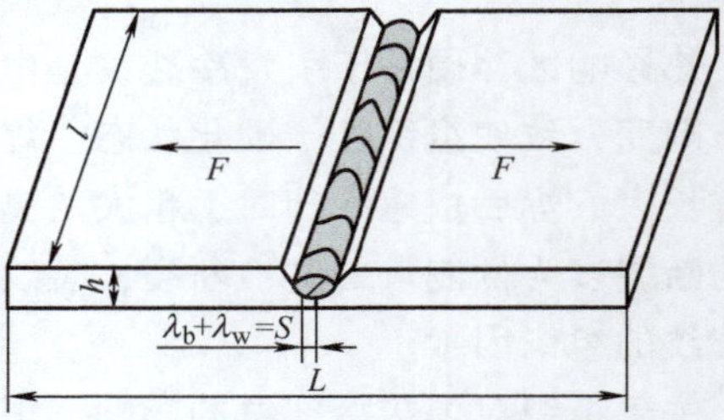

图 7-30　对接接头拘束度定义示意图

由于 $\lambda_b \gg \lambda_w$

因此

$$R\approx\frac{F}{l\lambda_b}=\frac{F}{lh}\,\frac{L}{\lambda_b}\,\frac{h}{L}=\sigma\,\frac{1}{\varepsilon}\,\frac{h}{L}=\frac{Eh}{L} \tag{7-6}$$

式中，E 为母材金属的弹性模量（N/mm^2）；h 为母材板厚（mm）；L 为拘束距离（mm）；σ 为母材中的弹性应力（N/mm^2）；ε 为母材中的弹性应变。

式（7-6）表明，拘束度 R 随 L 的减小和 h 的增大而增加，改变拘束距离 L 和板厚 h 均会影响拘束度 R 的大小。

在实际中，焊前预测焊接接头中的拘束应力是困难的。如上所述，拘束应力由拘束度决定，拘束度可以反映接头中的拘束应力。研究表明，当拘束度在一定范围内时，作用于焊缝上的拘束应力 σ_w 可以用拘束度近似估算：

$$\sigma_w=mR \tag{7-7}$$

式中，m 为拘束应力转换系数，与母材的力学熔点、线膨胀系数、比热容及接头的坡口形式等因素有关，低合金钢焊条电弧焊时，$m\approx0.03\sim0.05$。

当局部有应力集中时，发生冷裂纹局部位置的拘束应力与应力集中系数 K 有关：

$$\sigma_L=K\sigma_w \tag{7-8}$$

在焊接材料和工艺确定（即“氢”和“组织”因素确定）的条件下，随着拘束度 R 增大，焊接接头中的应力增大，裂纹敏感性增加。当 R 值大到一定程度时，就会产生冷裂纹，这时的 R 值称为临界拘束度 R_{cr}。接头的临界拘束度 R_{cr} 越大，表明该接头的抗裂性能越好。

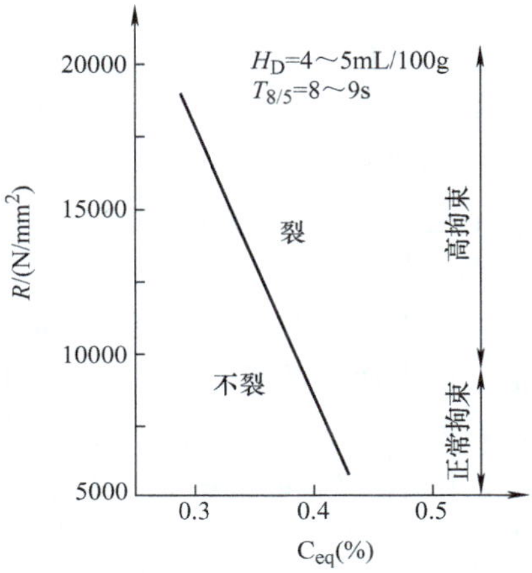

图 7-31 拘束度 R 和碳当量对冷裂纹的影响[24]

图 7-31 显示了在一定的扩散氢和冷速条件下拘束度（应力）和碳当量对冷裂纹的影响，其中，碳当量按式（7-4）计算。可以看到，**拘束度越大、碳当量越高，越容易形成冷裂纹**。实际上，该图还可以看成是：碳当量一定时，形成裂纹的临界拘束度，或拘束度一定时，形成裂纹的临界碳当量。**随碳当量增加，形成裂纹的临界拘束度降低；反之，拘束度增大，形成裂纹的临界碳当量降低。**

7.2.3 临界关系和判据

焊接冷裂纹的形成也应遵循裂纹形成的一般准则，当接头产生的应变量超过其塑性变形能力时，就会形成裂纹，即

$$\varepsilon \geqslant p \tag{7-9}$$

式中，p 为接头裂纹发生部位的塑性；ε 为接头在应力作用下发生的应变。

一般来说，ε 与拘束度（R）有关，而 p 由氢含量和组织决定。实际上式（7-9）只是理论上一个定性的判据，难以实际应用。

由 7.2.2 小节中的分析讨论可以看到，“氢”“组织”和“应力”三者对冷裂纹的影响并不是孤立的，相互之间有着密切的联系；通常含氢量越高、组织氢脆敏感性越大、应力越大，则产生冷裂纹的倾向越大。为了在工程应用上对钢材焊接结构的冷裂敏感性进行定量评价，人们在总结上述三方面因素的基础上，得到了若干形成冷裂纹的判据，其中最有代表性的是 20 世纪 60 年代后期建立起来的裂纹敏感指数 P_W 和 P_C：

$$P_W = P_{CM} + \frac{H_D}{60} + \frac{R}{400000} \tag{7-10}$$

$$P_C = P_{CM} + \frac{H_D}{60} + \frac{h}{600} \tag{7-11}$$

式中，P_{CM} 为合金元素的裂纹敏感系数（%），表征了组织因素对裂纹敏感性的影响，可用下式计算：

$$P_{CM} = w(C) + \frac{w(Si)}{30} + \frac{w(Mn + Cr + Cu)}{20} + \frac{w(Ni)}{60} + \frac{w(Mo)}{15} + \frac{w(V)}{10} + 5w(B) \tag{7-12}$$

式（7-12）是根据 200 种低碳低合金高强钢的实验数据总结出来的经验公式，其适用范围

为：w(C)=0.07%～0.22%，w(Si)=0～0.6%，w(Mn)=0.4%～1.4%，w(Cu)=0～0.5%，w(Ni)=0～1.20%，w(Cr)=0～1.2%，w(Mo)=0～0.7%，w(V)=0～0.12%，w(Ti)=0～0.05%，w(Nb)=0～0.04%，w(B)=0～0.005%，扩散氢含量 H_D=1.0～5.0mL/100g，母材板厚 h=19～50mm，拘束度 R=5000～33000N/mm²，焊接热输入 E=17～30kJ/cm，试件为斜Y坡口。

研究表明，“氢”“组织”和“应力”三个因素中，当其他两个因素确定时，另一个因素对于形成裂纹都存在临界值，该临界值可以用于评价和表征其他因素确定时该因素对冷裂纹形成的作用和敏感性的影响。当其他两个因素发生变化时，另一个因素的临界值也将变化，因此，一个因素的临界值与其他因素之间存在函数关系。由于焊缝（接头）的扩散氢含量、组织结构和拘束应力分别不同程度地与母材、焊接材料、焊接结构和焊接工艺，即碳当量、冷却速度（冷却时间）、预热温度、后热温度、拘束度等因素有关，因此，对于冷裂纹的形成，除直接地有临界扩散氢含量、临界应力等以外，还间接地有临界碳当量、临界预热温度、临界拘束度、临界冷却时间等。这些临界关系式可以作为冷裂纹形成与否的判据，同时通过这些临界关系式也可以定性地了解各种因素对冷裂纹倾向的影响。

根据式（7-10）～式（7-12），在大量试验的基础上获得了一系列冷裂纹的临界关系式（工程判据）。以下介绍几种常见因素的临界关系。

1. 临界扩散氢含量

如上所述，氢是引起高强钢焊接延迟裂纹的重要因素之一，**随着扩散氢的增加，焊接接头延迟裂纹敏感性增加**。形成裂纹的扩散氢临界含量与钢的化学成分（碳当量）、拘束度（焊接结构）、预热温度和后热温度等有关。在斜Y坡口试验条件下，低合金高强钢产生冷裂纹的临界扩散氢 $(H_D)_{cr}$ 为[4]：

$$\lg(H_D)_{cr}=3.92-15.3\left(P_{CM}+\frac{R}{40000}\right) \tag{7-13}$$

很明显，P_{CM} 或 R 越大，引起冷裂纹的临界扩散氢含量越低，裂纹倾向越大。

图7-32给出了HT50、HT60和HT80钢热影响区延迟裂纹临界氢含量与碳当量的关系。可以看出，随着碳当量的增加，延迟裂纹临界含氢量基本呈线性下降；当碳当量较高时，即使氢含量很低，也会产生冷裂纹。

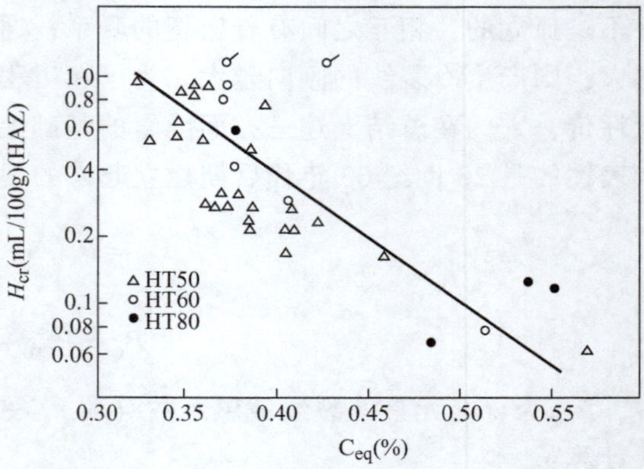

图7-32　碳当量与冷裂纹临界含氢量的关系[7]

2. 临界应力

当其他焊接条件确定时，对于形成冷裂纹存在临界应力。临界应力也可以作为评价冷裂纹敏感性的判据。

在插销试验条件下，产生冷裂纹的临界应力[26]为

$$\sigma_{cr}=-2420\left(P_{CM}+\frac{H_D}{60}\right)+500\lg t_{100}-30 \tag{7-14}$$

此外，日本 IL 委员会利用插销试验也建立了冷裂纹的临界应力经验公式[27]：

$$\sigma_{cr}=86.3-211P_{CM}-28.2\lg(H_D+1)+2.73t_{8/5}+9.7\times10^{-3}t_{100} \quad (7\text{-}15)$$

式中，σ_{cr}为插销试验的临界应力（N/mm^2）；H_D为扩散氢含量（JIS 测定法，mL/100g）；$t_{8/5}$为 800～500℃的冷却时间（s）；t_{100}为由峰值温度冷却至 100℃的冷却时间（s）。

临界应力与钢的化学成分、接头的氢含量和焊接工艺（焊前预热、焊后缓冷）等有关。**一般来说，钢的碳当量越高、接头淬硬倾向越大、含氢量越高，形成延迟裂纹的临界应力越低；预热或后热越充分（温度越高、时间越长），临界应力越高**。

图 7-33 所示为低合金高强钢 HT80 根部裂纹临界应力与扩散氢含量及焊前预热温度的关系。可以看到，随着扩散氢含量增加，根部裂纹临界应力快速降低，但随预热温度的提高，下降越来越缓慢，直至当预热温度达到 200℃时，临界应力基本不随扩散氢含量变化；另外，随扩散氢含量降低，不同预热温度条件下的临界应力差异变小，当扩散氢含量为零时趋于相同。这些规律都证明了焊接延迟裂纹与扩散氢的密切关系。

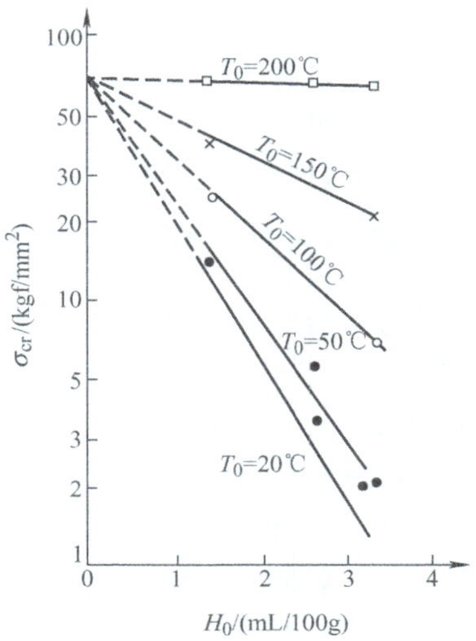

图 7-33 HT80 钢焊接根部裂纹临界应力与扩散氢含量及焊前预热温度的关系（板厚 20mm，斜 Y 坡口，TRC 试验）[24]

3. 临界预热温度

焊前预热可以降低接头冷却速度，因而，可以降低接头的淬硬程度，也可以降低焊缝的含氢量和应力，是预防冷裂纹的有效措施之一。

根据式（7-10）～式（7-12），在大量试验的基础上，建立了避免产生冷裂纹的临界预热温度的经验公式[28]：

$$T_{cr}=1400P_W-392℃ \quad (7\text{-}16)$$

如果熔敷金属中含氢量高于 5mL/100g，可采用如下公式估算[29]：

$$T_{cr}=1600P_H-408℃ \quad (7\text{-}17)$$

其中

$$P_H=P_{CM}+0.075\lg H_D+\frac{R}{400000} \quad (7\text{-}18)$$

临界预热温度与钢的碳当量、接头的含氢量及拘束度等因素有关，一般地说，**钢的碳当量和接头的含氢量越高、拘束度越大，避免延迟裂纹的临界预热温度越高**。如图 7-34 给出了避免裂纹的临界预热温度与碳当量的关系，其中碳当量按下式估算：

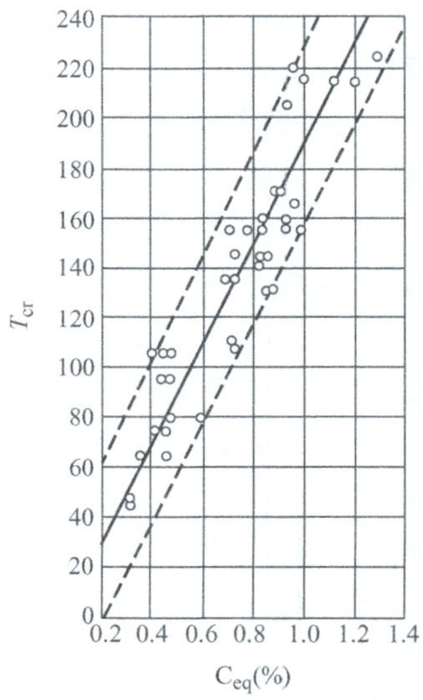

图 7-34 临界预热温度与碳当量的关系[30]

$$C_{eq}=w(C)+\frac{w(Mn)}{6}+\frac{w(Si)}{24}+\frac{w(Ni)}{40}+\frac{w(Cr)}{5}+\frac{w(Mo)}{4} \tag{7-19}$$

4. 临界冷却时间

焊后冷却时间，即由峰值温度冷却至100℃的冷却时间，对氢的扩散逸出及接头的组织性能具有重要影响。因此，在一定条件下，通过控制焊后冷却时间也可以减少或避免焊接冷裂纹的形成。研究表明，低合金高强钢插销试验产生根部裂纹的临界冷却时间$(t_{100})_{cr}$为[4]：

$$(t_{100})_{cr}=A\,(P_W-0.276)^2 \tag{7-20}$$

式中，A为常数，其值约为10.5×10^4；P_W为式（7-10）中的冷裂纹敏感指数。

当$t_{100}\geqslant t_{cr}$时，可以防止产生根部裂纹。

7.2.4 焊接冷裂纹的控制措施

冷裂纹的影响因素很多，也很复杂，因此防止冷裂纹总的原则就是控制影响冷裂纹的三大因素，即尽可能降低拘束应力、消除或减少氢的来源，并改善接头（焊缝及热影响区）的组织。以下就冷裂纹的防止从冶金和工艺两方面进行阐述。

1. 冶金措施

（1）焊接材料的选择

1）选用低氢或超低氢焊条。从焊接本身看，选用低氢或超低氢焊条是防止冷裂纹的有效措施之一。但必须注意，低氢焊条应严格限制药皮含水量，焊条的烘干十分重要。对于某些淬硬倾向不太大的高强钢，有时只要将焊条在450℃烘干后使用，即可防止产生冷裂纹。

2）选用低强焊条。为防止接头产生冷裂纹，一般高强钢均不允许焊缝中有马氏体相变发生，因此，选用低强焊条（使焊缝强度低于母材强度）焊接易于达到这一要求。对于低碳低合金高强钢，适当降低焊缝强度可以降低拘束应力而减轻熔合区的负担，对防止冷裂纹有利。但对于中碳调质钢或高碳钢等淬硬倾向大的钢种，则有可能利用焊缝的马氏体相变膨胀来减缓拘束应力。

3）选用奥氏体焊条。采用奥氏体焊条的优点是不需要采取预热措施而又能防止冷裂纹的产生。一般认为，焊缝为奥氏体组织时对防止冷裂纹的有利作用有三方面：其一，如前所述，氢在奥氏体中有较大的溶解度和较小的扩散系数，因此奥氏体组织可以固溶更多的氢而减缓氢向近缝区扩散；其二，焊缝强度低而塑性高（伸长率可高达40%以上），从而可减小接头的冷裂纹敏感性；其三，焊缝冷却过程中在450℃左右可以产生较大的瞬时应力，致使近缝区产生较大塑性形变，奥氏体稳定性降低，从而使奥氏体显著地移向中温贝氏体转变区，近缝区因而不易产生淬硬马氏体组织。

采用奥氏体焊条时，必须尽可能限制焊接电流，以减小熔合比；否则会致使焊缝凝固过渡层的Cr和Ni发生稀释，在过渡层形成马氏体组织，从而引起冷裂纹。其次，采用奥氏体焊条焊接高强钢时，仍然应尽可能限制氢量，否则，仍有可能有微量氢扩散到已经马氏体化的熔合区，促使产生延迟裂纹。即使韧性优异的低温钢（9% Ni），在采用Ni基合金焊条焊接时，也曾发现微量氢导致熔合区形成焊根裂纹。在拘束条件下，即便是奥氏体焊缝，微量氢对近缝区延迟裂纹也会产生影响。

（2）特殊微量元素的应用 为降低焊缝含氢量，可以在焊接材料中加入一些表面活性元素，如 Te（碲）、Se（硒）及稀土元素 Re 等，其中 Te 的降氢效果最好。在焊条中复合加入 Te 和 Re 可以显著提高接头的抗冷裂性能（参见第 3 章）。

2. 焊接工艺措施

1）选用低氢的焊接方法。CO_2气体保护焊由于具有一定的氧化性，故而可获得低氢焊缝，扩散氢含量（甘油法）仅为 0.04 ~ 1.0mL/100g。碱性药芯焊丝 CO_2气体保护焊时，同样也能获得低氢焊缝，可显著改善抗冷裂纹的能力。

2）焊前预热。如前所述，焊前预热有利于减小冷却速度，降低接头的淬硬倾向，还有利于氢的扩散逸出。确定预热温度时，必须综合考虑施焊时的环境温度、钢种的成分和强度级别（以碳当量 C_{eq}或 P_{CM}表示）、坡口形式、焊接材料类型和焊缝金属含氢量等。环境温度越低，板越厚，钢种强度级别越高，需要的预热温度也越高。可根据经验公式来初步确定预热温度。一般地说，P_W值越大（即钢材的 P_{cm}越大，或拘束度 R 越大，或扩散氢含量 H_D越高），越需要提高预热温度。

3）焊后热处理。焊接后在一定温度下进行较长时间的保温处理，即焊后热处理可以促进氢的扩散逸出，降低扩散氢的含量，还可以在一定程度上使接头应力得到松弛、改善接头的组织（减少淬硬组织），因此，可以有效地预防延迟裂纹的形成。

研究表明，对于碳钢和低合金钢，防止延迟裂纹形成的后热温度与钢的化学成分之间具有如下经验关系[31]：

$$T_p = 455.5\,(C_{eq})_p - 111.4 \tag{7-21}$$

式中，T_p 为预防延迟裂纹所需的后热温度（℃）；$(C_{eq})_p$ 为碳当量，其值按下式计算：

$$\begin{aligned}(C_{eq})_p = {} & C + 0.2033Mn + 0.0473Cr + 0.1228Mo + 0.0292Ni + \\ & 0.0359Cu - 0.0792Si - 1.595P + 1.692S + 0.844V\end{aligned} \tag{7-22}$$

可见碳当量越高，需要的后热温度越高。

实际上，后热温度不仅与碳当量有关，而且还应该与氢含量、拘束条件及后热时间等因素有关，因此式（7-21）的局限性是很明显的。后热温度一定时，增加后热时间有利于防止裂纹；反之，后热时间一定时，提高后热温度有利于减小裂纹倾向。后热温度 T_p与后热时间 t_p的关系可写成下列关系式：

$$t_p = A\exp\left(\frac{Q}{RT_p}\right) \tag{7-23}$$

式中，R、A 为常数；Q 为激活能，其值与钢种无关，而为定值 52kJ/mol，这一数值同 200℃以下氢的扩散激活能（25.6 ~ 48.4kJ/mol）接近。

对于潜伏期非常短或根本无潜伏期的钢种，可能来不及进行焊后热处理即已产生冷裂纹。因此，焊后热处理有时候必须"抢时间"，即需要进行所谓的"紧急后热"。

4）控制焊接热输入。从防止产生淬硬组织考虑，焊接高强钢时应尽可能降低冷却速度或增大 $t_{8/5}$，除了预热，适当增大热输入应当有利。但必须避免奥氏体晶粒过分粗化、形成粗大马氏体，否则更为有害。对于大多数低碳低合金高强钢，提高热输入可以减缓冷却速度、增加冷却时间，从而提高形成冷裂纹的临界应力（σ_{cr}）。

5）采用多层焊。与单层焊缝相比，多层焊能够显著减少焊根裂纹。这是因为后一层焊道的焊接热可以促进前一层焊道中氢的扩散逸出，并可使前一层焊道热影响区的淬硬层软化。但多层焊时必须控制好层间温度。一般来说，应该在前一层焊道尚未产生焊根裂纹的潜伏期内完成后一层焊道的焊接。插销试验研究表明，对于 HT50 ~ HT70（P_{CM} = 0.15% ~0.26%）钢，采用两层焊接时，可以明显提高冷裂纹临界应力；采用高氢的纤维素型焊条两层焊时，其裂纹临界应力甚至与采用低氢型焊条单层焊时相当。

7.3 其他焊接裂纹

7.3.1 再热裂纹

1. 再热裂纹的主要特征

含有某些沉淀强化合金元素的钢材的厚板焊接结构在进行消除应力热处理或在一定温度下服役的过程中，在焊接热影响区粗晶部位形成的裂纹称为再热裂纹。由于这种裂纹是在再次加热过程中产生的，故称为“再热裂纹”，又称“消除应力处理裂纹”（Stress Relief Cracking），简称 SR 裂纹。归纳起来，再热裂纹主要有如下特征：

1）从材料来看，含有一定沉淀强化元素的金属材料，如低合金高强钢、珠光体耐热钢、奥氏体不锈钢和某些镍基合金具有高的再热裂纹敏感性，碳钢和固溶强化的金属材料一般不形成再热裂纹。

2）从形成的条件来看，裂纹的形成发生在“再热”（热处理或一定温度下服役）过程中，且焊接区有较大的残余应力并伴有应力集中。对确定的材料有明显的再热裂纹敏感温度区间：对沉淀强化的低合金高强钢，敏感温度约为 500 ~ 700℃；对奥氏体不锈钢和高温合金，敏感温度约在 700 ~ 900℃ 范围内。

3）从裂纹位置和扩展路径来看，再热裂纹均发生在焊接热影响区的粗晶区，裂纹沿熔合线母材一侧奥氏体粗晶晶界扩展（呈沿晶开裂），焊缝和热影响区的细晶区不产生再热裂纹。

图 7-35a 所示为 P23 管材钢厚板焊多层多道焊条电弧焊焊接热影响区粗晶区再热裂纹，

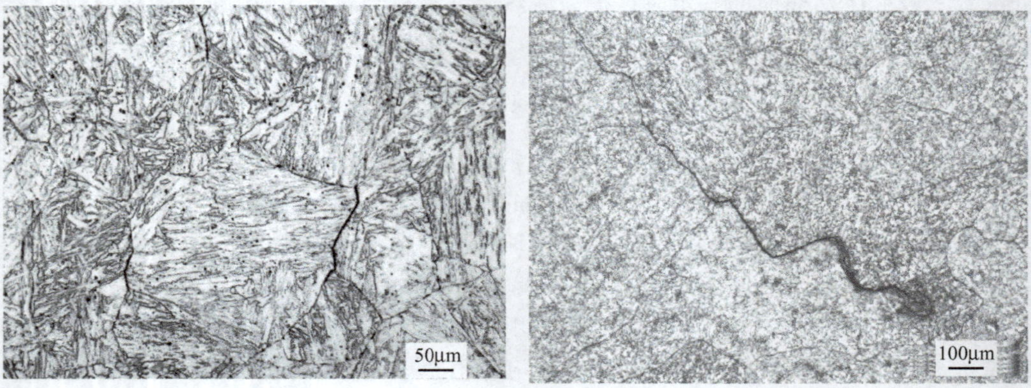

a)　　b)

图 7-35　焊接热影响区粗晶区再热裂纹

a）P23 管材钢厚板焊多层多道焊条电弧焊[32]　b）Cr-Mo-V 厚壁钢埋弧焊[33]

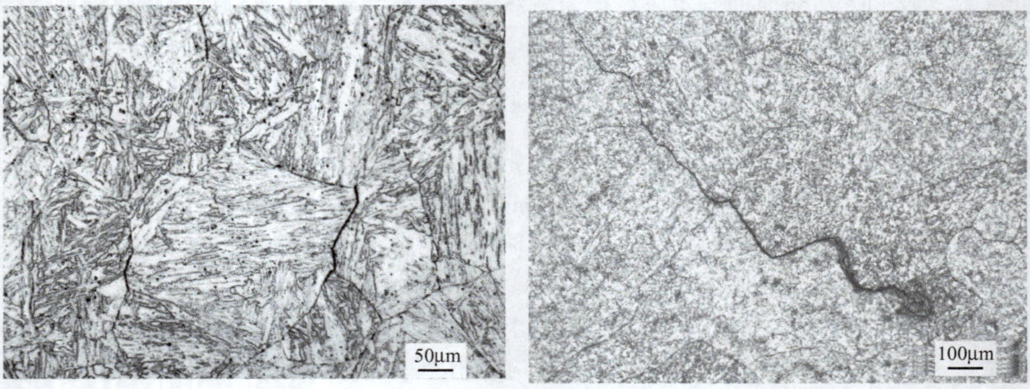

图 7-35b 所示为 Cr-Mo-V 厚壁钢埋弧焊热影响区粗晶区再热裂纹。可以看到，再热裂纹均沿着初始奥氏体晶界扩展。图 7-36 中显示了 Inconel 738LC 超合金钨极氩弧焊（GTA）热影响区再热裂纹。

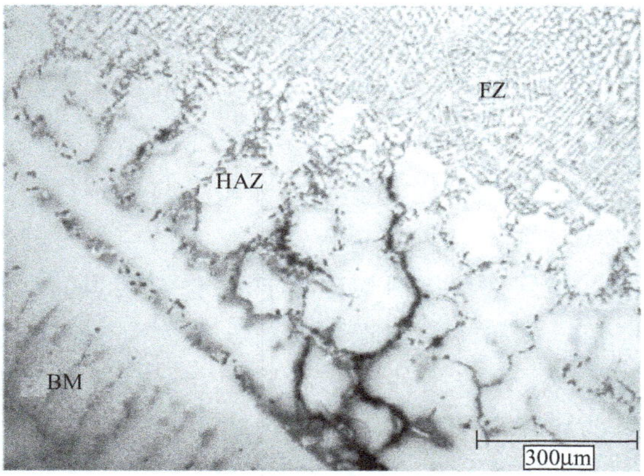

图 7-36 Inconel 738LC 超合金钨极氩弧焊（GTA）热影响区再热裂纹[34]

2. 再热裂纹的形成机理

从一般的意义上来理解，再热裂纹的形成是近缝区粗晶区应力集中部位的晶界变形量超过其塑性变形能力而导致的，即

$$\varepsilon_{gb} \geqslant p_{gb} \tag{7-24}$$

式中，ε_{gb}为晶界局部的实际应变；p_{gb}为产生裂纹的晶界局部塑性变形能力。

关于再热裂纹形成的具体机制，学术界在认识上尚有不同的看法，归纳起来主要有三种理论：“晶界杂质析集弱化说”“晶内二次强化说”和“蠕变断裂说”等。

（1）晶界杂质析集弱化说　晶界杂质析集弱化说认为，“再热”（热处理或一定温度下服役）过程中杂质元素向晶界的析集而导致的晶界脆化是再热裂纹形成的根本原因。

按照晶界杂质析集弱化说，再热裂纹的形成应该由杂质元素向晶界的扩散析集过程所控制，因此，其过程应该具有热激活的特征，且与杂质原子的扩散激活能有关，事实证明的确如此。研究 HT80B 钢在 500～700℃的再热裂纹开裂时间（τ）与温度（T）的关系发现 $\ln\frac{1}{\tau}$与$\frac{1}{T}$基本呈线性关系，即 τ 与 T 有如下关系[35]：

$$\frac{1}{\tau} = A\exp\left[-\frac{Q(\sigma)}{RT}\right] \tag{7-25}$$

式中，$Q(\sigma)$为与应力（σ）有关的扩散激活能；R 为摩尔气体常量；A 为常数。

另外，研究表明，对于一些低合金高强钢，P、S、Sb、Sn、As 等元素在 500～600℃热处理过程中向晶界析集，大大降低了晶界的塑性变形能力，导致晶界脆化。这一事实也支持晶界杂质析集弱化说的观点。

（2）晶内二次强化说　晶内二次强化理论主张的再热裂纹形成机理为：沉淀强化元素的沉淀相（如碳化物、氮化物等）在焊接快速冷却过程中未能充分析出，在“再热”（热处理或一定温度下服役）过程中，这些沉淀相在晶内析出而使晶内发生二次强化，从而使应力松弛所产生的应变集中于晶界，当晶界塑性不足时就形成再热裂纹。

事实上，如上所述，的确并不是所有的钢和合金都具有再热裂纹的敏感性，而只有那些含有一定沉淀强化元素的钢和合金具有较高的再热裂纹敏感性，如含 Cr、Mo、V、Ti、Nb 等能形成碳化物、氮化物沉淀相的合金元素的低合金高强钢、珠光体耐热钢、奥氏体不锈钢，以及 Ni_3（Al，Ti）（γ′相）沉淀强化的镍基合金等。这些事实与晶内二次强化理论的观点基本吻合。

（3）蠕变断裂说　再热裂纹的形成需要温度和应力两个条件，而在这两个条件作用下材料将发生蠕变变形（应力松弛）和损伤过程，因此，蠕变断裂理论认为，再热裂纹的形成可以用蠕变断裂来解释，并且认为再热裂纹的产生也有两种可能的机制（模型）：“楔形开裂”模型（Wedge Mode）和“空位聚集开裂”模型（Cavitation Mode）。

“楔形开裂”模型认为，在蠕变条件下，晶界相互滑动是应力松弛的主要方式之一，在三晶粒交界处由于晶界的相互滑动容易形成应力集中，当应力超过晶界的结合强度时便形成裂纹。“空位聚集开裂”模型认为，空位在一定温度和应力梯度作用下，趋于向与拉应力垂直的晶界聚集，当晶界空位聚集到一定数量时，晶界结合被削弱，在拉应力作用下形成裂纹。

综合上述再热裂纹形成的三种理论可以看到，三种机制并不是相互排斥的，实际中对于不同的材料和条件，很可能两种甚至三种机制同时存在。

3. 再热裂纹的影响因素与预防措施

如上所述，再热裂纹的形成主要取决于近缝区粗晶区的塑性和焊接残余应力（应力集中），而近缝区粗晶区的塑性主要与焊接的冶金条件，即母材的化学成分和焊接工艺等有关，因此焊接再热裂纹的影响因素和控制措施主要从母材的化学成分、工艺因素和应力因素等三方面考虑。

（1）成分因素　成分因素（母材成分）主要是指合金元素的种类及含量，对近缝区粗晶区的晶粒长大行为及塑性有决定性的影响，是影响再热裂纹敏感性的内因。合金元素对再热裂纹的影响比较复杂，随钢种不同而异。对于低合金高强钢，C、Cr、Mo、V 等被认为是增加再热裂纹敏感性的元素。为了定量评价合金元素对再热裂纹敏感性的影响，在大量试验的基础上，建立了一些评估再热裂纹敏感性（S_{sr}）的判据[36,37]：

$$S_{sr}=\mathrm{Cr}+3.3\mathrm{Mo}+8.1\mathrm{V}-2 \tag{7-26}$$

$$S_{sr}=\mathrm{Cr}+3.3\mathrm{Mo}+8.1\mathrm{V}+10\mathrm{C}-2 \tag{7-27}$$

式（7-26）中，当 $S_{sr}>0$ 时容易形成再热裂纹；式（7-27）中，当 $S_{sr}>2$ 时容易形成再热裂纹，当 $S_{sr}<1.5$ 时，不易形成再热裂纹。

应该指出，式（7-26）和式（7-27）是在 HT70 钢基础上，采用斜 Y 坡口试验，通过调整某些合金元素而得到的，并没有考虑焊接结构、焊接工艺、热处理和服役等条件，其局限性是很明显的。

另外，研究表明钢中的杂质，如 As、Sb、P、S 等，尤其是 Sb，对再热裂纹敏感性有显著影响，因此，为了预防再热裂纹，需要严格控制母材和焊缝中的杂质。

（2）工艺因素　工艺因素包括焊接热输入、预热及后热等，这些因素对近缝区的组织和性能（塑性）及焊接残余应力都有不同程度的影响。

焊接热输入一方面对近缝区的晶粒长大行为有影响，另一方面对近缝区的淬硬倾向有影响，因此，焊接热输入对再热裂纹的影响比较复杂，因钢种而异。一般来说，对一些晶粒长大比较敏感的钢种，增大热输入或采用大热输入的焊接方法将增加再热裂纹敏感性，而对一些淬硬倾向较大的钢种，增大热输入或采用大热输入的焊接方法反而有利于减小再热裂纹倾向。

预热和后热可以降低热影响区的淬硬倾向、减小焊接残余应力，是预防再热裂纹的有效措施之一。研究表明，与预防冷裂纹相比，预防再热裂纹的预热和后热要求往往更高一些。例如，对于14MnMoNbB钢（板厚为28mm），防止冷裂纹的预热温度为180℃，而防止再热裂纹的温度要求达到300℃。

（3）应力因素 应力因素包括焊接的残余应力、应力集中等，与焊接结构，如拘束度和焊接缺陷等有关，还与焊接材料有关。

合理的焊接结构设计、焊接施工次序对减小残余应力和应力集中至关重要；焊接缺陷，如焊缝咬边、未焊透等往往容易形成应力集中，增加再热裂纹的倾向，因此，为防止再热裂纹，应尽可能减少焊接缺陷。另外，采用低强匹配焊接材料，增加焊缝金属的塑性，降低再热裂纹敏感温度区间焊缝金属强度，有利于降低近缝区的应力，对预防再热裂纹有利。

7.3.2 层状撕裂

1. 层状撕裂的形成和主要特征

在海洋工程、核反应堆和潜艇建造等大型高强钢厚壁（厚板）焊接结构中，有时出现一种平行于轧制方向的阶梯形裂纹，即所谓层状撕裂（Lamellar Tear）。

层状撕裂属于低温开裂，一般低合金钢撕裂的温度不超过400℃，但它的形成机理与冷裂纹不同。产生层状撕裂的主要原因是钢中存在夹杂物，这些夹杂物在轧制过程中，随钢的轧制变形形成平行于轧制方向的层状分布（特别是层状硫化物，氧化物）；当垂直于轧制方向即板厚方向（称为Z向）存在拉应力且达到或超过夹杂物与基体金属之间的结合强度时，将在夹杂物与基体金属之间形成微裂纹，微裂纹在应力持续作用下持续扩展便形成宏观裂纹甚至断裂。

层状撕裂的形成机理决定了其行为和特点。归纳起来，焊接层状撕裂主要有以下特征：

1）从材料来看，层状撕裂与钢的强度级别关系不大，主要与钢中的夹杂物含量及分布形态有关。有时铝合金焊接结构也出现层状撕裂。

2）从裂纹的扩展形态和断口特征来看，层状撕裂多呈现由一系列平行于轧制方向的“平台”和连接这些“平台”的“剪切壁”构成的阶梯形态，其中的“平台”由裂纹沿片层状夹杂扩展而形成，而“剪切壁”由相邻“平台”之间在剪切力作用下发生剪切断裂而形成。正是由于层状撕裂的启裂和扩展与夹杂的密切关系，在“平台”上通常可以发现不同类型的非金属夹杂，如图7-37和图7-38所示。由于夹杂种类和形态的不同，层状撕裂有时也呈现平面形态或其他不规则的形态。

3）从接头形式来看，层状撕裂常出现在T形接头、角接头和十字接头中，如

图 7-37　低合金钢焊条电弧焊的层状撕裂[38]

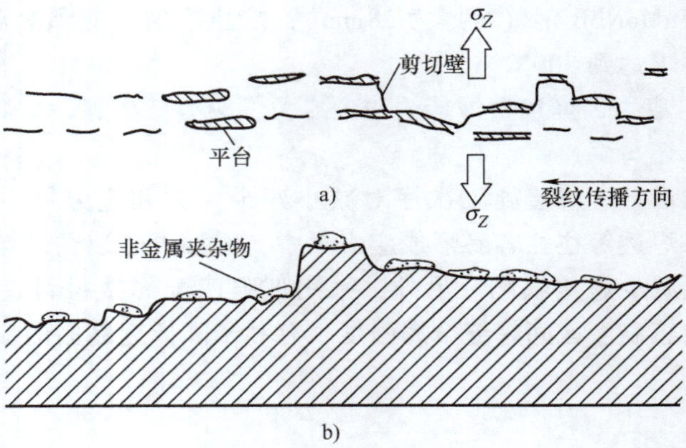

图 7-38　层状撕裂形成示意图[39]

a）阶梯形态形成示意图　b）“平台”上的夹杂物

图 7-39a～c所示。显而易见，这些接头形式容易形成垂直于轧制方向（Z 向）的拉应力。

4）从裂纹位置来看，层状撕裂多出现在热影响区（最常见），但有时也出现在远离热影响区的母材中，后一种情况多半是因为钢材中含有较多的片层状 MnS 夹杂，这也充分证明了层状撕裂的属性。有时，在焊趾或焊根处也会因冷裂纹而诱发形成层状撕裂，如图 7-39d 所示。

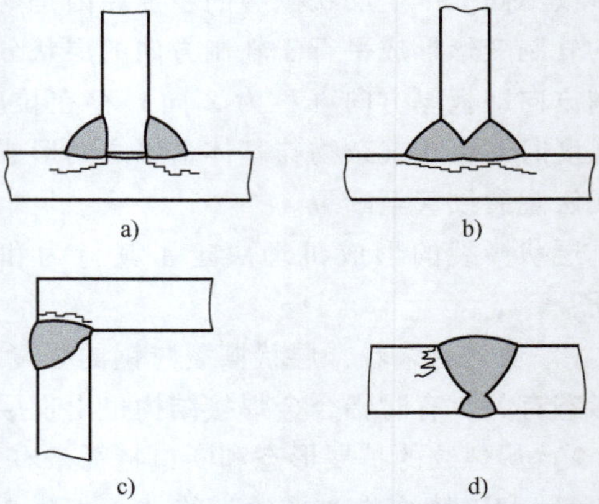

图 7-39　典型接头的层状撕裂

a）T 形接头　b）T 形接头（深熔）

c）角接头　d）对接接头

由于层状撕裂在外观上往往并不显现，现有的检测技术也难以发现，而且即便发现也难以修复，因此，层状撕裂是一种难以修复的失效类型，有时甚至会造成灾难性事故。

2. 层状撕裂的影响因素

如上所述，层状撕裂实际上是应力作用下因夹杂引起的破坏，因此，**层状撕裂的影响因素主要有非金属夹杂物、拘束应力和氢的影响等**。

(1) 非金属夹杂物　层状撕裂的敏感性和扩展形态与非金属夹杂的含量、种类、形状和分布等密切相关。一般地，非金属夹杂含量越高，层状撕裂敏感性越大。当沿轧制方向有较多的片层状 MnS 时，裂纹的扩展多呈现阶梯形态（最常见）；当钢中夹杂以硅酸盐为主时，层状撕裂常呈平面形态；当钢中夹杂以 Al_2O_3 为主时，呈不规则阶梯状。

(2) 拘束应力　拘束应力是形成层状撕裂的外因，对层状撕裂的形成起关键作用的是 *Z* 向（垂直于轧制方向）拉应力。研究表明，在一定的焊接工艺条件下，对于一个钢种，存在一个形成层状撕裂的临界 *Z* 向拘束应力。

(3) 氢的影响　如上所述，在热影响区焊趾或焊根等应力集中部位，有时会因为冷裂纹诱发层状撕裂，此时，氢也会成为层状撕裂的一个重要影响因素。但是，一般认为，氢对层状撕裂的影响并不是一个普遍现象，例如在远离热影响区的母材中发生层状撕裂就足以证明该类裂纹并不总与氢有关。

3. 层状撕裂的控制措施

根据上述层状撕裂的形成机理和影响因素，**预防层状撕裂主要可以从材料、结构和焊接工艺等三方面考虑**。

材料方面，尽可能选择抗层状撕裂的母材，通过严格控制硫元素，或添加 Ti、Zr、Mo 和稀土元素等，改变夹杂物的形状和分布（细化、球化等），改善钢的 *Z* 向性能和抗层状撕裂性能。在结构设计方面，应尽可能减小 *Z* 向应力和应力集中。对角接头应尽可能在承受 *Z* 向应力的母材一侧开坡口，如图 7-40a 所示。

焊接工艺方面，为防止由于冷裂纹而诱发层状撕裂，可采用预防冷裂纹的措施，如降低氢含量、适当提高预热温度、控制层间温度等；对 T 形接头，可以考虑在承受 *Z* 向应力的母材（横板）上预先堆焊一层强度较低而塑性较好的熔敷金属，以减小横板的 *Z* 向应力，增加主焊道近缝区的塑性，如图 7-40b 所示。

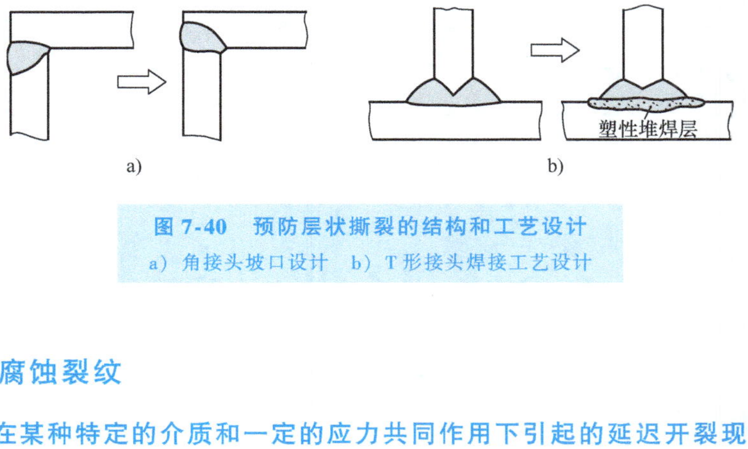

图 7-40　预防层状撕裂的结构和工艺设计
a) 角接头坡口设计　b) T 形接头焊接工艺设计

7.3.3　应力腐蚀裂纹

金属材料在某种特定的介质和一定的应力共同作用下引起的延迟开裂现象称为应力腐蚀，期间形成的裂纹称为应力腐蚀裂纹（Stress Corrosion Cracking，SCC）。虽然已有研究表明，压应力条件下也可以发生应力腐蚀，但常见的、危害最大的还是拉应力条件下的应力腐蚀裂纹。由于焊接接头（焊缝和热影响区）在组织结构上的特殊性，如晶粒粗大、成分的非均匀性等，相同条件下焊接接头往往比一般金属材料具有更高的应力腐蚀裂纹敏感性。随着石油化工工业的发展，在腐蚀介质中工作的焊接结构，如容器、管道等经常发生应力腐蚀破坏而造成结构提前失效。

1. 应力腐蚀裂纹的形成

关于应力腐蚀裂纹的形成机理，目前存在多种不同的认识，比较公认的看法是电化学应力腐蚀开裂理论。电化学理论认为，金属在介质中的腐蚀是电化学过程，作为阳极的金属溶解，同时释放出电子，这些电子被阴极过程所吸收，从而导致金属不断溶解。阴极过程可以是析氢反应，也可以是吸氧反应或其他吸收电子的过程，即

阳极：

$$M \rightarrow M^{n+} + ne^- \quad（金属溶解） \tag{7-28}$$

阴极：

$$pH<7, H^+ + e^- \rightarrow H \quad（析氢腐蚀） \tag{7-29}$$

$$pH>7 \quad 2H_2O + O_2 + 4e^- \rightarrow 4OH^- \quad（吸氧腐蚀） \tag{7-30}$$

无论析氢还是吸氧，都是阴极去极化的过程，有利于增强腐蚀过程。当阴极发生析氢过程时，称为氢去极化腐蚀或析氢腐蚀，当阴极发生吸氧过程时，称为氧去极化腐蚀或吸氧腐蚀。

电化学应力腐蚀开裂理论认为，应力腐蚀裂纹的形成与发展本质上受控于应力作用下的电化学腐蚀过程，按宏观机理可以有两种类型[40-42]：一种是阳极的快速溶解导致的形核和扩展，称为**“阳极溶解开裂”（Active Path Corrosion，APC）**；另一种是阴极析出的氢扩散进入裂纹尖端，导致裂纹尖端氢脆而扩展，称为**“阴极氢脆开裂”（Hydrogen Embrittlement Cracking，HEC）**。当应力腐蚀的阴极过程为吸氧反应，或者虽然阴极是析氢反应，但进入金属内部的氢浓度低于材料氢致开裂的门槛值，裂纹的形核和扩展由阳极溶解过程所控制时，形成阳极溶解型应力腐蚀裂纹（APC）；当阳极金属溶解所对应的阴极过程为析氢反应，且原子氢可以快速扩散进入金属内部，裂纹的扩展受阴极氢的行为控制时，形成阴极氢脆型应力腐蚀裂纹（HEC），如图 7-41 所示。一般来说，对于阳极溶解型裂纹，意味着裂纹尖端处于阳极区，因此该类应力腐蚀裂纹也被称作“应力-阳极开裂”；同样的道理，对于阴极氢脆型裂纹，通常裂纹尖端处于阴极区，故该类应力腐蚀裂纹有时也被称作“应力-阴极开裂”。

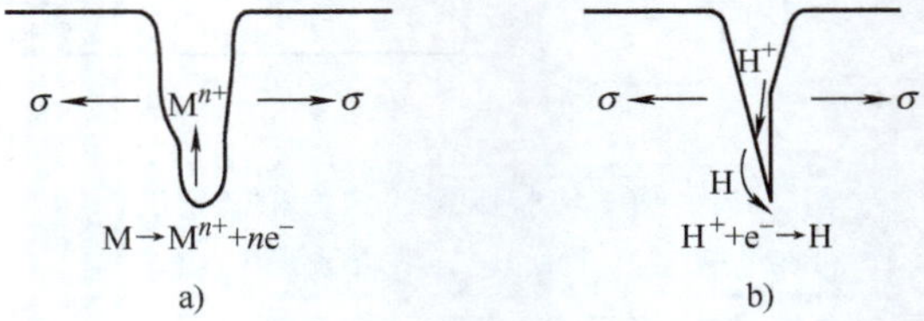

图 7-41　应力腐蚀机理示意图

a）阳极溶解开裂（APC）　b）阴极氢脆开裂（HEC）

任何裂纹的形成和扩展都离不开应力，但在应力腐蚀过程中，应力除作为裂纹形核和扩展的力学条件外，还对裂纹的形核和扩展有强烈的加速作用，无论是阳极溶解还是阴极脆化，其微观过程和机理都与应力密切相关，这也是应力腐蚀之所以称为“应力”腐蚀的根本原因。关于应力和氢在应力腐蚀过程中的作用机理，即阳极溶解开裂（APC）和阴极氢脆开裂（HEC）的微观机理，有关专业著作中有专门讨论[40,41]。

实际中，应力腐蚀裂纹的类型取决于应力腐蚀体系（材料和介质）对 APC 和 HEC 的敏感性。黄铜在氨水中及 α-Ti 在甲醇溶液中发生应力腐蚀时阴极过程是吸氧反应，其形成的应力腐蚀裂纹是典型的阳极溶解型裂纹；奥氏体不锈钢在 $MgCl_2$ 溶液中发生应力腐蚀时，氢虽能够扩散富集在裂纹尖端，但其浓度达不到氢致开裂的门槛值，因此，奥氏体不锈钢在热盐溶液中的应力腐蚀裂纹也属于阳极溶解型裂纹；而高强钢在水溶液中形成的应力腐蚀裂纹属于阴极氢脆型裂纹。一般来说，奥氏体不锈钢的应力腐蚀裂纹属 APC 型，而低碳钢、低合金高强钢和超高强钢等多属 HEC 型。

需要指出的是，由于阳极溶解过程和阴极析氢过程是同时发生的，而且往往相互影响，很多情况下，阳极溶解开裂（APC）和阴极氢脆开裂（HEC）并不能绝对区分。一个应力腐蚀过程是 APC 还是 HEC，主要看哪种过程是控制机制（起主导作用）。如图 7-42 所示，如果体系的阴极过程为析氢反应且裂纹尖端为阳极，则发生阳极溶解的同时，材料的表面及裂纹两侧等阴极区氢离子获得电子，而析出的氢原子也可以在应力梯度作用下向裂纹尖端（阳极区）扩散，使裂纹尖端脆化而扩展，从而进一步加速裂纹的扩展。

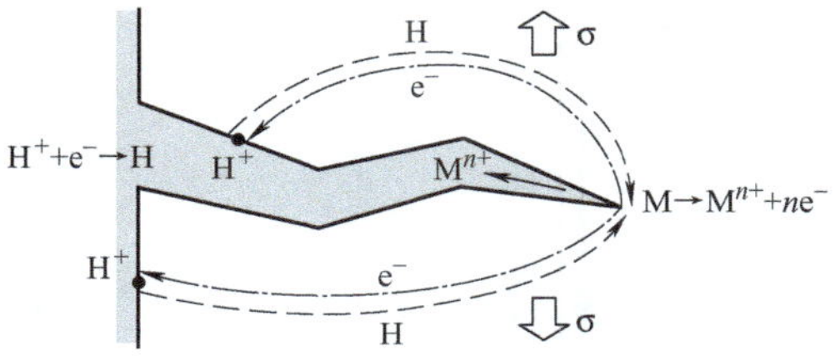

图 7-42　阴极析氢对阳极溶解开裂的影响示意图

2. 应力腐蚀裂纹的主要特征

应力腐蚀开裂的基本特征是发生开裂的最低应力远小于材料的强度，而且断裂前宏观上没有明显的塑性变形。具体来说，应力腐蚀裂纹具有如下主要特征：

(1) 分布与形态　应力腐蚀裂纹既可出现在焊缝，也可出现在热影响区。从外观上看形态各异，常见网状和龟裂状；分布具有明显的局部性，往往集中在某一或某些局部区域；从横截面看，形态也不一，在较低放大倍数（数十倍）下如同干枯的树木根须（细长而多分枝），是典型的形态之一，如图 7-43 所示。

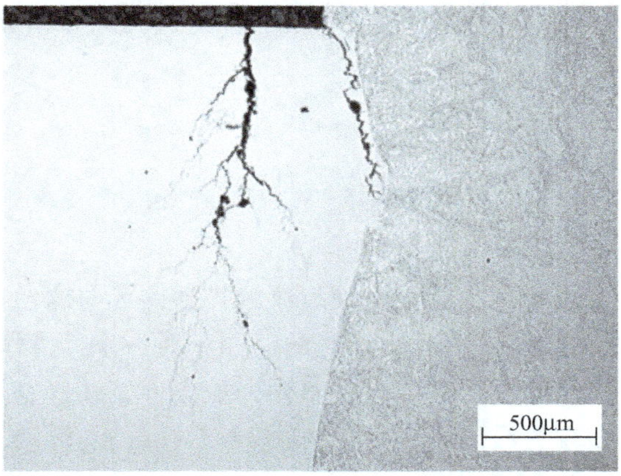

图 7-43　12Cr5Ni2Mo 马氏体不锈钢脉冲 MIG 焊接热影响区-酸化 NaCl 溶液（pH = 3.3）应力腐蚀裂纹[43]

(2) 扩展行为与路径　应力腐蚀裂纹均发源于表面，从表面向内部扩展，扩展方向基本垂直于拉应力方向；应力腐蚀断口具有金属光泽，为典型的脆性断口，扩展路径依腐蚀体系（材料和介质）可以是沿晶也可以是穿晶，还可以是二者混合。一般来说，低碳钢、低合金钢、铝合金、镁合金、α-黄铜和镍基合金等应力腐蚀裂纹多属沿晶开裂（见图 7-44），而 β-黄铜和氯化物介质中的奥氏体不锈钢应力腐蚀裂纹多属穿晶性质（见图 7-45）。

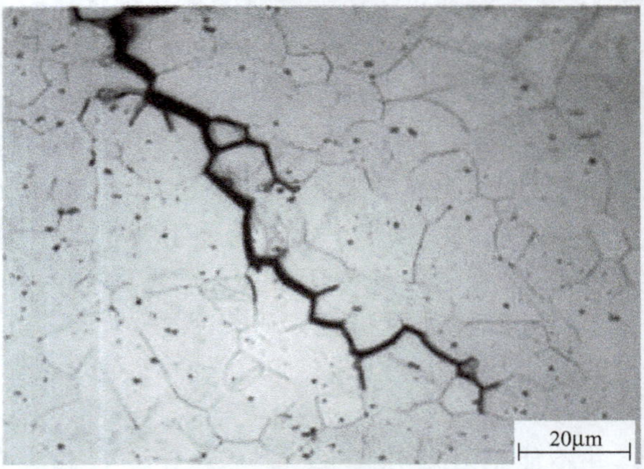

图 7-44　AZ31 镁合金钨极氩弧焊（GTAW）焊缝-蒸馏水应力腐蚀裂纹[44]

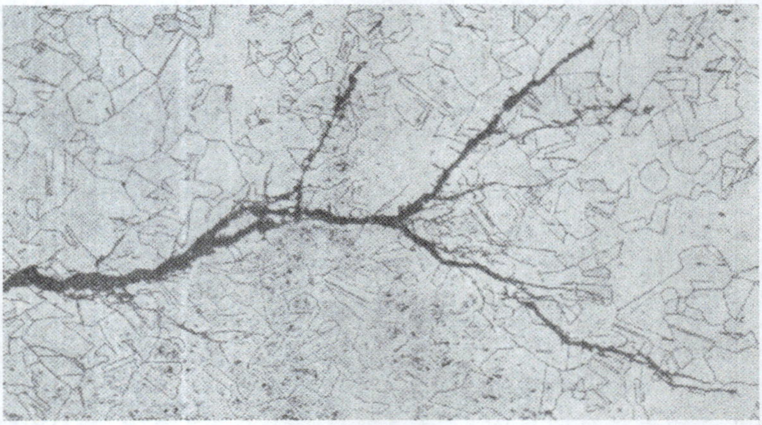

图 7-45　1Cr18Ni9Ti 不锈钢-氯化物应力腐蚀裂纹（×300）[45]

如上所述，应力腐蚀裂纹的扩展路径与腐蚀体系（材料和介质）密切相关，因此，上述的“规律”并不是绝对的，同一种（类）材料因为腐蚀介质的差异，既可以是沿晶，也可以是穿晶，例如，在不同介质条件下，镍基合金也可以是穿晶，而奥氏体不锈钢，也可以表现为沿晶[46,47]。

(3) 延迟特征　与氢致延迟裂纹相类似，应力腐蚀裂纹也具有延迟性质，这一点从应力腐蚀裂纹的形成机制不难理解，因为无论是阳极溶解开裂（APC）还是阴极氢脆开裂（HEC），都是与时间相关的过程。应力腐蚀裂纹的延迟特性（裂纹形成时间与扩展速率）与应力和腐蚀介质有关。

(4) 应力相关性　应力腐蚀裂纹是一种低应力开裂，但只有存在应力（尤其是拉应力）时才能产生应力腐蚀裂纹，这种应力可以是外加应力，或是加工和热处理过程中引入的残余应力。焊接接头产生应力腐蚀的应力通常是焊接过程形成的残余应力。

对于确定的应力腐蚀体系（材料和介质），存在一个临界应力值，称为应力腐蚀开裂的门槛应力（σ_{th}），只有当应力高于该门槛应力时，才能形成应力腐蚀裂纹，而且应力越高，裂纹形核和扩展的时间（即试样延迟断裂时间）越长；当应力低于该门槛应力时，不产生应力腐蚀裂纹。应力腐蚀的门槛应力由应力腐蚀体系即腐蚀介质和金属材料的力学性质决定。由于应力腐蚀的门槛应力通常远低于材料的断裂强度（R_m），加之具有延迟特征，因此，应力腐蚀裂纹容易导致无先兆的灾难性事故。

(5) 介质相关性 应力腐蚀裂纹是在应力和介质共同作用下形成的，其形成和发展与介质具有强相关性。通常，纯金属不产生应力腐蚀裂纹，但合金（即便是含微量合金元素的合金）在特定的介质中都具有一定的应力腐蚀裂纹倾向，但其敏感性取决于材料与介质的组合，即一种材料通常仅对某些特定的介质表现出敏感性。常见的应力腐蚀体系，即常见材料及其应力腐蚀介质见表 7-3。从表中可以看到，应力腐蚀与介质腐蚀性的强弱并没有直接关系，事实上，在强腐蚀性介质中，往往因为发生强烈的均匀腐蚀反而不易形成应力腐蚀裂纹。相反，当介质的腐蚀性较弱、呈中性或弱酸性（pH = 6 ~ 7），表面保护膜不能稳定存在时，更容易形成应力腐蚀裂纹。另外，如上所述，应力腐蚀介质的相关性还表现在裂纹扩展路径与介质的相关性。

表 7-3 常见材料及其应力腐蚀介质[41]

材料	介质
低强度钢	NaCl 水溶液、氨水、NaOH 溶液、$CO\text{-}CO_2\text{-}H_2O$、硝酸盐或碳酸盐溶液、土壤、$H_2S$ 水溶液
高强度钢	湿空气、水介质、有机溶剂、HCN 溶液、H_2S 水溶液
奥氏体不锈钢	热盐溶液、NaOH 溶液、高温纯水、NaCl 水溶液、连多硫酸、H_2S 溶液、H_2SO_4 + $CuSO_4$ 溶液
镍合金	高温水、热盐溶液、卤素化合物溶液、$H_2S + CO_2 + Cl^-$、NaOH 溶液、$S_2O_3^{2-}$ 和 S_{O6}^{2-} 溶液
铝合金	湿空气、含 Cl^- 的水溶液、高纯水、有机溶剂
铜合金	氨溶液、$NaNO_2$、乙酸钠、酒石酸钾、甲酸钠溶液、纯水
钛合金	水溶液、有机溶剂、热盐、发烟硝酸、N_2O_4
镁合金	湿空气、高纯水、$KCl + K_2CrO_4$ 溶液
锆合金	水溶液、热盐溶液、有机溶剂、CCl_4、$CHCl_3$、卤素蒸气
金属间化合物	水溶液、甲醇溶液
非晶	水溶液

3. 应力腐蚀裂纹的预防措施

通过上述分析可以看到，材料、介质和应力是应力腐蚀的三个要素，预防应力腐蚀裂纹也应该从该三方面因素考虑。但是，其中的介质因素通常是很难人为控制的，无论是环境介质还是工作介质，一般都难以人为选择和改变，因此，预防应力腐蚀裂纹主要从材料和应力两方面考虑，具体措施可从材料选择、焊接制造和物理防护等方面入手。

1) 材料选择。如上所述，一种材料通常仅对某些特定的介质表现出应力腐蚀敏感性，反过来，一种介质通常也仅对某些金属材料具有应力腐蚀倾向。因此，实际中为了预防应力腐蚀裂纹，可以根据确定的介质（工作介质或环境介质）尽可能选择对其不形成应力腐蚀裂纹或应力腐蚀裂纹敏感性较小的材料。

2）焊接制造。焊接制造过程中考虑问题的方向是减小焊接残余应力和成分的不均匀性、避免接头（焊缝和热影响区）严重的晶粒长大、减少接头的淬硬组织等。具体措施包括焊接结构（焊接位置、接头形式和坡口设计等）的合理设计、焊接材料的恰当选择（尽可能与母材相同或相似）、焊接工艺（焊接热输入、焊前预热、焊后缓冷等）的优化控制、焊后消除应力处理等。

3）物理防护。应力腐蚀裂纹是材料和介质相互作用而形成的，物理防护的思路正是针对这一事实，通过隔离应力腐蚀体系中的材料与介质，使之不能相互接触而达到预防应力腐蚀裂纹的目的。如上所述，应力腐蚀仅在特定的体系（材料与介质）中发生，而且纯金属一般不发生应力腐蚀，因此可以采用表面技术，在与介质接触的材料表面涂镀纯金属或与该介质不构成应力腐蚀体系的材料防护层。例如，对于某些腐蚀介质，采用热喷涂方法在不锈钢表面喷涂铝合金涂层，对防止应力腐蚀裂纹具有良好的效果。

本章小结

焊接裂纹是焊接加工中的主要缺陷，也是焊接结构发生破坏事故的主要原因。按裂纹形成的本质特征进行分类，焊接裂纹可分为**热裂纹**、**冷裂纹**、**再热裂纹**、**层状撕裂**和**应力腐蚀裂纹**五大类。**焊接热裂纹是指形成于焊接冷却过程高温阶段（固相线附近）的一类裂纹**，常见的有结晶裂纹（凝固裂纹）、高温液化裂纹和多边化裂纹等；**焊接冷裂纹是相对热裂纹而言的，是指焊后冷至较低温度下产生的一类裂纹**，包括延迟裂纹（氢致裂纹）、淬硬脆化裂纹和低塑性脆化裂纹三种；**再热裂纹是焊后消除应力热处理或在一定温度下服役的过程中，在焊接热影响区粗晶区形成的一类裂纹**，常发生在含有某些沉淀强化合金元素的钢材厚板焊接结构中；**层状撕裂是一种平行于轧制方向的阶梯形裂纹，常**见于海洋工程、核反应堆和潜艇建造等大型高强钢厚壁焊接结构中；**应力腐蚀裂纹是金属材料在某种特定的介质和一定的应力共同作用下形成的一种具有延迟特征的裂纹**。各种裂纹的形成原因和主要特征归纳见下表。

裂纹类别		形成原因	敏感温区	敏感材料	分布位置	扩展路径
热裂纹	结晶裂纹	在焊缝结晶后期，由于低熔共晶形成的液态薄膜削弱了晶粒间的连接，在拉应力作用下产生裂纹	在固相线以上稍高的温度	杂质较多的碳钢，低、中合金钢，奥氏体钢，镍基合金钢及铝	焊缝	沿晶
	高温液化裂纹	近缝区或多层焊的层间部位在焊接热循环峰值温度的作用下，由于被焊金属晶界含有较多的低熔共晶而被重新熔化，在拉应力作用下沿晶界发生开裂而形成裂纹	在固相线以下稍低的温度	含S、P、C较多的镍铬高强度钢，奥氏体钢，镍基合金	热影响区或多层焊的层间	沿晶
	多边化裂纹	已凝固的结晶前沿，在高温和应力的作用下，晶格缺陷发生移动和聚集，形成二次边界而呈现低塑性状态，在拉应力作用下产生裂纹	在固相线以下再结晶温度	纯金属及单相奥氏体合金	焊缝，少量在热影响区	沿奥氏体晶界

（续）

裂纹类别		形成原因	敏感温区	敏感材料	分布位置	扩展路径
冷裂纹	延迟裂纹	在淬硬组织、氢和拘束力的共同作用下而产生的具有延迟特征的裂纹	在 Ms 点以下	中、高碳钢，低、中合金钢，钛合金等	热影响区，少量在焊缝	沿晶或穿晶
	淬硬脆化裂纹	淬硬组织在焊接拉应力作用下产生的裂纹	在 Ms 点附近	含碳的 Ni-Cr-Mo 钢、马氏体不锈钢、工具钢	热影响区，少量在焊缝	沿晶或穿晶
	低塑性脆化裂纹	在较低温度下，由于被焊材料的收缩应变超过了材料本身的塑性储备而产生的裂纹	在400℃以下	铸铁、堆焊硬质合金	热影响区或焊缝	沿晶或穿晶
其他裂纹	再热裂纹	焊后消除应力热处理或在一定温度下服役过程中，焊接热影响区粗晶区由于应力松弛产生的附加应变大于其塑性储备所引起的裂纹	一般在600~700℃	含有沉淀强化元素的高强度钢、珠光体钢、奥氏体钢、镍基合金等	热影响区的粗晶区	沿晶
	层状撕裂	钢板内部存在沿轧制方向的夹杂物，在垂直于轧制方向的拉应力作用下产生台阶式层状开裂	400℃以下	含有杂质的低合金高强度钢厚板结构	热影响区或母材	沿晶或穿晶
	应力腐蚀裂纹	在腐蚀介质和拉应力的共同作用下产生的延迟开裂	任何温度	碳钢、低合金钢、不锈钢、铝合金等	焊缝或热影响区	沿晶或穿晶

思考题

1）简要说明焊接裂纹的种类及其基本特征。

2）分析论述焊接结晶裂纹的形成机理。

3）焊接结晶裂纹的影响因素有哪些？预防结晶裂纹的措施有哪些？

4）焊接延迟裂纹的主要影响因素是什么？如何预防延迟裂纹？

5）实际焊接接头中，延迟裂纹常常在近缝区（熔合区）形成，为什么？

6）简要论述焊接再热裂纹的形成机理、影响因素和控制措施。

7）层状撕裂的形成机理是什么？影响因素有哪些？哪些接头形式最容易发生层状撕裂？

8）阐述应力腐蚀裂纹的形成机理。

9）根据应力腐蚀裂纹的形成机理，分析应力腐蚀裂纹的形成条件、影响因素和预防措施。

参考文献

[1] Ghaini F M, Sheikhi M, Torkamany M J, et al. The relation between liquation and solidification cracks in pulsed laser welding of 2024 aluminium alloy [J]. Materials Science and Engineering: A, 2009, 519 (1): 167-171.

[2] Wu W, Tsai C H. Hot cracking susceptibility of fillers 52 and 82 in alloy 690 welding [J]. Metallurgical and

Materials Transactions: A, 1999, 30 (2): 417-426.
[3] Madhusudhan Reddy G, Mukhopadhyay A K, Sambasiva Rao A. Influence of scandium on weldability of 7010 aluminium alloy [J]. Science and Technology of Welding & Joining, 2005, 10 (4): 432-441.
[4] 陈伯蠡．金属焊接性基础 [M]．北京：机械工业出版社，1982.
[5] Lu Q. HAZ Microstructural Evolution in Alloy 718 after Multiple Repair and PWHT Cycles [D]. Ohio: The Ohio State University, 1999.
[6] Yan F, Wang C, Wang Y, et al. A study of the mechanism of laser welding defects in low thermal expansion superalloy GH909 [J]. Materials Characterization, 2013 (78): 21-30.
[7] 张文钺．焊接冶金学（基本原理）[M]．北京：机械工业出版社，2011.
[8] 张文钺．焊接物理冶金 [M]．天津：天津大学出版社，1991.
[9] 松田福久．溶接冶金学 [M]．東京：日刊工業新聞社，1972.
[10] Smith R B. in Welding, Brazing and Soldering (Vol. 6) [M]. Cleveland, Ohio: Materials Park, OH, 1993.
[11] 溶接学会溶接冶金研究委員会．溶接冶金（レビュー）[M]．東京：溶接学会，1978.
[12] Dev S, Stuart A A, Kumaar R C, et al. Effect of scandium additions on microstructure and mechanical properties of Al-Zn-Mg alloy welds [J]. Materials Science and Engineering: A, 2007, 467 (1): 132-138.
[13] Kou S. 焊接冶金学 [M]．闫久春，杨建国，张广军，译．北京：高等教育出版社，2012.
[14] Nippes E F, Xiong D J. Investigation of Hydrogen-Assisted Cracking in FCA Welds on HY-80 Steel [J]. Quality and Reliability in Welding, 1984 (2): 131-138.
[15] Beidokhti B, Dolati A, Koukabi A H. Effects of alloying elements and microstructure on the susceptibility of the welded HSLA steel to hydrogen-induced cracking and sulfide stress cracking [J]. Materials Science and Engineering: A, 2009, 507 (1): 167-173.
[16] 中国机械工程学会焊接学会．焊接金相图谱 [M]．北京：机械工业出版社，1987.
[17] Kobayashi I T, Aoshima I. Toe and Underbead Cracking in Low-Alloy Steels [J]. Transactions of the Japan Welding Society, 1971, 2 (1): 70-76.
[18] Kasuya T, Hashiba M Y, Inoue H, et al. Cold cracking susceptibility of austenitic and martensitic weld metals [J]. Welding in the World, 2012, 56 (9-10): 76-84.
[19] 高延忠，邢辉，陈稳定，等．T91/HR3C 异种钢焊接接头裂纹原因分析 [J]．热力发电，2013 (1): 106-108.
[20] Troiano A R. The Role of Hydrogen and Other Interstitial in the Mechanical Behavior of Metal [J]. Transaction of A. S. M., 1960, 52 (1): 54-80.
[21] Zapffe C A, Sims C E. Hydrogen Embrittlement Internal Stress and Defects in Steels [J]. Transaction Metallurgical, 1941, 145: 225-237.
[22] Cotrell A E. Report on Strength of Solide [M]. London: Phys Soc., 1948.
[23] 鉄鋼基礎共同研究会，水素による破壊の機構：遅れ破壊部会報告書 [M]．東京：日本鉄鋼協会，1975.
[24] 陈伯蠡．焊接冶金原理 [M]．北京：清华大学出版社，1991.
[25] 溶接学会．溶接便覧 [M]．3 版．東京：丸善株式会社，1977.
[26] Ito Y. Study on Delayed Cracking in Steel Weldments [J]. Journal IWS, 1979, 48 (12): 1028-1933.
[27] 稲垣道夫．溶接の品质保証について（その1）[J]．溶接技術，1978 (1): 22-26.
[28] 伊藤慶典．高張力鋼の溶接割れ感受性指数 P_c について [J]．住友金属，1969, 21 (1): 10-35.
[29] Yurioka N, Suzuki H, Ohshita S. On The Method Determining Preheating Temperature Necessary to avoid Cold Cracking in Steel Welding [Z]. IIW Document, XI-E-10-81, 1981.

[30] Lesnewich A. in ASM Handbook, Vol. 6: Welding, Brazing and Soldering [M]. Cleveland Ohio: Materials Park OH, 1993.

[31] 荒川敬弘. 低合金鋼の溶接割れに及ぼす予后熱の效果に関する研究（第2報）[Z]. 日本溶接冶金研究委員会资料, WM-602-76, 1976.

[32] Nevasmaa P, Salonen J. Reheat cracking susceptibility and toughness of 2% CrMoWVNb P23 steel welds [J]. Welding in the World, 2008, 52 (3-4): 68-78.

[33] Chauvy C, Pillot S. Prevention of weld metal reheat cracking during CR-MO-V heavy reactors fabrication [C]. ASME 2009 Pressure Vessels and Piping Conference. New York: American Society of Mechanical Engineers, 2009: 243-251.

[34] Sidhu R K, Richards N L, Chaturvedi M C. Effect of filler alloy composition on post-weld heat treatment cracking in GTA welded cast Inconel 738LC superalloy [J]. Materials Science and Technology, 2008, 24 (5): 529-539.

[35] 迎静雄, 加藤光昭, 西尾一政, 等. 80kg/mm^{2}級高張力鋼のSR割れについて [J]. 溶接学会講演概要, 1977, 21 (124): 50-52.

[36] 内木虎蔵. 応力除去燒鈍割れに関する研究（第1-2報） [J]. 溶接學會誌, 1964, 33 (9), 693-699.

[37] 伊藤慶典. 低合金鋼溶接熱影響部の応力除去燒鈍割れの研究 [J]. 溶接學會誌, 1972, 41 (1), 29-36.

[38] Kanazawa S, Yamato K, Takeshi Y, et al. On the Assessment of the Lamellar Tearing Susceptibility of Steel Plate [J]. Transaction of the Japan Welding Society, 1974, 5 (1): 90-102.

[39] Farrar J C M. Lamellar Tearing in Welded Structural Steels [J]. Welding Journal, 1969, 48 (6): 523-530.

[40] 乔利杰, 王燕斌, 褚武扬. 应力腐蚀机理 [M]. 北京: 科学出版社, 1993.

[41] 褚武扬, 乔利杰, 李金许, 等, 氢脆和应力腐蚀（基础部分）[M]. 北京: 科学出版社, 2013.

[42] 薛锦. 应力腐蚀与环境氢脆（故障分析及测试方法）[M]. 西安: 西安交通大学出版社, 1991.

[43] Woollin P. Postweld heat treatment to avoid intergranular stress corrosion cracking of supermartensitic stainless steels [J]. Welding in the World, 2007, 51 (9-10): 31-40.

[44] Winzer N, Xu P, Bender S, et al. Stress corrosion cracking of gas-tungsten arc welds in continuous-cast AZ31Mg alloy sheet [J]. Corrosion Science, 2009, 51 (9): 1950-1963.

[45] 陆世英, 王欣增, 李丕钟, 王洁. 不锈钢应力腐蚀事故分析与耐应力腐蚀不锈钢 [M]. 北京: 原子能出版社, 1985.

[46] Kim U C, Kim K M, Lee E H. Effects of chemical compounds on the stress corrosion cracking of steam generator tubing materials in a caustic solution [J]. Journal of nuclear materials, 2005, 341 (2): 169-174.

[47] Ghosh S, Rana V P S, Kain V, et al. Role of residual stresses induced by industrial fabrication on stress corrosion cracking susceptibility of austenitic stainless steel [J]. Materials & Design, 2011, 32 (7): 3823-3831.